설렘두배
스페인 포르투갈
현지 속으로 한걸음 더
들어간 가이드북

설렘두배
스페인 포르투갈
현지 속으로 한걸음 더 들어간 가이드북

저자 김진주·문신기

개정판 1쇄 발행일 2019년 2월 15일

기획 및 발행 유명종
편집 이지혜
디자인 이다혜
조판 신우인쇄
용지 에스에이치페이퍼
인쇄 신우인쇄

발행처 디스커버리미디어
출판등록 제 300-2010-44(2004. 02. 11)
주소 서울시 종로구 사직로8길 34 경희궁의 아침 3단지 오피스텔 431호
전화 02-587-5558
팩스 02-588-5558

ISBN 979-11-88829-03-3 03980

설렘두배
스페인 포르투갈
현지 속으로 한걸음 더
들어간 가이드북

김진주·문신기 지음

디스커버리미디어

다시
여행 가방을 싸야겠다

내일이 없는 듯 하루살이처럼 오늘만 산다고 생각했지만, 따지고 보면 꽤 계획적인 삶을 살고 있었다. 새해가 밝으면 세우는 계획은 다이어트, 금주, 목돈 만들기가 아니라 '여행'이었다. 나를 비워내는 여행, 그리고 채워 넣는 여행. 이제 여행은 인생에서 중요한 프로젝트가 되었다.

스페인과 포르투갈. 많은 이들에게 최고의 여행지로 손꼽히지만, 그곳을 가야겠다고 마음 먹는 일이 쉽지 않았다. 2년 전 세비야를 여행하던 첫날, 가방에서 지갑이 사라져버렸다. 악명 높기로 유명한 소매치기였다. 여행이 한참 남아있던 터라, 세상이 무너지는 줄 알았다. 다시 찾지 않겠다고 다짐했지만, 이상하게 스페인 한 조각을 두고 온 것 같은 기분이 들었다. 2년 후, 나도 모르게 다시 스페인으로 향했다.

그곳은, 불운의 스페인이 아니라 그곳은 천국이었다. 풍부한 문화유산, 다양한 볼거리와 맛있는 음식, 지중해의 화창한 날씨와 비교적 저렴한 물가, 사랑스럽고 정열적인 사람들까지! 어디 그뿐이랴 피카소, 벨라스케스, 고야 등 세계적인 거장의 작품을 품은 미술관과 가우디의 건축물까지! 바르셀로나의 사그라다 파밀리아와 세비아의 대성당과 알카사르를 대면했을 때의 감동이 지금도 생생하다. 포르투갈은 이베리아 반도 여행의 마지막 퍼즐을 맞추는 보물 같은 곳이었다. 고풍스러운 도시, 활기차고 자유분방한 사람들, 맛있는 음식과 진한 와인. 지금도 노을 지는 리스본 시내 풍경을 감상하며 마셨던 와인 한 잔이 잊혀지지 않는다.

여행은 매번 새로운 기억과 인상을 안겨준다. 그것은 나를 보는 것과 같았다. 여행은 삶 속에 가려졌던 진짜 나와 마주 보게 해주었다. 미지의 세상에 대한 기대와 설렘은 세상에서 가장 귀찮은 짐 싸기를 부추겼다.

다시 멋진 책을 낼 수 있게 도와주신 유명종 편집장님, 이지혜 팀장님, 디자이너 이다혜님 외 디스커버리미디어 식구들에게 감사드린다. 늘 세상에서 가장 든든한 지원군이 되어주는 부모님과 가족에게 감사의 말씀을 전한다. 응원과 용기를 북돋아 준 친구들, 지인들, 긴 여행을 외롭지 않게 해준 파리 특파원에게도 고마움을 전한다. 바르셀로나의 가족 같은 친구들 페페Peppino Molina, 이레네 락스미Irene Laxmi 그리고 그의 친구들에게 감사드린다. 아울러 이 책을 선택한 모든 독자들에게 깊은 감사의 인사를 보낸다. 아울러 <설렘 두 배 스페인 포르투갈>이 멋진 여행 친구가 되길 소망한다.

스페인, 포르투갈이여 영원하여라!

2019년 2월 김진주, 문신기

목차

지은이의 말

스페인 Spain

스페인 여행 준비편

스페인 여행 실전편

바르셀로나 Barcelona

01 가우디 건축 여행
Antoni Gaudi

02 고딕 지구와 라발 지구
Barri Gotic & El Raval

마드리드 Madrid

톨레도 Toledo

세고비아 Segovia

그라나다 Granada

네르하 & 프리힐리아나 Nerja & Frigiliana

포르투갈 Portugal

스페인
Spain

매혹적인, 너무나 매혹적인!

스페인 여행 준비편
스페인 여행 실전편

스페인 여행
준비편

01
스페인 가는 방법

❶ 직항편으로 가기

인천공항에서 대한항공이 마드리드와 바르셀로나로 직항편을 운항한다. 마드리드는 화·목·토·일, 바르셀로나는 월·수·금·토에 운항한다. 아시아나항공에서도 2018년 8월 30일부터 바르셀로나로 월·수·금·토에 운항한다. 두 도시의 비행 소요 시간은 13시간 안팎이다.

❷ 경유편으로 가기

1회 경유하는 항공사는 대한항공, 아니아나항공, 루프트한자, 에어프랑스, KLM, 체코항공, 싱가프르항공, 캐세이퍼시픽 등이 있다. 경유 시간에 따라 소요 시간은 다르다.

❸ 유럽 여행지에서 가기

유럽을 여행하다가 다른 도시에서 갈 수도 있다. 유럽에서 스페인으로 갈 때는 저비용 항공으로 이동하는 것이 편리하다. 이지젯www.easyjet.com, 부엘링www.vueling.com, 트란사비아www.transavia.com 등이 있다. 스카이스캐너www.skyscanner.co.kr를 이용하면 항공권 가격을 비교하며 구매할 수 있다.

TIP 대한항공, 에어프랑스, KLM은 인천공항 제2여객터미널에서 출발!
대한항공, 에어프랑스, 델타, KLM의 모든 비행기는 제2터미널에서 출발한다. 스페인 행 비행기도 마찬가지다. 그 외 모든 항공사의 비행기는 기존 여객터미널, 즉 제1여객터미널에서 출발한다. 두 터미널 사이 거리가 멀어 잘못 도착하면 공항철도 또는 자동차로 다시 이동하는 수고를 해야 하므로 꼭 기억해두자!

02
항공권 예매하기

항공권은 일찍 예매할수록 저렴하게 구입할 수 있다. 가격 비교 사이트를 이용하는 것을 잊지 말자. 항공사별로 할인 프로모션을 하는지도 꼼꼼하게 살펴보자. 항공권 구매 후 마일리지 적립도 잊지 말자. 인터넷으로 항공권을 예매하면 전자티켓이 이메일로 발송된다. 티켓을 출력하거나 핸드폰에 저장한 뒤 공항에서 사용하면 된다. 여권과 항공권의 영문 이름이 같아야 한다는 것도 기억해두자.

항공권 가격 비교 사이트

스카이스캐너 www.skyscanner.co.kr 카악 www.kayak.co.kr
인터파크투어 tour.interpark.com 하나프리 www.hanafree.com

03
숙소 예약 하기

스페인 숙소는 한인 민박, 아파트 렌트, 에어비엔비, 호텔까지 종류가 다양하다. 각자 비용과 스타일에 맞춰 선택하면 된다. 한인 민박이 여행객에게 인기가 가장 좋다. 저렴한 가격에 조식이 제공되고 여행 정보도 얻을 수 있으며, 각종 투어도 예약할 수 있다. 요금은 1일 20~50유로 정도이다. 아파트 렌탈 서비스나 요즘 핫한 에어비엔비를 이용하는 것도 좋다. 에어비엔비는 자신의 스타일에 맞는 현지인 숙소를 비교적 저렴하게 구할 수 있다는 장점이 있다. 예약하기 전에 홈페이지에서 집주인과 메시지를 주고받으며 세부사항을 미리 확인하는 것을 잊지 말자.

한인 민박 비교 사이트 민다 www.theminda.com
에어비앤비 www.airbnb.co.kr
호텔 예약 사이트
익스피디아 www.expedia.co.kr 호텔스닷컴 kr.hotels.com 아고다 www.agoda.co.kr
부킹닷컴 www.booking.com, 인터파크 www.interpark.com 호텔스컴바인 www.hotelscombined.co.kr

04
환전하기

스페인 통화는 유로화다. 환전은 국내 주거래 은행에서 환전하는 게 가장 이롭다. 5, 10, 20, 50, 100, 200, 500유로 지폐, 동전은 1, 2유로, 1·2·5·10·20·50 센트Cent(1유로=100센트)이 있다. 100유로짜리 지폐만 해도 큰 단위이기 때문에 그 이상의 지폐는 잘 사용하지 않는다. 환전할 때 최대 50유로짜리로 받는 것이 좋다. 10, 20, 50짜리 지폐로 잘 분배해서 받도록 하자.
*신용카드는 거의 모든 곳에서 사용 가능하다. 다만 일정 금액 이상을 구매해야 신용카드 결제가 가능하거나 현금만 받는 곳도 간혹 존재한다. 결제 시 비밀번호 입력 혹은 사인을 해야 한다.
*ATM 기계는 곳곳에 비교적 많다. 카드 비밀번호를 입력해야 한다. 일반적으로 4자리이지만 간혹 6자리를 입력해야 하는 경우가 있다. 4자리 비밀번호 뒤에 숫자 00을 붙이면 된다.

05
여행자 보험 들기

은행에 따라 환전 우대서비스로 여행자 보험을 들어주는 경우가 있다. 다만 보장 금액이 적은 게 단점이다. 이럴 경우 따로 여행자 보험에 가입하면 된다. 보장 금액에 따라 보험료가 차이가 있으나 통상 2~5만원 이내이다. 무사히 귀국해야 하지만 혹시 현지에서 질병, 사고, 물건 도난 같은 일이 발생할 수도 있다. 이럴 땐 귀국 후 보상받을 수 있는 증빙 서류를 현지에서 준비해야 한다. 경찰서와 병원의 확인서 받는 일을 잊지 말자.

06
식당 예약하기

가이드북에 나오는 맛집 전화번호, 홈페이지를 활용하자. 여의치 않다면 식당 예약 앱 더 포크thefork를 활용하는 것도 좋다. 더 포크는 유럽 11개국에서 사용할 수 있는 레스토랑 예약 앱이다. 직접 전화하지 않고 클릭 한 번으로 쉽게 예약과 취소가 가능해 편리하다. 앱을 이용해 예약한 후 식당을 이용하면 yum 포인트가 쌓인다. 일정 포인트 이상이면 레스토랑 할인도 가능하다. 홈페이지 www.thefork.com

07
빠른 출국을 위한 실속 팁 3가지

❶ 자동출입국 심사 활용법

자동출입국 심사를 미리 신청하면 별도의 게이트에서 약 12초만에 출입국 심사를 받을 수 있다. 미리 신청해 두면 해당 여권의 유효기간까지 매번 줄 서지 않고 출입국을 빠르게 할 수 있다.

신청 장소 인천국제공항 제1여객터미널 3층 체크인 카운터 G구역 앞, 인천국제공항 제2여객터미널 일반지역 2층 정부종합 행정센터 내, 김포국제공항 2층 출입국민원실, 김해국제공항 국제선 2층 출국심사장 안, 삼성동 도심공항터미널 2층, 서울역 공항철도 지하 2층 서울역출장소 상세 안내 www.ses.go.kr

❷ 도심공항터미널 이용하기

대한항공 및 아시아나항공 이용시 서울역과 삼성동 코엑스 도심공항터미널을 이용하면 편리하다. 미리 짐 부치기, 체크인, 출국 심사까지 가능하다. 공항에선 전용 출입문을 통해 출국 심사장으로 들어갈 수 있다.

❸ 유아와 노약자를 위한 인천공항 패스트 트랙

장애인, 노약자, 임산부, 7세 미만 유아 동반 2인까지 이용 가능한 전용 출국장 서비스이다. 인천국제공항 제1여객터미널 3층 1번, 6번 출국장 또는 2~5번 출국장 측문에 전용 출국장이 있다. 제2터미널은 1, 2번이 전용 출국장이다. 길게 줄 서지 않고 출국 심사장으로 들어갈 수 있다. 체크인 할 때 항공사 직원에게 요청하면 된다.

08
항공사별 수하물 무게 규정

짐은 적을수록 좋다. 꼭 필요한 물건이 아니라면 미리 포기하자. 체크리스트를 활용하여 콤팩트하게 준비하자. 대한항공과 아시아나항공의 수하물 무료 기준은 23kg까지이다. 저비용 항공사의 수하물 무게 제한은 15kg이다. 초과하는 경우 추가 요금을 받지만 1~2kg 정도 오버되는 경우엔 넘어가 주기도 한다. 모든 항공사의 기내 반입 물건 제한 규정은 보통 7kg 이내이다.

09
입국 수속하기

스페인 입국 수속은 특별한 게 없다. 직항편 이용객은 간단한 입국 심사를 받게 되지만 유럽 대부분의 도시영국, 터키 제외에서 출발하거나 경유해서 도착하면 심사를 받지 않는다. 그 흔한 입국 신고서도 없다. 본인 확인 후 그냥 웃어주거나 입국 목적을 묻는 정도이다, 아무 말 없이 도장을 찍어주기도 한다. 입국 수속을 마치면 짐을 찾아 바로 게이트로 나가면 된다.

10
구글 번역 앱 활용하기

식당, 숙소 이용시 의사소통이 되지 않을 땐 구글 번역기를 활용하자. 번역하고자 하는 말을 적어 넣거나 말로 입력하면 번역해준다. 음성 번역도 해준다. 한국어, 스페인어 등 98개 국어를 지원한다. 완벽하진 않지만, 의사소통이 되지 않을 경우 요긴하게 사용할 수 있다. translate.google.com

11
전화 걸기

스페인 국가 번호는 34이다. 한국에서 국제 전화를 걸 때는 001, 00700 등 국제전화 접속번호와 국가번호 34를 누른 다음 책에 표기된 전화번호를 누르면 된다. 유럽의 다른 국가에서 전화 걸 때는 00과 국가 번호 34를 누른 다음 전화번호를 누르면 된다. 현지에서 맛집, 명소 등에 전화 걸 때는 전화번호만 누르면 된다.

예시) 전화번호가 915 59 67 90일 경우

국내에서 001-34-915-59-67-90 포르투갈에서 0034-915-59-67-90 스페인에서 915-59-67-90

12
여권 분실시 대처법

여권을 분실하면 마드리드 한국대사관에서 단수 여권을 발급받자. 여권을 재발급 받으려면 경찰서에서 발행한 분실 신고서, 신분증, 여권용 사진 2매가 필요하다. 접수하면 당일 발급된다. 대사관에 사진 촬영기기가 있는데 유료이니 참고하시길.

한국대사관 정보.

공관명 La Embajada de Republica de Corea
주소 Calle de Gonzalez Amigo 15, 28033 Madrid
전화 91 353 2000
근무시간 외 긴급연락처 648 924 695
근무시간 월~금요일 09:00~14:00, 16:00~18:00(7~8월 09:00~14:00)
영사업무 09:00~14:00
찾아가기 ❶ 메트로 4호선 아르트로 소리아역Arturo Soria에서 하차-카스티야 광장Plaza de Castilla 방향 70번 버스 탑승-Arturo Soria con Anastro 정류장4-5번째 정류장, Arturo Soria 246번지에서 하차 ❷ 메트로 1·9·10호선 카스티야 광장역Plaza de Castilla 하차-아르트로 소리아Arturo Soria 방향의 버스 70번 탑승-Arturo Soria con Anastro 정류장Arturo Soria 246번지에서 하차 ❸ 버스에서 하차 후 「Pepitos Restaurante」이 있는 건물을 끼고 들어가 길 입구에 있는 대사관 안내 표지판을 따라 가면 된다.
외교통상부 영사콜센터 www.0404.go.kr 국제전화 00-800-2100-0404

13
소매치기 주의법

스페인은 밤늦게 다녀도 치안이 위험하지 않다. 단, 소매치기는 예외이다. 소매치기는 유럽 어디를 가도 조심해야 한다. 메트로, 버스, 카페, 해변 등 어디서든 나타난다. 버스와 메트로를 탈 때는 반드시 가방을 앞으로 매자. 카페와 음식점에서 가방을 의자 뒤에 걸어 두어도 안 된다. 지갑이나 핸드폰은 테이블 위에 올려놓지 말자. 특히 잘생긴 훈남이 옷에 무언가 묻었다며 말을 걸어오면 소매치기 확률이 100%에 가까우니 유의하기 바란다. 건강한 남자가 다가와 손목을 잡고 시간을 묻는 것도 자주 사용되는 소매치기 방법이다. 그럴 때는 두 손으로 가방을 꼭 끌어안고 대답을 하지 말자. 만약 소매치기를 당했다면 빨리 카탈루냐 광장에 있는 경찰서로 가서 신고하자. 그곳에서 신고서를 작성하고 귀국 후 보험사에 제출하면 보상을 받을 수도 있다.

스페인 한눈에 보기

세고비아
#로마 수도교 #백설공주의 성
#새끼 돼지 통구이
마드리드 근교 여행지로, 도시 전체가 세계문화
유산이다. 수도교는 로마시대 건축의 백미이다.
대성당과 백설공주의 성 알카사르에서 도시를
감상할 수 있다. 새끼 돼지 통구이를 꼭 맛보자.

마드리드
#프라도미술관 #하몽 #왕궁 #레알 마드리드
스페인의 수도이자 최대 도시이다. 프라도, 티센, 국
립 소피아 왕비 예술센터 등 세계인이 질투하는
미술관을 품고 있다. 왕궁과 음식, 최신 트렌드가
여행객을 유혹한다. 레알 마드리드도 잊지 말자.

포르투갈

카스티야라

톨레도
#중세 도사 #꼬마 열차 # 톨레도 대성당
마드리드 근교 여행지이다. 성채 알카사르에서
세계문화유산 도시의 고풍스러운 풍경을 한눈에
담을 수 있다. 종교화의 거장 엘그레코, 꼬마 열차
소코트랜, 톨레도 대성당도 기억하자.

안달루시아

세비야
#플라멩코 #세비야 대성당 #오페라의 배경 도시
투우와 플라멩코의 본고장이자, 피카소가 흠모한 벨
라스케스의 고향이다. 세비야 대성당은 세계 3대 성
당으로, 콜럼버스가 잠들어 있다. 〈피가로의 결혼〉 등
25개 유명 오페라의 배경 도시이기도 하다.

론다
#절벽 도시 #누에보 다리 #헤밍웨이
해발 고도 750m의 절벽 위에 있는 도시다.
론다의 상징 누에보 다리는 당신에게 인생
뷰를 선사할 것이다. 헤밍웨이는 이 도시에
서 『누구를 위하여 종은 울리나』를 집필했다.

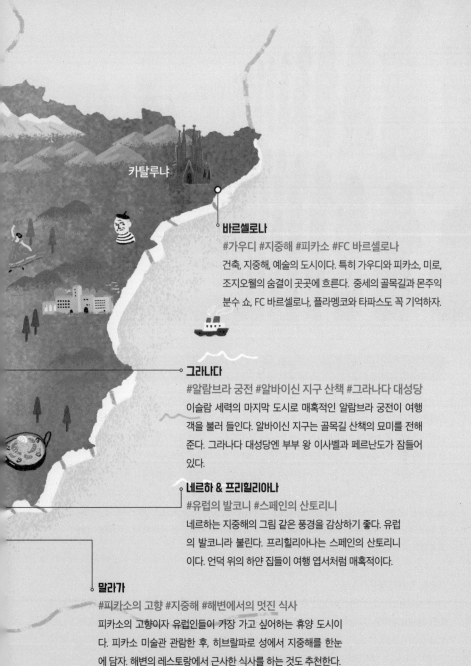

카탈루냐

바르셀로나
#가우디 #지중해 #피카소 #FC 바르셀로나

건축, 지중해, 예술의 도시이다. 특히 가우디와 피카소, 미로, 조지오웰의 숨결이 곳곳에 흐른다. 중세의 골목길과 몬주익 분수 쇼, FC 바르셀로나, 플라멩코와 타파스도 꼭 기억하자.

그라나다
#알람브라 궁전 #알바이신 지구 산책 #그라나다 대성당

이슬람 세력의 마지막 도시로 매혹적인 알람브라 궁전이 여행 객을 불러 들인다. 알바이신 지구는 골목길 산책의 묘미를 전해 준다. 그라나다 대성당엔 부부 왕 이사벨과 페르난도가 잠들어 있다.

네르하 & 프리힐리아나
#유럽의 발코니 #스페인의 산토리니

네르하는 지중해의 그림 같은 풍경을 감상하기 좋다. 유럽 의 발코니라 불린다. 프리힐리아나는 스페인의 산토리니 이다. 언덕 위의 하얀 집들이 여행 엽서처럼 매혹적이다.

말라가
#피카소의 고향 #지중해 #해변에서의 멋진 식사

피카소의 고향이자 유럽인들이 가장 가고 싶어하는 휴양 도시이 다. 피카소 미술관 관람한 후, 히브랄파로 성에서 지중해를 한눈 에 담자. 해변의 레스토랑에서 근사한 식사를 하는 것도 추천한다.

스페인 미리 알기

스페인 역사의 시작

이베리아 반도에 사람이 살기 시작한 것은 BC 2만 년 전이다. 스페인 북부 칸타브리아 지방의 알타미라 동굴 벽화는 BC 1만 4000년 전의 것으로 추정되며, 스페인 선사시대 문명의 증거이다. BC 900년경 켈트족이 프랑스에서 이주해와 원주민인 이베리아족과 혼혈을 이루면서 켈트이베리아족이 형성되었다. 이들이 지금의 스페인 민족이다. 기원전 7세기에는 그리스 무역상이 스페인에 정착하면서 올리브, 포도 등을 들여왔고, 이들은 오늘날 스페인의 대표 농작물이 되었다. BC 218년 지중해 무역권을 다투는 제2차 포에니 전쟁으로 로마군이 스페인을 점령하였고, 이때부터 로마가 약 600년간 스페인을 지배하였다. 지금도 스페인 곳곳에서 로마의 유적을 만날 수 있다.

이슬람 통치와 레콩키스타

711년 북아프리카에서 아랍 군사 7천여 명이 스페인 남부의 지브롤터에 상륙했다. 불과 몇 년 뒤 일부를 제외한 이베리아 반도 대부분이 이슬람 세력의 손에 넘어갔다. 이슬람의 지배는 8세기 동안 계속되었다. 코르도바, 톨레도, 세비야, 그라나다 등은 이슬람 왕조의 중심지로 번영을 누렸다. 이슬람 왕조는 코르도바의 메스키타, 세비야의 알카사바와 히랄다 탑, 그라나다의 알람브라 궁전 등 수많은 유적을 남겼다. 하지만 가톨

릭 세력은 이베리아 반도를 되찾기를 원했다. 그들은 국토회복운동레콩키스타을 준비해나갔다. 스페인 북부의 산지를 거점으로 718년부터 본격적으로 남하하면서 국토회복운동을 펼치기 시작했다. 그 과정에서 많은 가톨릭 왕국이 탄생했다. 1469년에는 카스티야 왕국의 이사벨 여왕과 아라곤 왕국의 왕 페르난도가 결혼하면서 연합 왕국을 탄생시켰다. 유럽의 여러 가톨릭 왕조도 힘을 보탰다. 스페인 연합 왕국은 1492년 당시 이슬람 왕조의 마지막 영토였던 그라나다를 탈환하였다. 이슬람은 이베리아 반도에 잊을 수 없는 추억 알람브라 궁전을 남기고 이슬처럼 사라졌다.

콜럼버스와 대항해 시대

콜럼버스는 1492년 이사벨 여왕의 후원으로 황금의 나라 인도를 향해 대항해를 떠났다. 하지만 그들이 당도한 곳은 인도가 아니라 미지의 땅 아메리카 대륙이었다. 스페인은 멕시코를 비롯한 중앙 아메리카와 남아메리카의 여러 나라를 지배하기 시작했다. 많은 양의 금과 사치품을 스페인으로 들여오고, 또 무역으로 엄청난 부를 축적할 수 있었다. 하지만 콜럼버스는 부를 얻기 위해 아메리카 원주민을 살해하고 노예로 삼는 등 악행을 저지르기는 일도 마다하지 않았다. 이윽고 아메리카 대륙의 원주민들이 반란을 일으키기 시작했고, 금이나 향료를 얻지도 못할 지경에 이르렀다. 게다가 그는 탐욕과 잔인함으로 스페인 사람들의 미움을 샀다. 콜럼버스는 그후 좌절감과 관절염에 시달리다 사망하였다. 그의 유해는 세비야 대성당에 안치되어 있다. 그는 불행하게 죽었지만, 그의 신대륙 발견으로 스페인은 거대한 제국으로 성장했다.

내전과 프랑코의 독재

스페인의 20세기는 혼돈의 시대였다. 1936년 7월 프랑코가 이끄는 민족주의자들이 공화당 좌익 정부에 대항해 쿠데타를 일으켜 내전이 일어났다. 스페인 국민들은 자진해서 전쟁에 참전했고, 반란군은 시민을 상대로 전쟁을 벌였다. 당시 어니스트 헤밍웨이와 조지 오웰도 스페인 내전에 참전하였으며, 그 경험을 바탕으로 각각 『누구를 위하여 종은 울리나』와 『카탈루냐 찬가』를 집필하기도 했다. 1937년 4월 26일에는 프랑코를 지지하던 히틀러의 독일군이 게르니카를 폭격해 수많은 민간인 사상자가 발생했다. 피카소는 이날의 참상을 <게르니카>라는 작품에 담아 스페인 내전의 비극적 슬픔을 보여 주었다. 2년 9개월간 이어진 스페인 내전으로 약 35~60만 명이 목숨을 잃었다. 1939년 3월 28일 프랑코가 이끄는 반란군의 승리로 전쟁은 막을 내렸다. 프랑코가 스페인 총통 자리에 오를 무렵, 공화당 정부 지지자 수십만 명은 프랑스로 망명하였다. 프랑코는 40년간 독재를 펼치다 1975년 사망했다. 이후 부르봉 왕가의 왕정을 복고하고 입헌군주제 체제를 수립하였다. 스페인은 1986년 EU에 가입하였다. 1992년에는 바르셀로나 올림픽을 개최하여 매력과 열정을 가진 나라의 면모를 보여주었다.

오늘날의 스페인

스페인은 2008년 심각한 경제 위기를 맞았다. 실업률이 한때 60%까지 치솟고, 자살률이 급증했다. 10년간 심각한 경제난을 겪은 후 2017년부터 점차 회복되어 가고 있다. 정치적으로 스페인은 카스티야 지역과 카탈루냐 지역의 갈등이 항상 내재되어 있다. 이 두 지역을 대표하는 축구팀 레알 마드리드 CF와 FC 바르셀로나는 매번 전쟁 같은 경기를 치른다. 아라곤 왕국의 중심지였던 카탈루냐 지방은 오래 전부터 스페인 정부에 독

립을 요구해 왔다. 2017년 10월에는 분리 독립 주민 투표를 실시하고, 공화국 형태의 독립을 선언했다. 이에 스페인 정부는 지방 자치권을 박탈하고 자치 회의를 해산하기도 했다. 2018년 5월 새로운 카탈루냐 자치 정부 수반이 선출되었다. 그들은 여전히 분리 독립을 외치고 있다.

예술과 미식의 나라
스페인은 미식의 천국이다. 파에야와 하몽, 타파스는 우리에게도 익숙하다. 하지만 이것은 스페인 음식 문화의 빙산의 일각에 불과하다. 지역마다 특색 있는 요리를 맛볼 수 있는데, 특히 맥주와 와인의 맛도 훌륭하다. 독일 맥주와 프랑스 와인의 가려 크게 빛을 보지 못했지만, 맥주와 와인은 스페인 여행의 즐거움을 더해준다. 스페인은 예술의 나라이다. 궁정 미술이 황금기를 누렸던 17세기의 벨라스케스를 시작으로 18세기엔 엘 그레코, 19~20세기엔 살바도르 달리와 피카소, 호안 미로 등 세계적인 거장이 탄생했다. 훌륭한 건축 유산도 빼놓을 수 없다. 화려하고 아름다운 이슬람 건축에서부터 세계에서 유일무이한 가우디의 독특한 건축물, 그리고 자유롭고 혁신적인 현대 건축물까지 공존한다. 스페인의 매력은 끝이 없다.

스페인 일반 정보

수도 마드리드 위치 유럽 이베리아 반도 면적 505,370㎢(한국의 약 5배)
인구 46,397,000명(한국의 약 0.9배) 언어 스페인어 화폐 단위 유로(£, EUR)
시차 한국보다 8시간 느리다. 서머 타임을 실시하는 3월 말~10월 말에는 7시간 느리다.
계절별 최저·최고 기온 봄 10~25도 여름 18~33도 가을 10~28도 겨울 7~20도

🇪🇸 Bucket List 01
바르셀로나의 보물
가우디 건축 베스트 4

바르셀로나는 가우디의 도시이다. 사그라다 파밀리아 성당, 구엘 공원, 카사 밀라, 카사 바트요. 이 건축 천재는 바르셀로나에 자신의 거대한 자취를 남겼다. 1984년 유네스코는 그의 작품 대부분을 세계문화유산으로 등재하였다. 이 도시에서는 피카소의 명성도 초라해진다.

📍 사그라다 파밀리아 성당

놀랍고 경이로운 성당이다. 가우디는 그의 후반부 인생 43년을 이 성당을 위해 헌신했다. 사그라다 파밀리아란 '성가족'이란 뜻이다. 여기서 가족은 마리아와 요셉, 그리고 예수를 뜻한다. 공사를 시작한 날은 1882년 3월 19일, 요셉의 축일이었다. 가우디 서

거 100주기인 2026년 완공을 목표로 지금도 공사 중이다. 성당 규모는 축구장 크기와 비슷하다. 상당 안으로 들어가면 햇빛이 잘 드는 숲에 들어와 있는 느낌이 든다. 혹시 천국이 있다면 이런 곳이 아닐까? 천국 같은 성당 지하엔 가우디가 잠자고 있다.

📍 구엘 공원
p80↵

구엘 공원은 가우디가 건축가를 넘어 예술가의 경지에 도달했음을 보여주는 공간이다. 모자이크 타일로 장식된 건물과 벤치, 도마뱀 조형물, 나선형 층계와 신전에서 가져온 것 같은 기둥, 뾰족하고 독특한 지붕, 고집스럽게 이어지는 곡선들……. 보면 볼수록 신비롭다. 현실이 아니라 잠시 동화의 나라에 와 있는 듯하다. 어디선가 이상한 나라의 앨리스가 불쑥 뛰어 나올 것만 같아 두리번거리게 된다.

📍 카사 밀라
p82↵

가우디의 자연주의 건축 철학이 정점에 이른 시기에 설계한 걸작이다. 가우디는 곡선이야 말로 완전한 자연의 선이라는 생각을 가지고 있었다. 건물 모양은 물론 기둥, 발코니, 창문, 계단, 옥상, 심지어는 천장과 벽에서도 곡선의 향연이 펼쳐진다. 카사밀라

의 백미는 단연 옥상 테라스이다. 가우디는 기하학적인 옥상을 만들었다. 굴뚝의 형상도 독특하고 신비롭다. 굴뚝 수십 개가 하늘을 바라보고 있는 모습은 마치 외계 생명체가 지구에 불시착해 교신을 기다리는 모습 같다.

📍 카사 바트요
p84↵

가톨릭 성인 산 조르디가 지중해의 용으로부터 공주를 구출했다는 전설을 건축에 옮겨 놓은 걸작이다. 사업가 바트요 카사노바스의 의뢰를 받고 재건축한 건물이다. 파사드는 파도가 치듯 움직이고 타일로 장식한 둥근 지붕은 마치 용의 비늘 같다. 사람들은 카사 바트요를 '용의 집'이라 부른다. 건물이 동물의 뼈를 닮아 '해골의 집'이라 불리기도 한다. 현재 이 건물은 사탕회사 츄파춥스 소유이다.

🚇 Bucket List 02
스페인 예술 여행
스페인 미술관 베스트 6

스페인은 피카소와 호안 미로 그리고 벨라스케스와 고야의 나라이다.
유럽의 자부심이기도 한 예술가들이 모두 스페인 출신이라는 것은, 투우와 플라멩코의 나라로만
알고 있던 스페인을 다시 보게 만든다. 예술은 우리가 스페인으로 떠나야 하는 또 하나의 이유이다.

📍 마드리드의 프라도 미술관 `p196↵`

프라도는 세계 최고의 미술관이라는 칭호가 어색하
지 않은 곳이다. 파리의 루브르, 상트페테르부르크
의 에르미타주와 함께 세계 3대 미술관으로 손꼽히
는 곳이다. 벨라스케스, 엘 그레코, 고야와 같은 스페
인 거장의 작품 7천여 점을 소장하고 있다. 1930년
대 중후반 피카소가 관장을 지내기도 했다.

📍 마드리드의 티센 보르네미사 미술관 `p202↵`

프라도 미술관, 국립 소피아 왕비 예술센터와 함께
마드리드에서 꼭 방문해야 할 미술관으로 꼽힌다.
13~21세기 유럽 미술사를 대표하는 방대한 규모의
작품을 소장하고 있다. 르누아르, 빈센트 반 고흐, 에
드가 드가, 에드워드 호퍼, 살바도르 달리, 로이 리히
텐슈타인의 작품을 감상 할 수 있다.

📍 마드리드의 국립 소피아 왕비 예술센터 `p193↵`

프라도 미술관에서 소장하던 20세기 작품을 기반으로 하여, 입체주의와 초현실주의를 비롯한 스페인 현대 미술의 전반을 보여주는 작품을 대거 소장하고 있다. 파블로 피카소, 살바도르 달리, 호안 미로 등의 작품을 찾아볼 수 있으며, 피카소의 대작 '게르니카'를 만날 수 있는 곳으로도 유명하다.

📍 바르셀로나의 피카소 미술관 `p113↵`

말라가 출신의 피카소는 14세부터 바르셀로나에서 그림 공부를 하며 이 도시에 많은 흔적을 남겼다. 피카소 미술관에는 그의 소년기와 청년기 작품 3,800여 점이 소장되어 있으며, 큐비즘 생성 과정을 한눈에 볼 수 있어 더욱 흥미롭다.

📍 바르셀로나의 호안 미로 미술관 `p131↵`

카탈루냐 출신 호안 미로는 20세기 초의 추상미술과 초현실주의를 결합한 창의적인 화가로, 카탈루냐를 넘어서 스페인을 대표하는 화가이다. 호안 미로 미술관에서는 회화, 조각, 스케치 등 어린아이가 그린 것 같은 순수한 호안 미로의 작품 5천여 점을 관람할 수 있다.

📍 말라가의 피카소 미술관 `p272↵`

말라가는 피카소의 고향이다. 그는 10대 중반까지 고향에서 살았다. 미술관은 피카소의 며느리와 손자가 기증한, 1901년부터 1972년 사이의 작품 155점을 소장하고 있다. 유화, 드로잉, 도자기, 판화, 조각 등 다양한 피카소의 작품을 감상할 수 있다. 16세기에 지어진 아름다운 대저택을 리모델링하여 미술관으로 개관하였는데, 아랍식 중정이 무척 아름답다.

🏴 Bucket List 03

이국적인, 너무나 이국적인
스페인에서 만나는 로마와 이슬람 문화

스페인은 오랫동안 고대 로마와 이슬람의 지배를 받았다.

되돌아 보면 아픈 역사이지만 다행히 두 세력은 아름다운 문화유산을 스페인에 남겨주었다.

특히 이슬람 세력이 남긴 흔적은 스페인 문화의 한 기둥으로 지금도 우뚝 서 있다.

그라나다의 알람브라 궁전 p240↵

가우디 건축과 더불어 스페인을 대표하는 문화 유산
이다. 무어인이 스페인 땅에 남긴 이슬람 문화의 절
정이다. "그라나다를 잃는 것보다 알람브라를 보지
못하게 되는 것이 더 마음이 아프구나!" 1492년, 이
슬람 왕조의 마지막 왕 무함마드 12세는 가톨릭 세
력에게 궁전을 넘기면서까지 알람브라의 아름다움
을 상찬했다. 건축, 정원, 연못, 성채, 무엇하나 아름
답지 않는 게 없다. 우리가 그라나다에 가는 까닭은
그곳에 알람브라가 있기 때문이다.

그라나다의 알바이신 지구 p246↵

알람브라 궁전 북쪽 언덕에 있는 이슬람 유적 지구
로, 그라나다의 옛 모습을 가장 잘 간직하고 있는 유
서 깊은 지역이다. 하얀 집들이 구릉 지대에 오밀조
밀 자리잡고 있고, 집집마다 알록달록한 타일이나
꽃 화분으로 장식해 놓았다. 풍경이 더없이 아름답
고 평화롭다. 1984년 유네스코 세계문화유산에 등
재되었다.

세고비아 수도교 p231↵

아슬아슬하게 돌로 높이 쌓아 올린 경이로운 세고비
아의 수도교는 세계에서 가장 잘 보존된 로마 수도교
이다. 보고 있는 내내 입이 떡 벌어질 정도로 감탄을 자
아내게 만들어, 세고비아 여행을 더욱 의미 있게 만들
어준다. 마드리드 근교 여행지로 이만한 곳도 드물다.

세비야의 알카사르 p293↵

알람브라의 축소판이다. 너무나 아름답고 관리가 잘
되어 세비야의 대표 이슬람 궁전으로 꼽힌다. 현재
알카사르의 중심 영역은 돈 페드로 궁전이다. 14세
기에 그라나다의 알람브라 나스르 궁전을 모티브로
하여 지은 것으로, 중정 '소녀의 안뜰'이 알카사르의
하이라이트. 정교한 회랑으로 둘러싸인 직사각형
의 연못에 돈 페드로 궁전 모습이 아름답게 비친다.
알카사르는 미국 드라마 <왕좌의 게임> 시즌 5가 촬
영된 곳으로, 전 세계 드라마 팬들의 발길이 끊이지
않는다. 1987년 세비야 대성당과 함께 유네스코 세
계문화유산으로 지정되었다.

🏳️ Bucket List 04

입이 즐거워진다!
스페인의 미식 리스트 7

스페인은 프랑스를 뛰어넘는 미식의 나라이다. 해산물과 샤프란이 들어간 스페인식 볶음밥 파에야,
돼지 뒷다리를 소금에 절여 숙성시킨 하몽, 스페인식 꽈배기 추로스, 스페인 특유의 접시 음식 타파스와
꼬치 음식 핀초, 와인을 베이스로 만든 음료로 틴토 데 베라노까지, 스페인 여행의 반은 맛이다.

🍴 하몽

돼지 다리를 소금에 절여 6~24개월 숙성시킨 스페
인의 대표 음식이다. 하몽을 얇게 썰어 내놓는데, 흰
돼지로 만든 하몽 세라노와 흑돼지로 만든 하몽 이베
리코가 있다. 하몽 이베리코가 숙성 기간이 더 길며,
품질도 더 좋다. 하몽 이베리코 중에서도 도토리만
먹고 자란 이베리코 데 베요타를 최고로 친다.

🍴 파에야

스페인의 대표 음식이자 한국인들의 입맛에 가장 잘 맞는 음식이다. 넓은 프라이팬에 해산물, 고기, 채소를 볶고, 여기에 쌀을 넣어 익힌 스페인 전통 요리로 우리나라의 볶음밥에 가깝다. 한국 음식이 그리울 때 즐기기 좋다. 보통 2인분부터 주문이 가능하다.

🍴 와인

스페인은 프랑스와 이탈리아에 이어 세계 와인 생산량 3위를 자랑하는 와인의 나라이다. 고급 와인 등급인 DO 등급의 와인이 71종이나 되며, 최고 등급인 VDP 와인도 15종이나 된다. 한국보다 훨씬 저렴한 가격으로 고급 와인을 즐길 수 있다.

🍴 추로스

밀가루, 소금, 물로 만든 반죽을 기름에 튀긴 스페인식 꽈배기이다. 스페인에서는 보통 갓 구워낸 짭조름하면서도 고소한 추로스를 핫 초콜릿에 찍어 먹는다. 유명한 추로스 집은 아침부터 줄을 설 정도다. 믿거나 말거나 스페인 사람들은 해장을 추로스로 한다고 하니 우리도 한번 시도해보자.

🍴 틴토 데 베라노

스페인의 대표 음료로 상그리아를 많이 떠올리지만, 사실 스페인 사람들은 '여름의 레드 와인'이란 뜻의 틴토 데 베라노를 즐겨 마신다. 상그리아와 마찬가지로 와인을 베이스로 하는 음료로, 와인에 레모네이드를 넣어 만든다. 여름날 더위를 시원하게 날려주는 음료이다.

🍴 판 콘 토마테

판 콘 토마테는 빵과 토마토란 뜻이다. 구운 빵 위에 올리브유와 토마토 간 것을 발라 만든다. 보통 아침 식사로 커피나 주스와 함께 먹는다. 카탈루냐 지방에서는 식전빵으로도 많이 먹는다.

🍴 맥주와 레몬 맥주

스페인에서는 맥주를 도시에 따라 1~2유로에 마실 수 있다. 맥주를 좋아하지 않는다면 레몬 음료를 섞은 레몬 맥주레몬 비어 혹은 클라라를 추천한다. 맥주에 달콤한 맛이 더해져 술술 넘어간다.

🏴 Bucket List 05

숭고하고 경이롭다
아름다운 성당 베스트 4

옛 스페인 사람들에게 종교는 곧 삶이자 존재의 이유였다. 그들은 혼을 담아 성당을 지어 올렸다. 성당은 그들이 받드는 신의 모습 그 자체가 되었다. 스페인에서 만난 성당은 더욱 경이롭고 아름답고 숭고해 보인다.

📍사그라다 파밀리아 성당　p77↵

가우디의 건축 가운데 가장 경이로운 작품으로 손꼽힌다. 바르셀로나뿐 아니라 스페인을 대표하는 건축물로도 인정받고 있다. 돌산을 깎고 쪼아 만든 정교한 성 같은 모습으로 여행자를 감동시킨다. 가우디는 평생 미혼이었다. 혹시 그는 가족에 대한 이루지 못한 염원을 성당에 담으려 한 것인지도 모르겠다. 평생 갖지 못한 '가족'을 건축으로라도 얻고 싶었던 것은 아닐까? 가우디의 삶을 생각하며 성당 지하로 가자. 그곳엔 그의 무덤과 성당 건축에 관한 자료를 전시하는 박물관이 있다. 2026년 가우디 서거 100주년을 완공을 목표로 아직도 공사가 진행 중이다.

📍세비야 대성당　p290↵

세계에서 가장 큰 고딕 성당이자, 유럽에서 세 번째로 큰 성당이다. 약 100년에 걸쳐 건축되었으며, 성당 안에는 신대륙을 발견한 콜럼버스의 묘가 있다. 재미 있는 것은 그의 묘가 공중에 떠 있다는 점이다. 그가 스페인 땅에 묻히지 않겠노라고 유언을 남긴 까닭이다. 80년 동안 제작된 거대하고 화려한 중앙 제단, 이슬람 사원의 첨탑이었던 히랄다 탑이 대표적인 볼거리이다.

📍톨레도 대성당　p222↵

톨레도는 1561년 마드리드로 수도를 옮기기 전까지 카스티야 왕국의 수도였다. 정치와 경제의 중심의 역할은 마드리드에게 내주었지만, 아직도 종교의 중심지 위상은 지켜나가고 있다. 화려한 조각과 그림, 스테인드그라스는 감동을 넘어 온 몸에 전율이 느끼게 해준다.

📍마드리드의 산 안토니오 데 라 플로리다 성당

스페인의 대표 화가 프란시스코 데 고야의 프레스코화가 있는 곳이자, 고야의 유해가 묻혀 있어 '고야의 판테온'이라 불리는 성당이다. 규모는 작은 편이지만, 천장에 새겨진 고야의 프레스코화 덕분에 많은 이들이 찾는다.　p214↵

▤ Bucket List 06
스페인의 영혼을 느끼자
플라멩코 즐기기 좋은 곳 베스트 4

플라멩코는 스페인의 소울을 담은 멋진 춤이다. 15세기경 안달루시아 지방의 인도계 집시와 무슬림, 유대인 문화가 섞여 만들어졌다. 전문 공연장 공연부터 식사하며 즐길 수 있는 공연까지 종류가 다양하다.

♥ 세비야의 플라멩코 무도 박물관 `p296↵`
세비야에서 가장 멋진 플라멩코 공연을 감상할 수 있는 곳이다. 매일 밤 7시, 네 명의 댄서와 두 명의 가수가 혼을 빼앗는 멋진 플라멩코 공연을 선보인다. 좌석이 100석에 불과하니 예약을 추천한다.

♥ 세비야의 타블라우 엘 아레날 `p297↵`
식사를 하면서 플라멩코 공연을 즐길 수 있는 곳이다. 가격은 다소 비싼 편이다. 1시간 반 동안 다채로운 공연을 선보인다. TV 프로그램 <꽃보다 할배> 출연진들이 관람했던 곳이다.

♥ 바르셀로나의 카탈루냐 음악당 `p110↵`
바르셀로나에서 최고의 플라멩코 공연을 감상할 수 있는 곳이다. 붉은 드레스를 입은 여인의 춤과 노래, 정장 차림 남자들의 기타 연주가 감동적이다. 강렬하면서도 부드러운 몸짓에 완전히 빠져 들게 된다.

♥ 바르셀로나의 로스 타란토스 `p105↵`
고딕 지구에 있는 공연장이다. 플라멩코 신인들의 등용문으로 유명하다. 15유로에 30분짜리 짧은 공연을 즐길 수 있다. 공연은 하루 4차례 열리지만, 장소가 크지 않으므로 미리 예약하는 것이 좋다.

≡ Bucket List 07
오늘은 바다에 취하자
지중해 스폿 베스트 3

여행자에게 지중해는 꿈의 바다다. 스페인은 이 꿈의 바다를 즐기기에 제격이다. 바르셀로나의 바르셀로네타, 유럽의 발코니 네르하, 유럽의 최고 휴양지 말라가. 지중해의 매력은 끝이 없다.

♀ 바르셀로나의 바르셀로네타 해변 p116↵

바르셀로나를 대표하는 해변이다. 지중해와 모래가 고운 해변과 이국적인 거리가 공존하는 아름다운 해변이다. 지중해의 낭만을 즐기는 사람들의 표정이 하나같이 들떠 있다. 자전거를 타고 달리며 지중해를 만끽해도 좋고, 레스토랑에서 여유롭게 바다를 즐겨도 좋다.

♀ 네르하 p260↵

지중해를 따라 펼쳐진 코스타 델 솔의 해변 도시들 가운데서도 가장 아름다운 지중해를 볼 수 있는 곳이다. 전망대에서 지중해를 바라보고 있으면 네르하를 왜 '유럽의 발코니'라 했는지 실감난다. 전망대에서 도보 10분 거리에 있는 라 토레시야 해변도 꼭 들러보시길.

♀ 말라가의 말라게타 해변 p278↵

말라가의 말라게타 해변은 유럽인이 가장 사랑하는 휴양지다. 야자수가 길게 늘어서 있는 해변에서 눈부시게 푸른 바다를 보고 있으면 지중해에 와 있다는 사실이 가슴 벅차게 실감난다. 항구 옆 카페에서 차 한잔 마시며 지중해를 만끽해도 좋다.

위에서 보면 더 아름답다!
스페인의 전망 명소 5

스페인은 명소 한군데 한군데가 모두 아름다워 많은 감동을 준다. 하지만 전망대에서 도시와 문화유산, 바다가 어우러져 만든 풍경을 바라보면 그 아름다움이 배가 된다. 특히 해질녘 풍경이나 야경은 잊을 수 없는 장면으로 오래 기억될 것이다.

📍 바르셀로나의 벙커스 델 카멜 p156↵

흔히 카멜 벙커라 불리는 바르셀로나 최고의 전망대이다. 바르셀로나 북쪽, 구엘공원에서 도보 20분 정도 거리에 있다. 스페인 내전 당시 벙커로 쓰이던 곳인데 지금은 바르셀로나의 아름다운 모습을 한눈에 담을 수 있는 전망 명소가 되었다. 특히 해질녘 맥주 한잔 마시며 스러져 가는 노을과 바르셀로나의 모습을 보고 있으면 가슴이 벅차 오른다.

📍 바르셀로나 몬주익 언덕 p128↵

몬주익 언덕은 서울의 남산 같은 곳이다. 언덕에 서면 바르셀로나 시내와 푸른 지중해를 한눈에 담을 수 있다. 언덕 정상에는 성이 있다. 웅장한 성채와 지중해를 향하고 있는 대포가 인상적이다. 성에 오르면 푸른 하늘과 따뜻한 지중해가 반겨준다. 연인끼리 데이트하기 좋은 곳이다.

📍 세비야의 메트로폴 파라솔 p295↵

세비야의 버섯이라 불리는 세계 최대의 목조 건축물로, 세비야에서 가장 멋진 야경을 볼 수 있는 곳이다. 그리 높지는 않지만 세비야의 건물 대부분이 나지막해서 황홀한 야경을 감상할 수 있다. 해질녘에 올라가 노을과 야경까지 감상해 보자.

📍 그라나다의 산 니콜라스 전망대 p250↵

그라나다에서는 알람브라 궁전 야경 감상이 가장 인기 좋은 여행 코스이다. 알바이신 지구에 있는 산 니콜라스 전망대는 알람브라 궁전을 정면에서 바라볼 수 있는 전망대이다. 낮에도 멋진 뷰를 보여주지만, 해가 진 뒤 알람브라에 은은하게 불이 켜지면 그라나다 시내 풍경과 어우러지면서 멋진 야경을 선사한다.

📍 마드리드의 데보드 신전 전망대 p213↵

데보드 신전 전망대에 오르면 마드리드 최고의 뷰를 감상할 수 있다. 마드리드 왕궁부터 알무데나 대성당까지 탁 트인 마드리드의 전경이 시원하게 가슴으로 밀려든다. 낮에 보는 뷰도 멋지지만, 해질녘이 되면 최고의 일몰을 감상할 수 있다.

🇪🇸 Bucket List 09

쇼핑, 여행의 또 다른 즐거움

스페인 쇼핑 아이템 베스트 7

쇼핑은 해외 여행의 빼놓을 수 없는 즐거움이다. 스페인은 서유럽에 비해 물가가 싸 쇼핑하기 좋은 곳이다. 하지만 미리 너무 일찍 많은 쇼핑하면 짐이 늘어 여행에 방해가 될 수 있다. 품목을 미리 정리해 놓았다가 돌아오는 일정에 맞춰 쇼핑하는 것이 좋다.

💲 의류

마드리드와 바로셀로나 등 유명 쇼핑 거리에 가면 자라, 망고, 마시모 두티 등 우리에게 익숙한 중저가 브랜드 매장이 많다. 한국보다 최대 50% 정도 저렴하게 살 수 있다. 종류도 더 다양하다. 큰 매장에는 늘 세일하는 품목이 있어 '득템'의 행운도 얻을 수 있다.

🛒 신발

스페인의 대표 신발 브랜드인 캠퍼와 에스파드류 브랜드인 토니 폰스는 한국인에게 인기 좋은 쇼핑 품목이다. 바르셀로나나 마드리드의 유명 쇼핑 거리에 매장이 있다. 우리나라보다 저렴하게 구매할 수 있으며, 텍스 리펀도 가능하니 잘 활용하자.

🛒 올리브유 p95↲

스페인은 세계 최대 올리브 생산국이다. 대형 마트 메르카도나Mercadona에 가면 질 좋은 제품을 쉽게 구할 수 있다.

🛒 마티덤 앰플 p305↲

스페인에서 가장 저렴하게 판매되는 앰플 화장품이다. 파르마시아 델 라 알팔파 약국에서 가장 싸게 살 수 있다. 비타민과 수분 공급으로 피부 개선에 도움을 주는 여성들의 필수 아이템이다.

🛒 와인 p95↲

스페인 북부의 리오하Rioja 지역 와인이 가장 유명하다. 프랑스의 보르도 와인 생산자들이 리오하로 이주하면서 보르도 와인과 같은 방식으로 생산하고 있다. 대형 마트 메르카도나에서 구매할 수 있다.

🛒 바이파세 클렌징 워터

바이바세Byphasse의 클렌징 워터는 세계적인 인기를 끌고 있는 스페인 화장품 브랜드이다. 바르셀로나 카탈루냐 광장 부근에 있는 뷰티 매장 프리모르 Primor에 가면 구입할 수 있다.

프리모르 주소 Carrer de Pelai, 10, 08001 Barcelona

🛒 꿀국화차 p95↲

달콤한 맛이 더해진 국화차로 여행객들의 기념품 및 쇼핑 리스트 상위권에 늘 오른다. 마트에서 싹쓸이하는 여행객들 때문에 구매량 제한을 걸었을 정도다. 메르카도나에서 'Manzanilla con Miel'이라고 써 있는 것을 구매하면 된다.

☰ Bucket List 10

페스티발, 신명을 즐기자!

스페인의 축제 베스트 5

플라멩코와 투우의 나라. 스페인은 흥과 신명이 넘치는 나라이다. 주로 봄과 가을에 대표적인 축제가 열린다. 축제에 참여하면 스페인을 좀 더 깊이 이해하고 사랑하게 될 것이다. 축제를 즐기며 스페니쉬와 친구가 되는 즐거움을 만끽해보자.

📍 바르셀로나의 라 메르세 축제

La Merce, 9월 21~24일

바르셀로나 수호 성인 성모 마리아를 기념하는 축제다. 바르셀로나 시내 곳곳에서 5백여 개 행사가 한꺼번에 열린다. 하이라이트는 거인 인형 행진과 인간 탑 쌓기이다. 인간 탑 쌓기는 참가 팀들이 한 명 한 명 올라가 더 높은 탑 쌓기를 겨루는 것인데, 지금까지 최고 기록은 10단이다.

📍 세비야의 페리아 데 아브릴

Feria de Abril, 4월 말

세비야에서 4월 말경 1주일 동안 열리는 최대 봄맞이 축제다. 남녀노소 할 것 없이 아름다운 전통 복장을 입고 말과 마차를 타고 시내를 누빈다. 마치 중세 시대로 돌아간 듯한 느낌이 들어 신명이 나며 즐겁다.

세비야의 세마나 산타

Semana Santa, 4월 부활절 주간

부활절 주간에는 스페인의 많은 도시에서 행렬이 이어진다. 세비야의 세마나 산타도 그리스도의 수난과 죽음을 기념하고 부활을 축하하는 성스러운 축제인데, 망토 차림에 고깔 같은 두건을 쓴 사람들이 대규모 행렬을 한다. 많은 도시에서 행사가 벌어지지만 세비야의 세마나 산타가 가장 크고 화려하다.

세비야와 말라가의 플라멩코 축제 9월

플라멩코의 거장이 모이는 스페인 최대 축제 중에 하나로 짝수 해에는 세비야에서, 홀수 해에는 말라가에서 열린다. 플라멩코 최고의 댄서, 가수, 기타리스트들이 모여 약 한 달간 축제를 즐긴다. 다양한 장소에서 공연이 열리니 9월에 여행한다면 세비야와 말라가 곳곳에서 플라멩코를 만끽할 수 있다.

론다 투우 축제 Feria de Pedro Romero y Corrida Goyesca, 9월 첫째 주

스페인에서 투우 경기를 볼 수 있는 흔치 않은 기회다. 론다에서 열리는 투우 축제에서는 퍼레이드와 더불어 론다 투우장에서 투우 경기가 열린다. 전통 복장을 입은 사람들과 여행객들이 뒤섞여 론다에 활기가 넘친다. 티켓을 구하기가 어려우므로 미리 예매하는 것이 좋다.

스페인 음식 미리 알기

바르셀로나의 음식은 유럽에서도 맛있기로 정평이 나있다. 먹을 기회가 자주 있는 게 아니니 가기 전에 숙지해서 아쉬움 없이 맛보고 오자.

음식

파에야Paella 발렌시아 지방의 대표 요리. 큰 팬에 쌀과 각종 야채, 고기 혹은 해산물, 샤프란 등을 넣어 만든 스페인식 볶음밥

하몽Jamon 돼지 뒷다리를 소금에 절여 숙성시켜 만든 햄. 스페인을 대표하는 음식이다.

추로스Churros 밀가루, 소금, 물로 만든 반죽을 기름에 넣어 튀긴 스페인식 꽈배기

타파스Tapas 다양한 전채 요리를 작은 접시에 담아먹는 음식

핀초Pincho 빵 위에 야채 등 각종 재료를 얹고 꼬치에 꽂아 먹는 타파스. 몬타디토라고도 한다.

보카디요Bocadillo 바르셀로나식 샌드위치

가스파초Gazpacho 차가운 수프 요리

토르티야Tortilla 스페인식 오믈렛

판 콘 토마테Pan con tomate 구운 빵 위에 생마늘과 토마토 간 것을 발라, 올리브유와 후추, 소금을 뿌려 먹는 타파스의 일종

소파Sopa 수프 요리

마리스코Marisco 해산물 요리

칼라마레스 프리토스Calamares fritos 스페인식 오징어 튀김

피미엔토스 데 파드론Pimientos de padron 갈리시아 전통 고추 요리로 고추에 소금과 올리브유를 넣고 볶은 요리

페스카이토 프리토Pescaito frito 생선튀김

보케로네스Boquerones 멸치를 올리브유와 식초로 절인 음식

모르시야Morcilla 스페인식 순대로 계란, 감자튀김과 같이 먹는다.

크로케타스Croquetas 스페인식 고로케

엠파니다스Empanadas 스페인식 만두.

칼솟Calcot 파처럼 생긴 양파. 불에 구워 먹는다.

음료와 술

아구아Agua 물

상그리아Sangria 레드와인에 과일과 설탕을 넣어 마시는 음료

비노Vino 와인(레드와인 - 비노 틴토, 화이트 와인 - 비노 블랑코)

카바Cava 카탈루냐 전통 스파클링 와인

세르베사Cerveza 병맥주(카냐Cana - 작은 잔, 투보Tubo - 큰 잔)

에스트레야Estrella 바르셀로나 대표맥주

클라라Clara 레몬 맥주. 맥주에 레몬 주스를 섞은 음료

여행 전 읽어두면 좋은 책

❶ 세르반테스의 『돈키호테』

세르반테스M. de Cervantes, 1547~1616의 돈키호테는 우리에게도 잘 알려진 풍자 소설이다. 17세기경에 쓰여졌지만, 400년이 지난 지금도 베스트 셀러이다. 영화와 뮤지컬로 제작되기도 했다. 마드리드에서 세르반테스의 생가를 찾아볼 수 있다.

생가 주소 Calle Mayor, 48, 28801 Alcalá de Henares, Madrid

❷ 워싱턴 어빙의 『알람브라』

19세기 미국 작가 워싱턴 어빙Washington Irving, 1783~1859이 그라나다의 알람브라 궁전에 머물며 쓴 소설이다. 알람브라 궁전의 모습과 그에 얽힌 무어인들의 신비로운 전설을 담고 있다. 이 책이 큰 인기를 얻게 되자 스페인 정부가 뒤늦게 알람브라를 복원했다.

❸ 조지 오웰의 『카탈로니아 찬가』

영국의 세계적인 작가 조지 오웰George Orwell, 1903~1950의 소설로 스페인 내전을 그린 작품이다. 그는 스페인 내전에 참전했는데, 카탈로니아 찬가는 그 체험을 기록한 르포 문학이다. 혁명가들이 가득 메운 바르셀로나의 람블라스 거리를 상상해 보자.

❹ 헤밍웨이의 『누구를 위하여 종은 울리나』

헤밍웨이Ernest Hemingway, 1899~1961도 조지 오웰과 마찬가지로 스페인 내전에 참전했다. 스페인 내전을 그린 소설 『누구를 위하여 종은 울리나』는 그가 사랑한 도시 론다에서 집필했다. 론다에는 실제로 '헤밍웨이 산책로'가 있다. 이 소설은 영화로도 만들어졌는데, 일부는 론다에서 촬영했다.

스페인의 날씨와 옷차림

스페인의 대부분은 지중해성 기후이다. 여름에는 건조하고 청명하며, 겨울에는 습도가 높은 편이지만 기후는 따뜻하다. 강수량이 적은 편이어서 비가 적게 오는 지역에서도 잘 자라는 올리브, 오렌지 등이 대표 작물이다. 연평균 기온은 22℃이지만 겨울과 이른 봄에는 일교차가 큰 편이어서 아침과 저녁에는 두꺼운 외투가 필요하다. 여름에는 최고 기온이 30도를 웃돈다. 특히 안달루시아 지역의 여름은 매우 더운 편이나, 아침과

스페인의 계절별 최저·최고 기온	
봄(3~5월)	10~25℃
여름(6~8월)	18~33℃
가을(9~11월)	10~28℃
겨울(12~2월)	7~20℃

저녁 시간대에는 얇은 외투나 가디건을 챙기는 것이 좋다. 도시마다 차이는 있지만, 대체로 겨울에는 우리나라 가을 정도의 날씨로 포근한 기온을 유지한다. 태양이 강하게 내리쬐기 때문에 선글라스는 꼭 챙기는 것이 좋다.

스페인 택스 리펀Tax Refund 정보

쇼핑하고 세금 환급받자

우리는 면세점이 활성화되어 있지만, 유럽은 일정 금액 이상을 쇼핑하면 물건 값에 붙은 부가세를 환급해준다. 스페인은 한 매장택스 리펀 가맹점에 서 90.15유로 어치 이상 구매하면 부가세를 환급해준다. 의류나 사치품 은 최대 21%까지 환급 받을 수 있으며, 안경류는 10%, 약품은 4%이다. 세금을 환급 받기 위해서는 서류를 작성해야 하는데, 가게 직원에게 택

스 리펀 받고 싶다고 말하면 서류를 준다. 출국할 때 공항 택스 리펀 창구에 서류와 여권, 구매 영수증을 보여 주면 된다. 실물 확인 요청을 대비해 구매 물품도 함께 준비하는 게 좋다. 택스 리펀을 받고 싶다면 공항에 평 소보다 1시간 일찍 도착하도록 하자.

여행지에서 유용한 앱 리스트

구글 맵스 Google Maps

요즘 해외 여행에서 빠져서는 안 될 필수 앱이다. GPS로 장소를 찾아주고, 가는 방법도 알 려준다. 뿐만 아니라 방문하고자 하는 식당, 상점, 명소 등의 장소에 대한 간단한 정보까 지 제공한다. 여행 내내 가장 많이 사용하는 앱이므로, 배터리를 충분하게 갖추도록 하자.

구글 번역

현지 언어를 몰라도 의사 소통할 수 있도록 도와주는 번역기다. 출발 언어와 도착 언어를 선택한 후 글자, 혹은 말로 입력하면 번역해준다. 완벽하진 안지만, 의사소통이 되지 않을 경우 요긴하게 사용할 수 있다.

더 포크 The fork

유럽 11개국에서 사용할 수 있는 레스토랑 예약 앱이다. 직접 전화하지 않고 클릭 한 번으 로 쉽게 예약과 취소가 가능해 편리하다. 앱을 이용해 예약한 후 식당을 이용하면 yum 포 인트가 쌓인다. 일정 포인트 이상이면 레스토랑 할인도 가능하다.

트립어드바이저 TripAdvisor

많은 여행 정보가 들어있는 세계적인 여행 앱이다. 식당, 명소 등에 이용자들이 점수를 매 기고 리뷰를 남겨 신뢰할 만한 정보가 쌓여 있다. 트립어드바이저의 어드바이스를 참고하 면 대박은 아니더라도 쪽박은 피할 수 있다.

마이 택시 mytaxi

스페인의 카카오 택시라고 보면 된다. 앱으로 콜택시를 부르고 예약까지 할 수 있다. 우버를 사용할 수 없는 스페인의 소도시들에서도 사용 가능하다. 내릴 때 앱을 켠 후 기사가 요금 정보를 전송하면 내 앱에 결제 화면이 뜬다. 옆으로 슬라이드 해주면 현금이나 카드로도 결제 가능하다.

우버 Uber

전 세계적으로 많이 이용되는 택시 개념의 앱이다. 위치만 지정하면 언제든지 원하는 곳에서 차를 부를 수 있어 편리하고, 택시보다 저렴해 인기가 많았다. 하지만 최근 가격이 많이 올라 택시와 차이가 거의 없다. 사고 시 일반 택시보다 법, 행정적인 보호를 덜 받을 수 있다.

렌페 티켓 Renfe Ticket

스페인 기차 여행시 필요한 앱이다. 앱을 다운 받고 간단한 정보 입력 후 가입하면 티켓 구매와 취소를 편리하게 할 수 있다. 기차 시간표도 확인할 수 있으므로 스페인 여행에서 유용하다.

알사 ALSA

스페인에서 가장 많이 이용하는 버스인 알사 버스 앱이다. 버스 시간표, 요금 확인부터 예약, 취소까지 간편하게 할 수 있어 스페인 여행에서 꼭 필요한 앱이다.

스페인 시간 이해하기

시에스타와 다섯 끼 식사

스페인은 하루가 우리와 같은 24시간이지만 쓰임새가 다르다. 시에스타라는 낮잠 시간이 있고 음식을 하루 5회나 먹는다. 스페인 사람들은 아침 7시~8시에 에스프레소와 크래커로 가벼운 식사를 하며 하루를 시작한다. 오전 11~12시에 브런치 같은 아침식사를 한다. 이것을 알무에르소Almuerzo라 부른다. 커피 한 잔과 보카디요, 크로아상 혹은 오믈렛을 주로 먹는다. 오후 2시에서 4시까지는 레스토랑에서 메뉴 델 디아Menu del Dia라 불리는 그날의 메뉴를 먹으며 제대로 된 식사를 한다. 메뉴 델 디아는 음식점마다 종류가 다양한데, 에피타이저, 메인 요리, 디저트로 구성되어 있다. 가격은 8~20유로 사이다. 점심을 먹은 후엔 시에스타낮잠를 즐긴다. 낮잠 시간은 가게나 회사마다 조금씩 다르다. 대체로 오후 1시 30분부터 4시까지이다. 저녁 6시부터 7시까지는 메리엔다Merienda라 불리는 간식 시간이다. 바Bar에서 보카디요로 간식을 즐기거나 살라미와 치즈 조각을 곁들여 와인을 간단히 마신다. 밤 10시는 본격적인 저녁식사가 시작되는 시간이다. 이를 세나Cena라 부르는데, 레스토랑에서 요리를 먹거나 집에서 가정식을 먹는다.

바르셀로나+마드리드 7일

1일	인천공항 → 바르셀로나 비행기 직항 13시간	카탈루냐 광장 주변 구경
2일	바르셀로나	사그라다 파밀리아 대성당, 구엘 공원, 카사 밀라, 카사 바트요, 플라멩코 공연
3일	바르셀로나	바르셀로네타, 람블라스 거리, 보케리아 시장, 바르셀로나 대성당, 보른 지구, 몬주익 언덕, 분수쇼
4일	바르셀로나 → 마드리드 저가항공 1시간 15분, 기차 2시간 30분	솔 광장, 마요르 광장, 산미구엘 시장, 프라도 미술관
5일	마드리드	마드리드 왕궁, 알무데나 대성당, 국립 소피아 왕비 예술센터, 그란 비아
6일	마드리드 → 인천공항 비행기 직항 12시간 15분	엘 라스트로 벼룩시장 or 세라노 거리, 그란 비아
7일	한국	

TIP Travel Tip

❶ 바르셀로나에서 가우디의 건축을 자세히 보고 싶다면 여행사의 가우디 투어를 이용하는 게 좋다. 여행사에 따라 투어 이용 시 야경 투어가 무료로 제공되기도 한다.

❷ 마드리드는 세계적인 미술관이 있는 도시다. 미술관을 자세히 둘러보고 싶다면 나머지 일정을 여유롭게 잡자.

❸ 미술에 관심이 별로 없다면 미술관 무료 입장 시간을 이용해 잠깐 둘러보는 방법도 있다.

❹ 마드리드에서 인천행 비행기 직항 노선은 저녁 비행기이므로 공항에 가기 전 낮 시간을 활용할 수 있다.

바르셀로나+마드리드 9일

1일	인천공항 → 바르셀로나 비행기 직항 13시간	카탈루냐 광장 주변 구경
2일	바르셀로나	사그라다 파밀리아 대성당, 구엘 공원, 카사 밀라, 카사 바트요, 플라멩코 공연 관람
3일	바르셀로나 → 몬세라트 기차+케이블카 혹은 기차+산악열차로 1시간 20분	바르셀로네타, 몬세라트 당일치기, 몬주익 언덕, 분수쇼
4일	바르셀로나 → 마드리드 저가항공 1시간 15분, 기차 2시간 30분	솔 광장, 마요르 광장, 산미구엘 시장, 프라도 미술관
5일	마드리드	마드리드 왕궁, 알무데나 대성당, 국립 소피아 왕비 예 술센터, 그란 비아
6일	마드리드 ↔ 세고비아 버스 1시간 15분	세고비아 당일치기
7일	마드리드 ↔ 톨레도 버스 50분	톨레도 당일치기
8일	마드리드 → 인천공항 비행기 직항 12시간 15분	엘 라스트로 벼룩시장 or 세라노 거리, 그란 비아
9일	한국	

TIP Travel Tip

마드리드 근교 도시 세고비아와 톨레도는 취향에 따라 한 곳만 가고, 바르셀로나 혹은 마드리드에서 하루를 더 투자하는 것도 좋다.

9days 마드리드+안달루시아 9일

1일	인천공항 → 마드리드 비행기 직항 13시간 20분	솔 광장, 마요르 광장, 산미구엘 시장
2일	마드리드	마드리드 왕궁, 알무데나 대성당, 국립 소피아 왕비 예술센터, 그란 비아
3일	마드리드 → 그라나다 저가항공 1시간 5분, 기차 4시간 25분 버스 4시간 30분	대성당, 알바이신, 칼레데리아 누에바 거리, 산 니콜라스 전망대
4일	그라나다 →세비야 버스 3시간	알람브라 구경, 타파스 투어, 저녁에 세비야로 이동
5일	세비야	세비야 대성당, 히랄다 탑, 알카사르, 황금의 탑, 과달키비르 강변 산책, 메트로폴 파라솔, 플라멩코 공연 관람
6일	세비야 ↔ 론다 버스 1시간 45분	스페인 광장 구경 후 론다 당일치기
7일	세비야 → 마드리드 저가항공 1시간 5분, 기차 2시간 30분	시내 산책, 쇼핑 후 마드리드로 이동
8일	마드리드 → 인천공항 비행기 직항 12시간 15분	엘 라스트로 벼룩시장 or 세라노 거리, 그란 비아
9일	한국	

 Travel Tip

❶ 그라나다의 알람브라 궁전 입장권은 꼭 미리 예매하자.

❷ 세비야 대성당과 알카사르도 미리 예매하는 것이 좋다.

❸ 론다의 낮과 밤을 모두 즐기고 싶다면 1박을 하는 것도 좋다.

15days 바르셀로나+마드리드+안달루시아 15일 일정

1일	인천공항 → 바르셀로나 비행기 직항 13시간	카탈루냐 광장 주변 구경
2일	바르셀로나	사그라다 파밀리아 대성당, 구엘 공원, 카사 밀라, 카사 바트요, 플라멩코 공연 관람
3일	바르셀로나	바르셀로네타, 람블라스 거리, 보케리아 시장, 바르셀로나 대성당, 몬주익 언덕, 분수쇼
4일	바르셀로나 → 마드리드 저가항공 1시간 15분, 기차 2시간 30분	솔 광장, 마요르 광장, 산미구엘 시장, 프라도 미술관
5일	마드리드	마드리드 왕궁, 알무데나 대성당, 국립 소피아 왕비 예술센터, 그란 비아
6일	마드리드 → 그라나다 저가항공 1시간 5분, 기차 4시간 25분, 버스 4시간 30분	대성당, 알바이신, 칼레데리아 누에바 거리, 산 니콜라스 전망대
7일	그라나다 → 말라가 버스 1시간 30분	알람브라 구경, 타파스 투어 후 말라가로 이동
8일	말라가	말라게타 해변, 말라가 항구, 피카소 생가, 히브랄파로 성
9일	말라가 ↔ 네르하 버스 1시간 30분	네르하 및 프리힐리아나 당일치기
10일	말라가 → 론다 버스 2시간	말라가 시내 구경 후 론다로 이동
11일	론다 → 세비야 버스 1시간 45분	누에보 다리, 헤밍웨이 산책로 등을 돌아본 후 세비야로 이동, 세비야 시내 구경 및 스페인 광장 야경
12일	세비야	세비야 대성당, 히랄다 탑, 알카사르, 황금의 탑, 과달키비르 강변 산책, 메트로폴 파라솔, 플라멩코 공연 관람
13일	세비야 → 바르셀로나 저가항공 1시간 50분	시내 산책, 쇼핑 후 바르셀로나로 이동
14일	바르셀로나 → 인천공항	람블라스 거리, 보른 지구
15일	한국	

Travel Tip

❶ 네르하와 프리힐리아나는 그라나다에서도 당일치기가 가능하다.

❷ 세비야 대성당과 알카사르도 미리 예매하는 것이 좋다.

❸ 세비야는 타파스 맛집이 많은 곳으로도 유명하다. 제대로 즐기자.

❹ 바르셀로나에서 인천행 직항 노선은 저녁 비행기이다. 직항 노선을 이용하면 공항에 가기 전 낮 시간을 활용하여 더 많은 곳을 방문할 수 있다.

마드리드+포르투갈 9일 일정

1일	인천공항 → 마드리드 비행기 직항 13시간 20분	솔 광장, 마요르 광장, 산미구엘 시장
2일	마드리드	마드리드 왕궁, 알무데나 대성당, 국립 소피아 왕비 예술센터, 그란 비아
3일	마드리드 ↔ 세고비아 or 톨레도 버스 1시간 15분, 50분	세고비아 or 톨레도 당일치기, 세라노 거리, 플라테아 마드리드에서 식사
4일	마드리드 → 포르투 저가항공 1시간 15분	대성당, 동 루이스 1세 다리, 히베리아 광장
5일	포르투	와인 셀러 투어, 카르무 성당, 클레리구스 타워, 렐루 서점, 마제스틱 카페
6일	포르투 → 리스본 기차 2시간 45분, 버스 3시간 30분	상 벤투 기차역 구경 후 리스본으로 이동, 호시우 광장, 산타 주스타 엘리베이터, 상 페드루 드 알칸타라 전망대
7일	리스본	코메르시우 광장, 타임 아웃 마켓, 벨렝 탑, 제로니무스 수도원, 파스테이스 드 벨렝, 대성당, 알파마 지구에서 파두 공연 관람
8일	리스본 → 인천공항 비행기 15시간 이상, 경유지에 따라 상이	엘 라스트로 벼룩시장 or 세라노 거리, 그란 비아
9일	한국	

TIP Travel Tip

❶ 포르투갈을 더 둘러보고 싶다면 마드리드 일정 중 하루 정도는 포르투갈에 투자해도 좋다.

❷ 포르투에서 리스본으로 이동할 때는 버스보다는 기차가 편리하다.

❸ 포르투 시내는 도보로 충분히 이동 가능하지만, 리스본은 비교적 도시가 커서 대중 교통을 이용해야 한다.

❹ 마드리드에서 인천공항으로의 직항 노선은 있지만, 포르투갈은 직항 노선이 없다. 이런 경우 암스테르담KLM, 파리에어 프랑스, 런던브리티시 에어웨이즈, 프랑크푸르트루프트 한자, 이스탄불터키항공 등을 경유하면 된다.

포르투갈 9일 일정

1일	인천공항 → 리스본 비행기 15시간 이상, 경유지에 따라 상이	호시우 광장, 산타 주스타 엘리베이터, 상 페드루 드 알칸타라 전망대
2일	리스본	코메르시우 광장, 타임 아웃 마켓, 벨렘 탑, 제로니무스 수도원, 파스테이스 드 벨렘, LX 팩토리
3일	리스본	리스본 대성당, 알파마 지역의 전망대, 상 조르즈 성, 파두 공연 관람
4일	리스본 ↔ 신트라 기차 45분	신트라, 호카곶 당일치기
5일	리스본 → 포르투 기차 2시간 45분, 버스 3시간 30분	상 벤투 기차역, 대성당, 동 루이스 1세 다리, 히베리아 광장
6일	포르투	카르무 성당, 클레리구스 타워, 렐루 서점, 마제스틱 카페
7일	포르투	볼사 궁전, 상 프란시스쿠 교회, 동 루이스 1세 다리, 와인 셀러 투어, 세하 두 필라르 수도원
8일	포르투 → 인천공항 비행기 15시간 이상, 경유지에 따라 상이	
9일	한국	

TIP Travel Tip

❶ 신트라는 당일치기로 많이 가지만, 1박을 하면서 천천히 둘러보는 것도 좋다.

❷ 리스본에서 포르투로 이동할 때는 버스보다는 기차가 편리하다.

❸ 포르투 시내는 도보로 충분히 이동 가능하지만, 리스본은 비교적 도시가 커서 대중 교통을 이용해야 한다.

❹ 포르투갈에서 인천공항으로의 직항 노선 비행기는 없다. 유럽의 다른 도시를 경유하는 유럽계 항공사를 이용해도 되고, 예매 시 인천공항과 바르셀로나 왕복 항공권을 구입하여, 포르투에서 바르셀로나로 가서 다시 인천공항으로 가는 방법도 있다.

📅 스페인+포르투갈 15일 일정

1일	인천공항 → 바르셀로나 비행기 직항 13시간	카탈루냐 광장 주변 구경
2일	바르셀로나	사그라다 파밀리아 대성당, 구엘 공원, 카사 밀라, 카사 바트요, 플라멩코 공연 관람
3일	바르셀로나	바르셀로네타, 람블라스 거리, 보케리아 시장, 바르셀로나 대성당, 몬주익 언덕, 분수쇼
4일	바르셀로나 → 마드리드 저가항공 1시간 15분, 기차 2시간 30분	솔 광장, 마요르 광장, 산미구엘 시장, 프라도 미술관
5일	마드리드	마드리드 왕궁, 알무데나 대성당, 국립 소피아 왕비 예술센터, 그란 비아
6일	마드리드 → 그라나다 저가항공 1시간 5분, 기차 4시간 25분, 버스 4시간 30분	대성당, 알바이신, 칼레데리아 누에바 거리, 산 니콜라스 전망대
7일	그라나다 → 세비야 기차, 버스 3시간	알람브라 구경, 타파스 투어 후 세비야로 이동
8일	세비야	세비야 대성당, 히랄다 탑, 알카사르, 황금의 탑, 과달키비르 강변 산책, 플라멩코 공연 관람
9일	세비야 → 리스본 야간 버스 6시간 30분	론다 당일치기 or 메트로폴 파라솔, 스페인 광장
10일	리스본	호시우 광장, 산타 주스타 엘리베이터, 리스본 대성당, 알파마 지역의 전망대, 상 조르즈 성, 파두 공연 관람
11일	리스본	코메르시우 광장, 타임 아웃 마켓, 벨렝 탑, 제로니무스 수도원, 파스테이스 드 벨렝, LX 팩토리
12일	리스본 → 포르투 기차 2시간 45분, 버스 3시간 30분	상 벤투 기차역, 대성당, 동 루이스 1세 다리, 히베리아 광장
13일	포르투	와인 셀러 투어, 카르무 성당, 클레리구스 타워, 렐루 서점, 마제스틱 카페
14일	포르투 → 인천공항 15시간 이상, 경유지에 따라 상이	
15일	한국	

Travel Tip

❶ 바르셀로나에서 몬세라트에 다녀올 계획이라면 최소 반나절 일정을 잡아야 한다.

❷ 그라나다의 알람브라 궁전 입장권은 꼭 미리 예매하자. 세비야 대성당과 알카사르도 미리 예매하는 것이 좋다.

❸ 세비야에 있는 동안 시간 여유가 있다면 론다에 다녀오자.

스페인
여행 실전편

바르셀로나
Barcelona

카탈루냐의 중심, 가우디의 도시

바르셀로나는 스페인 동북쪽 끝 카탈루냐 자치 지방의 중심 도시이다. 바르셀로나주의 주도로 인구는 약 160만 명이다. 마드리드에 이어 스페인 제2의 도시이다. 온난한 기후와 지중해, 그리고 아름다운 건축과 매력적인 음식 문화를 품은 덕에 파리만큼이나 세계인의 로망의 도시이다.

바르셀로나는 사라고사와 더불어 카탈루냐의 중심 도시이다. 고대 로마와 무어인의 지배를 받던 이 도시는 아라곤 왕국1164~1479 시절 역사의 전면에 등장했다. 마드리드의 카스티야 왕국과 연합하여 이슬람 세력을 물리치고 가톨릭 세력의 국토회복운동, 레콩키스타 스페인 최초의 통일을 이루었다. 하지만 1714년 왕위계승전쟁에서 카스티야 왕국에 패하면서 마드리드에 주도권을 내주었다. 이때부터 바르셀로나와 카탈루냐는 늘 독립을 꿈꾼다. 스코틀랜드가 영국으로부터의 독립을 원하듯 카탈루냐는 지금도 스페인에서 독립하기를 원한다.

바르셀로나는 가우디의 도시이다. 사그라다 파밀리아, 구엘 공원, 카사밀라, 카사바트요. 그의 건축은 피카소의 예술과 더불어 바르셀로나의 자랑이다. 중세의 향기가 가득한 고딕 지구와 보른 지구, 지중해를 즐길 수 있는 바르셀로네타, 분수 쇼와 전망이 좋은 몬주익 언덕, 건축과 쇼핑 1번지 에이샴플레와 그라시아 거리까지, 바르셀로나는 도시 전체가 관광 명소이다.

대표 축제 라 메르세 축제(9월 21일~24일)
계절별 최저·최고 기온 봄 9~23도 여름 18~30도 가을 11~27도 겨울 7~5도
홈페이지 시청 www.bcn.cat **관광청** www.barcelonaturisme.com

🇪🇸 바르셀로나 가는 방법

비행기로 가기

인천에서 출발하는 항공편은 다양하다. 직항 항공사는 대한항공과 아시아나항공2018년 8월 30일부터이 있다. 주 4회월, 수, 금, 토 출발하며 12시간 정도 소요된다. 1회 경유하는 항공사는 루프트한자, 에어프랑스, KLM, 체코항공, 싱가포르항공, 캐세이퍼시픽 등이 있다. 루프트한자의 경우 매일 출발하며 보통 14시간 50분이 소요된다. 스페인과 유럽에서 갈 수도 있다. 마드리드에서 1시간 15분, 파리와 로마에서는 2시간 남짓 소요된다. 스페인 또는 유럽에서 갈 때는 저비용 항공으로 이동하는 것이 편리하다. 이지젯www.easyjet.com, 부엘링www.vueling.com, 트란사비아www.transavia.com 등이 있다. 스카이스캐너www.skyscanner.co.kr를 이용하면 항공권 가격을 비교하며 구매할 수 있다.

■ 바르셀로나 공항 안내

공식 이름은 엘프라트 공항BCN, Aeropuerto Internacional de Barcelona-El Prat de Llobregat이다. 도심에서 남서쪽으로 약 13km 떨어져 있다. 터미널은 T1과 T2로 나뉘어 있다. T1은 대한항공, 아시아나 등 국제선 대부분과 이베리아항공, 부엘링항공이 사용한다. T22A, 2B, 2C는 주로 이지젯 등 저비용 항공사가 사용한다. T1과 T2는 자동차로 10분 거리이다. 7분 간격으로 무료 셔틀버스가 운행된다. 국제 공항답게 ATM, 환전소, 약국, 관광 안내소, 렌터카 서비스, 수하물 보관소 등 다양한 서비스 시설을 갖추고 있다. 환전소에서는 달러로만 유로로 환전할 수 있다. 심카드를 미리 구매하지 못했다면 공항에서 구매할 수도 있다. 하지만 가격이 비싼 편이다. 택스 리펀은 택스 프리 영수증 당 90.15유로가 초과하는 금액에 한해 VAT Refund 창구에서 환급 받을 수 있다.

홈페이지 www.aena-aeropuertos.es

©wikimedia

■ 공항에서 시내 들어가기

❶ 공항버스 Aerobus

공항버스는 T1 또는 T2터미널에서, 에스파냐 광장, 우니베르시타트 광장, 카탈루냐 광장을 왕복한다. T1에서는 A1 공항버스를, T2에서는 A2 공항버스를 이용하면 된다. 오전 6시부터 새벽 1시 사이에 운행하며, 배차 간격은 5~20분이다. 소요 시간은 30~40분이다.

T1에서 시내로 들어가기 A1 공항버스 이용. 05:35~01:05(5~10분 간격 운행)
T2에서 시내로 들어가기 A2 공항버스 이용. 운행시간 05:35~01:00(10~20분 간격 운행)
시내에서 T1으로 가기 A1 공항버스 이용. 운행시간 05:00~00:30, 5~10분 간격, 카탈루냐 광장에서 출발
시내에서 T2로 가기 A2 공항버스 이용, 운행시간 05:00~00:30, 10~20분 간격, 카탈루냐 광장에서 출발
소요시간 약 30~40분 요금 편도 5.90유로 왕복 10.20유로탑승시 지불하면 된다. 왕복 티켓은 영수증이 있으면 9일 이내 사용 가능

❷ 지하철

지하철 9호선L9S이 터미널 1·2에서 모두 출발한다. 월~목은 05:00~00:00, 금요일과 공휴일은 05:00~02:00, 토요일은 05:00~05:00, 일요일 05:00~00:00까지 운행한다. 카탈루냐 광장이나 에스파냐 광장까지 가려면 토라사역Torrassa에서 1호선L1으로 환승해야 한다. 카탈루냐 광장까지는 55분이 소요된다. 요금은 4.60유로이다.

❸ 국철R선Rodalies

T2 옆에 R선을 타는 에로포트역이 있다. 공항에서 산츠 역까지 갈 수 있다. 산츠 역행 R선은 06:13에서 23:40까지 30분 간격으로 운행한다. 20~30분 정도 걸린다. 공항행은 05:43부터 22:16까지 30분 간격으로 운행한다. 편도 요금 3.8유로이다.

*바르셀로나 공항에서 스페인의 KTX인 렌페Renfe를 타고 다른 도시로 이동할 수도 있다. T2의 R선 타는 곳에서 렌페Renfe를 탈 수 있다.

❹ 46번 시내버스Autobus

가장 저렴한 교통 수단이다. 티켓은 버스를 타면서 기사에게 바로 구입하면 된다. T1과 T2에서 에스파냐 광장까지 사이를 왕복 운행하며, 40~50분 정도 소요된다. 요금은 2.2유로이다. 운행 시간은 공항-에스파냐 광장은 05:00~23:50, 에스파냐 광장-공항은 05:30~23:50까지 이다.

❺ N16, N17 심야버스Nitbus

심야버스는 늦은 밤과 새벽에 이용하기 좋다. T1에서 N17 버스를, T2에서 N16 버스를 타면 된다. T1과 T2에서 에스파냐 광장과 카탈루냐 광장까지 갈 수 있다. 시내에서 공항으로 갈 때는 카탈루냐 광장을 이용하는 게 편하다. 티켓은 버스에 타면서 기사에게 바로 구입할 수 있다. 소요시간 40~50분 내외이며 요금은 2유로이다.

T1의 시내행 심야버스 N17 운행 시간은 21:45~22:25 10분 간격, 22:25~04:55 20분 간격이고, T2의 N16 운항 시간은 23:37~05:11 20분 간격이다. 카탈루냐 광장에서 T1행 N17은 23:00~05:00까지 20분 간격으로, T2행 N16은 23:00~05:10까지 20분 간격으로 운행한다.

❻ 택시

택시는 사람과 짐이 많을 때 이용하는 게 좋다. 20~30분 정도 소요되며, 시내까지 요금은 30유로 내외이다. 추가 요금은 없다.

©wikimedia

기차로 가기

마드리드, 발렌시아, 그라나다 같은 도시는 물론 프랑스에서도 기차로 갈 수 있다. 바르셀로나의 대표적인 기차역으로는 산츠역Estacio de Sants, 프란사역Estacio de Francia이 있다.

©flickr_Stephane D

❶ 산츠역 Estacio de Sants
바르셀로나에서 가장 큰 기차역으로 마드리드, 그라나다, 발렌시아, 히로나 등 스페인의 주요 도시를 연결한다. 고속, 급행, 지방 근교선, 메트로3·5호선가 연결되어 있다. 매표소는 장거리 매표소와 근거리 매표소로 나뉘어져 있다. 현장에서 티켓 구매가 가능하나 매표 기계나 스페인 KTX인 렌페의 웹사이트에서 구입하면 더 편리하다. 홈페이지 www.renfe.com

❷ 프란사역 Estacio de Francia
1929년 바르셀로나 만국박람회 때 건설된 아름다운 기차역이다. 카탈루냐 근교선과 프랑스를 오가는 열차를 운행한다.

버스로 가기

스페인에서 도시를 이동할 때는 버스도 많이 이용한다. 대표적인 고속버스 ALSA 버스의 전국 노선이 잘 되어 있다. 가격이 기차보다 저렴하며, 가까운 거리는 이동 시간이 크게 차이 나지 않는다. 버스 터미널로는 바르셀로나 북부터미널과 산츠 버스 터미널이 있다. 티켓은 버스 터미널 티켓 창구에서 직접 구매하거나, 알사 버스 홈페이지에서 예약할 수 있다. 홈페이지 www.alsa.es

❶ 바르셀로나 북부터미널 Estacio d'Autobusos Barcelona Nord
바르셀로나에서 가장 큰 버스 터미널로 스페인 주요 도시와 프랑스, 포르투갈 등 주변 국가를 연결한다. 메트로 1호선 아크 디 트리옴프역Arc de Triomf Barcelona의 바르셀로나 개선문에서 도보 5분 거리다. 소매치기가 많으니 특별히 조심하자.

❷ 산츠 버스터미널 Estacio d'Autobusos Sants
산츠역과 같이 있다. 유럽을 연결하는 버스인 유로 라인이 출발하고 도착한다.

🏛 바르셀로나 시내 교통 정보

시내 교통수단은 메트로, 국철, 버스, 택시, 자전거 등 다양하지만 메트로와 버스를 주로 이용한다. 메트로와 버스는 같은 티켓으로 이용 가능하다. 메트로 역 자동발매기언어 선택 가능에서 구입할 수 있다. 낱장으로 구매하기 보다는 10회 사용권인 T-10T-10 1 ZONA을 구매하는 것이 좋다. T-10이 있으면 지하철, 버스, 푸니쿨라, 트램을 모두 이용할 수 있다.

❶ 메트로Metro

1호선부터 11호선까지 바르셀로나 구석구석을 연결해준다. 웬만한 관광지는 메트로로 돌아볼 수 있다. 명소는 대부분 지하철 역에서 10분 이내 거리에 있다. 메트로에서 내리면 출구Sortida를 따라 원하는 출구로 나오면 된다.

요금 1회 이용권 2.20유로 1일권 7.6유로 T-10 1구간T-10 1 ZONA 10.30유로1구간은 도심 지역을 말한다. 운행시간 월~목·일·공휴일 05:00~00:00 금·공휴일 전날 05:00~02:00 12월 24일 05:00~23:00 토요일·12월31일·6월23일·8월14일·9월23일 24시간 운행 홈페이지 www.metrobarcelona.es/en/

❷ 버스Bus

지하철 못지않게 버스 노선도 잘 갖추어져 있다. 다만 초행길에는 노선이 헷갈릴 수 있으므로 가능하면 메트로 이용을 추천한다. 티켓은 메트로 역과 버스 기사에게 구입할 수 있다. 운행시간은 06:30~22:30, 요금은 2.20유로이다.

홈페이지 www.tmb.cat/en/home

©wikimedia

❸ 택시Taxi

생각보다 비싸지는 않지만 러시아워에는 답이 없다. 지하철을 이용하길 권한다. 기본요금은 1.45유로이다.

❹ 투어 버스Bus Turistic

3개 코스블루, 레드, 그린 컬러로 나뉘어져 있다. 티켓 하나로 3개의 코스 모두 이용 가능하다. 블루와 레드 코스는 2시간 정도, 그린 코스는 40분이 소요된다. 1일권은 성인 27유로, 4~12세는 15.40유로이다. 2일권은 성인 36유로, 4~12세는 18.90유로이다. 티켓은 관광 안내소와 홈페이지에서 구입 가능하다. 티켓을 구입하면 미술관, 공연 등 할인 쿠폰도 받을 수 있다. 관광 안내소는 카탈루냐 광장과 사그라다 파밀리아 성당 등 주요 관광지에 있다. 홈페이지 www.barcelonabusturistic.cat

©wikimedia

❺ 자전거Bikes

바르셀로나 구도심은 도보로 모두 여행할 수 있지만, 여행으로 피로감을 느

낀다면 자전거 여행을 추천한다. 특히 바르셀로네타 자전거 하이킹을 강추
한다. 시에서 운영하는 렌탈 서비스 비씽도 있고, 사설 자전거 렌탈 숍도 많
다. 비씽은 연간 이용료를 지불해야 하므로 여행자에게는 사설 자전거 렌탈
숍을 이용하는 게 유리하다. 비용은 2시간에 6~8유로, 8시간에 13~15유로
이다. 도심 곳곳에 렌탈 숍이 많다. Buget Bikes는 대표적인 자전거 렌탈 숍
이다. 람블라스, 라발, 보른지구의 지하철 주변, 바르셀로네타에 체인점이 있다.
전화 933 041 885 주소 Carrer Estruc, 38 홈페이지 www.budgetbikes.eu/

❻ 등산열차 푸니쿨라

메트로 2·3호선 파랄렐역Paral·lel에서 몬주익 언덕으로 가거나, 몬주익에서 파랄렐역으로 돌아올 때 이용할
수 있다. 메트로 티켓으로 이용 가능하다.

10회 이용권 T-10으로 시내 교통비를 아끼자

T-10T-10 1 ZONA을 구매하면 지하철, 버스, 푸니쿨라등산 열차, 트램, 기차 등 여러 교통

수단을 10회에 한해 모두 이용할 수 있다. 1회권을 그때그때 사는 것보다 편리하고
2~3일만 여행해도 1회권 보다 경제적이다. T-10은 1존Zone, Zona에서만 가능한데 바
르셀로나 시내는 모두 1존에 해당하므로, 티켓이 구겨지지 않도록 조심하는 것 빼
고는 특별히 신경 쓸 일이 없다. 이밖에 당일권, 2일권, 3일권 등도 있다. 1회권 가격은 2.20유로로, 10회권은
10.20유로로, 당일권은 7.60유로로, 2일권은 15유로로, 3일권은 22유로이다.

교통, 미술관, 가우디 투어를 한번에! 바르셀로나 카드Barcelona Card

단기 여행자에게 가장 실속 있는 카드다. 이 카드를 소지하면 메트로, 시내버스, 공

항 철도를 무제한 무료로 이용할 수 있다. 국립 카탈루냐 미술관, 호안 미로 미술관,
바르셀로나 현대미술관, 현대문화센터, 카이사 포럼 같은 미술관도 무료이다. 그 밖
의 미술관과 가우디 대표 건축물은 입장료를 할인해주며, 일부 플라멩코 공연장과
음식점, 상점, 자동차 렌트, 자전거 렌트 할인까지 받을 수 있다. 더 구체적인 무료 및 할인 리스트는 홈페이지
에서 확인할 수 있다. 카드는 관광안내소에서 구입할 수 있으며 가격은 3일권 45유로로, 4일권 55유로로, 5일권
60유로이다. 홈페이지 www.barcelonacard.org

교통 관련 홈페이지
바르셀로나공항 www.aena-aeropuertos.es 지하철 www.metrobarcelona.es/en/
시내버스 www.tmb.cat/en/home 투어버스 www.barcelonabusturistic.cat 자전거투어 www.budgetbikes.eu/

01 가우디 건축 투어

천재 건축가 안토니 가우디! 그의 건축은 차라리 동화이자 멋진 판타지 영화이다. 가우디를 빼놓고 바르셀로나를 이야기 하는 것은 불가능하다. 가우디 건축을 보지 못한 사람은 바르셀로나에 가지 않은 것과 같다. 1984년 유네스코는 그의 작품 대부분을 세계문화유산으로 등록하였다. 성가족 성당, 카사 밀라, 구엘 공원…… 떨리는 마음으로 가우디 투어를 떠나자!

02 바르셀로나 미식 여행

#파에야 #하몽 #추로스 #타파스

음식을 빼놓고 바르셀로나를 이야기할 수 있을까? 단언컨대, 바르셀로나는 세계 최고의 미식의 도시이다. 해산물과 샤프란이 들어간 스페인식 볶음밥 파에야, 돼지 뒷다리를 소금에 절여 숙성시킨 하몽, 스페인식 꽈배기 추로스, 스페인 특유의 접시 음식 타파스와 꼬치 음식 핀초, 와인과 와인에 레모네이드를 넣어 만드는 틴토 데 베라노까지. 바르셀로나 여행의 반은 맛이다.

03 정열의 춤 플라멩코 관람

#카탈루냐 음악당 #로스 타란토스
#팔라우 달마세스

집시의 후예들이 추는 열정의 춤. 세상에서 가장 강렬하고 가장 슬픈 춤이다. 물방울이 튕기는 것 같은 고운 기타 소리, 정한 깊은 노래, 무용수의 열정적인 춤, 그리고 숨막히는 박수 소리와 무대가 꺼질 듯 내리치는 탭 댄스…… 플라멩코는 춤이 아니라 몸으로 쓰는 정한 짙은 한편의 시다. 카탈루냐 음악당, 로스 타란토스, 팔라우 달마세스에서 감상할 수 있다.

04 바르셀로나 미술관 산책
#피카소 미술관 #호안 미로 미술관
#카탈루냐 미술관

©Museo Picasso Málaga

바르셀로나는 파리에 버금가는 예술의 도시다. 이 도시는 20세기 세계 미술사를 지배한 파블로 피카소와 추상미술과 초현실주의를 결합한 카탈루냐의 화가 호안 미로, 그리고 피카소와 미로의 먼 선배들의 회화부터 후예들의 창의적인 작품까지 모두 품고 있다. 피카소 미술관, 호안 미로 미술관, 카탈루냐 미술관, 현대미술관……. 예술을 그대 품안에!

05 바르셀로네타에서 지중해 즐기기
#피크닉 #자전거 산책 #케이블카

바르셀로나 남쪽은 지중해와 맞닿아 있다. 한없이 푸른 바다와 고운 모래 해변과 이국적인 거리가 있는 이곳을 바르셀로네타라 부른다. 수영과 일광욕, 지중해의 낭만을 즐기려는 여행객의 발길이 끊이지 않는다. 수많은 요트가 정박해 있는 벨 항구와 몬주익 언덕으로 향하는 케이블카가 바르셀로네타의 풍경을 완성해준다. 한없이 투명에 가까운 블루, 아름다운 지중해를 가슴에 담자.

06 바르셀로나 전망 즐기기
#카멜 벙커 #몬주익 성 #티비다보

구엘 공원에서 가까운 카멜 벙커Bunkers del Carmel는 바르셀로나에서 가장 아름다운 전망과 야경을 볼 수 있는 곳이다. 360도 조망은 탄성이 절로 나온다. 티비다보는 110년이 넘은 놀이공원이자 바르셀로나 시가지와 지중해까지 한눈에 담을 수 있는 전망 명소이다. 몬주익 언덕은 서울의 남산 같은 곳이다. 언덕에 서면 바르셀로나 시내와 푸른 지중해를 한눈에 담을 수 있다.

07 중세를 품은 골목길 산책

바르셀로나의 고딕과 보른 지구는 서울로 치면 북촌 같은 곳이다. 구시가지인 이곳은 2천 년 동안 바르셀로나의 중심이었다. 이곳에 발을 들여놓는 순간 타임머신을 타고 중세로 이동한 것 같은 착각에 빠지게 된다. 보석 같은 골목길이 바르셀로나의 중세와 근대로 당신을 안내해준다. 최고의 여행은 걷는 것이다. 고딕과 보른 지구로 골목길 산책을 나가자.

08 몬세라트 와이너리 투어

스페인은 세계에서 손꼽히는 와인 생산국이다. 기원전 10세기경 페니키아인들이 처음 전해주었는데, 지금은 세계 생산량의 15%를 차지하는 와인 대국이 되었다. 몬세라트는 신비로운 풍광과 수도원뿐만 아니라 와이너리 투어로도 명성이 자자한 곳이다. 와인 제조 과정을 견학하고, 시음과 구매도 할 수 있다. 와이너리 투어와 달콤 쌉싸름한 와인 시음. 당신의 여행은 느낌표로 가득할 것이다.

09 축구의 성지 FC바르셀로나

신계와 인간계 최고의 축구 선수가 모였다는 FC바르셀로나! FC바르셀로나는 다른 축구 클럽과 조금 다른 정신을 가지고 있다. FC바르셀로나는 협동조합이다. 바르셀로나 시민 20만 명이 조합원이다. 캄프누에서 열리는 것은 축구 경기가 아니라 축제이다. 축구의 성지, 엘클라시코의 뜨거운 현장. 당신의 가슴도 덩달아 뜨거워 질 것이다.

현지 투어로 바르셀로나 여행하기

에어비앤비에서 다양한 트립을 제공한다. 가우디 투어, 미술관 트립, 거리를 배경으로 남기는 스냅 사진 트립, 타파스를 즐기는 미식 트립, 시장을 둘러보며 로컬 음식을 즐기는 트립까지 종류가 다양하다. 스페인어 혹은 영어로 전 세계에서 온 여행자들과 새로운 추억의 한 페이지를 장식하게 될 것이다. 에어비앤비 홈페이지 www.airbnb.com

우리나라의 현지 여행사에도 가우디 투어, 몬세라트+와이너리 투어 등 다양한 투어프로그램을 운영한다. 유로 자전거 나라, 굿맨 가이드, 헬로우 트래블 등을 이용하면 된다 . 유로 자전거 나라 홈페이지 www.eurobike.kr 전화 한국 대표 번호 02-723-3403~5, 한국에서 걸 경우 001-34-600-022-578, 유럽에서 걸 경우 0034-600-022-578, 스페인에서 걸 경우 600-022-578 굿맨가이드 홈페이지 www.goodman-guide.com 대표번호 1600-4813 헬로우 트래블 홈페이지 www.hellotravel.kr 대표번호 02-2039-5190

■ 작가가 추천하는 일정별 최적 코스

1일
09:00	카탈루냐 광장
10:00	람블라스 거리 산책
11:30	란자 라 팔라레자에서 초콜릿과 추로스 맛보기
13:00	바르셀로나 대성당
14:30	보케리아 시장에서 점식 식사
16:00	고딕지구 골목길 산책
17:00	카페 실링Cafe Schiling 여유롭게 커피 한잔
20:00	로흐테트 레스토랑에서 저녁 식사
21:00	몬주익 분수쇼 관람

2일
09:00	사그라다 파밀리아 대성당
11:00	구엘공원
13:00	카사밀라 관람
14:00	타파스24에서 늦은 점심
16:00	카사 바트요 관람과 그라시아 거리 산책
18:00	피카소 미술관
21:00	라 마시아 델 보른La Masia Del Born에서 저녁 식사
21:30	카탈루냐 음악당에서 플라멩코 공연 감상

3일
09:00	람블라스 거리와 벨 항구 산책
11:00	바로셀로네타에서 지중해 피크닉과 자전거 하이킹
13:00	수케 데 랄미랄에서 파에야 즐기기
14:00	케이블카 타고 지중해 감상하며 몬주익 언덕으로 이동
17:00	몬주익 성, 호안 미로 미술관, 카탈루냐 미술관 관람
20:00	포블섹의 티켓츠Tickets에서 고급스럽고 창의적인 타파스 즐기기
21:00	바르셀로나 나이트 투어 버스

4일
09:00	몬세라트와 몬세라트 와이너리 투어
18:00	바르셀로나로 귀환
20:00	고딕 지구의 피카소 단골 맛집 콰트르 개츠Els 4Gats에서 우아한 저녁식사
21:00	카멜 벙커에서 바르셀로나 야경 즐기기

🏛 바르셀로나 쇼핑 정보

스페인은 여름과 겨울에 두 차례 큰 세일을 한다. 여름은 7월1일부터 8월 30일까지, 겨울은 1월7일부터 3월 초까지이다. 이 세일을 레바하스Rebajas라 부른다. 뒤로 갈수록 상품이 동이 나니 세일 초반에 집중해서 구매하는 게 좋다. 슈퍼마켓 메르카도나, 그라시아 거리, 바르셀로나 근교의 라 로카 빌리지가 대표적이다.

❶ 메르카도나Mercadona

한국 여행객의 쇼핑 1번지로, 바르셀로나에서 가장 유명한 슈퍼마켓이다. 실용적인 선물을 구매하기에 최적화된 장소다.올리브, 치즈, 하몽, 파에야, 와인, 건강식품 폴렌 화분, 천연 꿀 국화차, 보습력이 좋은 올리브바디 로션, 사해 바다 소금으로 만든 스크럽, 상그리아가 대표 상품적이다. 카탈루냐 광장과 에스파냐 광장에 지점이 있다.

❷ 그라시아 거리Passeig de Gracia

신시가지 에이샴플레의 대표 거리다. 카탈루냐 광장에서 북서쪽으로 쭈욱 뻗은 거리로, 프랑스의 샹젤리제, 우리나라 청담동 같은 곳이다. 샤넬, 구찌, 에르메스 같은 명품 브랜드와 스페인 대표 브랜드 자라와 망고 그리고 코스, 스카치 앤 소다 등이 그라시아와 동서로 뻗어나가는 작은 거리에 자리를 잡고 있다.

❸ 라 로카 빌리지La Roca Village

바르셀로나에서 북동쪽으로 자동차로 약 40분 거리에 있는 쇼핑 아울렛이다. 패션, 가방, 액세서리, 신발 등의 다양한 브랜드를 최대 60%까지 저렴하게 구매할 수 있다. 130개 매장이 입점해 있는데 대표 브랜드로는 구찌, 코치, 불가리, 아르마니, 발리, 버버리, 록시탕, 케빈클라인, 디젤 등이 있다. 카페와 레스토랑도 있다. 바르셀로나 시내에서 셔틀버스를 운행하기 때문에 부담 없이 다녀올 수 있다. 셔틀버스는 그라시아 거리Passeig de gracia, 6에서 출발한다. 길가 The Shopping Express 승강장에서 버스를 타면 된다. 승강장은 지하철 2·3·4호선 파세이그 데 그라시아역Passeig de Gràcia에서 도보로 2~3분 거리에 있다.

❹ 고딕과 보른 지구

람블라스 거리 옆 보케리아 시장은 식료품과 기념품을 사기에 좋다. 고딕지구 카탈루냐 광장에서 바로 이어진 거리Av. Portal de l'Angel에는 액세서리와 빈티지 브랜드가 많다. 보른과 라발 지구에는 아티스트와 디자이너 숍이 많다. 독특한 아이템은 주로 보른지구에 있다.

쇼핑하고 세금 환급받자Tax Refund

우리는 면세점이 활성화되어 있지만 유럽은 일정한 금액 이상 쇼핑을 하면 물건 값에 붙은 세금을 환급해준다. 택스 리펀 가맹점 한 매장에서 90.15유로 이상 구매하면 환급해준다. 의류 16%, 보석 및 사치품은 22%를 환급받을 수 있다. 세금 환급을 받기 위해서는 서류를 작성해야 하는데, 가게 직원에게 택스 리펀드한다고 말하면 서류를 준다. 출국할 때 공항 택스 리펀드 창구에 서류, 여권, 구매 영수증을 보여주면 된다. 실물 확인 요청을 대비해 구매 물품도 함께 준비하는게 좋다. 환급 받을 계획이라면 평소보다 1시간 일찍 공항에 도착하는 것이 좋다.

바르셀로나의 3대 벼룩시장

에이샴플레 벼룩시장

바르셀로나에서 가장 큰 벼룩시장이다. 책, 가방, 가구 등 빈티지한 상품들이 많다. 좋은 상품이 곳곳에 숨어 있다. 장소 클로리에스 카티라네스 광장 주소 Placa de les Glories Catalanes 08003 오픈 시간 월, 수, 금, 토요일 (08:30~16:00)

카테드랄 골동품시장

고딕지구 바르셀로나 대성당 앞에서 열리는 골동품 시장이다. 책, 반지, 액세서리 등 다양한 골동품이 판매된다. 주소 Pla de la Seu, s/n 08002 오픈 시간 목요일(09:00~20:00)

레이알 벼룩시장

대성당 앞에서 열리는 골동품 시장과 비슷한 시장으로 레이알 광장 앞에서 열린다. 동전, 화폐, 열쇠고리, 기념 배지 등을 판매한다. 주소 Placa Reial 08002 오픈 시간 일요일 10:00~14:00

람블라스 거리

바르셀로나 여행자 거리이다. 카탈루냐 광장에서 콜럼버스 동상까지 1.3km 남짓 이어진 보행자 전용 도로이다. 동쪽엔 고딕지구가, 서쪽엔 라발지구가 있다. 남쪽 끝에는 벨항구와 지중해가 펼쳐져 있다.

고딕 지구

고딕 지구는 람블라스 동쪽 구역으로, 2천 년 동안 바르셀로나의 중심이었다. 타임머신을 타고 중세로 이동한 착각에 빠지게 된다. 바로셀로나 대성당과 미로처럼 뻗은 골목길, 피카소의 그림 제목으로도 유명한 아비뇽 거리가 이곳에 있다.

라발 지구

람블라스 서쪽 구역이다. 브라질, 모로코 같은 이국적인 분위기가 물씬 풍긴다. 피카소가 영감을 얻기 위해 일부러 찾기도 했다. 보케리아 시장, 구엘 저택, 바르셀로나 현대미술관, 현대문화센터가 있다.

몬주익 언덕과 포블섹

바르셀로나 시내와 지중해 감상 명소이다. 몬주익 성, 호안 미로 미술관, 카탈루냐 미술관, 매직 분수 쇼, 올림픽 경기장 등으로 유명하다. 언덕 아래는 참신한 맛집과 멋진 카페가 많은 포블섹이 있다.

포블섹

몬주익 언덕

에이샴플레와 그라시아 거리

에이샴플레는 카탈루냐 광장 북쪽 지역이다. 19세기 말 건설된 신시가지이다. 성가족 성당, 카사 밀라, 카사 바트요 등 가우디의 멋진 건축이 이곳에 몰려 있다. 그라시아 거리는 에이샴플레의 쇼핑 명소이다.

보른 지구

고딕지구 동쪽 구역이다. 서울의 북촌 같은 곳이다. 파트리크 쥐스킨트의 소설 『향수』가 원작인 영화 <향수-어느 살인자의 이야기>의 촬영지이다. 피카소 미술관과 카탈루냐 음악당, 산타카테리나 시장이 보른의 보석이다.

고딕 지구

람블라스 거리

라발 지구

바르셀로네타

보른 남쪽 해안 구역과 지중해변을 말한다. 벨항구, 씨푸드 레스토랑, 아름다운 백사장, 에메랄드 빛 지중해가 펼쳐져 있다. 몬주익 언덕으로 가는 케이블카 승강장도 이곳에 있다.

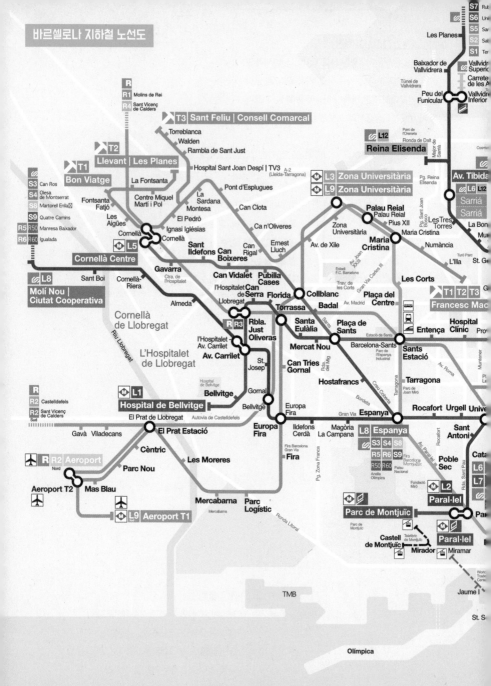

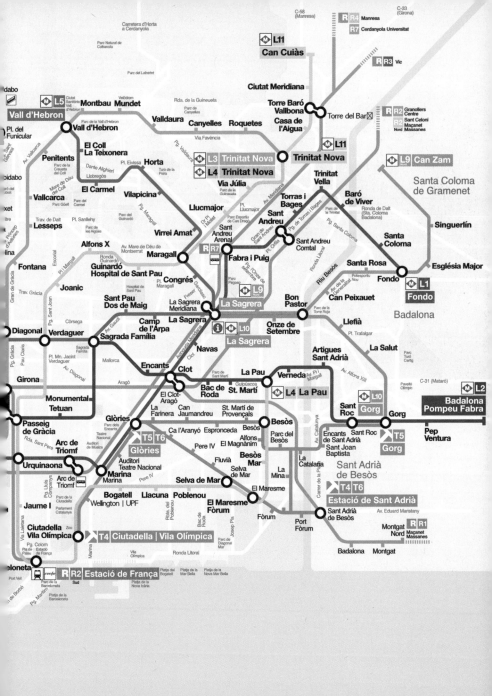

가우디 건축 여행 Antoni Gaudi
바르셀로나는 가우디다

안토니 가우디1852~1926. 이 천재 건축가가 없었다면 바르셀로나는 지중해 연안의 여러 평범한 도시 가운데 하나에 지나지 않았을 것이다. 가우디 건축을 보지 못한 사람은 바르셀로나를 보지 않은 것과 같다. 성가족 성당, 카사 바트요, 카사 밀라, 구엘 공원. 구엘 공원을 제외하면 그의 대표작은 대부분 시내에 몰려 있다. 1984년 유네스코는 가우디의 천재성을 높이 평가하여 그의 작품 대부분을 세계문화유산으로 등재하였다. 자, 떨리는 마음으로 가우디 투어를 떠나자!

구엘 공원
Parc Güell

산트파우 병원
Hospital de Sant Pau

레셉스역
Lesseps

사그라다 파밀리아역
Sagrada Família

카사 비센스
Casa Vicens Gaudí

사그라다 파밀리아 성당
La Sagrada Família

폰타나역
Fontana

그라시아

Av. Diagonal

디아고날역
Diagonal

Av. Diagonal

카사 밀라
Casa Milà

Passeig de Gràcia

Gran Via de les Corts Catalanes

에이샴플레

카사 칼베트
Casa Calvet

카사 바트요
Casa Batlló

파세이그 데 그라시아
Passeig de Gràcia

보른지구

카탈루냐역
Catalunya

고딕지구

리세우역
Liceu

라발지구

구엘 저택
Palau Güell

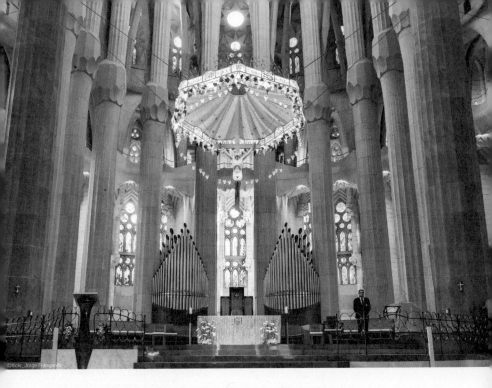
©flickr_Jorge Franganillo

📷 사그라다 파밀리아 성당 La Sagrada Famllia 라 사그라다 파밀리아
바르셀로나의 상징, 가우디 이곳에 묻히다

사그라다 파밀리아! 놀랍고, 경이로운 성당이다. 가우디와 성가족 성당을 소유한 바르셀로나 시민이 부러울 따름이다. 성당 건축은 1882년 건축가 비야르로부터 시작되었다. 그는 가우디의 스승이었다. 하지만 그가 기술 고문과 불화하다 하차하자 갓 서른을 넘긴 가우디가 설계를 이어받았다. 그는 후반부 인생 43년을 이 성당을 위해 헌신했다.

사그라다 파밀리아란 '성가족'이란 뜻이다. 여기서 가족은 마리아와 요셉, 그리고 예수를 뜻한다. 공사를 시작한 날은 공교롭게도 1882년 3월 19일이다. 요셉의 축일이었다. 처음부터 요셉과 그의 가족을 위해 짓기 시작했음을 알 수 있다. 첫 삽을 뜬 지 130년이 넘었지만 성당은 아직도 미완성이다. 가우디 서거 100주기인 2026년 완공을 목표로 한창 공사 중이다.

성당의 크기는 축구장과 비슷하다. 성당 북쪽에 제단이 있고, 동쪽, 서쪽, 남쪽에 파사드정면가 하나씩 있다. 동쪽 파사드는 예수 탄생, 서쪽은 예수 수난, 남쪽은 예수의 영광을 상징한다. 성당 위로는 예수를 상징하는 170m 첨탑이 올라가고, 열두 제자를 의미하는 탑 12개를 따로 올렸다. 현재는 탄생과 수난의 파사드만 관람할 수 있다. 탄생의 파사드는 가우디가, 수난의 파사드는 조각가 호셉 마리아 수비라체가 1990년에 완성했

다. 탄생의 파사드는 성모 마리아의 예수 잉태부터 예수 성장기의 모습을 사실적이면서 아름답게 표현하고 있다. 인물의 표정, 옷매무새, 손동작, 배경 등이 정교하고 생생하다. 수난의 파사드는 예수가 제자에게 배신당해 십자가에 못 박히기까지를 간결하면서 추상적으로 표현하고 있다. 탄생의 파사드와는 분위기가 전혀 다르다. 20세기 후반 작업답게 표현이 간결하고 분위기도 모던하다.

성당 실내는 하얀 벽과 빛, 스테인드글라스 덕에 엄숙하면서도 밝고 따뜻한 기운이 넘친다. 높은 기둥은 마치 야자수가 건축물을 받치고 있는 것처럼 보인다. 성당이 아니라 햇빛이 잘 드는 숲에 들어와 있는 느낌이다. 혹시 천국이 있다면 이런 곳이 아닐까 하는 생각이 든다.

가우디는 평생 미혼이었다. 혹시 그는 가족에 대한 이루지 못한 염원을 저 성당에 담으려 한 게 아닐까? 평생 갖지 못한 '가족'을 건축으로라도 얻고 싶었던 것은 아닐까? 가우디의 삶을 생각하며 성당 지하로 가면, 그곳엔 그의 무덤과 성당 건축에 관한 자료를 전시하는 박물관이 있다.

찾아가기 메트로 2·5호선 사그라다 파밀리아역Sagrada Familia에서 하차

주소 Carrer de Mallorca, 401, 08013 전화 932 08 04 14

운영시간 3월 09:00~19:00 4~9월 09:00~20:00 12월 25일·26일, 1월 6일 09:00~14:00

입장료 일반 성인 17유로 학생 15유로 성당 +오디오 성인 25유로 학생 23유로 성당 +가이드 성인 26유로 학생 24유로 성당+오디오+종탑 성인 32유로 학생 30유로

홈페이지 www.sagradafamilia.org

티켓 구입 방법

단체 관람객은 탄생의 파사드 앞 티켓 부스에서, 개별 관람객은 수난의 파사드 쪽에서 구입하면 된다. 현장의 행렬이 늘 길게 늘어서 있으므로 성당 홈페이지에서 미리 예약을 하면 기다리지 않고 바로 입장할 수 있다. 또 스페인의 대표 은행 카이사Caixia 홈페이지와 ATM기 어디서나 수수료 1.30유로를 내면 예약이 가능하다. 예약 티켓을 보여주고 바로 입장하면 된다. 종탑 엘리베이터 이용권은 따로 구입해야한다. 티켓을 구매하면 엘리베이터 탑승 시간을 알려준다.

안토니 가우디, 그는 누구인가?

바르셀로나는 가우디의 도시다. 이 도시에선 피카소의 명성도 초라해진다. 그는 1852년 바르셀로나 남서부 도시 레우스Reus에서 태어났다. 그의 부모는 딸과 아들을 잃고 가우디를 낳았다. 하지만 그도 건강한 아이는 아니었다. 어릴 때 폐병과 류머티즘을 앓아 늘 지팡이를 들고 다녀야 했다. 그는 육체적, 정신적으로 콤플렉스가 많은 소년이었다. 친구들과 뛰어놀 수 없어 늘 혼자였고, 그 덕에 자연을 친구로 여기며 살았다. 그의 콤플렉스는 역설적으로 그의 건축 세계에 큰 영향을 주었다. 가우디는 바르셀로나 건축전문학교를 졸업한 후 건축가의 길로 들어섰다. 그가 사업가이자 후원자인 에우세비오 구엘1846~1918을 만난 건 가우디뿐만 아니라 건축사의 행운이었다. 가우디는 그의 후원으로 구엘 별장, 구엘 저택, 구엘 공원을 설계했다. 또 카사 바트요, 카사 밀라, 사그라다 파밀리아 성당 등 세계 건축사에 남을 독창적인 프로젝트를 탄생시켰다.

그의 대표작은 대부분 1890년대 이후 작업이다. 자연적인 상상력에 이슬람 건축, 아르누보 양식, 타일 소재, 색채 미학을 융합한 명작이 대부분 후반기에 나왔다. 그의 건축은 그 자체로 지상에 세운 빛나는 건축론이다. 가우디는 사그라다 파밀라아 성당 건축을 지휘하다 1926년 초여름 전차에 치여 갑자기 세상을 떠났다. 그의 업적을 높이 평가한 교황청의 배려로 성직자가 아님에도 사그라다 파밀리아 성당 지하에 묻혔다.

가우디 투어 프로그램 안내

가우디 투어를 운영하는 한인 여행사가 꽤 많다. 시간이 부족한 여행자라면 도움이 될 것이다. 친절한 설명을 들으며 가우디를 더 깊이 느낄 수 있다.

유로 자전거 나라 홈페이지 www.eurobike.kr 대표번호 한국 대표 번호 02-723-3403~5 한국에서 걸 경우 001-34-600-022-578 유럽에서 걸 경우 0034-600-022-578 스페인에서 걸 경우 600-022-578

굿맨가이드 홈페이지 www.goodmanguide.com 대표번호 1600-4813

헬로우 트래블 홈페이지 www.hellotravel.kr 대표번호 02-2039-5190

📷 구엘 공원 Parc Güell 파르크 구엘
동화의 나라에 온 듯하다

구엘 공원은 가우디가 건축가를 넘어 예술가의 경지에 도달했음을
보여주는 공간이다. 모자이크 타일로 장식된 건물과 벤치, 도마뱀
조형물, 나선형 층계와 신전에서 가져온 것 같은 기둥, 뾰족하고 독
특한 지붕, 고집스럽게 이어지는 곡선들⋯⋯. 보면 볼수록 신비롭
다. 현실이 아니라 잠시 동화의 나라에 와 있는 듯하다. 유토피아가
있다면 이런 곳이 아닐까 싶다.

구엘 공원은 가우디만 꿈꾼 유토피아는 아니었다. 그의 친구이자
후원자인 구엘의 건축 공화국이기도 했다. 벽돌 제조업과 무역으
로 큰돈을 번 그는 카탈루냐의 정체성이 담긴 건축에 자연에서 영
감을 얻은 예술성을 더하고 싶었다. 마침 구엘은 지중해가 내려다
보이는 언덕에 고급 주거단지를 건설하겠다는 구상을 하고 있었다.
5만평 남짓한 땅에 고급 주택은 물론 공원, 운동장, 교회 같은 공공
시설을 들인 주택단지를 건설하는 프로젝트였다. 둘은 의기투합했
다. 그러나 1918년 구엘이 사망하자 재정 사정도 어려워졌다. 1910
년부터 14년 동안 이어오던 프로젝트는 결국 실패로 돌아갔다. 공
사는 중단되었고 구엘의 아들은 이 공간을 바르셀로나 시에 기증하
였다. 바르셀로나는 다시 공원으로 꾸며 시민들에게 돌려주었다.

구엘 공원 뒤로는 산자락이, 언덕 아래로는 바르셀로나 시내가 부챗살처럼 펼쳐져 있고, 그 너머로 푸른 지중해가 손에 잡힐 듯 다가온다. 가우디는 구엘이 떠나고 난 뒤 20년 동안 구엘 공원에서 살았다. 그가 살던 집은 박물관이 되어 여행자를 맞이하고 있다. 그가 디자인한 침대, 책상, 데드 마스크 등이 전시되어 있다.

찾아가기 ❶ 메트로 3호선 레셉스역Lesseps 또는 발카르카역Vallcarca에서 도보 15~20분. 지하철에서 구엘 공원까지 이정표가 있으므로 그대로 따라가면 된다. ❷ 버스 24번, 92번 승차 카레테라 데 카르넬 정류장Carretera de Carmel 하차(구엘 공원 북쪽 입구) 주소 Carrer d'Olot, 5, 08024 전화 902 20 03 02 운영시간 1월~2월 15일, 10월 27일~12월 31일 08:30~18:15(마지막 입장 17:30) 2월 16일~3월 30일 8:30~19:00(마지막 입장 18:00) 3월 31일~4월 28일 08:00~20:30(마지막 입장 19:30) 4월 29일~8월 25일 08:00~21:30(마지막 입장 20:30) 8월 26일~10월 26일 08:00~ 20:30(마지막 입장 19:30) 입장료 일반 9.50유로 7~12세 7유로 인터넷 구매 일반 8.50유로 7~12세 6유로 휴무 연중무휴 홈페이지 www.parkguell.cat

©flicky_Basile Coloyar

📷 카사 밀라 Casa Milà
가우디 건축 미학의 정점

카사 밀라Casa Mila, La Pedrera는 가우디의 자연주의 건축 철학이 정점에
이른 걸작이다. 가우디는 직선은 불완전한 인간의 선이고, 곡선이 완전
한 자연의 선이라는 철학을 가지고 있었다. 카사 밀라에서는 건물 모양
은 물론 기둥, 발코니, 창문, 계단, 옥상, 심지어는 천장과 벽에서도 곡선
의 향연이 펼쳐진다. 마치 거대한 바위산에 파도치는 모습을 조각해 놓
은 것 같다.

카사 밀라는 '밀라의 집'이란 뜻이다. 카사 바트요에서 북쪽으로 걸어서
10분 거리에 있다. 1905년 무역업으로 성공한 사업가 밀라가 카사 바트
요에 매료되어 가우디에게 건축을 의뢰했다. 7층 건물로 35개의 방과 응
접실로 구성되어 있다. 7층에는 밀라의 가족이 살았고 나머지는 부자들
에게 임대했다.

카사 밀라의 백미는 단연 옥상 테라스이다. 가우디는 기하학적인 옥상을
만들었다. 굴뚝의 형상도 독특해서 중세시대 기사의 투구 같다. 실제로
영화 〈스타워즈〉 투구를 쓴 병사 모습을 이 굴뚝에서 따왔다는 설이 있
다. 굴뚝 수십 개가 하늘을 바라보고 있는 모습은 마치 외계 생명체가 지

구에 불시착해 교신을 기다리는 모습 같다. 굴뚝 사이에 성모 마리아 상을 세울 계획이었으나 건축주의 반대로 십자가를 설치했다. 옥상 바로 아래에는 다락방이 있다. 아치형 천장 아래 서 있으면 고래의 몸속에 서 있는 느낌이 든다. 원래 추위와 더위를 막기 위해 비워둔 공간이었으나 지금은 박물관처럼 쓰이고 있다. 가우디가 디자인한 가구와 건축물 설계도 등에서 자연과 곡선을 향한 그의 건축 세계를 다시 한 번 되새길 수 있다.

찾아가기 메트로 2·5호선 디아고날역Diagonal에서 하차하여 Passeig de Gracia 출구 또는 Calle Arago-Rambla Catalunya 출구로 나가면 된다. 거리의 표지판에는 Casa Mila가 아니라 La Pedrera라고 표기되어 있으니 당황하지 마시길. 주소 Provenca, 261-265, 08008 전화 902 20 21 38 운영시간 3월 1일~11월 3일 09:00~20:30 밤투어 21:00~23:00 11월 4일~2월 28일 09:00~18:30 밤투어 19:00~21:00 12월 26일, 1월 3일 09:00~20:30 밤투어 21:00~23:00 입장료 성인 22유로 학생 16.50 유로 7~12세 11유로 장애인 16.50 유로 6세 이하 무료 홈페이지 www.lapedrera.com

©flickr_Michael Gaylard

카사 밀라 환상 야경 투어 안내

카사 밀라를 더욱 특별하게 즐기고 싶다면 카마 밀라에서 주최하는 야경 투어Gaudi's La Pedrera: The Origins를 예약하자. 야경 투어에 참여하면 스파클링 와인 카바Cava를 마시며 낭만적인 투어를 할 수 있다. 따로 예약하면 저녁 식사까지 할 수 있다. 간혹 재즈 연주회도 열린다. 카사 밀라의 정수는 단연 옥상 테라스다. 밤 9시부터 옥상에서 형형색색의 조명 쇼가 펼쳐진다. 바르셀로나의 야경 또한 아름답다. 예약과 스케줄은 홈페이지에서 확인할 수 있다. 운영시간 21:00~23:00 예산 성인 34유로, 7~12세 17유로, 6세 이하 무료, 저녁 포함 59유로

홈페이지 http://www.lapedrera.com/en/visits/gaudis-pedrera-origins

 ## 카사 바트요 Casa Batlló
카탈루냐 전설을 건축에 담다

지중해에 사악한 용 한 마리가 살았다. 그 용은 매일 양 두 마리를 주지 않으면 전염병을 퍼뜨렸다. 양이 다 떨어지자 용은 어린 아이를 요구했다. 사람들은 추첨으로 아이를 뽑아 용에게 바쳤다. 그러던 어느 날 왕의 딸이 당첨되었다. 그러자 가톨릭 성인 산 조르디Sant Jordi가 홀연히 나타나 용을 물리치고 공주를 구해냈다. 가톨릭 전파를 위해 꾸며낸 것 같지만 카탈루냐에서는 꽤 유명한 이야기이다. 용을 물리쳤다는 4월 23일을 산 조르디의 날로 지정하여 기념할 정도이다. 그라시아 거리의 카사 바트요는 이 전설을 재현한 건축물이다. 가우디는 사업가 바트요 카사노바스Batllo Casanovas의 의뢰를 받고 낡은 건물을 재건축하였다. 1904년 공사를 시작해 1906년에 완성했다. 건물은 용의 전설을 떠오르게 한다. 파사드는 파도가 치듯 움직이고 타일로 장식한 둥근 지붕은 마치 용의 비늘 같다. 발코니는 해골이나 용의 머리처

럼 생겼다. 사람들은 카사 바트요를 '용의 집'이라 부른다. 건물이 동물의 뼈를 닮아 '해골의 집'이라 불리기
도 한다.

건물 내부는 바다를 테마로 구성하였다. 계단은 용이나 고래 같은 동물의 거대한 뼈가 연상된다. 2층 살롱은
이 건물에서 가장 아름다운 곳이다. 스테인드글라스를 통과한 햇빛이 실내를 비추는데 그 모습이 오묘하다.
건물 중앙 통로는 청색 타일로 꾸며져 있어서 계단을 올라가는 게 아니라 용을 타고 바닷속을 여행하는 것 같
다. 지붕 옆 십자가는 조르디 성인을 상징하는 것이리라. 현재 이 건물은 사탕회사 츄파춥스 소유이다. 츄파
춥스는 원래 스페인 기업이었으나 2006년 이태리 기업이 인수했다. 하지만 살바도르 달리가 디자인한 로고
는 그대로 사용하고 있다.

찾아가기 메트로 2·3·4 호선 파세이그 데 그라시아역Passeig de Gracia에서 하차하여 Calle Arago-Rambla Catalunya 출구로
나가면 된다. 주소 Passeig de Gracia, 43, 08007 전화 932 16 03 06
운영시간 매일 09:00~21:00(마지막 입장20:00), 휴일 없음
입장료 성인 25유로 7~18세·65세 이상 노인 22유로
홈페이지 www.casabatllo.cat

고딕 지구와 라발 지구 Barri Gotic & El Raval
바르셀로나 여행이 시작되는 곳

람블라스 거리는 바르셀로나 구시가지에 있는 보행자 전용 도로이다. 젊음과 여행자의 거리이다. 람블라스를 기준으로 동쪽은 고딕 지구, 서쪽은 라발지구이다. 고딕 지구는 2천 년 동안 바르셀로나의 중심이었다. 발을 들어놓는 순간 중세로 이동한 느낌이 든다. 바르셀로나 대성당과 왕의 광장, 로마 성벽, 미로처럼 뻗은 골목길, 피카소가 그림 제목으로 따온 아비뇽 거리가 이곳에 있다. 라발 지구엔 보케리아 시장, 구엘 저택, 바르셀로나 현대미술관 등이 있다.

센폭스 Ⓜ 카탈루냐
Catalunya

바르셀로나 대성당
Catedral de Barcelona

람블라스 거리
La Rambla

벨 항구
Port Vell

파우 광장
Plaça Portal
de la Pau

드라사네스
Drassanes

Pl. des Catalunya

Ⓜ 카탈루냐
Catalunya

카탈루냐 광장
Plaça de Catalunya

Portal de l'Àngel

C. de pelai

코트르 개츠

몬시오 거리 Monsió

추레리아

Carrer de la Portaferrissa

바르셀로나 대성당
Catedral de Barcelona

왕의 광장
Plaça del Rei

하우메 I
Jaume I

아우구스투스
신전 기둥
Temple of
Augustus

부에나스
미가스
산타 클라라

비스베 거리 C. del Bisbe

마이앙스

Carrer del Pintor Fortuny

로마 성벽
Plaça de
Ramon Berenguer

람블라스 거리 La Rambla

그란자
둘시네아

C. de Petrixol

판스앤콤파냐

로흐테트
레스토랑

Carre del Carme

람블라스 거리
La Rambla

그란자 라
팔라레자

보케리아 시장
La Boqueria

카페 실링

C. de Ferran

라마누알
알파르가테라

Carre de l'hopital

Ⓜ 리세우
Liceu

헤르보리스테리아
델 레이

C. d'Avinyó

레이알 광장
Plaça Reial

조지 오웰 광장
Plaça George Orwell

로스 타란토스

C. Nou de la Ramblas

람블라스 거리 La Rambla

구엘 저택
Palau Güell

바 마르세유

 람블라스 거리 La Rambla 라 람블라
바르셀로나 여행을 시작하자

람블라스 거리는 구시가지의 중심, 고딕 지구와 라발 지구 사이에 있다. 여행자의 발길이 끊이지 않는 보행자 전용도로이다. 길은 카탈루냐 광장에서 시작하여 바르셀로나 항구 앞에 있는 콜럼버스 동상까지, 1.3km 가까이 이어진다. 남쪽 끝에는 지중해가 펼쳐져 있다. 람블라스 양 옆으로는 카페와 가게, 음식점 등이 주욱 늘어서 있다. 사잇길로 접어들면 조지 오웰 광장과 보케리아 시장, 바르셀로나 대성당, 그리고 중세의 골목길과 오래된 맛집이 나타난다. '람블라'는 아랍어로 '물이 흐르는 거리'라는 뜻이다. 실제로 옛날엔 북쪽 콜세롤라 산에서 흘러온 물이 이곳을 지나 지중해로 흘러갔다. 스페인의 시인 로르카는 람블라스를 '영원히 끝나지 않기를 바라는 길'이라 했고, 영국 작가 서머싯 몸은 '세계에서 가장 매력적인 거리'라 칭송했다.

찾아가기 메트로 1·3호선L1·L3 카탈루냐역Catalunya에서 남쪽으로 진입하면 람블라스가 시작된다.

 TIP 람블라스에서 쇼핑하기

람블라스엔 숍, 먹을거리, 즐길거리가 가득하다. 람블라스 거리를 중심으로 이어진 골목골목에서 앤티크 소품, 의류, 신발, 액세서리, 가방, 기념품 등 다양한 쇼핑 아이템을 만날 수 있다. 보케리아 시장은 식료품, 간단한 식사, 기념품을 사기에 좋다. 람블라스와 이웃해 있는 포르탈 데 란젤Avinguda del Portal de l'Àngel 거리에는 엘 코르테 잉글레스 백화점, H&M, 자라 같은 패션 숍, 신발 가게, 액세서리 숍이 많다. 포르타페리싸 거리Carrer de la Portaferrissa 주변에도 신발, 액세서리, 모자, 속옷 가게 등이 많다.

📷 카탈루냐 광장 Plaça de Catalunya 프라사 데 카탈루냐
바르셀로나의 영혼이 이곳에 있다

카탈루냐 광장은 람블라스 거리의 시작점이자 바르셀로나 교통의 중심
지이다. 호텔, 쇼핑몰, 공공기관, 관광정보센터가 몰려 있다. FC바르셀
로나 축구 팬의 모임 장소로 유명하며, 관광지라기보다 바르셀로나를
이해하기 좋은 장소이다. 카탈루냐바르셀로나를 중심으로 한 지중해 연안 지역.
넓이는 남한의 30%이고, 인구는 약 760만 명이다. 사람들은 자신이 스페인이 아
니라 카탈루냐 소속이라는 의식이 강하다. 바르셀로나에서 스페인 국
기보다 카탈루냐 깃발을 더 많이 볼 수 있는 이유이다. 카탈루냐는 스페
인 왕위 계승 전쟁에서 패배1714년 카탈루냐는 마드리드를 중심으로 하는 카스티야
왕국의 영토가 되었다. 한 뒤 주권을 상실했다.

카탈루냐 광장 중심에는 프란세스크 마시아의 기념비가 있다. 가우디
사후에 성가족 성당 '수난의 파사드'를 완성한 스페인의 조각가 '호세 마
리아 수비아체'의 작품이다. 프란세스크는 1931년 카탈루냐 자치 정부
를 수립한 인물이다. 그의 청동 조각상에는 '카탈루냐의 자치 정부 헤네
랄리타트의 수반'이라고 명시되어 있다. '헤네랄리타트'는 카탈루냐가
독립국이라는 뜻이다. 2017년 10월 27일 카탈루냐 정부는 시민 투표를
통해 독립을 선포하였으나, 스페인 정부는 이를 인정하지 않고 있다. 레
알 마드리드와 FC바르셀로나의 축구 경기가 그토록 치열할 수밖에 없
는 건, 이 같은 역사와 감정적 갈등이 내재되어 있기 때문이다.

찾아가기 메트로 1·3호선L1·L3 카탈루
냐역Catalunya에서 남쪽으로 진입하면
람블라스가 시작된다. 그곳이 카탈루
냐 광장이다.

📷 바르셀로나 대성당 Catedral de Barcelona 카테드랄 데 바르셀로나
고딕지구의 랜드마크, 아메리카 원주민 첫 세례를 받다

바르셀로나 대성당은 고딕지구의 랜드마크이다. 카테드랄이라 불리는 대성당은 어떤 건축물보다 웅장하고 화려하다. 길이가 93m, 너비 40m, 첨탑 높이는 70m에 이른다. 콜럼버스가 데리고 온 아메리카 원주민이 이곳에서 첫 세례를 받았다고 알려져 있다. 대성당은 559년 바르셀로나의 수호성인 에우랄리아 성녀를 추모하기 위해 세웠다. 에우랄리아는 로마의 기독교 박해가 심하던 290년 바르셀로나에서 태어났다. 그녀는 예수를 부정하지 않은 죄로 끔찍한 고문을 당하다 순교하였다. 그녀 나이 불과 13살이었다. 중앙 제단 아래층에 그녀의 묘가 있다.  대성당에서 꼭 찾아봐야 할 곳이다. 제대 위 흰 대리석에 로마인에게 고문을 당하는 장면이 실감 나게 묘사되어 있다. 창살이 있어서 밖에서 참관해야 한다. 창살 아래에 동전을 넣으면 불이 켜지는 전등 촛불이 있다. 천주교 신자라면 촛불을 켜 성녀를 추모하는 것도 좋을 것이다. 대성당 수도원 연못에선 예전부터 거위 13마리를 키운다고 한다. 13살, 꽃

다운 나이에 순교한 에우랄리아 성녀를 추모하기 위해서다.

대성당은 11세기 초 무어족의 침략으로 파괴되었다. 1298년부터 건축가 4명이 다시 짓기 시작하여 150년이 지난 1460년에 정면 현관을 제외하고 대부분 완성했다. 그러나 경제적, 정치적 이유로 400년 넘게 미완 상태로 남아 있었다. 다행히 1408년에 만든 설계도를 발견하여 한 은행가의 후원을 받아 1913년 현관 공사를 마무리했다. 재건축을 시작한 지 무려 600년 만에 최종적으로 성당이 완성되었다.

대성당 앞에는 넓은 노바광장Placa Nova이 있다. 여행객은 물론 현지인, 거리 음악가, 행위 예술가 등이 뒤섞여 다채로운 분위기를 만든다. 목요일마다 앤틱 소품 중심의 벼룩시장이 열리며, 토요일엔 시민들이 모여 카탈루냐 전통춤 사르다나Sardana 공연을 한다. 광장 건너편 바르셀로나 건축협회 건물에는 어린 아이를 그린 것 같은 거대한 그림이 있다. 스페인의 자랑인 파카소가 '사르나다'를 표현한 작품이다.

찾아가기 메트로 4호선 하우메 I 역Jaume I에서 도보 3분, 3호선 리세우역Liceu에서 도보 6분 주소 placa de la Seu 3 운영시간 월~금 08:30~12:30(무료) 17:45~19:30(무료) 12:30~17:45(기부금) 토요일 08:30~12:30(무료) 17:15~18:00(무료) 12:30~17:15(기부금) 일요일 08:30~13:45(무료) 17:15~18:00(무료) 13:45~17:15(기부금) 입장료 무료 입장시 타워 전망대 입장료 3유로 공연 주말 성당 광장에서 열리는 사르다나 공연 시간은 관광안내소에서 확인하면 된다. 홈페이지 www.catedralbcn.org

📷 왕의 광장 Plaça del Rei 프라사 델 레이
콜럼버스, 신대륙 발견을 보고하다

40대 중반 남자가 남루한 차림으로 서 있다. 그의 손에는 금덩이가 들려 있고, 뒤에는 피부가 검은 노예 둘이 겁에 질린 채 서 있다. 주위 사람들이 탐탁지 않은 눈빛으로 수군거린다. 그 앞에는 부채 모양 계단이 있고 계단 위에는 금빛 옷과 보석으로 치장을 한 중년의 여자와 배가 불룩 나온 남자가 근엄한 표정으로 앉아 있다. 남자가 계단을 올라와 금덩이와 노예를 바치며, 새로운 항로를 발견했노라 큰소리 친다. 하지만 광장은 그를 비웃는 웃음으로 가득 찬다. 이 비루해 보이는 남자가 인류의 역사를 바꾼, 하지만 아메리카 원주민에겐 재앙의 씨앗을 뿌린 그 유명한 콜럼버스였다. 그의 앞에 앉아 있던 남녀는 에스파냐 아라곤 지역을 통치했고, 콜럼버스를 후원했던 부부 왕 페르난도 2세와 이사벨 1세 여왕이었다.

찾아가기 메트로 4호선 하우메 I 역 Jaume I에서 도보 5분
주소 Placa del Rei 82002

왕의 광장은 콜럼버스가 신대륙 발견을 보고한 역사적 공간이자, 스페인과 카탈루냐가 분리되어 있던 시절 카탈루냐 지역을 통치하던 아라곤 왕국의 왕들이 머물던 곳이다. 왕의 광장은 인류사에 손꼽히는 장소지만 이 사실을 아는 여행객은 많지 않다. 화려할 법 하지만 광장은 놀랍도록 소박하다. ㄷ자 모양 건물과 평범한 광장, 부채꼴 모양의 계단이 전부이다. 신대륙의 발견은 엄청난 사건이었지만 그 이유로 인류는 수많은 아메리카 원주민과 그들의 문화를 잃었다. 역사는 이렇듯 보는 이에 따라 달라지는 법이다.

로마 성벽과 아우구스투스 신전 기둥 Placa de Ramon Berenguer & Temple of Augustus
로마제국의 흔적들

바르셀로나는 난방 시설이 필요 없을 만큼 사계절 따뜻하다. 온화한 지중해성 기후 때문이다. 기후가 좋은 탓에 바르셀로나를 탐하는 사람들이 많았다. 로마제국도 그 중 하나였다. 대성당 근처에서 로마의 영화로웠던 흔적을 접할 수 있다. '로마 성벽'과 '아우구스투스 신전 기둥'이다. 로마 성벽은 고딕 지구를 감싸면서 왕권을 지켜주는 역할을 했다. 지하철 4호선 하우메 I 역Jaume I 부근과 왕의 광장 아래쪽에서 볼 수 있다. 4~5층 높이로 성벽은 더없이 육중하다. 한니발 장군으로 유명한 북아프리카 해상 왕국 카르타고를 방어하기 위해 쌓았다.
아우구스투스 신전 기둥은 기원전 1세기 아우구스투스 황제를 기리기 위해 세웠다. 바르셀로나 대성당 뒤편 작은 골목 파라디스Carrer del Paradis 코너에 위치한 아치형 문으로 들어가면 로마의 기둥이라 새긴 작은 간판이 안내를 해준다. 간판을 따라 걷다 보면 갑자기 믿지 못할 광경이 펼쳐진다. 기둥 세 개가 마치 하늘을 밀어 올릴 듯 높이 뻗어 있다. 원래 다른 곳에 있었으나 20세기 초 지금의 위치, 바르셀로나 역사박물관 옆으로 옮겼다. 역사박물관은 왕의 광장에 있다. 역사박물관 1층에서는 로마시대의 토기와 배수시설 등을 관람할 수 있다.

로마 성벽 찾아가기 메트로 4호선 하우메 I 역Jaume I에서 도보 5분
주소 Placa de Ramon Berenguer el Gran 08002, Carrer del Sots-Tinent Navarro, 6, 08002
아우구스트 신전 기둥 찾아가기 메트로 4호선 하우메 I 역Jaume I에서 도보 3분
주소 C. Paradis, 10, 08002 전화 93 256 21 22 개방시간 월요일 10:00~14:00
화~토요일 10:00~19:00 일요일 10:00~20:00 휴일 1월 1일, 3월 1일, 6월 24일,
12월 25일 홈페이지 www.museuhistoria.bcn.cat

📷 보케리아 시장 La Boqueria 라 보케리아
람블라스 옆 전통 시장

보케리아 시장은 람블라스 거리 서쪽 라발 지구에 있다. 바르
셀로나의 대표적인 시장 가운데 하나로, 명소와 가까워 여행객
에게 인기가 좋다. 카탈루냐 광장에서 람블라스 거리를 따라
6~7분 걸어가면 우측으로 스테인드글라스 장식을 단 시장 입
구가 나온다. 보케리아는 카탈루냐어로 '고기를 파는 곳'이란
뜻이다. 11세기부터 사람들이 이곳에 고기를 내다 팔면서 시장
이 형성되었다. 시장은 여행객이 몰려들어 활기가 넘친다. 해
산물, 채소, 과일, 빵, 하몽과 치즈가 눈을 즐겁게 해준다. 유럽
에서 가장 큰 시장답다. 시장 중심부엔 식료품점이, 안쪽과 코
너엔 선술집과 간이 식당이 들어서 있다. 한국인이 운영하는
식품점도 있다. 시장 모퉁이 노천카페에서 여유를 즐겨보는 것
도 좋겠다. 살라미와 치즈, 맥주 한잔을 하면 어떨까? 맥주를
들이켜고 나면 그제야 바르셀로나에 온 게 실감이 날 것이다.
"아, 바르셀로나다!"
당신은 이렇게 소리칠지도 모른다. 이 시장의 단점도 있다. 여
행객이 몰리면서 다른 시장보다 가격이 조금 더 비싸다는 점이
다. 현지인들은 메트로 4호선 하우메 I 역Jaume I 근처에 있는
'산타 카테리나 시장'을 더 많이 찾는다.

찾아가기 메트로 3호선 리세우역Liceu에서 도보
로 3분 주소 La Rambla 91
전화 933 182 584
영업시간 월~토 08:00~20:30
휴무 일요일·공휴일
홈페이지 http://www.boqueria.barcelona

TIP Plus Info

메르카도나 Mercadona
한국 여행객의 쇼핑 1번지

메르카도나Mercadona는 바르셀로나에서 가장 유명한 슈퍼마켓이다. 스페인과 포르투갈 마트 부문에서 최고로 뽑히는 곳이다. 슈퍼마켓이라 하지만 대형 마트와 비슷하다. 여행객에게 특히 인기 좋은 것은 식품이다. 올리브, 치즈, 하몽, 파에야, 와인 등 스페인을 대표하는 다양한 제품을 구입할 수 있다. 한국 여행객에게 인기가 좋은 제품도 많다. 벌의 다리에 붙어있는 꽃가루와 타액을 가공해 만든 건강식품 폴렌花粉, 천연 꿀 국화차, 보습력이 좋은 올리브 바디 로션, 사해 바다 소금으로 만든 스크럽, 상그리아가 대표적이다. 실용적인 선물을 구매하고 싶은 여행객들에게는 최고의 장소다. 카탈루냐 광장점과 에스파냐 광장 아레나 점이 있다. 메르카도나는 중독성 있는 로고 송으로도 유명하다.

카탈루냐 광장 점 찾아가기 메트로 1·4호선 우르키나오나역Urquinaona에서 도보 8분
주소 Ronda de Sant Pere 영업시간 09:00~21:00(일요일 휴무)
에스파냐 광장 점 찾아가기 메트로 1·3·8호선 에스파냐 광장역Pl. Espanya에서 도보 3분
주소 Gran Via de les Corts Catalanes, 373 영업시간 09:00~21:00(일요일 휴무)

꿀 국화차
달콤한 맛이 나는 천연 차로, 인기 좋은 기념품으로 꼽힌다. 'Manzanilla con Miel'이라고 써 있는 것을 구매하면 된다.

하몽
돼지고기를 소금에 절여 숙성시킨 생 햄이다. 메르카도나에서 진공 포장된 것을 구입하면 비행기에 가지고 탈 수 있다.

파에야 키트
생쌀과 올리브 오일, 파에야 분말이 들어 있는 키트로 선물하기 좋다. 토마토나 오징어 등을 넣어 조리하면 더욱 맛이 좋다.

📷 레이알 광장과 조지 오웰 광장 Plaça Reial & Plaça George Orwell
📍 플라멩코, 가우디, 그리고 조지 오웰

레이알 광장은 람블라스 중간 지점 고딕지구에 있다. 페란 3세페르난도 3세. 1199~1252. 13세기 레온 왕국과 카스티야 왕국을 통일시켰다. 역대 스페인 군주 중에서 손꼽히는 왕이다.가 왕가를 드높이기 위해 만들었다. 광장은 신고전주의 양식 건물로 둘러싸여 있다. 가우디가 초기에 디자인한 주철과 청동으로 만든 화려한 가스 가로등으로 유명하다.

레이알 광장은 노천 바, 레스토랑, 카페를 거느리고 있다. 밤이 되면 바와 클럽이 문을 열어 낮보다 더욱 성황을 이룬다. 한국 여행객에게는 가우디 투어의 시작점 혹은 마지막 장소로 알려져 있다. 플라멩코 클럽 타란토스Tarantos가 레이알에 있다. 공연료는 비교적 저렴하면서도 수준 높은 플라멩코 공연으로 소문이 나 있다. 그러나 밤에는 소매치기를 조심해야 한다.

조지 오웰 광장은 고딕 지구 남쪽 에스쿠델레스 거리Carrer dels Escudellers와 아비뇽 거리가 만나는 지점에 있다. 인도계 영국작가 조지 오웰은 20세기를 대표하는 소설 「동물농장」과 「1984」를 남겼다. 그는 스페인 내전1936~1939 당시 민주주의 수호라는 숭고한 정신을 가슴에 품고 의용군으로 참전했다. 그는 내전 체험담을 담아 「카탈루냐 찬가」를 발표했다.

레이알 광장 찾아가기 메트로 3호선 리세우역Liceu에서 도보 5분
조지 오웰 광장 찾아가기 메트로 3호선 리세우역Liceu역과 드라사네스역Drassanes에서 도보 7~10분

📷 구엘 저택 Palau Güell 팔라우 구엘
📍 가우디의 초기 건축을 엿보자

람블라스 거리 중간에 메트로 3호선 리세우역이 있다. 구엘 저택은 이곳에서 람블라스 거리를 따라 벨 항구 쪽으로 조금 더 내려가야 한다. 5분쯤 산책하듯 걷다가 방향을 오른쪽으로 틀어 라발 지구로 조금 들어가면 나온다. 구엘 저택은 가우디 초기 건축의 특징을 명료하게 보여준다. 1885년 공사를 시작하여 1989년에 완공하였다. 그의 다른 초기 건축처럼 곡선보다는 직선이 강조되고 있으며, 대문을 장식하고 있는 정교한 철제 세공 또한 초기 작품에서 흔히 나타나는 특징 가운데 하나이다. 굴뚝을 타일로 장식한 점도 가우디적인 건축 요소이다. 구엘은 15년 넘게 이곳에서 살다가 구엘 공원으로 이사했다. 구엘 공원과 함께 기증하여 지금은 바르셀로나 시에서 관리하고 있다. 내부 입장이 가능하다.

찾아가기 메트로 3호선 리세우역Liceu에서 도보 7분 주소 Carrer Nou de la Rambla, 3-5, 08001
전화 934 72 57 75 운영시간 4~10월 10:00~20:00(마지막 입장 19:00) 11~3월 10:00~17:30(마지막 입장 16:30)
휴무 월요일, 12월 25·26일, 1월 1·6·13일 입장료 12유로 홈페이지 http://palauguell.cat

 ## 고딕 지구 골목길 산책
중세의 시간을 느끼자

고딕지구는 운치 있는 골목이 실타래처럼 이어져 있다. 독특한 가게로 가득 차 있거나 고딕 건축과 역사 깊은 광장도 품고 있다. 고딕 지구를 제대로 즐기기 위해선 주요 거리를 알아두는 게 좋다. 람블라스 동쪽 거리 포르탈 데 란젤Portal de l'angel은 람블라스 형제쯤 되는 거리다. 카탈루냐 광장에서 시작하기 때문에 여행자들이 간혹 람블라스로 착각하기도 한다. 포르탈데 란젤엔 자라, 갭, 리바이스 등 유명 브랜드숍과 쇼핑센터가 몰려 있다. 페란Ferran 거리는 과거 왕과 귀족 그리고 말을 탄 기사들이 다녔던 길이다. 지금은 기념품 가게, 카페, 타투 가게가 거리를 채우고 있다. 페트리촐Petritxol은 초콜릿 골목 혹은 달콤한 골목이라 불린다. 산타 마리아 델 피 성당과 이어져 있는 100m 정도 되는 좁은 골목으로, 피카소와 초현실주의 화가 살바도르 달리가 즐겨 찾은 곳이다. 대성당 주변에서 가장 매력적인 골목은 콤테스Comtes와 비스베Bisbe 거리이다. 대성당 정면을 바라보고 왼쪽으로 난 길이 콤데스고 오른쪽이 비스베이다. 콤데스에는 늘 거리 음악가가 연주를 하고 있는데, 좁은 골목은 연주가 멋진 울림으로 퍼져 나가도록 도와주는 자연 음향 시설이다. 비스베는 대성당과 시청사가 있는 하우메 광장을 이어주는 거리다. 종교와 정치의 상징 장소를 이어준다. 거리 중간에 골목 양쪽 건물을 이어주는 작은 구름다리가 있다. 1928년 카탈루냐 주정부가 시청사와 주청사를 왕래하기 위해 만든 다리인데, 조각의 묘사가 정교해 마치 중세의 작품처럼 보인다.

피카소의 그림 〈아비뇽의 처녀들〉의 고향, 아비뇽 거리

파블로 피카소1881~1973가 1907년에 그린 〈아비뇽의 처녀들〉
은 큐비즘의 시초라 불리는 작품이다. 입체주의 출구를 연 이
작품은 현재 뉴욕 현대미술관이 소장하고 있다. 이 작품 이름은
고딕 지구의 아비뇽 거리Carrer d'Avinyó에서 따왔다. 이 거리의
사창가 여인들이 모델이었다는 설이 있다. 고딕 지구 남쪽에 있
는 거리로 지금은 상점가로 변했다. 아비뇽 거리엔 한국 여행객
에게 인기가 많은 신발 가게 라 마누알 알파르가테라La manual
alfargatera가 있다. 1940년부터 천연 재료로 신발을 만드는 유
서 깊은 가게이다.

©flickr_NichoDesign

찾아가기 람블라스 거리 중간에 있는 3호선 리세우역Liceu에서 동쪽으로 도보 5분

📷 벨 항구와 파우 광장 Port Vell & Plaça Portal de la Pau 포르트 벨 & 프라사 포르탈 데 라 파우
길이 끝나고 지중해가 펼쳐진다

바르셀로나는 스페인 제2의 도시이자 제1의 항구 도시이다. 도시가 바다
와 접해있다는 것은 큰 행운이자 숨길 수 없는 매력이다. 마치 욕망이 가
득 찬 도시가 넓고 푸른 바다와 만나 스스로를 정화하는 느낌을 받는다.
벨 항구는 람블라스가 끝나가는 곳에 있다. 지중해의 수평선은 더없
이 매혹적이다. 정박해 있는 수많은 요트가 왠지 모를 설렘을 안겨준
다. 1992년 바르셀로나 올림픽을 준비하면서 대대적인 공사를 하여 요
트 경기장과 함께 편히 쉴 수 있는 공원으로 꾸몄다. 길바닥을 파도가
치는 모양으로 디자인하여 '람블라 데 마르'Rambla de mar라 이름 붙였
다. '바다의 람블라'라는 뜻이다. 주말에는 공연이나 벼룩시장이 열린다.
벨 항구 옆에는 파우 광장과 1888년 바르셀로나 박람회 때 세운 콜럼
버스 기념탑이 있다. 바르셀로나가 끝나는 지점이자 망망한 바다가 시
작되는 곳에 콜럼버스를 기리기 위해 탑을 세웠다.

찾아가기 메트로 3호선 드라사네스역Drassanes에서 도보 5분

주소 Placa del portal de la pau, 08002

고딕 지구와 라발 지구의 맛집과 숍
Barri Gotic & El Raval

🍴 콰트르 개츠 Els 4Gats
피카소의 단골 맛집

고딕 지구에 있는 피카소의 단골 레스토랑이다. 1897년 문을 열었다가 1903년 문을 닫았다. 1971년 다시 문을 열었다. 타파스부터 육류, 생선, 채소 요리까지 전통에 기반한 다양한 퓨전 음식을 즐길 수 있다. 콰트로 개츠는 카탈루냐어로 고양이 네 마리라는 뜻이다. 원래는 레스토랑보다 건물이 더 유명했다. 가우디와 함께 바르셀로나를 대표하는 건축가로 꼽히는 조셉 푸이그가 설계했다. 피카소의 단골집이 되면서 건물보다 레스토랑이 더 유명해졌다. 콰트로 개츠는 예술가들의 아지트였다. 피카소는 1899년 이곳에서 첫 전시회를 연 후에 메뉴판 커버 그림을 그려 주었다. 지금은 음식보다 메뉴판이 더 유명하다. 2인용 자전거를 타는 두 남자를 그린 작품이 한쪽 벽을 차지하고 있다. 이 또한 피카소 작품이다. 원본은 카탈루냐 미술관에 있다.

찾아가기 메트로 1·3호선 카탈루냐역Catalunya에서 도보 5분
주소 Carrer de Montsio, 3, 08002 전화 933 02 41 40 영업시간 09:00~00:00 예산 20~50유로
홈페이지 www.4gats.com

🍴 추레리아 Xurreria
한국말로 인사하는 추로스 가게

"안녕하세요? 1유로에요. 설탕?" 타지에서 우리말을 들으면 정말 반갑다. 메뉴를 고심하고 있으면 카탈루냐 아저씨가 불쑥 우리말로 인사를 건넨다. 이곳은 한국 여행객에게 제일 인기가 좋은 추로스 집이다. 고딕 지구의 아름다운 골목길 바인스 노우스 Banys Nous 거리에 있다. 여행객 뿐 아니라 현지인에게도 인기가 좋다. 가게 한쪽에 추로스가 잔뜩 쌓여 있고 아저씨가 열심히 반죽을 하고 있는 풍경이 정겹다. 게다가 추로스를 저울에 무게를 달아 팔아 더 재미있다. 찾아가기 메트로 3호선 리세우역Liceu에서 도보 7분 주소 Carrer dels Banys Nous, 8, 08002 전화 933 18 76 91 영업시간 월·화·목·금 07:00~13:00, 15:30~20:15 토 07:00~14:00, 15:30~20:30 일 07:00~14:30, 16:30~20:30 휴무 수요일 예산 3~4유로

🅰️ 그란자 라 팔라레자 Granja la Pallaresa

그야말로 유명한 초콜릿 카페

스페인은 유럽에서 처음으로 초콜릿을 들여온 나라이다. 콜럼버스가 아메리카로의 네 번째 항해를 마치고 돌아오면서 가지고 왔다. 초콜릿 원조 거리는 페트로촐Petritxol이다. 이 거리엔 지금도 몇 군데 초콜릿 가게가 터줏대감 노릇을 하고 있다. 가장 유명한 초콜릿 카페는 1947년 문을 연 그란자 라 팔라레자이다. 'Granja'는 스페인어로 농장 혹은 가족이 운영하는 레스토랑을 지칭한다. 초콜릿을 직접 만들어 장인의 손길이 느껴진다. 메인 메뉴는 초콜릿 차와 추로스다. 초콜릿 차에 추로스를 찍어 먹으면 달콤한 맛의 정수를 느끼게 될 것이다. 초콜릿 차 가운데 휘핑크림을 얹은 핫초코 수이소스Suissos의 인기가 가장 좋다. 약간의 기다림은 감수해야 하며, 특히 주말에는 서서 먹을 수도 있다.

찾아가기 메트로 3호선 리세우역Liceu에서 도보 7분 주소 Calle Petritxol, 11, 08002 전화 933 02 20 36 영업시간 월~토 09:00~13:00, 16:00~21:00 일요일 09:00~13:00, 17:00~21:00 예산 10~20유로

🅱️ 그란자 둘시네아 Granja Dulcinea

고풍스런 초콜릿 카페

페트로촐은 100m 정도 되는 소박한 골목길이다. 피카소와 초현실주의 작가 살바도르 달리가 초콜릿을 먹기 위해 즐겨 찾았던 초콜릿 거리이기도 하다. 그란자 둘시네아는 1930년 문을 연 이래 현지인의 사랑을 듬뿍 받고 있는 초콜릿 가게다. 이 거리에서 두 번째로 오래된 가게이다. 메뉴는 그란자 라 팔라레자보다 조금 더 다양하다. 초콜릿 와플, 호박 잼 샌드위치, 초콜릿 크로와상, 비스킷 멜린드로스, 우리의 꽈배기 같은 페이스트리 엔사이마다 등이 있다. 핫초코 수이소스도 팔라레자만큼 유명하다. 바르셀로나의 달콤한 맛의 최고봉을 느끼고 싶다면 그란자 둘시네아를 추천한다.

찾아가기 메트로 3호선 리세우역Liceu에서 도보 6분 이내
주소 Carrer de Petritxol, 2, 08002 전화 933 02 68 24
영업시간 09:00~13:00, 17:00~21:00
휴무 12월 15일, 8월 한달 동안 예산 10~20유로

🍽️ 로흐테트 레스토랑 L'hortet Restaurant

정말 맛있는 채식 레스토랑

라발 지구에 있는 바르셀로나 최고의 채식 레스토랑이다. 영양학자이자 심리학자인 니콜라스 후드Nicholas Hood의 딸이 운영한다. 니콜라스 후드는 '음식이 약이다. 음식으로 고치지 못하는 병은 의사도 고치지 못한다.'는 히포크라테스의 철학을 요리에 담고자 했고, 이런 생각은 딸에게 고스란히 전해졌다. 채식이라 맛이 없을 것이라는 생각은 절대 금물! 샐러드, 구운 가지 마리네, 블루베리 크럼블 타르트 등 메뉴도 다양하다. 계절에 따라 메인 메뉴가 바뀐다. 일반 요리 외에 뷔페로도 무제한으로 건강하고 맛있는 식사를 즐길 수 있다.

찾아가기 메트로 3호선 리세우역Liceu, 메트로 1·2호선 우니베르시타트역Universitat에서 도보 7~10분
주소 Pintor Fortuny, 32, 08001 운영시간 점심 월~금 12:30~16:00, 일·공휴일 13:00~16:00 저녁 금·토·공휴일 20:00~23:30
예산 10~25유로 홈페이지 www.hortet-restaurant.com

🍽️ 센폭스 Centfocs

줄 서서 기다리는 지중해 음식 전문점

카탈루냐 가정식과 지중해 음식 전문점이다. 차분하고 고급스러운 분위기에서 '카탈란-지중해' 음식을 맛볼 수 있다. 현지인들의 가족 모임이나 데이트 장소로 인기가 높다. 소고기 카르파초, 해물 스튜, 스패니시 오믈렛, 카탈란 소시지, 카탈란 해물찜 등 다양한 카탈루냐 음식을 판매한다. 이 레스토랑이 특별한 이유는 저렴하고 맛있는 '오늘의 메뉴'가 있기 때문이다. 샐러드, 애피타이저, 메인 요리, 음료, 디저트까지 비교적 적은 비용으로 즐길 수 있다. 세트 메뉴는 애피타이저-메인요리-디저트로 구성되어 있다. 평일과 주말을 가리지 않고 많은 사람이 찾는다. 특히 주말에는 줄을 서서 기다려야 한다. 줄을 서지 않으려면 오픈 시간에 맞춰 가는 것이 좋다.

찾아가기 메트로 1호선 우니베르시타트역Universitat에서 도보 5분
주소 Carrer de Balmes, 16, 08007 전화 934 12 00 95
영업시간 월~일 13:00~15:45, 20:30~23:30 예산 20~40유로
홈페이지 www.centfocs.com

🍴 판스 앤 콤파니 Pans & Company

바르셀로나 스타일 샌드위치 전문점

간단하게 바르셀로나의 음식을 먹고 싶다면, 판스 앤 콤파니를 추천한다. 바르셀로나 스타일의 샌드위치 보카디요 전문점이다. 보카디요는 카탈루야 음식 중 하나로 토마토 빵이라 불리는 판 콘 토마테Pancon tomate이다. 미국의 요리 전문잡지 '사부어'가 세계 100대 음식으로 선정하기도 했다. 판 콘 토마토는 바게트나 치아바타 빵을 세로로 잘라 올리브유나 토마토, 또는 토마토 소스를 발라 후추와 소금으로 간을 한 빵이다. 이 빵에 하몽이나 유럽식 햄 살라미를 넣으면 보카디요가 된다. 판 콘 토마테를 이용해 만든 브리티쉬 베이컨 샌드위치와 포테이토 오믈렛 샌드위치도 있다. 체인점인데다 시에스타도 없어 언제든 이용할 수 있다. 2층으로 올라가면 산트 하우메 광장이 한눈에 들어온다.

찾아가기 메트로 4호선 하우메 I 역Jaume I에서 도보 5분
주소 Plaça de Sant Jaume, 6, 08002 전화 933 174 338
영업시간 09:00~01:00(연중 무휴) 예산 8유로 안팎
홈페이지 www.pansandcompany.com

☕ 카페 실링 Cafe Schiling

커피부터 샌드위치와 샐러드까지

바르셀로나의 맛과 멋을 겸비한 카페이다. 람블라스 거리와 고딕 지구를 이어주는 페란 거리에 있다. 오래된 유럽의 카페 분위기가 난다. 앤틱 테이블과 책장, 바가 분위기를 한층 더 고풍스럽게 만들어준다. 이상하게도 이 카페에 들어서면 고딕지구의 소음이 전혀 들리지 않는다. 거리에 가득한 여행객들을 보고 있으면 마치 세상을 향해 음소거를 해놓은 것 같다. 특히 비 오는 날 커피를 마시고 있으면 행복하기 그지없다. 커피, 맥주, 와인, 햄버거, 샌드위치, 샐러드, 20여 종의 칵테일을 판매한다.

찾아가기 메트로 3호선 리세우역Liceu에서 도보 5분
주소 Carrer de Ferran, 23, 08002 전화 933 17 67 87
영업시간 월~목 10:00~02:30 금~토 10:00~03:00
일 12:00~02:00 예산 10~15 내외

부에나스 미가스 산타 클라라 Buenas Migas Santa Clara

운치 좋은 길모퉁이 카페

고딕 지구를 여행하다 북적이는 사람들을 피해 조용히 커피를 마시고 싶다는 생각이 들 때가 있다. 부에나스 미가스 산타 클라라는 이럴 때 가기 좋은 카페이다. 이탈리아식 브런치도 판매한다. 왕의 광장과 대성당을 이어주는 길 모퉁이에 있다. 아침 일찍부터 문을 열기 때문에 출근하는 현지인들이 요기를 하기도 한다. 초콜릿을 얹은 포카치아 빵과 스낵, 다양한 샐러드가 인기 메뉴이다. 왕의 광장에서 산책을 하고 브런치 먹기 좋은 곳이다.

찾아가기 메트로 4호선 하우메 I 역Jaume I에서 도보 5분
주소 Baixada de Santa Clara, 2, 08002 전화 933 19 13 80
영업시간 월~목 09:00~22:00 금~토 09:00~23:00 예산 5~10유로

로스 타란토스 Los Tarantos

멋진 플라멩코 공연장

플라멩코는 15세기경 스페인 남부 안달루시아 지방에 살던 인도계 집시와 무슬림과 유대계 스페인 사람들의 문화가 섞여 만들어졌다. 지금은 스페인 기타와 접목되면서 스페인의 대표적인 문화로 자리 잡았다. 처음 플라멩코를 접하는 여행자라면 로스 타란토스를 추천한다. 람블라스 거리 남쪽 고딕지구 레이알 광장 옆에 있다. 1963년 문을 연 이래 수많은 플라멩코 신인들의 등용문으로 유명해진 곳이다. 접근성이 좋아서 여행객이 많이 찾는다. 15유로에 30분짜리 짧은 공연을 즐길 수 있다. 공연은 하루에 3~4차례 열리므로 여행 일정에 맞추기 수월하다. 공연장이 크지 않기 때문에 미리 예매하고 기다리는 것이 좋다.

찾아가기 메트로 3호선 리세우역Liceu에서 도보 5분 주소 Placa Reial, 17, 08002 전화 933 01 77 56
공연시간 6~9월 19:30, 20:30, 21:30, 22:30 10~5월 19:30, 20:30, 21:30 예산 15유로 홈페이지 www.masimas.com

🍷 바 마르세유 Bar Marsella

압생트, 고흐처럼 초록 요정을 마셔라!

압생트는 19세기 유럽에서 큰 인기를 끌었던 술이다. 향쑥으로
만들어 빛깔이 초록인데, 예술가들은 '초록 요정'이라 부르며 이
술을 즐겼다. 특히 고흐는 압생트를 끼고 살았다. 알코올 도수
무려 50도, 엄청나게 강한 술이다. 압생트 하면 빠질 수 없는 곳
이 1820년대에 문을 연 마르세유이다. 구엘 저택에서 멀지 않
은 곳에 있다. 헤밍웨이, 피카소, 달리, 조지 오웰, 가우디 등이
이곳에서 압생트를 즐겨 마셨다. 이제 압생트는 초록빛이 아니
고 럼주와 비슷하다. 압생트가 나오면 술잔에 포크를 올려놓고
그 위에 설탕을 놓는다. 설탕에 불을 붙인다. 설탕이 다 녹아 술
잔에 떨어지면 압생트를 쭈욱 목구멍으로 밀어 넣는다. 아! 한
잔이 두 잔이 되고 두 잔이 세 잔이 된다.

찾아가기 메트로 3호선 리세우역Liceu과 드라사네스역Drassanes, 메트
로 2·3호선 파랄렐역Paral·lel에서 도보 10분
주소 Carrer Sant Pau, 65, 08001 전화 93 442 72 63
영업시간 월~금 18:00~02:00 토·일 18:00~02:30 예산 10~20유로

🛍 헤르보리스테리아 델 레이 Herboristeria del Rei

영화 〈향수〉에 나오는 200년 된 향수 가게

영화 〈향수〉에서 천재적인 후각의 소유자 장 바티스트 그르누
이가 파리의 향수 가게를 찾아가는 장면이 있다. 귀족들이 가
구가 화려한 가게에서 향수 향기를 맡는 장면도 나온다. 이 장
면을 촬영한 가게가 고딕 지구에 있는 헤르보리스테리아 델 레
이이다. 1818년 문을 연 카탈루냐 최초의 향수 숍이다. 헤르보
리스테리아 델 레이는 이사벨 2세스페인 여왕, 1830~1904때 왕궁
에 향수를 공급하는 가게였다. 1800년대 이사벨 스타일로 꾸
민 인테리어가 그대로이다. 가게의 주인 트리니다드 사바테스
Trinidad Sabates는 약재 식물의 거장이다. 향수 외에 비누, 입욕
제 등 선물용 상품이 가득하다. 레이알 광장에서 가깝다.

찾아가기 메트로 3호선 리세우역Liceu에서 도보 5분
주소 Carrer del Vidre, 1, 08002 전화 34 933 18 05 12
영업시간 화~목요일 14:30~20:30 금·토요일 10:30~20:30
(일·월요일 휴무)

🛍 마이앙스 Maians

디자이너가 만드는 핸드메이드 캐주얼화

마이앙스는 우리나라에도 꽤 알려진 캐주얼 신발 브랜드이다. 카탈루냐의 소도시 리오하의 전통 신발을 현대적으로 재해석하여 만든 모던한 핸드메이드 캐주얼화이다. 브랜드 이름은 바르셀로나 근교의 섬 '마이앙스'에서 영감을 받아 지었다. 지역 전통을 살리며 바르셀로나의 라이프스타일을 주도하는 멋진 브랜드이다. 신발 밑창에 천연고무를 사용해 아주 편안하다. 람블라스 거리에서 바르셀로나 현대미술관으로 가는 길목에 가게가 있다. 신발뿐 아니라 모자와 액세서리도 판매한다. 마이앙스는 부모님이나 친구 선물로 최적의 아이템이다.

찾아가기 메트로 1·3호선 카탈루냐역Catalunya, 3호선 리세우역Liceu, 1·2호선 우니베르시타트역Universitat에서 도보 7~10분
주소 Carrer d'Elisabets, 1308001 전화 93 171 1597
영업시간 월~토 11:00~20:00(일요일 휴무)
예산 40유로부터 홈페이지 www.maians.es

🛍 라마누알 알파르가테라 La Manual Alpargatera

천연 소재로 만든 캔버스화

바르셀로나 여성이라면 누구나 에스파드류로 만든 신발 한 켤레쯤 가지고 있다. 라마누알 알파르가테라는 에스파드류라는 천연 소재로 신발을 만드는 곳이다. 1940년부터 그 자리를 지키고 있는 가게 겸 공방이다. 전통 신발을 만드는 곳이지만 클래식한 것부터 현대적인 디자인까지 종류가 다양하다. 천연 소재라 가볍고 부드러워 구두를 많이 신는 여성들에게 특히 인기가 많다. 굽이 높은 신발도 많다. 가격도 30유로 안팎으로 비교적 저렴하다. 한쪽 벽에 신발 재료가 가득 쌓여 있다. 시에스타 시간, 신발 치수 등을 우리말로 친절하게 안내해 놓아 편리하기도 하고 반갑기도 하다. 고딕 지구 아비뇽 거리에 있다.

찾아가기 메트로 3호선 리세우역Liceu에서 도보 5분
주소 Carrer Avinyo, 7, 08002 전화 933 01 01 72
영업시간 월~토 09:30~13:30, 16:30~20:00 휴무 일요일
예산 20~30유로 홈페이지 www.lamanualalpargatera.es

보른 지구와 바르셀로네타
El Born & Barceloneta

바로셀로나의 삼청동

보른 지구는 서울로 치면 삼청동 같은 곳이다. 고딕지구처럼 크고 작은 골목길이 실핏줄처럼 이어져 있다. 피카소 미술관과 카탈루냐 음악당, 산타 마리아 델 마르 성당, 산타 카테리나 시장 등이 보른 지구의 보석이다. 멋진 카페와 디자인 숍, 맛집, 핸드메이드 숍이 골목을 빛내준다. 바르셀로네타는 보른 지구 남쪽 해안 구역과 해변을 말한다. 지중해와 바르셀로네타 해변이 이 지역의 상징이다. 벨 항구, 씨푸드 레스토랑도 유명하다. 몬주익 언덕으로 가는 케이블카 승강장도 이곳에 있다.

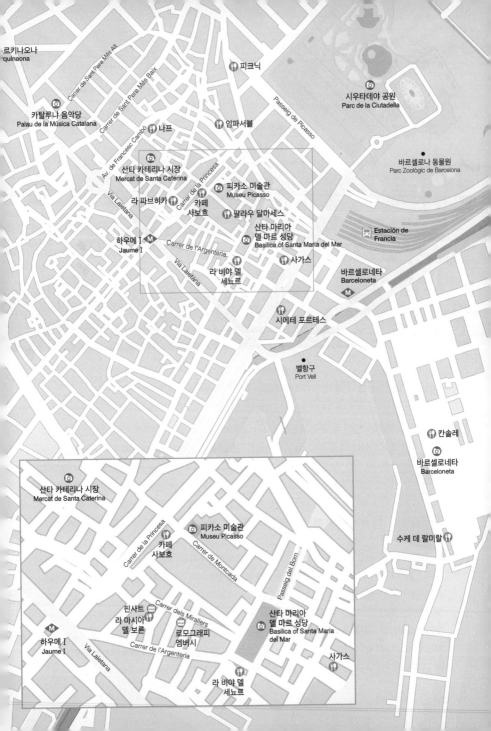

르키나오나
quinaona

Carrer de Sant Pere Més Alt

Carrer de Sant Pere Més Baix

피크닉

Passeig de Picasso

시우타데야 공원
Parc de la Ciutadella

카탈루냐 음악당
Palau de la Música Catalana

Av. de Francesc Cambó

나프

임파서블

바르셀로나 동물원
Parc Zoològic de Barcelona

산타 카테리나 시장
Mercat de Santa Caterina

Carrer de la Princesa

피카소 미술관
Museu Picasso

라 파브허카

카페
샤보흐

팔라우 달마세스

산타 마리아
델 마르 성당
Basílica of Santa Maria del Mar

Estación de
Francia

하우메 I
Jaume I

Carrer de l'Argenteria

Via Laietana

사가스

바르셀로네타
Barceloneta

라 비야 델
세뇨르

시에테 포르테스

벨항구
Port Vell

칸솔레

바르셀로네타
Barceloneta

수케 데 랄미랄

산타 카테리나 시장
Mercat de Santa Caterina

Carrer de la Princesa

피카소 미술관
Museu Picasso

카페
샤보흐

Carrer de Montcada

Passeig del Born

핀샤트
라 마시아
델 보른

Carrer dels Mirallers

로모그라피
엠버시

산타 마리아
델 마르 성당
Basílica of Santa Maria
del Mar

하우메 I
Jaume I

Via Laietana

Carrer de l'Argenteria

사가스

라 비야 델
세뇨르

 카탈루냐 음악당 Palau de la Música Catalana 팔라우 데 라 무시카 카탈라나
꽃을 닮은 최상급 건축

카탈루냐 음악당은 거대한 꽃 같다. 사실은 꽃보다 더 우아하고 아름답다. 건축이 아니라 엄청 큰 조각품 같다. 1997년 세계문화유산에 등재되었을 만큼 건축적 가치가 높다. 건축가 루이스 도메네크 이 몬타네르Lluis Domenech I Montaner, 1850~1923의 걸작이다. 그는 가우디에게 건축적 영감을 준 정신적 스승이다. 카탈루냐 음악당, 산트 파우 병원, 카사 예오모레라…… 가우디보다 조금 덜 빛나지만 바르셀로나엔 그의 멋진 건축이 많이 남아 있다. 음악당은 고딕 지구와 보른 지구의 경계인 비아 라이에테나Via Iaietena 거리를 걷다 산트 페레 메스 거리Carrer de Sant Pere Mes Alt로 접어들면 곧 나타난다. 오페라하우스 치고는 매우 평범한 골목길에 있다.

음악당은 카탈루냐 모더니즘의 절정을 보여준다. 몬타네르도 가우디와 마찬가지로 이슬람식 타일 문화를 적극 도입해 화려한 건축물을 만들었다. 붉은 벽돌과 외벽 모퉁이의 정교한 조각상이 눈길을 끈다. 이 조각은 〈카탈루냐의 노래〉에서 제목을 따온 작품으로, 카탈루냐의 수호신 산 조르디와 카탈루냐 사람들의 모습을 담은 것이다. 건물 내부는 더욱 화려하다. 특히 1층 로비는 둥근 아치형 기둥과 타일로 만든 꽃 장식, 멋진 조명이 화려함의 극치를 보여준다. 2층의 콘서트홀도 로비 못지않다. 이곳이 공연장인지 미술관이지 헷갈리게 만든다. 마치 베르사유 궁전을 보는 듯하다. 곡선의 아름다움을 최상급으로 보여준다. 플라멩코, 오페라, 클래식 공연이 매일 열린다. 공연이 없는 시간에 실내 유료 가이드 투어를 할 수 있다.

찾아가기 메트로 1·4호선 우르키나오나역Urquinaona에서 도보 5분

주소 C/ Palau de la Musica, 4-6, 08003

전화 93 295 72 00 가이드 운영 시간 10:00~15:30(7월 10:00~18:00, 8월 09:00~20:00)

공연 요금 6~40유로(가이드 투어 20~30유로, 30유로엔 성가대 미니 콘서트 포함)

홈페이지 www.palaumusica.cat

카탈루냐 음악당에서 플라멩코를

바르셀로나에서 플라멩코를 관람할 수 있는 곳은 제법 많다. '꽃보다 할배' 바르셀로나 편 방영 후 레스토랑 공연장을 많이 찾고 있지만, 최고의 공연을 감상하고 싶다면 카탈루냐 음악당을 추천한다. 공연은 강렬하고, 부드럽고, 정열적이고, 숨을 멎게 할 만큼 압도적이다. 공연 요금은 공연 팀, 좌석 등급에 따라 다르지만 대체로 20~50유로이다. 예약은 홈페이지에서 가능하다. www.palaumusica.cat

 산타 카테리나 시장 Mercat de Santa Caterina 메르캇 데 산타 카타리나
시장보다 건축이 더 유명하다

현지인들이 애용하는 재래시장이다. 산타 카테리나 시장이 들어선 것은 20세기 초이다. 원래는 13세기에 세운 산타 카테리나 수도원이 있었는데, 세계1차대전 당시 폭격으로 무너지고 말았다. 폐허가 된 그곳에서 가난한 사람들에게 음식을 나눠주곤 했는데, 이것이 시장의 시초이다. 2005년 리모델링을 했다. 바르셀로나 시의 의뢰를 받은 카탈루냐의 건축가 엔리크 마리예스는 시장이라 하기에 너무 아름다운 건축을 설계했다. 덕분에 '죽기 전에 꼭 봐야 할 세계 건축 1001'에 선정되기도 했다.

지금도 여행객들은 시장보다 건축을 구경하기 위해 이곳을 찾는다. 시장 벽면은 고풍스럽다. 그러나 지붕은 67가지 색깔을 담고 있는 타일 32만 개를 사용하여 물결 모양으로 만들었다. 내부는 매우 현대적이고 가게와 가게 사이가 넓어 다니기가 편리하다. 가격은 보케리아보다 저렴하다. 이곳엔 맛집도 많다. 바 조안Bar Joan 은 일반 가정식으로 현지인들의 사랑을 받고 있다. 쿠이네스 데 산타 카테리나 식당Cuines De Santa Caterina 은 타파스로 유명한 식당이다. 현지인, 여행객에게 두루 인기가 좋다.

시장 건축 당시 지하에서 로마시대의 유물이 발견되었다. 이 유물을 모아 시장 한 쪽에 뮤지엄을 만들어 놓았다. 쇼핑 후 박물관에 들러 로마의 숨결을 느껴보길 추천한다.

찾아가기 메트로 4호선 하우메 I 역Jaume I에서 도보 5분 주소 Av. de Francesc Cambo, 16, 08003
전화 933 19 57 40 운영시간 월 7:30~14:00 화·수·토 07:30~15:30 목·금 07:30~20:30

 피카소 미술관 Museu Picasso 무세우 피카소
그는 어떻게 큐비즘을 창조했을까?

20세기 미술사를 지배한 피카소. 그는 스페인 남부 말라가 출신이지만 흔적은 바르셀로나에 더 많이 남아 있다. 그는 14살부터 바르셀로나에서 그림 공부를 했다. 미술관은 보른 지구의 좁은 골목길 몬카다 Montcada에 있다. 피카소의 소년기와 청년기의 작품 3800점을 소장하고 있다. 큐비즘의 생성과정을 볼 수 있어서 흥미롭다. 미술관은 1963년 피카소와 그의 전 부인들, 피카소의 오랜 친구 하이메 샤바르테스가 작품과 조각, 사진을 기증하면서 개관했다. 12세기에 지어진 멋진 중세 귀족의 저택을 미술관으로 사용하고 있다. 작품 가운데 백미는 스페인 출신의 천재 궁정화가 벨라스케스의 〈시녀들〉을 패러디 한 연작 시리즈다. 이 작품을 보면 큐비즘이 어떻게 진행되었고 그가 모방을 통해 어떻게 독자적인 화풍을 이끌어 냈는지 알 수 있다. 1층 기념품점엔 매혹적인 디자인 상품이 당신을 기다리고 있다.

찾아가기 메트로 4호선 하우메 I 역Jaume I에서 도보 8분 주소 Carrer de Montcada, 15-23, 08003 전화 93 256 30 00
관람시간 3월 16일~10월 31일 월 10:00~17:00 화·수·금·토·일 09:00~20:30 목 09:00~21:30
11월 1일~12월 31일 월요일 휴일 화~일 09:00~19:00 목 09:00~21:30 휴관 월요일, 1월 1·3일, 6월 24일, 12월 25일
입장료 4.5~15유로(매주 일요일 15:00 이후, 매달 첫 일요일은 무료) 홈페이지 www.museupicasso.bcn.cat
주변명소 보른지구, 카탈루냐 음악당, 산타 마리아 델 마르 성당, 산타 카테리나 시장

 TIP 줄 서기 싫으면 바르셀로나 아트티켓을 사세요!

피카소 미술관은 늘 긴 줄이 늘어서 있다. 미술관 테마 여행을 할 계획이라면 바르셀로나 아트티켓30유로을 구매하는 것이 좋다. 이 티켓이 있으면 미술관 6곳피카소 미술관, 호안 미로 미술관, 카탈루냐 미술관, 현대문화센터, 바르셀로나 현대미술관, 안토니타피에스 미술관을 줄 서지 않고 관람할 수 있다. 홈페이지에서 예약 후 메일로 전송된 바우처를 인쇄해 가야 한다. 바우처에 안내되어 있는 교환 장소에서 실물 티켓으로 교환 후 이용 가능하다. 티켓은 12개월 동안 유효하다. 교환처 방문시 여권 지참 필수. 홈페이지 http://articketbcn.org/en

 # 산타 마리아 델 마르 성당 Basilica of Santa Maria del Mar
어머니 품처럼 따뜻하다

산타 마리아 델 마르 성당은 바르셀로나 시민들의 소박한 소망이 가득 묻어 있는 성당이다. 이 성당은 다른 성당과 조금 다른 역사를 가지고 있다. 돈 많은 귀족의 후원이 아니라 바르셀로나 시민이 손수 돌을 날라 지어 올린 유일한 성전이다. 시민들의 뜻을 모아 다른 양식을 섞지 않고 순수 카탈루냐 양식으로 지었다.

산타 마리아 델 마르 성당엔 상인, 선장 그리고 뱃사람들의 작은 염원과 소망이 숨 쉬고 있다. 보른 지구는 바다와 가까워 선주와 선장, 뱃사람들이 많이 살았다. 그들은 항해를 떠나기 전 건강과 무사 귀환을 위해 기도를 올릴 공간이 필요했다. 그래서 십시일반 돈을 모아 멋진 성당을 짓고 마르Mar, 즉 '바다'라고 이름 붙였다.

시민들의 소원은 지금도 이 성당에 차곡차곡 쌓이고 있다. 특히 젊은이들에게는 결혼식 장소로 인기가 좋다. 중앙 홀 분위기가 우아하고 신성해 최고의 결혼식 장소로 꼽힌다. 시민들에게 이 성당은 어머니의 품 같은 곳이다. 여행하다 문득 가족이, 엄마의 사랑이 그립다면 주저 말고 보른 지구로 가시길!

찾아가기 메트로 4호선 하우메Ⅰ역Jaume I에서 도보 5분 주소 Placa de Santa Maria, 1, 08003 전화 933 10 23 9
개방시간 월~토 09:00~13:00, 17:00~20:30 일 10:00~14:00, 17:00~20:00
미사시간 매일 19:30

 시우타데야 공원 Parc de la Ciutadella 파르크 데 라 시우타데야
시에스타를 즐기자!

시에스타는 지중해 연안 나라에서 낮잠을 즐기는 풍습을 말한다. 스페인은 오후 2~4시가 시에스타 시간이다. 시민들은 집이나 공원, 직장에서 시에스타를 즐긴다. 처음엔 시에스타가 적잖이 당황스럽다. 카페와 음식점 등 문을 닫는 곳이 허다하기 때문이다. 이럴 땐 시우타데야 공원으로 가자. 나무들이 빼곡하고, 넓은 잔디밭과 연못, 벤치가 있는 도심의 오아시스다. 보른 지구와 바르셀로네타 해변에서 도보로 10분 정도 걸린다. 18세기 무렵 이곳엔 유럽에서 가장 큰 군사 기지가 있었다. 1714년 스페인 왕위 계승 전쟁에서 승리한 펠리페 5세프랑스 혈통의 스페인 왕, 루이 14세의 손자는 바르셀로나를 지배하기 위해 주거민을 몰아내고 군사 기지를 만들었다. 이 땅은 150년이 지나서야 바르셀로나 시민의 품으로 돌아왔다. 1888년엔 만국박람회가 열리기도 했다. 공원 안으로 들어가면 호수에서 사람들이 여유롭게 보트를 타고 있다. 작은 폭포가 있는 분수대도 보인다. 이 공원은 가우디의 학생 시절1873 흔적이 남아 있는 곳이다. 공원 급수조, 정문, 공원을 둘러싼 철책의 디자인과 제작에 참여했다. 분수대 물의 양도 가우디가 직접 계산했다. 공원 안에 동물원, 현대미술관, 박제 전시관 등이 들어서 있다. 공원 북쪽에는 만국박람회 때 지은 개선문이 늠름한 모습으로 남아 있다.

찾아가기 메트로 1호선 아크 데 트리옴프역Arc de Triomf에서 도보 5분 주소 Passeig de Picasso, 21, 08003
운영시간 **3월 23일~11월 22일** 10:00 20:00 11월23일~3월 22일 10:00~18:00 입장료 무료 보트 요금 10유로 안팎(30분)

 바르셀로네타 Barceloneta
지중해를 느끼자

바르셀로나 남쪽의 해안 지역이다. 지중해와 모래가 고운 해변과 이국적인 거리가 있어 작은 바르셀로나라고 불린다. 현대 건축물의 상징인 W호텔과 카지노 등이 해변을 따라 들어서 있다. 부산의 해운대쯤으로 생각하면 된다. 여름엔 수영과 일광욕, 지중해의 낭만을 즐기려는 사람들로 북적인다. 보른 지구에서 남쪽으로 내려가면 나온다. 람블라스 거리 남쪽 끝 벨 항구에서 동쪽으로 10분쯤 걸어가도 된다. 또 지하철 4호선 바르셀로네타 역에 내리면 이윽고 바르셀로네타이다. 바르셀로네타는 이 도시에서 가장 이국적인 곳이다. 해변에서 몇 걸음만 옮기면 마치 다른 세상에 와있는 느낌이 든다. 좁은 골목길 사이로 낡은 건물이 늘어서 있다. 동네에 앉아 쉬고 있는 노인들을 보고 있으면 마치 쿠바에 와 있는 것 같다.

바르셀로네타는 아픈 역사를 품고 있다. 18세기 카탈루냐는 스페인 왕위 계승 전쟁 와중에 줄을 잘못 섰다가 마드리드 중앙 정부에게 눈엣가시가 되었다. 펠리페 5세프랑스 혈통의 스페인 왕, 루이14세의 손자는 바르셀로나를 통치하기 위해 지금의 시우타데야 공원에 살던 주민들을 해안가로 강제 이주시키고, 그곳에 유럽에서 가장 큰 군사기지를 건설했다. 주민들은 하수도 시설도 없는 해변가에 천막을 치고 마을을 형성했다.

300년 전의 아픔을 딛고 선 바르셀로네타는 시민과 여행객들의 안식처로 다시 태어났다. 이곳은 해산물 요리로 유명하다. 벨 항구를 끼고 있는 거리엔 많은 해산물 레스토랑이 있다. 특히 이곳의 파에야는 매우 유명하다. 파에야는 스페인을 대표하는 음식으로 알려져 있는데, 원래는 발렌시아Valencia 지방의 요리로, 라틴어로 프라이팬을 뜻하는 'Patella'에서 유래했다. 둥글고 양쪽에 손잡이가 달린 넓은 프라이팬에 쌀과 향신료 사

프란, 토마토, 마늘, 고추, 고기 등을 넣고 올리브유에 볶은 음식으로, 우리의 볶음밥과 비슷하다. 이름난 파에야 음식점으로는 피카소가 즐겨 찾았던 시에테 포르테스7portes를 꼽을 수 있다.

찾아가기 지하철 4호선 바르셀로네타역Barceloneta에서 도보 5분

🍴 나프 Nap(Neapolitau Authentic Pizza)

정통 나폴리 화덕 피자

카탈루냐 음악당과 피카소 미술관 사이에 있는 정통 나폴리 피자 레스토랑이다. 가게 분위기가 아늑하다. 나프의 모든 것은 나폴리에서 시작해서 나폴리로 끝난다. 화덕은 나폴리안 전통 방식으로 만들었고, 피자 재료와 도구, 만드는 방법도 100% 나폴리에서 왔다. 게다가 셰프도 나폴리 출신이다. 피자는 우리나라에서 먹던 것과 모양이 조금 다르다. 형태가 둥글기보다 계란처럼 타원형에 가깝다. 하지만 맛은 비교를 거부할 정도로 뛰어나다. 화덕에 직접 구워 고소하면서도 기분 좋은 불 냄새가 살짝 느껴진다. 각 재료의 맛이 다 살아 있으면서도 치즈와 환상의 조합을 이룬다. 가격은 합리적이고 게다가 양까지 많다.

찾아가기 메트로 4호선 하우메 I 역Jaume I에서 도보 10분 주소 Carrer de Gombau, 30, 087003 전화 686 19 26 90 영업시간 **월~목** 13:30~16:30, 20:00~00:00 **금~일** 13:30~ 00:00 예산 15유로 안팎

🍴 라 파브히카 La Fabrica

스페인식 만두 어때요?

스페인에도 만두가 있다. 엠파나다Empanada라고 하는데, 갈리시아 지방스페인 북서쪽, 포르투갈 위에 있다.에서 유래되었다. 빵 반죽 안에 곱게 다진 고기와 야채, 생선살 등을 넣어 만든다. 우리처럼 찌는 것이 아니라 불에 굽거나 튀겨 먹는다. 메디아 루나Media luna라고도 불리는데 스페인어로 반달을 의미한다. 엠파나다는 콜롬비아, 페루, 멕시코, 아르헨티나로 전해져 오히려 이 지역에서 더 인기를 끌었다. 지금은 역으로 아르헨티나 스타일 엠파나다가 건너와 인기를 누리고 있다. 보른의 쇼핑 거리 엘라나Llana에 있는 라 파브히카에 가면 맛 좋은 스페인 만두를 먹을 수 있다. 테이크아웃도 가능하다.

찾아가기 메트로 4호선 하우메 I 역Jaume I에서 도보 5분 주소 Placa de la Llana, 15, 08003 전화 931 240 410 영업시간 월~일요일 12:00~23:30 예산 10유로 안팎 홈페이지 www.lafabrica-bcn.com

🍽 라 마시아 델 보른 La Masia Del Born

지중해와 카탈루냐 음식

카탈루냐와 지중해의 음식을 즐길 수 있는 곳이다. 산타
마리아 델 마르 성당에서 멀지 않은 곳, 라르젠테리아'Ar-
genteria 거리와 밀라러스Mirallers 거리 사이 좁은 골목길
에 있다. 보른 지구의 다른 음식점처럼 고풍스러운 분위
기가 물씬 풍긴다. 벽돌을 쌓아 만든 벽, 아치형 기둥, 시
간이 배인 테이블이 인상적이다. 한쪽 벽면엔 스페인 와
인이 줄맞춰 서서 손님을 기다린다. 분위기만으로도 음
식 맛이 살아난다. 바르셀로나 사람들이 즐겨 먹었던 대
구 스튜와 치즈플래터, 카탈란 소시지 그리고 파에야 등
을 즐길 수 있다. 와인을 마시고 싶으면 웨이터에게 물어
보라. 요리에 맞는 와인을 친절하게 추천해준다.

찾아가기 메트로 4호선 하우메 I 역Jaume I에서 도보 5분
주소 Carrer de Grunyi, 5, 08003 전화 933 300 303
영업시간 화~일 12:00~16:00, 19:30~23:30
휴무 월요일 예산 20~30유로

🍽 사가스 SAGÀS Pagesos i Cuiners

스페인 최고의 샌드위치

샌드위치가 얼마나 맛있으면 스페인 최고라는 수식어를
얻었을까? 우선 모든 재료를 피레네 산맥에 있는 직영 농
장에서 생산한다. 가게 이름도 농장이 있는 마을 이름에
서 따왔다. 제철 재료로 만들기 때문에 계절에 따라 샌드
위치가 달라진다. 시그니쳐 샌드위치가 1년에 4번 바뀐
다. 샌드위치 재료가 다 맛있지만 그중에서도 햄이 더 특
별하다. 에스 칼리바다Escalibada라 불리는 흰 소시지도 정
말 맛이 좋다. 빵 또한 매장에서 직접 굽기 때문에 최고의
샌드위치를 맛볼 수 있다. 인테리어도 매력적이다. 흑백
농부 사진과 세련된 테이블이 독특한 분위기를 자아낸다.

찾아가기 메트로 4호선 하우메 I 역Jaume I에서 도보 5분
주소 pla de palau, 13 전화 933 102 434
영업시간 일~목요일 12:00~00:00 금~토요일 12:00~01:00
예산 10유로

홈페이지 http://www.sagasfarmersandcooks.com

🅲 카페 사보흐 Café Sabor

피카소 미술관 옆 작은 카페

카페 사보흐는 피카소 미술관 정문에서 가까운 곳에 있는 아담한 카페이다. 입구가 미닫이 문 하나 크기라 눈에 잘 띄지 않지만, 붉은 등을 사용하고 있어 촛불을 켜 놓은 것 같은 분위기가 나서 가게 분위기는 그윽하다. 마치 60년대 파리의 작은 바에 온 것 같다. 대리석 무늬 테이블이 있는 작은 바에는 수십 가지의 술이 전시되어 있다. 천정엔 이 가게를 지탱하고 있는 오래된 나무가 그대로 노출되어 있다. 분위기가 좋아 마음이 저절로 따뜻해진다. 메뉴는 샌드위치, 샐러드, 각종 칵테일 등이 있다.

찾아가기 메트로 4호선 하우메 I 역Jaume I에서 도보 5분
주소 Carrer de la Barra de Ferro, 7, 08003 전화 932 68 03 39
영업시간 화~금 09:00~20:00 토~일 10:00~21:00(월요일 휴무)
예산 10유로 안팎

🍴 피크닉 picnic

공원 옆 매력적인 브런치 카페

사우타데야 공원 서쪽에 있다. 보른 지구에서 가장 매력적인 바 겸 브런치 레스토랑이다. 스칸디나비아, 칠레, 스페인, 멕시코 음식을 퓨전 스타일로 만든다. 토요일과 일요일의 브런치가 유명한데, 일찍 가지 않으면 줄을 서서 기다려야 한다. 연어 그라바드락스 베이글 플래터, 칠라킬레, 뉴욕식 클럽 샌드위치 그리고 팬케이크의 인기가 좋다. 연어 그라바드락스 베이글은 스칸디나비아 스타일 요리이다. 소금과 설탕에 절여 가공한 스칸디나비아식 연어를 생크림, 베이글과 같이 먹는다. 연어의 짭짤한 맛이 크림과 어울려 아주 맛이 좋다. 신선한 주스 또는 칵테일과 함께 즐길 수도 있다.

찾아가기 메트로 1호선 아크 데 트리옴프역Arc de Triomf에서 도보 7분
주소 Carrer del Comerç, 1, 08003 전화 935 11 66 61
영업시간 월~화요일 10:30~16:00
수~금요일 10:30~16:00, 20:00~24:00
토요일 10:30~17:00, 20:00~24:00 일요일 10:30~17:00
예산 20~30 유로 홈페이지 www.picnic-restaurant.com/

🔻 라 비야 델 세뇨르 la vinya del senyor

분위기 좋은 와인 바

산타 마리아 델 마르 성당 앞 광장에 있다. 스페인 와인뿐
만 아니라 세계의 수많은 와인을 구비하고 있다. 계절마다
빈티지 와인을 선별해 선보인다. 메뉴는 파스타, 하몽, 치즈
부터 샐러드까지 다양하다. 잔 와인도 판매해 부담 없이 즐
길 수 있다. 이곳의 가장 큰 장점이라면 분위기다. 가장 인
기 있는 자리는 단연 테라스이다. 테라스에 앉아 와인 한 잔
을 기울이면 힐링 그 자체다. 운이 좋으면 일요일엔 광장에
서 열리는 결혼식도 볼 수 있다. 바르셀로나에서 가장 분위
기 있는 와인 바다. 테라스 자리는 인기가 워낙 많기에 일찍
서둘러야 한다.

찾아가기 메트로 4호선 하우메 I 역Jaume I에서 도보 5분
주소 Plaza Sta Maria, 5 전화 933 10 33 7
영업시간 **월~목요일** 12:00~01:00
금~토요일 12:00~02:00 **일요일** 12:00~00:00
예산 20유로 내외
홈페이지 www.facebook.com/pg/vinyadelsenyor

🍴 칸솔레 CANSOLE

백년 맛집

바르셀로네타 항구에 있는 레스토랑이다. 1903년에 문을 열었으니까 무려 115년이 된 맛집이다. 처음은 어부들의 식당으로 시작했지만 지금은 세계 여행객의 맛집으로 거듭났다. 이른 아침 항구에 도착한 신선한 해산물을 직접 구매해, 제철 채소와 함께 요리한다. 이 집 음식 중에서 가장 맛있는 것은 파에야이다. 100년이 넘는 이곳만의 요리법으로 만들어낸다. 가격은 조금 비싼 편이지만 파에야가 입에 들어가는 순간 가격은 잊어버리게 된다.

찾아가기 메트로 4호선 바르셀로네타역Barcelonata에서 도보 6분
주소 Carrer de Sant Carles, 4 전화 932 21 50 12
영업시간 화~목요일 13:00~16:00, 20:00~23:00
금~토요일 13:00~16:00, 20:30~23:00
일요일 13:00~16:00(월요일 휴무)
예산 30유로 홈페이지 http://restaurantcansole.com/en/

🍴 시에테 포르테스 7portes

피카소의 단골 파에야 맛집

피카소가 단골로 다녔던 집이다. 역사가 무려 175년이나 된다. 19세기 느낌이 나는 고풍스런 분위기가 인상적이다. 인테리어만 봐도 오랜 시간 바르셀로네타에서 터줏대감 노릇을 한 느낌이 확 다가온다. 메인 메뉴인 파에야의 재료는 그날 들어오는 식재료에 따라 조금씩 바뀐다. 가장 인기가 좋은 파에야는 단연 각종 해산물로 만든 파에야Parellada와 먹물 파에야Paellador arroz negro이다. 타파스, 소시지, 스튜도 인기가 좋다. 파에야는 우리 입맛에는 조금 짠 편이다. 싱겁게 먹고 싶으면 주문할 때 소금을 좀 빼달라고 말하는 것이 좋다.

찾아가기 메트로 4호선 바르셀로네타역Barcelonata에서 람블라스 거리 방향으로 도보 5분 주소 Passeig Isabel II, 14, 08003
전화 933 19 30 33 영업시간 13:00~01:00(휴무 없음)
예산 20유로부터 홈페이지 www.7portes.com

🍴 수케 데 랄미랄 Suquet de l'Almirall

바르셀로네타 최고 맛집

현지인들 사이에서 꽤 유명한 맛집이다. 이 레스토랑의 자
랑은 셰프이다. 엘 슈케 데 랄미랄El Suquet del'Almirall과 퀴
마르케스Quim Marques는 대대로 요리를 가업으로 이어오고
있는 사람들이다. 요리책『오늘은 무엇을 먹을까?』를 비롯하
여 요리 서적을 여러 종 출간하였다. 이 식당은 아침 일찍 경
매에서 구입한 야채, 해산물로 요리를 한다. 대표적인 요리
로는 파에야, 피시 스튜, 대구 스튜, 해물찜, 새우요리, 쌀을
넣은 해물 요리가 있다. 한입 먹으면 진정한 해산물 요리를
맛보는 듯하여 저절로 감동하게 된다. 지중해가 가깝고 야외
테라스도 있어 분위기가 낭만적이다.

찾아가기 메트로 4호선 바르셀로네타역Barceloneta에서 도보 10분
주소 Passeig de Joan de Borbo Comte de Barcelona, 65, 08003
전화 932 21 62 33
영업시간 화~일요일 13:00~16:00, 20:00~23:00(일요일 휴무)
예산 20유로부터 홈페이지 www.suquetdelalmirall.com

🍷 팔라우 달마세스 palau dalmases

고풍스런 플라멩코 공연장

17세기에 지어진 고풍스런 건물에서 플라멩코를 즐길 수 있다. 무역으로 부를 쌓은 상인 달마세스가 지었는데, 아치형 기둥과 계단에서 깊은 고전미를 느낄 수 있다. 공연은 계단 앞 마당에서 열린다. 공간이 크지 않아 공연을 아주 가까이서 볼 수 있다. 아무런 음향시설 없어도 광장에서 울려 퍼지는 음악과 노랫소리 그리고 춤사위는 보는 이들의 가슴을 울린다. 공간이 작기 때문에 일찍 찾는 것이 좋다. 피카소 미술관 근처에 있어 미술관 관람 후에 가기 좋다. 홈페이지에서 예약이 가능하다.

찾아가기 메트로 4호선 하우메 I 역Jaume I에서 도보 5분
주소 Carrer de Montcada, 20 전화 933 10 06 73
공연시간 월~일 11:30~01:30 플라멩코 월~목 19:30 금~일
19:30, 21:30 오페라 목 21:30 예산 25유로(음료수 1잔 포함)
홈페이지 http://palaudalmases.com/en/

🛍 핀사트 Pinzat

세상에 하나뿐인 가방

세상에 하나뿐인 가방을 가질 수 있다면 기분이 남다를 것이다. 패스트 패션Fast fasion이 차고 넘치는 세상에서 이런 물건은 분명 매력적이다. 핀사트는 세상에 하나뿐인 가방을 만든다. 재활용 소재에 아티스트의 그림을 프린팅하거나, 아티스트들이 재활용 소재에 직접 그림을 그리기도 한다. 아티스트들은 바르셀로나뿐 아니라 전 세계에 퍼져 있다. 미국, 브라질, 일본 등 국적도 다양하고 그림 스타일 또한 팝아트, 드로잉, 캐릭터 그림에 이르기까지 무척 다채롭다. 가방 외에 지갑, 노트북 케이스 등도 제작한다. 특이하게 디자이너들이 동물 가면을 쓰고 작업을 한다. 제작과정을 직접 볼 수 있어서 더욱 좋다.

찾아가기 메트로 4호선 하우메 I 역Jaume I에서 도보 10분
주소 Carrer de Grunyi, 7, 08003
전화 931 27 49 35
영업시간 월~금 10:30~20:00 토 10:30~13:15(일요일 휴무)
예산 30유로부터 홈페이지 www.pinzat.org

🛍 임파서블 Impossible

찰칵, 폴라로이드 카메라 숍

즉석 카메라 폴라로이드! 2008년 문을 닫은 카메라 회
사를 오스트리아의 사업가 플로리안 카프스와 필름 기술
자인 안드레 보스만이 인수했다. 그리고 임파서블이라는
즉석 카메라 필름도 다시 생산하기 시작했다. 디지털이
지배하는 세상이지만 다행히 마니아 사이에서 꽤 인기를
누리고 있다. 임파서블은 보른지구 피카소 미술관 근처
에 있는 즉석 카메라 매장이다. 가게 분위기는 폴라로이
드 카메라만큼이나 귀엽다. 가게 문이 건물 앞뒤로 있는
데 한쪽으로 들어가면 폴라로이드 카메라와 필름 판매점
이고, 반대쪽으로 들어가면 인형, 책, 팬시 제품 등을 판매
하는 편집숍이다. 디자인 서적과 사진 서적도 판매한다.

찾아가기 메트로 4호선 하우메 I 역Jaume I에서 도보 6분
주소 Carrer Tantarantana, 16, 08003 전화 933 18 38 19
영업시간 월~토 11:00~15:00, 16:30~21:00(일요일 휴무)
예산 폴라로이드 40유로부터 편집숍 5유로부터
홈페이지 www.impossible-barcelona.com

🛍 로모그래피 엠버시 Lomography Embassy

아날로그 감성을 살려주는 로모카메라

로모카메라 전문점이다. 디지털 카메라가 할 수 없는 빛
바랜 분위기의 사진을 구현해주는 특별함이 있다. 영화
의 한 장면처럼 아날로그 감성을 살려줘 젊은이들에게
인기가 좋다. 로모그래피 엠버시 바르셀로나는 가게 입
구를 파스텔톤 하늘색으로 꾸며 멀리서도 눈에 띈다. 이
세상의 모든 로모카메라를 볼 수 있고, 로모카메라로 촬
영한 사진을 마음껏 구경할 수 있다. 카메라 종류도 다양
해서 폴라로이드식, 디지털식, 중형 카메라식이 있다. 렌
즈 종류도 다채롭다. 인테리어 디자인이 귀여워 카메라
숍이라기보다는 장난감 가게를 구경하는 것 같다.

찾아가기 메트로 4호선 하우메 I 역Jaume I에서 도보 4분
주소 Carrer de Rosic, 3, 08003 전화 933 19 70 06
영업시간 월~토 11:00~20:30 휴무 일·월요일
홈페이지 www.lomography.es

몬주익과 포블섹
Montjuic & Poble-sec

지중해와 바르셀로나 전경을 그대 품 안에

몬주익은 1992년 바르셀로나 올림픽 마라톤 경기 덕에 우리에게 친숙한 곳이다. 2등으로 달리던 황영조 선수가 몬주익 언덕에서 일본 선수를 추월하여 극적으로 금메달을 땄기 때문이다. 전망이 좋을 뿐 아니라 몬주익 성, 올림픽 스타디움, 카탈루냐 미술관, 호안 미로 미술관, 몬주익 매직 분수 등 관광지도 많다. 포블섹Poble-sec은 몬주익 언덕 아래에 있는 동네이다. 스페인식 꼬치 요리 핀초로 유명하다.

바르셀로나 아레나
Arenas de Barcelona

에스파냐 광장
Plaça de Espanya

에스파냐
Pl. Espanya

라 폰피타리아
La Tapitaria

파랄렐
Paral·lel

파랄렐 호텔
Hotel Paral·lel

Carrer de Vila i Vila

그란 보데가 살토
C. de Belsa

Passeig de Montjuïc

크룸

티켓츠

J. de Sant Pau

Av. del Paral·lel

라 키메 키메
La Terrina
블라이투나잇

카사 데 티파
스카니타

포블섹
Poble-sec

라 피자차 델
소르티도르

엘 소르티도르

Carrer de Tàpioles

Carrer de Magalhães

Carrer de la Mare de Déu del Remei

Carrer de la França Xica

Carrer de Lleida

Av. del Paral·lel

몬주익 성
Castillo de Montjuïc

Ctra. de Montjuïc

몬주익 푸니쿨라
Funicular de Montjuïc

호안 미로 미술관
Joan Miró Foundació

몬주익 매직 분수쇼
Font Màgica de Montjuïc

몬주익 매직 분수쇼
Font Màgica de Montjuïc

국립 카탈루냐 미술관
Museu Nacional de
Art de Catalunya(MNAC)

카이사 포룸
CaixaForum

바르셀로나 파빌리온
El Pabellón de Barcelona

스페인 마을
(플라멩코 공연장)

몬주익
올림픽 공원

Av. de l'Estadi - Estadi

Avinguda de la Reina Maria Cristina

 몬주익 성 Castillo de Montjuïc 카스티요 데 몬주익
지중해와 바르셀로나를 한눈에 담다

몬주익 언덕은 서울의 남산 같은 곳이다. 언덕에 서면 바르셀로나 시내와 푸른 지중해를 한눈에 담을 수 있다. 몬주익은 '유대인의 산'이라는 뜻으로, 박해받던 유대인이 모여 살던 척박한 곳이었다. 언덕 정상에는 성이 있다. 웅장한 성채와 지중해를 향하고 있는 대포가 인상적이다. 이곳은 군사박물관Museu Miltar이기도 하다. 이 성은 13세기부터 바르셀로나를 방어하는 전략적 요충지였다. 18세 초 스페인 왕위 계승 전쟁 때는 바르셀로나를 방어하는 역할을 하였고, 1800년대 초반엔 나폴레옹의 군사기지로 사용되었다. 1900년대 초반 스페인 왕권은 고문실을 만들어 노동자와 무정부주의자를 탄압했고, 1939년 스페인 내전에서 승리한 프랑코 정권은 카탈루냐 민족주의자들을 고문했다. 슬픔이 옅어진 지금의 몬주익 성은 산 위에 서 있는 등대 같다. 성에 오르면 푸른 하늘과 따뜻한 지중해가 반겨준다. 연인끼리 데이트하기 좋은 곳이다.

찾아가기 ❶ 메트로 2호선 바르셀로네타역에서 5분 거리 해변에 케이블카 탑승장이 있다. 20인승 케이블카를 타면 몬주익 성 미라마르 전망대에서 내려준다. ❷ 메트로 2·3호선 파랄렐역Paral·lel에서 내려 바로 연결되는 푸니쿨라등산열차로 갈아타고 몬주익공원역Parc de Montjuic에서 내리면 된다. 푸니쿨라는 메트로 교통권으로 탑승할 수 있다. 여기서 다시 2분 거리에 있는 케이블카를 탑승하면 5분 후에 몬주익성에 도착한다. 케이블카 탑승료는 편도·왕복에 따라 10~13유로 안팎이다. ❸ 메트로 1·3호선 에스파냐 광장역Pl. Espanya에서 시내버스 150번으로 환승 후 미라마르 전망대나 미라도르 전망대에서 하차.

주소 Ctra. de Montjuïc, 66, 08038 전화 932 56 44 45 운영시간 11월 1일~2월 28일 10:00~18:00 3월 1일~10월 31일 10:00~20:00 휴일 1월 1일, 12월 25일 요금 18세 이상 5유로 홈페이지 www.castillomontjuic.com

Armando Reques

 몬주익 매직 분수쇼 Font Màgica de Montjuïc 폰트 마지카 데 몬주익
로맨틱의 절정, 사랑의 세레나데

몬주익 매직 분수쇼Font Màgica de Montjuïc는 세계 3대 분수쇼 중의 하나이다. 에스파냐 광장과 카탈루냐 미술관 사이에 있는 카를레스 부이가스 광장Plaça de Carles Buïgas에서 늦은 저녁에 열린다. 109개 밸브에서 초당 2,600리터 물이 기하학적 형태로 뿜어져 나오고, 4500개 전구로 만든 조명이 분수에 아름답고 화려한 색을 입힌다. 여기에 재즈, 클래식, 댄스 음악이 흘러나오면서 솟구치는 물에 생명력을 불어넣는다. 이 화려한 쇼를 보기 위해 매년 250만 명이 이곳을 찾는다. 이른 저녁 메트로 3호선 에스파냐역 밖으로 나오면 사람들이 삼삼오오 모여 카탈루냐 미술관을 향해 걸어간다. 광장에 이르면 수많은 인파가 분수 주변을 채우고 있다. 뒤에서 웅장한 카탈루냐 미술관이 인파를 감싸 안고 있다.

잠시 후 음악과 함께 거대한 분수가 요동친다. 물줄기는 용이 승천하듯 힘차게 솟아올랐다가 다시 여인의 몸처럼 아름다운 곡선을 만들며 고운 자태를 뽐낸다. 그리고는 이내 화려한 조명을 배경으로 수만 개의 물방울로 흩어진다. 분수의 모습이 바뀔 때마다 사람들은 연신 환호성을 지르며 카메라 셔터를 눌러댄다. 마치 사랑의 세레나데를 보는 듯하다. 사랑하는 이와 꼭 함께 한다면 분수 쇼가 더 환상적이리라.

찾아가기 메트로 1·3호선 에스파냐 광장역Pl. Espanya에서 도보 5분 주소 Placa de Carles Buigas, 08038
운영시간 4~5월 목~토요일 21:00~22:00 6~8월 수~일요일 21:30~22:30 9~10월 목~토요일 21:00 ~22:30
11~3월 목~토요일 20:00~ 21:00 홈페이지 www.bcn.es/fonts

 국립 카탈루냐 미술관 Museu Nacional de Art de Catalunya(MNAC)
카탈루냐 미술의 모든 것

바르셀로나를 대표하는 미술관이다. 에스파냐 광장에서 몬주익으로
이어지는 길 끄트머리 언덕에서 바르셀로나를 바라보고 있다. 돔과
첨탑이 인상적인, 유럽풍 고궁 형식의 웅장한 건물이다. 1929년 만국
박람회 전시관으로 사용하기 위해 지었다가 1934년 미술관으로 재
개장하였다. 미술관으로 유명하지만, 전망이 아름답기로 소문이 난
곳이다. 많은 사람이 미술관 아래로 펼쳐진 바로셀로나 시내를 배경
으로 기념 촬영을 한다. 연인들은 미술관 앞 계단에 앉아 사랑을 속삭
이고, 거리 음악가들은 그들을 축복하며 사랑을 노래한다.

미술관에서는 중세부터 현대에 이르는 카탈루냐 미술을 접할 수 있
으며, 특히 로마네스크 미술품을 세계에서 가장 많이 소장하고 있
다. 벽화도 많다. 중세 때 글을 읽지 못했던 사람들을 위해 성서를 벽
에 새긴 것들이다. 거대한 그림책을 감상하는 느낌이 든다. 로마네
스크 양식은 10세기부터 12세기에 서유럽을 중심으로 발전하였다.
비잔틴 문화와 기독교 교회 예술 양식을 융합하며 고유한 양식으로
발전하였다. 유럽 중세 미술에서 가장 아름답다고 평가받는다. 피
카소는 카탈루냐 미술관을 서양 미술의 근원을 이해할 수 있는 위
대한 곳이라고 극찬했다.

찾아가기 메트로 1·3호선 에스파냐 광장역Pl. Espanya에서 도보 5분 주소 Palau Nacional, Parc de Montjuic, s/n, 08038
전화 936 22 03 60 운영시간 10~4월 화~토요일 10:00~18:00 일·공휴일 10:00~15:00 5월~9월 화~토요일 10:00~20:00
일·공휴일 10:00~15:00 휴무 월요일, 새해 첫날, 노동절(5월1일), 크리스마스 입장료 12~16유로(16세 이하와 65세 이상은 무료)
홈페이지 www.museunacional.cat/ca

 호안 미로 미술관 Joan Mirò Foundació 조안 미로 폰다시오
카탈루냐를 사랑한 화가

호안 미로Joan Miro, 1893~1983는 20세기 초 추상미술과 초현실주
의를 결합한 창의적인 화가이다. 피카소, 살바도르 달리와 함께 스
페인을 대표하는 화가이지만, 스페인 사람들에게는 카탈루냐 대표
작가로 더 유명하다. 그는 카탈루냐를 사랑했고 카탈루냐는 그를 사
랑했다. 그의 작품은 점, 선, 면을 이용해 단순하게 그린 것처럼 보
인다. 그는 단순함을 추상적으로 표현하고, 무의식의 세계를 조형
적인 초현실주의로 전환해 20세기 현대미술사에 큰 획을 그었다.
몬주익 언덕 중턱에 그의 작품을 모아놓은 호안 미로 미술관이 있
다. 언덕 초입 카탈루냐 미술관을 지나면 나무가 우거진 공원과 숲
이 나온다. 그 길을 따라 걷다 보면 블록을 쌓아 올린 것 같은 미술
관이 나온다. 미로의 친구이자 세계적인 건축가 호셉 유이스 세르트
Josep Luis Sert가 설계했다. 외관처럼 실내도 독특하다. 거의 모든
벽은 흰색과 통유리다. 통유리로 들어오는 햇살이 머무는 로비에
앉아 있으면 카페에 앉아 있는 것 같다. 파랑, 빨강, 노랑 등 원색으
로 출입문, 캐비닛, 화장실, 벽 등을 장식해 분위기가 유쾌하다. 회화
225점, 조각과 태피스트리 150점, 스케치 5천 점을 관람할 수 있다.
사유, 즐거움, 편안함을 동시에 주는 매력적인 미술관이다.

찾아가기 ❶ 메트로 1·3호선 에스파냐 광장역Pl. Espanya 하차 후 시내버스 150번으로 환승하여 호안 미로 미술관 정류장에서
하차 ❷ 메트로 2·3호선 파랄렐역Paral·lel에서 하차하여 푸니쿨라등산열차로 갈아타고 종점에서 하차 후 도보 5분
주소 Parc de Montjuic, s/n, 08038 전화 934 43 94 70 운영시간 11~3월 10:00~15:00 4월~10월 10:00~18:00
휴관 월요일, 12월 25·26일 입장료 7~12유로 홈페이지 www.fmirobcn.org/en

 ## 에스파냐 광장과 아레나 Plaça de España & Arenas de Barcelona
바르셀로나인 듯 바르셀로나 아닌

에스파냐 광장은 카탈루냐 미술관, 몬주익 언덕과 연결되는 지점이고, 바르셀로나에서 가장 큰 산츠역과도 가깝다. 광장 가운데엔 조각이 화려한 탑이 있다. 이곳은 곧잘 카탈루냐 광장과 비교된다. 에스파냐 광장이 더 크고 화려하지만, 시민들은 카탈루냐 광장을 더 사랑한다. 그들은 스스로를 카탈란이라 부르며 에스파냐와 구별한다. 에스파냐 광장 한쪽에 돔을 인 아레나가 있다. 문화유산 분위기가 물씬 풍기는 오리엔탈풍 건축물이다. 한때 투우 경기장으로 사용되었으나 지금은 아레나몰이라는 대형 쇼핑센터가 들어섰다. 마드리드나 안달루시아 지방은 투우를 여전히 계승하고 있지만 바르셀로나는 금지하고 있다. 더 이상 스페인의 전통을 따르지 않겠다는 카탈루냐 지방 정부의 정책이 반영된 까닭이다. 에스파냐 광장과 아레나몰은 바르셀로나인 듯 바르셀로나 아닌 곳이다. 꿀팁 하나. 식당이 문을 닫는 주말 식사할 곳이 마땅치 않을 땐 아레나몰 옥상 레스토랑을 추천한다. 식사도 하고 멋진 야경도 구경할 수 있다.

에스파냐 광장 찾아가기 메트로 1·3호선 에스파냐 광장역Pl. España 하차 주소 Gran Via de les Corts Catalanes, 69, 08010
아레나몰 찾아가기 메트로 1·3호선 에스파냐역España에서 도보 2분 주소 Gran Via de les Corts Catalanes, 373-385, 08015 전화 932 89 02 44 영업시간 6~9월 10:00~22:00 10~5월 09:00~21:00(일요일 휴무, 옥상 레스토랑은 10:00~00:30) 홈페이지 www.arenasdebarcelona.com

포블섹 Poble-sec
몬주익의 이웃, 타파스와 핀초를 즐기자

포블섹은 라발 지구와 몬주익 사이에 있는 주거 지역이다. 람블라스 거리와도 가까워 걸어서 15~20분이면 도달할 수 있고, 몬주익 언덕과는 바로 이웃해 있다. 젊은 사람이 많이 살아 동네는 언제나 활기가 넘친다. 포블섹엔 유명 관광지가 없다. 특별한 명소가 없으니 일부러 여행 리스트에 넣을 필요는 없다. 그 대신 퍼블섹엔 소소하게 미식을 즐길 수 있는 맛집이 많다. 몬주익 언덕을 여행하고 여유를 부리며 식사를 하거나 술을 마시기에 딱 좋은 곳이다. 바르셀로나에서 타파스만큼 유명한 음식이 핀초이다. 우리로 치면 꼬치 요리이다. 실제로 핀초는 스페인어로 꼬챙이라는 뜻이다. 포블섹엔 핀초Pincho 거리라 불리는 블라이 거리Carrer de Blai 가 있다. 몇 해 전까지만 해도 현지인이 많았으나 지금은 여행객에도 제법 알려졌다.

몬주익 언덕에서 포블섹으로 가려면, 푸니쿨라 등산 열차를 타고 메트로 2·3호선 파랄렐역에 도착하면 된다. 그곳이 포블섹이다. 시간이 넉넉하면 산책 삼아 걸어가도 좋다. 산책을 하고, 포블섹에서 여유롭게 술 한 잔하며 여행의 느낌표를 만들어 보자.

───────────

찾아가기 ❶ 메트로 3호선 포블섹역Poble-sec과 2·3호선 파랄렐역Paral·lel하차 ❷ 몬주익 언덕에서 갈 경우엔 푸니쿨라등산 열차 승차 후 메트로 2·3호선 파랄렐역 하차

 캄프 누 Camp Nou, FC Barcelona
축구, 바르셀로나 여행의 완성

"메시~~~이! 메에시이~~~!"

10만 관중이 벌떡 일어나 함성을 지른다. 캄프 누Camp Nou, 새로운 들판 또는 운동장이라는 뜻는 한껏 달아오른다. 사람들은 계속해서 '메시'를 외친다. 세계 모든 축구 선수의 꿈, FC바르셀로나! 1899년 창단된 FC바르셀로나는 단순한 축구팀이 아니다. 카탈루냐의 자부심이다. 카탈루냐는 마드리드를 중심으로 형성된 스페인 왕조와 오랜 기간 대립 관계에 있었다. 언어와 문화도 조금 다르다. 카탈루냐는 그들만의 정체성을 지키고자 했다. 17세기와 18세기에 독립운동을 벌였지만 실패로 돌아갔다. 1930년 합법적인 절차에 따라 카탈루냐 지방 정부가 수립되었지만, 얼마 지나지 않아 프랑코 군부의 폭압에 시달렸다. 이때 좌파였던 FC바르셀로나의 호셉 수뇰 회장이 프랑코에 의해 살해되고, 구단 사무실은 폭탄 세례를 받았다.

놀랍게도, 축구팀 FC바르셀로나는 협동조합이다. 사기업이 아니라 바르셀로나 시민 20만 명이 주인이다. 카탈루냐 사람들은 FC바르셀로나를 응원하고, 조합원이 되는 것으로 스페인 왕조의 억압에 항의했다. 예전에도 그랬고, 지금도 마찬가지다. 축구 경기가 없는 날에는 패키지 투어로 캄프 누를 구경할 수 있다. 경기 티켓은 http://football-tickets.barcelona.com에서 구매 가능하고, 한인 민박에서 구매 대행을 해주기도 한다. 티켓 가격은 자리마다 천차만별이다.

찾아가기 메트로 5호선 바달역Badal과 콜블랑역Collblanc, 3호선 팔라우 레이알역Palau Reial에서 도보 10분 주소 C. Aristides Maillol, 12, 08028 전화 902 189 900 운영시간 축구 경기에 따라 운영 시간이 다르다. 찾기 전에 홈페이지에서 꼭 확인하자. 패키지 요금 20~25유로 티켓 구매 www.fcbarcelona.com/camp-nou

왕립 축구단과 협동조합, 엘 클라시코가 전쟁인 이유

과거 스페인엔 바르셀로나와 사라고사를 중심으로 하는 아라곤 왕국1137~1714과 마드리드를 중심으로 하는 카스티야 왕국이 공존하고 있었다. 둘 다 기독교 세력이었다. 한때 그들은 기독교 연합 왕국을 꾸려 이슬람 세력에 대항했다. 하지만 15세기 이슬람이 완전히 물러나자 두 세력은 주도권을 차지하기 위해 갈등했다. 형세는 마드리드 세력에게 유리했다. 급기야 바르셀로나 세력, 즉 카탈루냐 세력은 스페인 왕국에서 독립하려는 분리 운동을 시작했다. 하지만 이마저도 쉽지 않았다. 1714년 왕위 계승 전쟁에서 패한 뒤 카탈루냐는 강제로 스페인 왕국에 편입되었다.

이후 두 세력은 앙숙이 되었다. 두 세력이 가장 첨예하게 만나는 곳은 축구 경기장이다. 레알 마드리드는 '레알' 즉 왕립 축구단이다. 앰블럼 위에 왕관도 달려 있다. 반면 FC 바르셀로나는 시민 20만 명이 주인인 협동조합 축구단이다. 두 지역의 간 갈등에 뿌리부터 다른 정체성이 보태어 지면서 두 팀이 경기하는, 엘 클라시코El Clasico는 그야말로 총성 없는 전쟁이다. 카탈루냐가 스페인 왕국에 강제 병합된 해가 1714년이다. 경기장에서도 바르셀로나 시민들에게 '1714'는 각별한 숫자이다. 전반 17분 14초! 10만 응원단은 일제히 독립을 외친다. 카탈루냐 만세를 외친다. 깃발을 흔들고, 함성을 지르고, 나팔을 불며 거대한 '독립' 퍼포먼스를 벌인다. 그들은 그렇게 독립 운동을 하고 있다.

🍴 아레나 푸드코트 Arenas de Barcelona

일식·하몽·파에야……골라 먹는 재미

에스파냐 광장 옆 아레나 몰에 있다. 투우 경기장을 개조해 만든 쇼핑센터 안에 푸드코트, 레스토랑, 카페가 입점해 있다. 푸드코트는 지하에, 카페와 고급 레스토랑은 옥상에 있다. 푸드코트라고 해서 무시해서는 안 된다. 유명한 일식집 우돈Udon을 비롯해, 고급 하몽 숍, 파에야 레스토랑, 샌드위치 전문점 등 다양한 맛집이 몰려있다. 예산이 여유가 있고, 시간이 밤이라면 야경이 멋진 옥상 레스토랑을 추천한다. 에스파냐 광장과 카탈루냐 미술관의 밤 풍경이 무척 아름답다. 일요일에도 영업한다.

찾아가기 메트로 1·3호선 에스파냐역Espanya에서 도보 2분
주소 Gran Via de les Corts Catalanes, 373-385, 08015
전화 932 89 02 44 영업시간 쇼핑몰과 푸드코트 월~토10:00~22:00
옥상 레스토랑 10:00~00:30 휴무 일요일
홈페이지 www.arenasdebarcelona.com

🍴 카사 데 타파스 카뇨타 casa de tapas cañota

티켓츠의 자매 레스토랑

바르셀로나의 유명 셰프 티켓츠Tickets의 아드리아 형제가 또 다른 버전으로 오픈한 타파스 레스토랑이다. 티켓츠가 고급 레스토랑 분위기라면 이곳은 캐주얼 느낌이 강하다. 이 집은 주로 갈리시아 지방포르투갈 북쪽의 스페인 땅 요리와 해물 요리가 중심을 이룬다. 그 중에서 해물 튀김 맛이 일품이다. 바삭한 튀김과 부드러운 해산물의 조합이 환상적이다. 1kg 티본 스테이크도 유명하다. 에스파냐 광장에서 멀지 않아 몬주익 언덕을 찾았다면 카타 데 타파스 카뇨타를 찾아보자.

찾아가기 메트로 1·3호선 에스파냐광장역Pl. Espanya과 3호선 Poble Sec역에서 도보 5분 주소 Carrer de Lleida, 7, 08004 Barcelona
전화 933 25 91 71 영업시간 화~토 13:00~00:00 일요일 13:00~16:00, 19:00~23:00 휴일 월요일, 8월 중순~9월 중순, 12월25일, 1월1일 예산 30~40유로 홈페이지 http://casadetapas.com

🍴 엘 소르티도르 el sortidor

포블섹의 이름난 이탈리안 레스토랑

엘 소르티도르는 포블섹의 유명한 이탈리안 레스토랑이다. 이
가게의 역사는 1908년으로 거슬러 올라간다. 시작은 얼음가게
였다. 냉장고가 대중화가 되지 않았던 시절, 포블섹 사람들의
얼음을 책임졌다. 그때 사용하던 냉장고가 지금도 남아 있다.
그 후에는 이른바 '유럽 멸치'라고 불리는 염장 멸치 앤초비 가
게였다가 지금의 이탈리안 레스토랑이 되었다. 당시 사용하던
출입문, 대리석 테이블, 나무의자 등을 지금도 사용하고 있다.
젊은 셰프 다비다 산 마르틴은 이탈리안 요리를 만들지만 스페
인 맛이 가미된 독특한 음식을 만들어 낸다. 가장 맛있는 메뉴
로는 리조토와 파스타다.

찾아가기 메트로 3호선 포블섹역poble sec에서 도보 5분
주소 Plaça del Sortidor, 5. At Magalhaes 전화 930 180 650
영업시간 화요일~일요일 13:00~16:00, 20:30~23:30(토요일, 일요일
은 24:00까지, 월요일 휴무) 예산 30유로

🍴 티켓츠 tickets

창의적이고 고급스러운 타파스

바르셀로나에서 가장 창의적이고 고급스러운 타파스 레스토랑이다. 사실, 이 가게보다는 이곳의 셰프가 더 유명하다. 아드리아와 이글레시아는 형제. 이들은 지금은 문을 닫아 없지만, 한때는 세계에서 가장 유명한 레스토랑이었던 엘 불리 el bulli의 셰프였다. 그곳이 문을 닫자 자신들이 직접 레스토랑을 만들었다. 양파와 토마토 튀김과 함께 나오는 갈리시안 조개, 대구구이, 이베리아 베이컨과 같이 나오는 바게트, 올리브 오일에 설탕과 함께 졸인 감자, 돼지갈비 등 아주 다양한 타파스가 있다. 케이크과 같은 디저트도 정말 맛이 좋다. 인기가 좋아서 예약을 하지 않으면 긴 시간 줄을 서야 한다.

찾아가기 메트로 3호선 포블섹역 Poble Sec에서 도보 3분 주소 Avinguda del Paral·lel, 164, 08015 Barcelona

영업시간 화~금 19:00~23:00 토요일 13:00~15:00, 19:00~23:00 휴무 월요일, 일요일 예산 45~100유로

홈페이지 www.ticketsbar.es/en

예약 www.elbarriadria.com/en

🍴 키메 키메 Quimet & Quimet

몬주익 아래 이름난 타파스 맛집

타파스로 유명한 레스토랑이다. 몬주익 언덕 아래 포블
섹에 있다. 가게 앞에는 언제나 사람들이 삼삼오오 모여
서 문이 열리길 기다린다. 워낙 인기가 좋아 문을 열자마
자 곧 손님으로 꽉 찬다. 게다가 손님들은 한 번 자리를
잡으면 오랫동안 타파스와 와인을 즐기므로 여간해서 자
리가 나지 않는다. 그러므로 오픈 시간에 맞춰가는 게 좋
다. 가게가 협소해 테이블이 없으면 서서 먹어야 하는데,
그마저도 쉽지 않으므로 꼭 오픈 시간에 맞춰가는 것을
추천한다. 이 가게는 와인도 유명하다.

찾아가기 메트로 3호선 포블섹역Poble-sec, 2·3호선 파랄렐역
Paral·lel에서 도보 3~4분 주소 Carrer del Poeta Cabanyes, 25
전화 934 42 31 42 영업시간 월~금 12:00~16:00, 19:00~22:30
휴무 토요일, 일요일
예산 1인당 20~40유로(타파스 접시마다 가격이 다르다.)
홈페이지 www.facebook.com/quimetyquimet

🍴 라 피자 델 소르티도르 La Pizza del Sortidor

나폴리 정통 피자

라 피자 델 소르티도르는 나폴리 정통 피자 전문점이다.
가게는 크지 않다. 작은 바와 테이블 몇 개가 전부이지만
몬주익에서 가장 유명한 피자 가게이다. 피자를 주문하
면 접시나 팬이 아니라 하얀 박스 위에 나온다. 하지만 접
시와 칼 포크 따위는 나오지 않는다. 손으로 뜯어 먹어야
한다. 이 가게의 또 다른 매력은 가격이다. 거의 모든 피자
가 12유로 안팎이고, 가장 비싼 카프레제 피자에 모차렐
라 치즈와 신선한 토마토를 첨가하면 15유로 정도이다.

찾아가기 메트로 3호선 포블섹역Poble-sec에서 도보 7분
주소 Carrer de Blasco de Garay, 46, 08004
전화 931 73 04 90
영업시간 월~목 19:30~00:00 금 19:30~01:00
토요일 13:30~16:00, 19:30~01:00 일요일 13:30~16:00
예산 15유로 안팎
홈페이지 www.lapizzadelsortidor.com

🍽️ 라 타베르나 블라이 투나잇 La Taberna Blai Tonight

이름난 핀초 전문점

핀초는 바스크 지방 전통 요리로 바게트 빵을 작게 잘라
그 위에 한 두 점의 음식을 놓고 이쑤시개로 고정시켜 한
입에 먹는 꼬치 요리이다. 몬타디토라고도 한다. 블라이
거리Carrer de Blai에는 핀초 가게가 정말 많다. 수백 미터
거리에 핀초 가게와 카페, 레스토랑이 즐비하다. 라 타베
르나 블라이 투나잇은 현지인에게 꽤 인기가 좋은 곳이다.
언제나 사람들로 붐비기 때문에 서두르는 것이 좋다. 바게
트 빵에 연어와 아스파라거스, 하몽, 햄, 살라미 등을 꼬치
에 끼운 핀초가 단돈 1~2유로이다. 참고로 핀초를 주문할
때 꼭 전자레인지나 오븐에 데워 달라고 하자.

찾아가기 메트로 2·3호선 파랄렐역Paral·lel에서 도보 5분
주소 Carrer de Blai, 23, 08004
전화 648 73 32 00
영업시간 12:30~01:00(일 12:30~11:30, 연중무휴)
예산 핀초 1개 1~2유로

🍷 라 콘피테리아 La Confiteria

몽환적인 100년 술집

100년 동안 한 자리를 지키고 있는 술집이다. 겉모습도, 내부 인테리어도 변화를 최소화했다. 소품도 거의 그대로다. 안으로 들어가면 이 집의 매력이 배가 된다. 마치 타임머신을 타고 과거로 돌아간 기분이 든다. 붉은 조명이 몽환적 분위기를 연출해 준다. 영화 <미드나잇 인 파리>에서 주인공이 술에 취해 20세기 초 술집으로 돌아가는 장면이 나온다. 딱 그런 분위기다. 분명 백 년 전 바르셀로나의 술집은 이런 분위기였을 것이다. 수십 종의 칵테일 및 위스키, 와인, 맥주가 당신을 기다리고 있다.

찾아가기 2·3호선 파랄렐역Parel·lel에서 도보 5분
주소 Carrer de Sant Pau, 128, 08001 전화 931 40 54 35
영업시간 월~목 19:00~03:00 금·토 18:00~03:30
일 17:00~03:00 예산 12유로 안팎

🍷 그란 보데가 살토 Gran Bodega Saltò

영화 세트장 같은 라이브 바

젊은이들에게 인기가 많다. 가게 안으로 들어서면 와인 오크통이 한 쪽 벽을 차지하고 있다. 벽면엔 무도회 가면과 인형이 달려 있고, 여기저기에 추상적인 무늬가 그려져 있다. 천장에는 호랑이 인형이 달려 있다. 영화 세트장같다. 이 집의 하이라이트는 라이브 공연이다. 재즈, 어쿠스틱 등 다양한 공연이 열린다. 바에서는 술과 함께 간단한 타파스를 맛볼 수 있다. 오크통에 담긴 와인도 판매하니 웨이터에게 추천을 부탁해 주문하면 된다. 금요일에는 밤 열두 시에 문을 열어 딱 세 시간만 영업한다. 공연 정보는 홈페이지에서 확인할 수 있다.

찾아가기 메트로 2·3호선 파랄렐역Parel·lel에서 도보 5분
주소 Carrer de Blesa, 36, 08004 전화 934 41 37 09
영업시간 월~목 19:00~02:00 금·토 00:00~03:00
일 12:00~00:00 예산 12유로 안팎
홈페이지 www.bodegasalto.net

에이샴플레와 그라시아 거리
Eixample & Gracia

명품 건축과 쇼핑의 거리

바르셀로나에도 신시가지가 있다. 고딕 지구 북쪽에 있는 에이샴플레이다. 이곳의 매력은 인간 중심으로
설계된 시가지와 그곳을 채우고 있는 멋진 건축물이다. 인도가 차도보다 3배쯤 넓을 만큼 사람 중심으로
지은 시가지다. 또 건물의 높이를 6층으로 제한한 덕에 성가족 성당이 멀리서도 훤히 보인다.

그라시아 거리는 에이샴플레의 메인 도로이다. 무역으로 부를 쌓은 부호들은 그라시아 거리에 자신만의
건축물을 올렸다. 가우디의 대표 건축도 대부분 이 거리에 있다. 그라시아 거리는 야외 건축 박물관이자
바르셀로나의 손꼽히는 쇼핑 명소이다.

산트 파우 병원
Hospital de Sant Pau

산트 파우 이 도스 데 마이그
Sant Pau | Dos de Maig

Carrer de Sant Antoni Maria Claret

케이에프시

사그라다파 밀리아
Sagrada Família

사그라다 파밀리아 성당
La Sagrada Família

사그라다 파밀리아 공원
Plaça de la Sagrada Família

스타벅스

Verdaguer

Av. Diagonal

Passeig de Sant Joan

Av. Diagonal

도스 이 우나

디아고날
Diagonal

248

카사밀라
Casa Milà

스카치 앤
소다

히로나
Girona

라 코쿠데리아
브티크

라 플라우타

노르테

Rambla de Catalunya

Carrer d'Aragó

Passeig de Gràcia

Carrer del Consell de Cent

Carrer de la Diputació

Carrer de Balmes

Carrer de Girona

그라시아 거리
Passeig de Gràcia

엘포네트

카사 바트요
Casa Batlló

Gran Via de les Corts Catalanes

타파스24

코스

브랜디♥멜빌

Alsur Cafe

파세이그 데 그라시아
Passeig de Gràcia

📷 산트 파우 병원 Hospital de Sant Pau 호스피탈 데 산트 파우
📍 와우! 병원이 세계문화유산이라니!

바르셀로나에는 세상에서 가장 아름다운 병원이 있다. 가우디의 대표작 성가족 성당에서 북쪽으로 10분 거리에 있는 산트 파우 병원이다. 환자의 쾌유를 기원하는 마음을 담아 성가족 성당 가까이에 지었다고 한다. 병원이라지만 너무 아름다워 유명한 성당 같다. 산트 파우 병원은 카탈루냐 음악당을 설계한 루이스 도메네크 이 몬타네르Lluis Domenech I Montaner, 1850~1923의 작품이다. 가로 세로 300m 부지에 병동 28개가 들어선 대형 병원이다. 거의 모든 건물은 부드러운 곡선미를 뽐낸다. 붉은 벽돌은 편안하고 고즈넉한 느낌을 준다. 건물 내부와 외부는 정교한 꽃 문양과 인물 조각상 등으로 장식되어 있다. 이슬람 양식 타일도 곳곳에 사용되었다. 특히 메인 병동의 아치형 천장과 꽃 모양 타일이 무척 아름답다. 화려한 느낌이 카탈루냐 음악당 못지않다. 1997년 유네스코는 이 병원의 건축적 가치를 인정해 세계문화유산으로 지정했다. 몬타네르는 건축 미학뿐만 아니라 '환경이 환자를 치유한다'는 평소 지론을 적용하려 애썼다. 각 병동 사이에 정원을 두고 건물 안으로 온종일 햇볕이 들게 설계하였다. 건물과 건물 사이에는 지하 통로를 만들어 날씨와 상관없이 환자들이 안전하게 이동할 수 있도록 했다. 지상으로 올라오면 여러 채의 병동이 넓은 마당을 사이에 두고 사이좋게 마주 보고 있다. 관람객들은 마치 미술관을 관람하는 것처럼 진지하게 건축물을 감상한다. 병을 치료하는 것은 최첨단 시설만이 아닐 것이다. 산트 파우 병원은 진정한 치유에 대해 새롭게 질문을 던지고 있다.

찾아가기 메트로 5호선 산트 파우 이 도스 데 메이그역Sant Pau I Dos de Maig에서 도보 5분. 성가족 성당에서 도보 10분
주소 Carrer de Sant Quinti, 89, 08026 전화 932 91 90 00
운영시간 11~3월 **월~토** 09:30~16:30 **일요일** 09:30~14:30 4~10월 **월~토** 09:30~18:30 **일요일** 09:30~14:30
휴무 1월1일, 1월 6일, 12월25일 가이드 투어 오전 10시부터 오후 1시까지 한 시간 간격으로 진행(요금은 14유로부터)
홈페이지 www.santpau.es

🖼 가우디의 대표 건축들 Casa Batllò, Casa Milà, La Sagrada Famllia
카사 바트요, 카사 밀라, 성가족 성당

에이샴플레엔 가우디의 4대 건축 중 구엘공원을 제외한 나머지 세 개가
모여 있다. 1906년 낡은 건물을 재건축한 카사 바트요는, 가톨릭 성인 산
조르디Sant Jordi가 용에게 바쳐질 위기에 처한 공주를 구했다는 카탈루
냐 지방의 전설을 건축으로 재현한 것이다. 건물 정면은 파도가 치듯 역
동적이고, 타일로 장식한 둥근 지붕은 마치 용의 비늘 같다. 발코니도 용
의 머리처럼 생겼다. 카사 바트요를 흔히 '용의 집'이라 부른다. 이 건물
은 현재 사탕회사 츄파춥스 소유이다.

가우디는 중·후반기에 특히 곡선을 많이 사용한다. 카사 밀라는 그 정점
에 있는 작품이다. 건물 모양은 물론 기둥, 발코니, 창문, 계단, 옥상, 심지
어는 천장과 벽에서도 곡선의 향연이 펼쳐진다. 야경 투어를 추천한다.
사그라다파밀리아는 놀랍고, 경이롭고, 감동적이다. 어떤 범주로도 분류
할 수 없는 독특한 성당이다. 크기도 상상을 초월한다. 가로가 150m, 세
로가 60m, 축구장 크기와 비슷하다. 첫 삽을 뜬 지 130년이 넘었지만 아
직도 공사 중이다. 가우디는 1926년 사망할 때까지 43년 동안 그의 인

생을 이 성당에 바쳤다. 성당 지하엔 그의 무덤과 성당 건축에 관한 자료를 전시하는 박물관이 있다. 카사 바트요, 카사 밀라와 더불어 유네스코 세계문화유산으로 등재되었다. 가우디의 초기작 카사 비센스와 카사 칼베트도 에이샴플레에 있다.

찾아가기 자세한 여행 정보는 가우디 건축 여행 참고

 카사 밀라 환상 야경 투어 안내

카사 밀라를 더욱 특별하게 즐기고 싶다면 카사 밀라에서 주최하는 야경 투어Gaudi's La Pedrera: The Origins를 예약하자. 야경 투어에 참여하면 스파클링 와인 카바Cava를 마시며 낭만적인 투어를 할 수 있다. 따로 예약하면 저녁 식사까지 할 수  있다. 간혹 재즈 연주회도 열린다. 카사 밀라의 정수는 단연 옥상 테라스다. 밤 9시부터 옥상에서 형형색색의 조명 쇼가 펼쳐진다. 바르셀로나의 야경 또한 아름답다. 예약과 스케줄은 홈페이지에서 확인할 수 있다.

운영시간 21:00~23:00 예산 성인 34유로 7~12세 17유로 6세 이하 무료 저녁 포함 59유로로
홈페이지 http://www.lapedrera.com/en/visits/gaudis-pedrera-origins

 ## 쇼핑 스팟 그라시아 거리 Passeig de Gràcia 파세이그 데 그라시아
쇼핑, 건축, 노천 카페

그라시아 거리는 에이샴플레를 대표하는 거리다. 카탈루냐 광장에서 북서쪽으로 쭈욱 뻗은 거리로, 이 거리 양쪽으로 1800년대 말에 조성된 신시가지 에이샴플레가 바둑판처럼 펼쳐진다. 그라시아는 바르셀로나 최고의 쇼핑 거리이다. 프랑스의 샹젤리제, 우리나라 청담동과 자주 비교되는 거리다. 백화점, 명품 숍, 브랜드 숍이 거리를 메우고 있다. 샤넬, 구찌, 에르메스 같은 명품 브랜드와 스페인 대표 브랜드 자라와 망고 그리고 코스, 스카치 앤 소다 등도 그라시아 거리에서 동서로 뻗어나가는 작은 거리에 자리 잡고 있다. 이뿐만이 아니다. 유명 패션 브랜드뿐 아니라 편집 숍, 카페, 레스토랑도 많다.

그라시아를 걷다 보면 가우디 건축 외에도 중간 중간 쇼핑 거리를 빛내주는 멋진 건축물을 만나게 된다. 카사 바트요의 옆 건물은 카사 아마트예르Casa Amatller이다. 카탈루냐 아보르노 건축의 백미로 꼽힌다. 이 건물이 너무 독특해 옆 건물 주인인 바트요가 자신의 건물을 더욱 돋보이게 하려고 가우디에게 리모델링을 의뢰했다. 카사 바트요가 탄생한 비하인드 스토리이다. 카탈루냐 광장에서 가까운 카사 예오모레라Casa Lleo Merera는 카탈루냐 음악당과 산트 파우 병원을 건축한 도메네크 이 몬타네르가 설계했다. 그라시아 거리엔 노천 레스토랑이 많다. 쇼핑도 좋지만 따뜻한 햇빛 아래에서 건축과 거리를 감상하는 즐거움도 놓치지 말자.

찾아가기 메트로 2·3·4호선 파세이그 데 그라시아역Passeig de Gràcia에서 도보 3분. 메트로 3호선 디아고날역Diagonal에서 도보 3분

🍽 케이에프시 KFC

사그라다 파밀리아를 감상하며 치킨과 햄버거를

성가족 성당 주변엔 마땅한 맛집이 없다. 성당을 찾았던 여행자
는 대부분 KFC를 찾는다. 처음엔 좀 당혹스럽지만, 막상 성당
앞에 가면 사람들이 왜 이곳을 찾는지 알게 된다. 성당을 감상
하며 식사를 할 수 있는 음식점으로 이만한 곳이 없다. 실내에
서 훤히 보이는 성당 풍경은 KFC에서 주는 덤이다. 주문한 메
뉴를 받아 들고 2층으로 올라가면 넓은 통유리 너머로 사그라
다 파밀리아가 두 눈 가득 들어온다. 벽에 걸린 그림을 감상하
듯 가우디의 역작을 눈에 넣으면, 흔한 메뉴이지만 이 세상에서
가장 맛있는 치킨처럼 느껴진다.

찾아가기 메트로 2·5호선 사그라다파 밀리아역Sagrada Familia에서 도
보 2분 주소 Av. de Gaudi, 2, 08025 전화 934 33 07 17
영업시간 월~목 11:30~23:00 금~일 11:30~00:00

🍽 타파스24 Tapas24

카사 바트요 근처 타파스 전문점

카사 바트요에서 남동쪽으로 4분 거리에 있는 타파스 전문
점이다. 가우디 건축을 여행하고 들르기 좋다. 카탈루냐 요
리의 대가라 불리는 카를로스 아베야가 운영하는 레스토랑
중 타파스만을 전문으로 하는 곳이다. 다른 타파스 가게와
는 메뉴부터가 다르다. 가격은 조금 비싸지만 기본적인 타
파스부터 퓨전 타파스까지 종류도 다양하고 맛도 좋다. 감
자 오믈렛, 미니 타코 세트와 푸아그라 버거, 비키니 샌드위
치 등 다양한 타파스로 입맛을 즐겁게 만든다. 오픈 키친이
라 요리 과정을 쇼 구경하듯 볼 수 있어 더욱 즐겁고 새롭다.

찾아가기 메트로 2·3·4호선 그라시아 거리역Passeig de Gracia에서
도보 3분 주소 Carrer de la Diputacio, 269, 08007
전화 934 88 09 77
영업시간 월~일 09:00~00:00
가격 13~20유로 홈페이지 www.tapas24.ca

엘포네트 el Fornet

빵 맛으로 소문난 카페

엘포네트는 럭셔리하면서도 분위기가 고풍스런 카페이다. 스페인 전역에 많은 체인점을 두고 있다. 그라시아 거리에에도 지점이 여럿이다. 빵이 맛있기로 유명해 저녁이 되면 사람들이 빵을 사기 위해 줄을 서서 기다린다. 바게뜨, 크로와상, 에그타르트, 머핀, 스콘 등 다양한 빵을 판매한다. 하몽과 살라미로 만든 샌드위치와 디저트 케이크도 있다. 분위기는 마치 유럽 중상류층 가정의 거실 같다. 고풍스러운 가구와 장식을 즐기며 편안하게 머물 수 있는 카페이다. 에이샴플레에서 휴식이 필요하다면, 빵과 커피가 있는 엘포네트를 추천한다. 카사 바트요에서 5분 거리에 있다.

찾아가기 메트로 2·3·4호선 파세이그 데 그라시아역Passeig de Gracia에서 도보 4분 주소 Carrer del Consell de Cent, 355, 08007 전화 932 77 69 42 영업시간 월~토 07:00~21:00 일 08:00~21:00 예산 10유로 안팎

홈페이지 www.elfornet.com

라 플라우타 La Flauta Restaurant

줄 서서 먹는 타파스 맛집

지하철 디아고날역Diagonal에서 가깝다. 워낙 인기가 좋아 자리를 잡으려면 늦은 점심 시간 혹은 이른 저녁에 찾는 것이 좋다. 금요일 저녁이라면 더욱 서둘러야 한다. 하지만 좀 늦게 도착하더라도 조바심을 낼 필요는 없다. 대기자 명단에 이름을 올려놓고 스탠딩 바에서 간단한 음료를 즐기며 기다리면 된다. 인기 메뉴는 수 십 종에 이르는 타파스지만, 신선한 빵으로 만든 샌드위치와 오믈렛, 숯불로 구운 소고기 등도 인기가 좋다. 라발 북쪽 바르셀로나 대학교 근처에 분점이 있다.

찾아가기 메트로 3·5호선 디아고날역Diagonal에서 도보 5분 주소 Carrer de Balmes, 164, 08008 전화 934 15 51 86 영업시간 월 12:00~01:00 화~토 07:00~01:30 휴일 일요일 예산 20유로 안팎 바르셀로나대학교 분점 찾아가기 메트로 1·2호선 우니베르시타트역Universitat에서 도보 5분 주소 Carrer d' Aribau, 23, 08011 전화 933 237 038

노르테 Norte

바스크 스타일 브런치 카페

노르테는 미술사, 철학, 언론을 전공한 청춘 3명이 모여 만든 브런치 카페이다. 북부 바스크와 갈라시아 지역포르투갈 북쪽의 스페인 땅 요리를 현대적으로 재해석하여 판매한다. 브런치 메뉴는 오믈렛, 스크램블 에그, 수제 잼 토스트 등이 있다. 메인 디시엔 레몬 마요네즈나 이집트 콩으로 만든 그린 소스를 곁들인 대구 요리가 있다. 모든 요리에 친환경 야채만 사용한다. 독특한 요리를 맛보기를 원하는 여행자들에게 강력 추천한다. 인테리어가 깔끔하면서도 모던하다. 하얀 벽과 빨간 등이 인상적이다.

찾아가기 메트로 4호선 히로나역Girona에서 도보 5분
주소 Carrer de la Diputació, 321, 08009 전화 935 28 76 76
영업시간 월~목 13:00~16:00 금요일 13:00~16:00, 20:30~
23:30 바 19:30부터 휴무 토·일요일

Alsur Cafe

테라스가 있는 브런치 카페

카사 칼베트에서 5분 거리에 있는 모던한 브런치 카페이자 레스토랑이다. 카페 입구는 천장이 높고 안쪽은 천장이 낮아 시각적으로 넓어 보이면서도 아늑한 분위기를 연출한다. 테라스가 있어 에이샴플레 거리 분위기를 맘껏 즐길 수 있다. 점심 세트 메뉴에서 2유로를 추가하면 디저트와 커피가 제공된다. 메뉴는 주로 수란 요리 에그 베네딕트, 시금치를 곁들인 에그 플로런틴, 에그 스태리, 메이플 시럽을 뿌린 팬케이크, 치즈버거, 샐러드 등이다. 음료는 천연 과일 주스, 커피 등이 있으며 맛이 일품이다. 보른 지구에도 지점이 있다.

찾아가기 메트로 2·3·4호선 파세이그 데 그라시아역Passeig de Gracia, 1·4호선 우르키나오나역Urquinaona에서 도보 4분
주소 Carrer de Roger de Llúria, 23, 08010 전화 93 62 4 15 77
영업시간 월~수 08:00~00:00 목요일 08:00~01:00 금요일 08:00~03:00 토요일 09:00~03:00 일요일 09:00~00:00
예산 7~20유로 홈페이지 www.alsurcafe.com

🛍 라 코쿠테리아 브티크 La Coqueteria boutique

사랑스럽고 로맨틱한 옷가게

메트로 4호선 히로나역Girona 근처에 있다. 회색빛 건물 사이로 민트 색 간
판을 단 작고 귀여운 옷가게이다. 바르셀로나에서 가장 사랑스러운 패션
숍 중 하나이다. 여성을 위한 패션 브티크 숍으로 로맨틱한 드레스, 빈티지
한 가방과 구두, 액세서리 등을 판매한다. 주인이 직접 디자인하고 핸드메
이드로 만든 상품이기에 다른 곳에서 찾아볼 수 없는 상품들이다. 디자인
도 디자인이지만 제품을 자세히 들여다보면 노력과 정성으로 만들었다는
것을 알 수 있다. 인테리어 또한 세련되고 분위기도 아늑하다.
찾아가기 메트로 4호선 히로나역Girona에서 남쪽으로 1분 주소 Carrer de Girona, 60,
08009 전화 932 45 49 01 영업시간 월~토 10:00~13:30 오후 17:00~20:30
휴무 일요일 홈페이지 http://lacoqueteriaboutique.com

🛍 도스 이 우나 Dos I Una

동화 같은 선물 가게

동화 분위기 물씬 풍기는 선물 가게이다. 옷, 가방, 구두, 장난감, 라디오
등을 전시한 쇼윈도를 보고 나면 가게 안으로 들어가지 않을 수 없다. 아
날로그 라디오, 지포라이터, 베스파 오토바이 모형, 지갑 등등 신기하고
재밌는 물건이 가득하다. 빈티지풍 옷과 스카프, 바르셀로나 엽서도 판매
한다. 기념품을 원하는 여행객에게 안성맞춤이다. 카사밀라에서 북쪽으
로 도보 4분 거리에 있다. 찾아가기 메트로 3·5호선 디아고날역Diagonal에서 도
보 5분 주소 Carrer del Rossello, 275, 08008 전화 932 17 70 32 영업시간 월~토요일
10:30~14:00, 14:30~20:00 휴일 월요일

🛍 코스 Cos

스타일이 돋보이는 패션 브랜드

스웨덴 패션 그룹 H&M에서 새롭게 만든 고급형 유니섹스 브랜드이다.
Collection of Style의 첫 자를 따서 Cos라 이름 지었다. 가격은 중저가 브
랜드보다 더 비싸지만, 품질이 좋고 디자인이 깔끔하고 유니크하다. 유행
을 타지 않는 모던하고 베이직한 디자인을 추구한다. 스타일이 좋은 코
트와 자켓, 정장부터 액세서리까지 다양한 제품군이 있다. 여성복뿐만 아
니라, 남성복, 아동복도 있다. 1층은 남성복, 2층은 여성복 매장이다. 카
사바트요에서 남쪽으로 2분 거리에 있다. 찾아가기 메트로 2·4호선 그라시
아 거리역Passeig de Gracia에서 도보 3분 주소 Passeig de Gracia, 27, 08007 전화
901 12 00 84 영업시간 월~토요일 10:00~20:00 홈페이지 www.cosstores.com

브랜디♥멜빌 BRANDY♥MELVILLE

보헤미안 스타일 패션 브랜드

펑키 스타일 패션을 선호하는 사람이라면 브랜디♥멜빌을 추천한다. 보헤미안 감성과 자유분방함, 이탈리안 여성의 라이프 스타일이 이 브랜드의 모토이다. 실험적이고 유니섹스 스타일을 제시하여 젊은이들에게 큰 인기를 끌고 있다. 루즈 핏Loose fit 티셔츠, 빈티지한 야상 자켓, 앙고라 니트, 빈티지 소재 드레스 등을 판매하고 있다. 린제이 로한, 마일리 사이러스 등 헐리웃 스타들이 즐겨 입는다. 보헤미안 스타일에 빈티지하면서도 도시적인 패션을 원한다면 브랜디♥멜빌을 추천한다. 가격도 비교적 저렴한 편이다. 찾아가기 메트로 3·5호선 디아고날역Diagonal에서 도보 4분 주소 Carrer del Rosselló, 245, 08008 전화 932 92 01 91 영업시간 월~금 10:30~20:30 토요일 11:00~21:00 휴무 일요일

스카치 앤 소다 Scotch & Soda

빈티지 패션 브랜드

독창적인 워싱 처리와 자유분방한 디자인으로 유명한 네덜란드 브랜드이다. 스카치 앤 소다는 질이 좋고 튼튼한 빈티지 스타일 패션을 표방하며, 다른 브랜드에서 볼 수 없는 독특한 방법으로 워싱 처리한 청바지의 인기가 좋다. 디스플레이가 자유분방하여 구경하는 재미가 쏠쏠하다. 가격이 좀 비싸지만 회소성 있는 디자인과 다채로운 상품력을 바탕으로 전 세계 마니아들의 사랑을 받고 있다. 브랜디♥멜빌 옆에 있다. 찾아가기 메트로 3·5호선 디아고날역Diagonal에서 도보 4분 주소 Carrer del Rossello, 247, 08008 전화 931 76 38 25 영업시간 월~토 10:30~20:30 휴무 일요일 홈페이지 www.scotch-soda.net

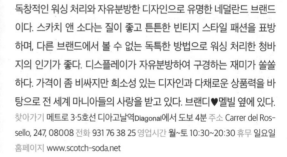

이사팔 248

다양한 패션이 가득한 편집 숍

그라시아 거리 근처에 있는 멀티 편집 숍이다. 248은 스타일리시 한 브랜드를 엄선하여 팜매한다. 아동복, 액세서리, 정장에 이르기까지 다양하다. 리바이스, 스카치 앤 소다, 헬로우 키티 티셔츠와 성인이 좋아할 만한 록 버전 티셔츠도 많다. 포나리나Fornarina, 롤리타 오어 래어Lolita or Rare 같은 매력 만점의 여성 브랜드도 있으며, 유아와 아동 브랜드 타미Tammy도 있다. 반스Vans, 뉴발란스, 나이키, 버켄스탁 등 신발 섹션도 다양하다. 성인 숍과 아동 숍은 분리되어 있다. 찾아가기 메트로 3·5호선 디아고날역Diagonal에서 도보 2분 주소 Carrer del Rossello 248, 0800 전화 934 87 12 48 영업시간 10:30~20:15(일요일 휴무) 홈페이지 www.248barcelona.blogspot.ie

바르셀로나 근교
Near Barcelona

야경 명소 카멜 벙커부터 신이 빚은 절경 몬세라트까지

벙커스 델 카멜Bunkers del Carmel, 카멜 벙커은 바르셀로나에서 가장 아름다운 석양과 야경을 볼 수 있는 곳이다. 360도 조망이 탄성이 절로 나온다. 티비다보는 110년이 넘은 놀이공원이다. 바르셀로나 시가지와 지중해까지 한눈에 담을 수 있는 전망 명소이다. 몬세라트는 바르셀로나 북서쪽에 있는 높이 1236m의 산이다. 도심에서 기차로 1시간 남짓38km 거리에 있다. '죽기 전에 꼭 봐야 할 자연 절경'으로 선정된 명소이자 스페인의 3대 성지이다. 뿐만 아니라 바르셀로나에서 손꼽히는 와이너리 투어 명소이기도 하다. 농장을 방문하여 와인 제조 과정을 견학하고, 시음과 구매도 할 수 있다. 히로나Girona는 고풍스런 중세 도시이다. 드라마 〈푸른 바다의 전설〉, 영화 〈향수〉와 〈왕좌의 게임〉 촬영지로 유명세를 타고 있다. 이제, 바르셀로나의 또 다른 표정을 찾아 근교로 떠나자.

티비다보 공원
Parc d'Atraccions del Tibidabo

카멜 벙커
Bunkers del Carmel

티비다보 푸니쿨라
Funicular del Tibidabo del
Tibidabo

구엘 공원
Parc Güell

산트 파우 병원
Hospital de Sant Pau

Ⓜ Vallcarca

Ⓜ Av. Tibidabo

레셉스역
Lesseps

몬세라트
Montserrat

사그라다파 밀리아
Sagrada Família

람블라스 거리
La Rambla

카멜 벙커 Bunkers del Carmel 벙커스 델 카멜
바르셀로나에서 가장 아름다운 야경

최근 뜨겁게 떠오르고 있는 바르셀로나 야경 명소이다. 동서남북, 360도를 모두 조망할 수 있는 곳으로 바르셀로나에서 가장 아름다운 석양과 야경을 볼 수 있다. 하지만 카멜 벙커는 슬픔을 품은 곳이다. 도심 북쪽 카멜 지역 투로 드라 로비라Turo de la Rovira 언덕 262m 높이에 위치한 카멜 벙커는 스페인 내전 당시 공중 표적을 사격하기 위한 대공포 시설 던 곳이다. 2차 세계대전까지 바르셀로나를 지키기 위해 수많은 전투가 이곳에서 벌어졌다. 지금은 벙커 시설은 없고 대공포 시설만 아픈 역사를 증언하고 있다. 내전이 종식된 후에는 도시 노동자와 부랑자 등이 하나둘 모여 판자촌을 이루어 살았다. 1992년 바르셀로나 올림픽 때 정비가 이루어졌으나 얼마 전까지만 해도 지역 사람만 아는 산책과 야경을 즐기는 비밀 명소였다. 최근에서야 SNS로 알려지면서 지금은 바르셀로나 최고의 명소가 되었다.

카멜 벙커로 가는 길은 조금 불편하다. 지하철을 타고 가다 버스로 환승한 뒤 정류장에서 다시 5분 남짓 언덕을 걸어서 올라야 한다. 하지만 석양을 바라보면 언덕을 오른 수고는 금세 잊게 된다. 붉고 푸른 석양은 마치 인상파 화가 모네의 작품 같다. 석양은 짧지만 강렬하다. 그리고 이윽고, 1000만불 짜리 야경이 다시 당신을 사로잡는다. 구엘 공원에서 가까우므로 두 곳을 함께 둘러보기를 추천한다. 구엘 공원에서 산책하듯 걸어가면 24~25분 걸린다.

찾아가기 지하철 5호선 엘 카멜역El Carmel에서 하차 후 메르캇 델 카르멜 정류장Mercat del Carmel에서 버스 119번 탑승. 약 10분 승차 후 마리아 라베르니아 정류장Marià Lavèrnia에서 하차. 도보 5분 주소 C/Marià Lavèrnia, s/n, 08032

 티비다보 공원 Parc d'Atraccions del Tibidabo 파르크 다트락시온스 델 티비다보
120년 된 놀이공원, 그리고 환상 전망

바르셀로나 북쪽 티비다보 언덕엔 영화에 나올 법한 회전목마와 놀이공원이 있다. 티비다보는 스페인에서 가장 오래된 놀이공원이다. 1901년 문을 열었으니까 120년 가까이 되었다. 스페인 최초, 그리고 유럽에서도 두 번째로 오래된 놀이공원이다. 1901년에 만들어진 놀이시설이 지금도 그대로 운행되고 있으며, 놀이기구 곳곳에서 아날로그 감성이 묻어난다. 놀이기구들이 마치 오래된 장난감 같다. 이곳에 있으면 바르셀로나의 과거를 만나는 기분이 든다. 놀이기구에 몸을 실으면 바르셀로나 전경이 눈에 가득 들어온다. 과거의 어느 시간으로 돌아가 바르셀로나를 내려다보는 기분이 든다. 회전목마, 스카이워크 등 25종류에 이르는 놀이기구를 탈 수 있다. 티비다보 언덕에는 몽마르트의 사크레쾨르 성당을 모델로 건축한 사그라트 코르 수도원Temple del Sagrat Cor과 바르셀로나를 한눈에 내다 볼 수 있는 콜세로라 컨벤션 타워Torre de Collserola도 있다.

찾아가기 **①** 티비버스가 카탈루냐 광장에서 오전 10시 15분부터 출발. 공원 개장하는 날만 운행
② 카탈루냐 광장에서 카탈루냐 철도 FCG 7호선 탑승→아빙구다 티비다보역Avinguida Tibidabo 하차→100년 된 트램 탐바블라우Tamwablau로 환승→ 플라사 델 닥터 안드레우역Placa del doctor andreu 하차→푸니쿨라 환승(동절기엔 금~일요일에만 운행. 그 외의 날에는 플라사 델 닥터 안드레우 역 버스정류장에서 196번 버스 탑승)
주소 Placa del Tibidabo, 3~4, 08035 전화 932 11 79 42 영업시간 12:00~20:00(매달 개장 요일이 바뀌니 꼭 홈페이지에서 확인할 것) 입장료 28.50유로 홈페이지 www.tibidabo.cat/en/

몬세라트 Montserrat
죽기 전에 꼭 가봐야 할 자연 절경

몬세라트는 바르셀로나 도심에서 38km 떨어진 기묘한 산 1236m이다. 에스파냐역에서 기차로 1시간 걸린다. '죽기 전에 꼭 봐야 할 자연 절경'으로 선정된 명소이자 스페인의 3대 성지 순례 코스이다. 몬세라트는 톱니 모양의 산이라는 뜻이다. 침식 작용으로 붉은 봉우리들이 들쭉날쭉 솟아 있는 모습을 보고 이 땅을 지배한 로마인들이 처음 그렇게 부르기 시작했다.

실제로 산은 인위적으로 조각한 것 같은 기암괴석으로 이루어져 있다. 가우디가 성가족 성당을 설계하면서 이 산에서 영감을 얻었다고 한다.

카탈루냐 사람들은 몬세라트를 신성한 산으로 여긴다. 산에 안긴 산타 마리아 데 몬세라트 수도원725m은 오래된 검은 성모자 목조각상으로 유명하다. 목조각상은 사도 베드로가 스페인으로 가져온 것으로 전해진다. 순례자들은 성지를 찾아 이 산을 오르고, 여행자들은 자연과 시간이 만든 절경을 감상하기 위해 이 산을 찾는다.

01 몬세라트 수도원 Monasterio de Montserrat 모나스테리오 데 몬세라트
검은 성모자상과 스페인 3대 성지

기암괴석의 산 몬세라트. 이 산 725m 지점에 천 년 전에 지은 몬세라트 수도원이 있다. 우리나라 명산에 이름난 사찰이 있는 것과 참으로 비슷하다. 이 수도원 성당에는 유명한 검은 성모자상La moreneta이 있다. 전설에 의하면 이 작은 목각상은 성 누가가 만든 것으로 서기 50년에 성 베드로가 이곳에 가져왔다고 한다. 모자상 앞에는 언제나 긴 행렬이 늘어서 있다. 이 작은 조각상은 우리의 반가사유상과 분위기가 비슷하다. 이 성당의 소년 성가대 에스콜라니아Escolania Montserrat는 세계 3대 소년 성가대 중 하나이다. 시간이 맞으면 성가대의 아름다운 노래를 들을 수 있다. 또 수도원 곳곳에서 성가족 성당 수난의 파사드를 조각한 수바라치의 작품을 만날 수 있다. 여유가 있다면 가슴 뭉클한 감상의 시간을 즐겨보자.

찾아가기 ❶ 메트로 1·3호선 에스파냐역Espanya 자동판매기에서 몬세라트역까지 가는 R5 티켓과 산 정상까지 가는 케이블카 티켓왕복, 또는 R5 티켓과 산악열차 티켓왕복을 통합 티켓으로 구매한다. ❷ 메트로 1·3호선 에스파냐역Espanya에서 'Monserrat' 이정표 따라 몬세라트행 기차 타는 곳으로 이동한다. ❸ 산악열차를 선택한 경우 모니스트롤 데 몬세라트역Monistrol de Montserrat에서 환승하면 되고, 케이블카를 선택한 경우 몬세라트 아에리역Montserrat Areri에서 환승하면 된다. ❹ 통합 티켓을 사면 당일에 한해 바르셀로나 시내 메트로를 5회까지 무료로 이용할 수 있다.

티켓 요금 열차(FGC)+메트로(5회 이용 무료)+등산열차 혹은 케이블카+산트 호안 푸니쿨라(산 정상으로 가는 열차)+산타 코바 푸니쿨라(산 중턱 전망대로 가는 열차)+몬세라트 영상관=35.3유로(박물관과 점심 식사까지 포함하면 53.85유로)

수도원 주소 08199 Montserrat 운영시간 09:00~18:00(4~9월에는 19:00까지) 성가대 합창 일·공휴일 12:00 평일·토요일 13:00(공연은 무료, 여름방학과 연말연시엔 공연 없음) 홈페이지 www.montserratvisita.com

02 산타 코바 Santa Cova
동굴 예배당과 몬세라트 중턱 전망대

몬세라트 수도원을 보고 나면 다음 코스로 꼭 가야 하는 곳이 산타 코바Santa Cova와 산트 호안Sant Joan이다. 산타 코바는 수도원 아래쪽 중턱 전망대가 있는 곳이다. 몬세라트 중턱에서 조용히 산책을 즐기고 싶다면 산타 코바로 가는 것이 좋고, 몬세라트 정상에서 자연을 느끼며 트래킹을 즐기고 싶다면 산트 호안으로 가는 것이 좋다. 산타 코바는 수도원에서 푸니쿨라를 타고 아래로 내려가면 되고, 산트 호안은 올라가면 된다. 푸니쿨라 역은 수도원 앞 광장에 있다. 다만, 같은 장소에 역이 있으나 승강장이 다르므로 탈 때 꼭 확인하는 것이 좋다.

산타 코바에는 검은 성모자상이 발굴된 '성스러운 동굴'이 있다. 푸니쿨라 승강장에서 동굴까지 이어지는 산책길엔 예수의 일생을 새겨 넣은 조각 작품이 있다. 종교적인 내용이지만 조각상이 아름다워 감상하는 내내 즐겁다.

천주교 신자가 아니라면 동굴 예배당 보다 산책로가 훨씬 마음에 들 것이다. 산책로엔 돌담으로 낭떠러지와 경계를 만들어 놓았다. 산 아래 인간 세계가 아찔하게 멀리 보인다. 길이 끝나는 곳에 검은 성모자상이 발견된 동굴 '산타 코바'가 있다. 작은 예배당에 성모자상을 복제한 모사품이 있다.

찾아가기 몬세라트 수도원 광장에서 푸니쿨라를 타고 산 아래로 내려가면 산타 코바가 나온다

03 산트 호안 Sant Joan
몬세라트 정상, 가우디에게 영감을 준

산트 호안은 몬세라트의 정상을 말한다. 정상으로 가는 푸니쿨라는 덜컹거리며 하늘을 향해 올라간다. 수도원은 점점 멀어지고, 하늘은 점점 가까워진다. 산트 호안에는 세 군데 등산로가 있다. 가장 인기 좋은 등산로는 수도사들의 은둔처 '산트 호안 예배당'으로 가는 길이다. 그 길을 따라 오르면 거대한 돌 봉우리가 여기저기서 나타난다. 거대한 돌들이 모여 풍경이 더없이 신비롭다. 산 정상으로 오르는 길은 조금 거칠다. 20분쯤 오르면 드디어 정상이다.

정상에 오르면 카탈루냐 풍광이 파노라마처럼 펼쳐진다. 몬세라트의 기묘하고 웅장한 봉우리들은 한 눈에 담기에 벅차다. 몬세라트는 가우디가 어릴 적부터 즐겨 찾았던 곳이다. 가우디의 건축은 자연주의, 카탈루냐, 천주교에 뿌리를 두고 있다. 가톨릭과 카탈루냐의 성지인 몬세라트가 가우디 건축의 뿌리인 것은 어쩌면 당연한 건지도 모른다. 가우디는 몬세라트를 보고 이런 말을 했다. "하늘 아래 독창적인 것은 아무것도 없다. 단지 새로운 발견에 지나지 않는다." 몬세라트의 신비롭고 장엄한 봉우리는 그에게 건축적 영감을 주었다. 성가족 성당도, 카사밀라 지붕도 몬세라트를 닮았다. 카사 바트요의 건축 또한 몬세라트의 산세를 닮았다. 몬세라트는 가우디 건축의 고향인 셈이다.

찾아가기 몬세라트 수도원 광장에서 산트 호안 행 푸니쿨라를 타고 정상으로 오르면 된다.

04 몬세라트 와이너리 투어 Winery Tour
포도원 견학부터 와인 시음까지, 최고의 낭만 여행

스페인은 세계 3대 와인 생산국이기도 하다. 기원전 10세기 경 페니키아인들이 처음 와인을 전해주었는데, 지금은 세계 생산량의 15%를 차지하는 와인 대국이다. 스페인 전통 와인은 향이 강하고 산도가 높지 않은 템프라니오Tempranillo와 스파이시하면서 알코올 도수가 높은 가르나차Garnacha 등 20여 종류가 있다. 와인에서 더 나아가 새로운 술이 개발되기도 했는데, 레드 와인에 과일과 레모네이드를 넣은 상그리아와 카탈루냐 지방의 전통 스파클링 와인 카바Cava이다. 코도르니우Codorniu나 프리엑시네트Freixenet는 세계적으로 유명한 카바 브랜드이다.

몬세라트는 신비로운 풍광과 수도원뿐만 아니라 와이너리 투어도 즐길 수 있는 곳이다. 농장을 방문하여 와인 제조 과정을 견학하고, 시음과 구매도 할 수 있다. 와이너리 투어는 한인 여행사나 현지 여행사 웹사이트 예약을 통해 참여할 수 있다.

TIP 스페인 와인 고르기

스페인 와인은 등급에 따라 비노 데 메사Vino de Mesa, 비노 데 라 티에로Vino de la Tierro, DO, DOCa, DO Pago가 있다. DO Pago가 가장 고급 와인이다. 이와 함께 오크통과 병에서 숙성되는 기간을 법으로 정하고 있는데, 리제르바Reserva, 크리안자Crianza, 그린 리제르바Gran Reserva 표기가 있으면 좋은 와인이다. 고르기가 힘들다면 스페인의 대표적인 메이커인 토레스Torres 와인을 추천한다.

와이너리 투어 여행사 안내

몬세라트+와이너리 투어가 일반적이다. 현지 한국 업체와 스페인 여행사에서 현지 투어를 진행한다. 유로자전거나라, 굿맨가이드, 인디고트래블, 카탈루냐 버스 투리스틱 등이 있다. 스페인 여행사인 카탈루냐 버스 투리스틱에서는 와이너리 투어 당일치기 프로그램을 진행한다.

유로 자전거 나라 홈페이지 www.eurobike.kr 대표번호 02-723-3403~5
한국에서 001-34-600-022-578 유럽에서 0034-600-022-578 스페인에서 600-022-578
굿맨가이드 홈페이지 www.goodmanguide.com 대표번호 1600-4813
인디고트래블 홈페이지 www.indigotravel.co.kr 대표번호 02-516-8277
카탈루냐 버스 투리스틱 홈페이지 www.catalunyabusturistic.com

Flickr, Jorge Franganillo

 라 로카 빌리지 La Roca Village
셔틀버스 타고 쇼핑하러 가자

스페인은 유럽의 쇼핑 천국이다. 서유럽이나 북유럽에 비해 물가가 싼 까닭이다. 스페인엔 명품 아울렛 시장
이 발달해 있다. 우리나라처럼 대부분 대도시 근교에 있다. 라 로카 빌리지는 바르셀로나에서 북동쪽으로 자
동차로 약 40분 거리에 있는 쇼핑 아울렛이다. 패션, 가방, 액세서리, 신발 등의 다양한 명품 브랜드를 최대
60%까지 저렴하게 구매할 수 있다. 130개 매장이 입점해 있는데 대표 브랜드로는 구찌, 코치, 불가리, 아르
마니, 발리, 버버리, 록시탕, 케빈클라인, 디젤 등이 있다. 카페와 레스토랑도 있다. 지중해 음식은 물론 타파
스부터 햄버거까지 다양한 음식을 즐길 수 있다. 건물이 아기자기한 마을처럼 구성되어 있어 유럽의 작은 마
을에서 쇼핑을 하는 기분이 든다. 구매 상품은 택스 프리Tax free이다. 라 로카 빌리지는 바르셀로나 시내에서
셔틀버스를 운행하기 때문에 부담 없이 다녀올 수 있다. 셔틀버스는 그라시아 거리Passeig de gracia, 6에서 출
발한다. 길가 The Shopping Express 승강장에서 버스를 타면 된다. 승강장은 지하철 2·3·4호선 파세이그 데
그라시아역Passeig de Gràcia에서 도보로 2~3분 거리에 있다.

찾아가기 그리시아 거리 Passeig de gracia, 6에서 The Shopping Express 셔틀 버스 탑승. 승강장은 지하철 2·3·4호선 파세이
그 데 그라시아역Passeig de Gràcia에서 도보로 2~3분 거리이다. 셔틀 버스 요금 성인 왕복 20유로 3~12세 왕복 10유로 3세
이하 무료 주소 La Roca Village, s/n, 08430, Santa Agnès de Malanyanes 전화 93 842 3939 영업시간 10:00~21:00
휴일 1월 1일, 1월 6일, 5월 1일, 9월 11일, 12월 25일~26일 홈페이지 www.larocavillage.com/en/home/

셔틀 버스 시간표
4월~10월 바르셀로나 출발 9:00, 10:00, 11:00, 12:00, 13:00, 15:10, 16:00, 17:00, 18:00, 19:10
라 로카 빌리지 출발 11:00, 12:00, 14:00, 15:00, 16:00, 17:00, 18:00, 19:00, 21:00
11월~3월 바르셀로나 출발 9:00, 10:00, 11:00, 12:00, 14:00, 15:00
라 로카 빌리지 출발 14:00, 16:00, 17:00, 20:00, 21:45

 히로나 Girona
중세를 품은 고풍스런 도시

히로나는 바르셀로나에서 북동쪽으로 기차로 1시간 거리에 있다. 기원전 5세기에 형성되었으며, 중세 분위기 물씬 풍기는 아름답고 조용한 소도시다. 카탈루냐 지방에서 가장 살기 좋은 도시로 알려져 있으며 부유한 사람들이 많이 거주하고 있다. 구시가지엔 15세기 석조 건물과 도심을 둘러싼 성벽이 남아 있다. 로마시대와 이슬람의 흔적도 여전하다. 기차역에 내리면 현대적인 건물이 먼저 눈에 들어온다. 하지만 10여분 걸어가면 그야말로 새로운 세상이 열린다. 멀리서 보아도 구도심은 무척 아름답다. 신시가지와 구시가지 경계에는 오냐르 강이 흐른다. 강을 건너면 과거로의 시간 여행이 시작된다. 중세풍 건물 사이로 좁은 골목길이 사방으로 퍼져 있다. 오래된 도시 특유의 아늑한 분위기가 여행객의 마음을 편안하게 해준다. 드라마 <푸른 바다의 전설>, 영화 <향수>와 <왕좌의 게임>이 이 도시에서 촬영되었다.

고풍스런 풍경을 감상하며 걷다 보면 어느새 히로나 대성당이 눈앞으로 다가온다. 14세기에 짓기 시작해 300년에 걸쳐 완성한 대작이다. 긴 시간 동안 지어져 카탈루냐 고딕 양식과 바로크 양식이 혼재되어 있다. 성당 앞 계단과 그 아래 광장은 중세 모습 그대로이다. 성당 뒤쪽은 성벽과 이어져 있다. 성벽을 걸으면 히로나 구시가지가 한눈에 들어온다. 건물 지붕은 주황빛이고 벽은 옅은 황토색이다. 히로나는 아름다운 여성을 보는 것 같다. 내면이 따뜻하고 부드러운, 여기에 아름다운 외모까지 겸비한 매력적인 여성을 닮았다.

찾아가기 바르셀로나 산츠역메트로 3·5호선이 지난다에서 국철을 타고 가다 히로나 역에서 내리면 된다. 국철은 레지오나 익스프레스Regiona Express와 카탈루냐 익스프레스Catalunya Express, 특급 열차 코스타 브라바Costa Brava가 있다.
운행시간 05:55~21:25 소요시간 40~90분 요금 8~17유로로

쿡24 COOK24
요리경연대회에서 우승한 맛집

히로나는 영화의 한 장면처럼 아름답지만, 아쉬운 것은 부촌이다 보니
물가가 좀 비싸다는 것이다. 다행히 저렴한 가격에 유명 쉐프의 맛있
는 요리를 즐길 수 있는 맛집이 한 곳 있는데, 쿡24이다. 구시가지 입
구에서 가까운 발레스테리스Ballesteries에 있으며 '오늘의 요리'를 13
유로 정도로 즐길 수 있다. 이 집의 쉐프 알렉시스는 히로나의 요리경
연대회 우승자로 프랑스 방송에 소개된 적도 있다. 그는 매일 메인 메
뉴를 바꿔가면서 요리 솜씨를 자랑한다. 메뉴판 단어가 어려우면 직
원에게 도움을 청하면 된다. 친절하게 잘 설명해준다.

찾아가기 히로나 기차역에서 도보 15분
주소 Carrer Ballesteries, 1, 17004, Girona
전화 972 41 63 49 영업시간 월~일 09:00~00:00
예산 15유로 안팎 홈페이지 www.facebook.com/cook24girona

마드리드
Madrid

©flickr_Tiganatoo

다채로운 즐거움! 궁전과 미술관, 하몽과 피카소의 단골집까지

마드리드는 스페인의 수도이다. 이베리아 반도의 정중앙, 해발 635m에 있는 고원도시이다. 인구는 약
323만 명이고, 면적은 서울의 60%이다. 9세기 후반 이슬람 영토였던 톨레도 북쪽을 방어하기 위해 무
어인이 세운 성채가 도시의 시초였다. 1561년 펠리페 2세1527 ~ 1598. 포르투갈 왕을 겸했으며 에스파냐의 전성기를 이
룩했다. 신성로마제국 황제를 지낸 카를로스 5세의 아들이다.가 새로운 궁을 지어 톨레도에서 마드리드로 천도하였다.
공식적으로 수도가 된 때는 펠리페 3세 때인 1607년이다.

마드리드는 솔 광장에서 사방으로 퍼져 있다. 아홉 개의 도로가 이곳에서 시작된다. 광장을 중심으로 서
쪽엔 왕궁과 알무데나 대성당이, 동쪽엔 마드리드 3대 미술관인 프라도·티센 보르네미사·국립 소피아 왕
비 예술센터가 있다. 광장 북쪽은 그란비아 거리로 서울의 청담동이나 명동과 비슷한 곳이다. 솔 광장에
서 서쪽 마요르 광장까지는 여행자에게 다채로운 즐거움을 선사한다. 골목골목에 들어서 있는 카페나 레
스토랑에서 타파스와 와인, 하몽을 즐기는 것도 잊지 말자. 피카소와 헤밍웨이의 단골집에서 술잔을 기
울인다면 당신의 마드리드 여행은 완벽할 것이다.

계절별 최저·최고 기온 봄 6~22도 여름 16~32도 가을 6~26도 겨울 4~19도
홈페이지 www.spain.info/en/

🏛 마드리드 가는 방법

비행기로 가기

인천공항에서 대한항공이 매일 직항 노선을 운행하고 있으며, 12시간 정도 소요된다. 공항은 도심에서 북동쪽으로 약 13km 떨어져 있다. 정식 이름은 아돌포 수아레스 마드리드-바라하스 공항Aeropuerto de Madrid-Barajas Adolfo Suárez이다. 그라나다에서 1시간 5분, 세비야에서 1시간 10분, 바르셀로나에서 1시간 15분이 소요된다. 파리에서는 2시간 15분, 로마에서는 2시간 30분이 소요된다. 저가 항공으로 이동하는 것이 편리하다. 이지젯www.easyjet.com, 부엘링www.vueling.com, 트란사비아www.transavia.com 등이 있다. 스카이스캐너www.skyscanner.co.kr를 이용하면 항공권 가격을 비교하며 구매할 수 있다.

■ 마드리드 공항 안내

공항에는 4개의 터미널T1, T2, T3, T4이 있으며, 대한항공은 터미널 T1을 주로 이용한다. 터미널T1, T2, T3는 같은 건물에 있고, 터미널 T4는 약 2km 정도 떨어져 있다. T1과 T2에서 T4로 이동하려면 무료 셔틀을 이용하면 된다. 스페인의 대표 공항답게 ATM, 환전소, 약국, 관광 안내소, 렌터카 서비스, 수하물 보관소 등 다양한 서비스 시설도 있다. 환전소에서는 달러로만 유로로 환전할

© Wikimedia_Jean-Pierre Dalbéra

수 있다. 심카드를 미리 구매하지 못했다면 공항에서 구매할 수도 있다. 심카드는 터미널 T4 출구 앞 Lebara movil라고 쓰인 가판대에서 구입할 수 있다. 1GB 20유로, 3GB 30유로, 5GB 50유로이며, 또 터미널 T4의 1·2층 Crystal Media Shop에서는 오랑주Orange 심카드도 판매한다.영업시간 06:30~22:00 가격이 비싼 편이므로 공항에서 급히 심카드가 필요한 것이 아니라면 시내에서 구입하는 것을 추천한다. 택스 리펀은 택스 프리 영수증 당 90.15유로가 초과되는 것에 한해 리펀을 받을 수 있다. 터미널 T1의 1층, 터미널 T4의 2층에 있는 VAT Refund에서 환급 받을 수 있다. 공항 홈페이지 http://www.aewna.es

■ 공항에서 시내 들어가기

공항 버스, 지하철, 렌페, 택시를 이용할 수 있으나 보통 렌페 세르카니아스와 공항 버스를 많이 이용한다.

© Wikimedia_Kevin.B

❶ 공항 버스Exprés Aeropuerto

공항에서 마드리드 시내의 시벨레스 광장Plaza Cibeles을 거쳐 시내 남쪽에 있는 아토차 렌페Atocha Renfe 기차역까지 24시간 왕복 운행한다. 오전 6시부터 자정까지는 15분 간격, 자정부터 오전 6시까지는 35~45분 간격으로 운행된다. 자정 이후에는 시벨레스 광장까지만 운행된다. 요금은 5유로이며, 공항에서 시내까지는 약 40분 소요된다. 여행자들이 몰리는 솔 광장Sol에 가려면 시벨레스 광장에서 하차하여 메트로 2호선이나 버스 51번으로 환승하면 된다. 공항 버스 홈페이지 http://www.emtmadrid.es/ Aeropuerto

© Wikimedia_CARLOS TEIXIDOR CADENAS

❷ 렌페 세르카니아스 Renfe Cercanias

흔히 렌페Renfe라고 불리는 교외 철도로, 공항 터미널 T4 1층에서 출발한다. T1이나 T2로 도착했는데 렌페로 이동할 계획이라면 무료 셔틀로 T4로 이동하면 된다. 공항에서 렌페 표시를 따라가 C1 노선을 탑승한 뒤, 누에보스 미니스테리오스역Nuevos Ministerios에서 C3, C4 노선으로 환승하면 시내 중심인 솔 광장에 도착한다. 공항에서 솔 광장역까지 22분 정도 소요되며, 요금은 2.6유로다. 오전 6시부터 새벽 2시 반까지 30분 간격으로 운행된다. 렌페 안내 창구 부근의 자동판매기에서 1회권을 구입하여 승차할 수 있으며, 여행자 카드를 구매한 경우에도 이용 가능하다. 유레일 패스 소지자는 무료로 탑승할 수 있다.

❸ 메트로 Metro

메트로 8호선이 운행된다. 터미널 T1은 Aeropuerto T1역과 연결되고, 터미널 T2는 Aeropuerto T2역, 터미널 T4는 Aeropuerto T4역과 연결된다. 공항에서 8호선을 타고 종착역인 누에보스 미니스테리오스역Nuevos Ministerios에서 하차하여 6·10호선으로 환승하면 시내로 진입할 수 있다. 대략 15~25분 정도 소요된다. 티켓은 지하철 역 자동발매기에서 구입하면 된다. 공항에서 시내까지 요금은 5유로이며, 카드 값 2.5유로가 별도로 추가된다. 요금은 렌페보다는 조금 비싸고 공항 버스하고는 비슷하다.

© Wikimedia_William Avery

❹ 택시

가장 편하지만 가장 비싼 방법이다. 시내까지 정액 요금 30유로가 적용된다. 우버Uber를 이용하면 약 25유로로 조금 저렴하다. 스페인에서 많이 이용하는 택시 앱인 마이 택시My Taxi를 이용하면 콜택시도 부를 수 있다. 미터기 택시 요금 그대로 적용되며 첫 사용 시 할인 쿠폰을 받아 활용할 수 있다. 앱 스토어나 플레이 스토어에서 Uber 혹은 My taxi를 검색해서 앱을 다운받아 사용하면 된다. 마이 택시는 목적지 도착 후 기사가 요금을 입력하면 탑승자 앱에 그대로 전송되어, 화면에서 결제창 버튼을 슬라이드로 넘겨주면 결제가 되는 시스템이다. 우버는 목적지 도착 후 자동으로 결제된다. 우버 택시는 법적으로 등록된 택시가 아니므로 분실과 사고에 보호받지 못할 수도 있다.

버스로 가기

도시간 이동 시 기차보다 버스를 많이 이용한다. 대표적인 고속버스 ALSA 버스가 전국적으로 노선이 잘 되어 있기 때문이다. 또한 기차보다 저렴하며, 가까운 거리는 이동시간이 크게 차이 나지도 않는다. 마드리드에서 주로 이용되는

© flickr_Nacho

버스 터미널은 네 곳이다. 버스 티켓은 버스 터미널 티켓 창구에서 구입하거나, 알사 버스 앱, 알사 버스 홈페이지www.alsa.es에서 예약할 수 있다.

■ 마드리드의 터미널

터미널	위치	주요 이용 도시
플라사 엘립티카 버스 터미널 Plaza Elíptica	지하철 6·11호선 플라사 엘립티카역 Plaza Elíptica	톨레도 ↔ 마드리드
몽클로아 버스 터미널 Moncloa	지하철 3·6호선 몽클로아역 Moncloa	세고비아 ↔ 마드리드
남부 터미널 Estación Sur de Autobuses	지하철 6호선 멘데즈 알바로역 Méndez Álvaro	바르셀로나와 안달루시아 지방 세비야·그라나다·말라가 등 ↔ 마드리드
아베니다 데 아메리카 버스 터미널 Avenida de América	지하철 4·6·7호선 아베니다 데 아메리카역 Avenida de América	바르셀로나 ↔ 마드리드

기차로 가기

마드리드 시내의 주요 기차역은 세 군데다. 마드리드 남동쪽에 가장 규모가 큰 아토차 기차역이 있고, 도시 북쪽에는 차마르틴 기차역이, 도심 서쪽에는 프린시페 피오 역이 있다.

스페인 철도 홈페이지 http://www.renfe.com 인터넷 예매 ❶ http://www.raileurope.co.kr ❷ https://renfe.spainrail.com

❶ 아토차 기차역Madrid-Puerta de Atocha

마드리드에서 가장 큰 기차역이다. 바르셀로나와 스페인 전역에서 마드리드를 오가는 초고속열차 AVE와 근교 열차세르카니아스 Cercanias가 운행된다. 톨레도에서 30분, 세비야에서는 2시간 20분, 바르셀로나에서는 2시간 45분, 그라나다에서는 4시간 30분이 소요된다. 아토차 기차역에서

© Wikipedia_dewet

마드리드 시내로 나가려면 기차역과 바로 연결된 메트로 1호선 아토차 렌페역Atocha Renfe을 이용하면 된다.

❷ 차마르틴 역Estación de Chamartín

스페인 북부 지역과 연결된 기차와 프랑스나 포르투갈과 연결된 국제선 기차가 오가는 역으로 시내 북쪽에 있다. 세고비아에서는 25분, 포르투갈 리스본에서는 10시간 40분이 소요된다. 기차역에서 시내로 나가려면 메트로 1·10호선 차마르틴역Chamartín을 이용하면 된다.

❸ 프린시페 피오 역Estación de Príncipe Pío

주로 스페인 북서부의 갈라시아 지역과 연결된 기차들이 오가는 역으로 북역Estación del Norte라고도 불린다. 이 역에서 마드리드 시내로 나가려면 메트로 R·6·10호선 프린시페 피오역Príncipe Pío 을 이용하면 된다.

🏛 마드리드 시내 교통 정보

마드리드 시내 여행지는 대부분 도보 30분 이내로 이동할 수 있다. 교통 수단이 필요한 경우에는 주로 버스 EMT와 지하철Metro을 이용한다. 마드리드에서는 충전식 플라스틱 교통 카드 타르헤타 물티Tarjeta Multi를 사용하

고 있다. 충전 요금 외에 카드 값 2.5유로가 추가되며, 카드 값은 환불되지 않는다. 지하철과 버스 모두 사용할 수 있으며, 지하철 역이나 시내 곳곳에 있는 신문 가판대 키오스크나 담배 가게 타바코스Tabacos에서 구입할 수 있다. 렌페 세르카니아스를 탑승할 때는 사용할 수 없다.

❶ 지하철Metro 11개의 노선이 있지만, 시내에서 많이 이용되는 노선은 1·2·3·5·10호선 정도이다. 공항에서 시내로 들어올 때 이용하는 노선은 8호선이다. 요금은 1회에 다섯 정거장 기준 1.5유로이며, 6~9 정거장까지는 정거장 당 0.1유로씩 추가된다. 열 정거장 이상은 무조건 2유로가 추가된다. 1회권은 구매한 날 사용해야 한다. 10회 이용권메트로부스 Metrobús은 12.2유로로 버스도 사용 가능하다. 마드리드를 3~4일 여행할 계획이라면 10회권이 편리하다. 10회권 카드 하나로 여러 명이 함께 사용할 수도 있어, 동행자가 있다면 유용하다. 요금 및 노선 조회는 메트로 홈페이지에서 가능하다. 홈페이지 http://www.metromadrid.es

❷ 버스EMT 시내 버스는 충전식 교통 카드 타르헤타 물티Tarjeta Multi로 탑승할 수 있다. 1회권은 1.5유로로 운전 기사에게 구매하면 된다. 지하철 10회 이용권 메트로부스Metrobús로도 버스에 탑승할 수 있다. 홈페이지에서 요금 및 노선을 조회할 수 있다. 홈페이지 http://www.emtmadrid.es

❸ 여행자 카드Tourist Card 이용하기 지정된 기간과 구역 내에서 무제한으로 지하철, 시내 버스, 렌페 세르카니아스를 이용할 수 있는 티켓이다. 1·2·3·4·5·7일권 여행자 티켓이 있으며, 각 티켓은 A존과 Z존에서 사용할 수 있는 두 가지 종류로 나뉜다. 공항을 포함한 마드리드 시내 대부분은 A존에 해당된다. 하지만 여행

자 카드로 공항 버스 탑승은 할 수 없으며, 공항에서 시내로 들어가는 렌페에서는 사용 가능하다. 처음 사용한 시간부터 유효하며 마지막 날 자정을 넘어 새벽 5시까지 이용할 수 있다. 카드를 다 사용한 후에는, 지하철 및 버스 1회권과 10회 이용권메트로부스을 충전할 수도 있다. 카드는 공항 관광 안내소, 마드리드 시내 지하철역에서 구매 가능하다.

■ 요금표

Zone	1일	2일	3일	4일	5일	7일
A	8.4유로	14.2유로	18.4유로	22.6유로	26.8유로	35.4유로
Z	17유로	28.4유로	35.4유로	43유로	50.8유로	70.8유로

01 명작을 만나는 즐거움, 미술관 여행

#프라도 미술관 #국립 소피아 왕비 예술센터 #티센 보르네미사 미술관

프라도 미술관은 파리의 루브르, 상트페테르부르크의 에르미타주와 함께 세계 3대 미술관으로 꼽힌다. 스페인의 대표 화가 고야와 벨라스케스, 엘 그레코의 명작을 만날 수 있다. 국립 소피아 왕비 예술센터는 피카소의 <게르니카>로 유명한 곳이다. 호안 미로와 살바도르 달리의 작품도 만나볼 수 있다. 티센 보르네미사 미술관은 13세기부터 20세기 유럽 미술을 아우르는 방대한 규모의 작품을 소장하고 있다.

02 광장과 거리 즐기기

#솔 광장 #마요르 광장 #그란 비아 #세라노

솔 광장은 마드리드 중심에 있는 광장이다. 다양한 상점과 레스토랑, 카페 등이 늘어서서 언제나 반가운 모습으로 여행객을 맞이한다. 광장 북쪽은 마드리드의 맨해튼 가장 번화한 거리 그란 비아Gran Vía이다. 고풍스러운 붉은 건물로 둘러싸인 마요르 광장은 마드리드 중앙 광장이자 시민들의 휴식처이다.

© Wikipedia_Gpccurro

03 마드리드의 뷰를 찾아서
#시벨레스 궁 전망대
#데보드 신전 #알무데나 대성당

마드리드에서 멋진 뷰를 볼 수 있는 곳으로는 시벨레스 궁 전망대, 데보드 신전, 알무데나 대성당이 있다. 시벨레스 궁 전망대는 마드리드의 아름다운 해질녘 풍경을 볼 수 있는 곳이지만 아쉽게도 지금은 보수 공사중이다. 데보드 신전 전망대는 마드리드 왕궁과 알무데나 대성당까지 탁 트인 마드리드의 전경을 시원하게 즐길 수 있는 곳이다. 알무데나 대성당의 꼭대기 돔에서도 멋진 마드리드 전경을 두 눈 가득 담을 수 있다.

04 타파스와 하몽 즐기기
#라 돌로레스 #무세오 델 하몽 #산 미구엘 시장

라 돌로레스는 스페인 특유의 분위기가 나서 더욱 좋은 타파스 전문점이다. 티센 보르네미사 미술관과 프라도 미술관에서 가까워 미술관을 관람한 후에 들르기 좋다. 무세오 델 하몽은 돼지 뒷다리를 소금에 절여 숙성시켜 만든 하몽 전문점이다. 마요르 광장과 산 미구엘 시장에서 가깝다. 산 미구엘 시장은 타파스를 맛볼 수 있는 푸드 코트이다. 하몽, 치즈, 빵, 파에야, 해산물 등으로 만든 타파스를 판매한다. 저렴한 편은 아니지만, 다양한 타파스를 한 곳에서 즐길 수 있어 좋다.

05 예술가처럼 술 한잔
#소브리노 데 보틴 #메손 델 샴피뇽

세계에서 가장 오래된 식당 보틴은 피카소와 헤밍웨이의 단골 술집으로 유명한 곳이다. 고야는 이곳에서 접시닦이를 하며 예술의 열정을 불태웠다. 보틴에 앉아 새끼 통돼지 구이를 안주 삼아 술 한잔 하고 있으면, 마드리드 여행의 묘미는 더욱 깊어진다. 헤밍웨이는 산 미구엘 거리의 메손술집, 음식점도 즐겨 찾았다. 마요르 광장 부근의 메손 델 샴피뇽이 아직도 자리를 지키고 있다. 술 한잔 즐기노라면 헤밍웨이가 옛 친구라도 된 듯 그리워진다.

마드리드 쇼핑 팁 4가지

❶ 최신 유행 패션과 잡화 쇼핑을 원한다면
솔 광장 북쪽에 있는 그란 비아Gran Vía 로 가자. 스파 브랜드 자라Zara, 망고Mango, H&M 등도 찾아볼 수 있으며, 백화점 프리마크Primark도 있어 쇼핑하기 좋다. 최신 유행을 즐기고픈 사람에게 제격이다.

❷ 명품 쇼핑을 원한다면
고급스러운 동네 살라망카Salamanca의 세라노 거리Calle de Serrano로 가자. 마드리드를 대표하는 명품 거리이다. 루이비통, 구찌 등 명품 브랜드는 물론 망고, 자라 등 스페인 스파 브랜드도 만날 수 있다.

❸ 레알 마드리드 편집 숍, 수제 신발과 가방, 그리고 패션까지 원한다면
솔 광장으로 가자. 수제 가죽으로 만든 신발과 가방 상점은 물론 스파 브랜드, 한국인들에게도 유명한 신발 브랜드 Camper의 매장도 있다. 축구팀 레알 마드리드 소품을 판매하는 편집숍주소 Calle del Arenal 6도 있다. 광장 중앙에는 백화점 엘 코르테 잉글레스도 있어 다양하게 쇼핑하기 편리하다.

❹ 스페인 분위기 물씬 담긴 기념품을 원한다면
마요르 광장으로 가자. 광장 주변에 기념품 숍이 많다. 스페인의 영혼이 담겨 있다는 플라멩코와 투우 등을 모티브로 제작한 예쁜 인형이나 사진, 그림 등을 비롯하여 주화까지 찾아볼 수 있다. 한국의 엿과 비슷한 스페인의 디저트, 투론Turrones을 전문으로 판매하는 상점 비센스Vicens, 주소 Calle Mayor, 41, 28013 Madrid도 있다. 광장 바로 옆에 먹을거리 많은 산미구엘 시장이 있어, 쇼핑 후 식사하기 좋다.

1일

09:00	솔 광장
11:00	마요르 광장+산 미구엘 시장
13:30	점심 식사 라 볼라La Bola 혹은 메손 델 참피뇽Mesón del Champiñón
15:00	마드리드 왕궁
19:00	프라도 미술관
19:30	저녁 식사 스패니시 팜Spanish Farm 혹은 라 돌로레스La Dolores
21:00	알데무나 대성당에서 마드리드 야경 즐기기

2일

09:00	국립 소피아 왕비 예술센터
14:00	점심 식사
18:00	티센 보르네미사 미술관월요일 무료
19:30	저녁 식사

3일

10:00	산티아고 베르나베우 경기장 투어
13:00	점심 식사
14:30	레티로 공원 산책
17:00	그란비아 거리 또는 세라노 거리 산책 및 쇼핑
19:30	저녁 식사 세계에서 가장 오래된 식당 소브리노 데 보틴Sobrino de Botín에서 새끼 돼지 통구이 즐기기, 가능하면 미리 예약하기

▦ 현지 투어로 마드리드 여행하기

에어비앤비에서 다양한 트립을 제공한다. 마드리드 미술관 트립, 마드리드 거리를 배경으로 남기는 스냅 사진 트립, 스페인 타파스를 즐기는 미식 트립, 시장을 둘러보며 로컬 음식을 즐기는 트립까지 종류가 다양하다. 스페인어 혹은 영어로 전 세계에서 온 여행자들과 새로운 추억의 한 페이지를 장식하게 될 것이다. 에어비앤비 홈페이지 www.airbnb.com

그밖에 마드리드 여행자들에게는 톨레도와 세고비아를 함께 둘러보는 투어가 인기가 많다. 마드리드의 대표적인 명소 프라도 미술관과 톨레도를 함께 둘러보는 투어나, 톨레도와 세고비아를 하루만에 둘러보는 투어도 있다. 빠듯한 일정 속에서 톨레도와 세고비아 어느 하나도 놓치고 싶지 않다면 이 같은 투어를 이용하는 게 해결책이 될 수 있다. 유로 자전거 나라, 굿맨 가이드, 헬로우 트래블 등을 이용하면 된다.

유로 자전거 나라 홈페이지 www.eurobike.kr 전화 한국 대표 번호 02-723-3403~5, 한국에서 걸 경우 001-34-600-022-578, 유럽에서 걸 경우 0034-600-022-578, 스페인에서 걸 경우 600-022-578
굿맨가이드 홈페이지 www.goodmanguide.com 대표번호 1600-4813
헬로우 트래블 홈페이지 www.hellotravel.kr 대표번호 02-2039-5190

▦ 마드리드 3대 미술관 통합권 Paseo del Arte Card

프라도 미술관, 티센 보르네미사 미술관, 국립 소피아 왕비 예술센터를 모두 관람할 수 있는 뮤지엄 패스이다. 세 미술관을 예매하지 않고 각각 방문해서 티켓을 구매하면 모두 37유로의 비용이 드는데, 파세오 델 아르테 카드를 구입하면 29.60유로에 세

미술관을 관람할 수 있다. 단지 티센 보르네 미사 미술관의 특별전을 관람하고 싶다면 별도로 티켓을 구매해야 한다. 카드는 방문 예정일로부터 1년간 유효하다. 티켓은 현장에서 직접 구매해도 되고, 미술관 홈페이지에서 온라인으로 구매할 수도 있다. 온라인으로 구매한 경우 메일로 전송 받은 통합권을 인쇄하여 가지고 가서, 미술관 매표소에서 줄을 서서 기다린 후에 입장권으로 교환하여 입장할 수 있다.

줄 서서 기다리는 게 부담스럽다면 'Paseo del Arte Card:Skip The Line'을 이용하면 된다. 온라인으로 날짜를 지정하여 티켓을 구매하는 방식으로, 티켓을 실물이 아닌 모바일로 전송받아 사용할 수 있다. 줄서지 않고 바로 모바일에 전송 받은 티켓을 보여주고 입장하면 된다. 가격은 32유로이다.

파세오 델 아르테 카드 인터넷 예매 ❶ https://www.museodelprado.es ❷ https://www.museothyssen.org
❸ http://www.museoreinasofia.es/en 파세오 델 아르테 카드 Skip The Line 인터넷 예매 http://www.tiqets.com

데보드 신전 전망대
Mirador del Templo de
Debod

Ⓜ Plaza de España

스페인 광장
Plaza de España

❶ 마요르 광장 & 솔 광장 지구
마드리드의 중심부이다. 솔 광장 주변
은 상점과 식당이 즐비하여 활기가 넘
친다. 마요르 광장에서는 햇살 받으며
여유를 즐기기 좋다. 마요르 광장 북
쪽엔 쇼핑의 거리 그란 비아가 있다.

Gran Via Callao

Gran Vi

Ⓜ

그란 비아 거리
Gran Via

그란
Gra

마드리드 왕궁
Palacio Real de Madrid

푸에르타 델 솔
Puerta del Sol

Ⓜ

솔 광장
Puerta del Sol

Calle Mayor
ℹ 관광 안내소

알무데나 성모 대성당
Catedral de Santa María
la Real de la Almudena

산 미구엘 시장
Mercado de
San Miguel

마요르 광장
Plaza Mayor

Calle de Atocha

❸ 왕궁 주변
스페인의 역사와 정통성을 확인
할 수 있는 곳이다. 마드리드 궁
전, 알무데나 대성당, 데보드 신전
등을 관람할 수 있다.

Tirso de
Molina
Ⓜ

La Latina
Ⓜ

Calle de Toledo

엘 라스트로 벼룩시장
El rastro

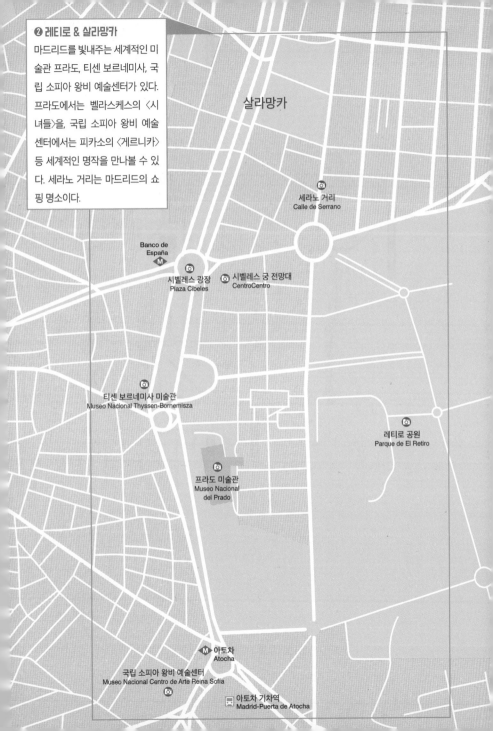

❷ 레티로 & 살라망카

마드리드를 빛내주는 세계적인 미술관 프라도, 티센 보르네미사, 국립 소피아 왕비 예술센터가 있다. 프라도에서는 벨라스케스의 〈시녀들〉을, 국립 소피아 왕비 예술센터에서는 피카소의 〈게르니카〉 등 세계적인 명작을 만나볼 수 있다. 세라노 거리는 마드리드의 쇼핑 명소이다.

살라망카

세라노 거리
Calle de Serrano

Banco de
España

시벨레스 광장
Plaza Cibeles

시벨레스 궁 전망대
CentroCentro

티센 보르네미사 미술관
Museo Nacional Thyssen-Bornemisza

레티로 공원
Parque de El Retiro

프라도 미술관
Museo Nacional
del Prado

아토차
Atocha

국립 소피아 왕비 예술센터
Museo Nacional Centro de Arte Reina Sofía

아토차 기차역
Madrid-Puerta de Atocha

마드리드 지하철 노선도

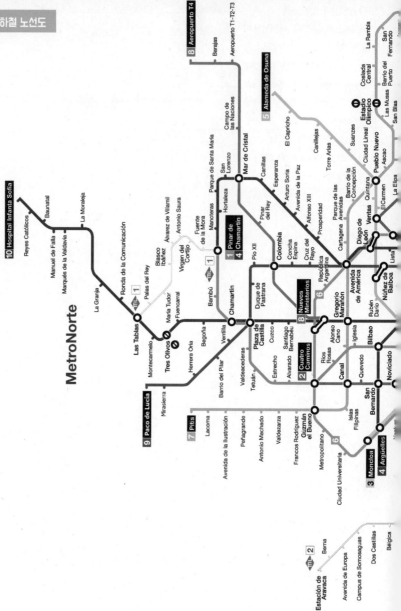

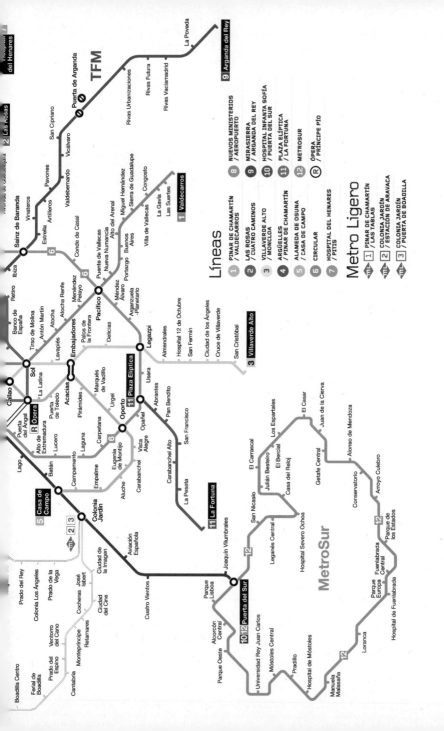

솔 광장 & 마요르 광장 지구
Puerta del Sol & Plaza Mayor

솔 광장과 마요르 광장은 마드리드 중심부로, 여행자와 시민들에게 가장 사랑을 받는 광장이다. 솔 광장 주변은 상점과 식당이 즐비하여 활기가 넘친다. 마요르 광장에서는 햇살을 받으며 여유를 즐기기 좋다. 솔 광장 북쪽엔 쇼핑의 거리 그란 비아가 있다. 일요일이 끼어 있다면 조금 일찍 일어나 벼룩시장 엘 라스트로El rastro를 구경하는 것도 잊지 말자.

📷 솔 광장 Puerta del Sol 푸에르타 델 솔
마드리드의 중심

'태양의 문'이라는 뜻을 가진 마드리드 중심부의 광장이다. 15세기에 성문이 있었던 곳으로 문이 해가 뜨는 동쪽을 향해 있어 이런 이름을 갖게 되었다. 서울의 광화문이나 파리의 쁘앙 제로가 있는 노트르담 성당처럼 제로 포인트가 있는 곳이며, 이곳에서 카레라 거리 Calle Carrera, 아레날 거리 Calle Arenal 등 아홉 개의 주요 도로가 시작된다. 광장 중앙에는 분수대가 있고, 마드리드를 상징하는 곰과 딸기나무 동상도 찾아볼 수 있다. 카를로스 3세 동상도 이 광장에 있다. 광장 주변에는 레스토랑, 카페, 백화점, 각종 쇼핑 센터가 자리하고 있고 사람들이 넘쳐나 언제나 활기가 넘친다. 다양한 만화 캐릭터 가면을 쓰고 사진을 찍어주는 사람들, 기이한 자세로 꼼짝 않고 서있어 감탄을 자아내게 만드는 사람들, 버스킹을 하는 사람들이 볼거리를 자아낸다. 2011년 솔 광장에서는 마드리드 시민들이 모여 긴축 정책, 실업 문제, 빈부격차 등의 문제로 대대적인 시위를 벌였다. 그 후 지금까지도 솔 광장은 서울의 광화문처럼 마드리드 시민들에게 각종 시위 현장의 무대가 되어주고 있다.

찾아가기 ❶ 메트로 1·2·3호선 솔 역Sol 하차 ❷ 마요르 광장에서 마요르 거리Calle Mayor 경유하여 도보 4분350m ❸ 그란 비아 거리 Gran Vía에서 카르멘 거리Calle del Carmen 경유하여 도보 4분400m

주소 Plaza de la Puerta del Sol, s/n, 28013 Madrid

마요르 광장 Plaza Mayor 프라사 마요르
마드리드 시민들의 휴식처

17세기에 만들어진 마드리드의 중앙 광장이자 시민들의 휴식처이다. 세 번의 대형 화재로 옛 모습은 사라지고 1854년 지금의 모습으로 다시 태어났다. 9개의 아치를 통해 광장으로 들어서면 마치 타임머신을 타고 먼 옛날로 순간 이동을 한 기분이 든다. 3층짜리 빨간 벽면의 멋진 건물로 사면이 둘러 싸여 있고 바닥에는 돌이 깔려 있어, 주변 아스팔트 대로의 현대적인 도시 모습과 대조를 이뤄 더욱 멋지다. 건물의 237개 창문과 테라스는 모두 광장을 향해 있다. 직사각형 모양의 이 광장은 마드리드 여행의 시작 지점이자 필수 여행 코스이다. 365일 내내 각종 행사가 열리고, 거리 예술가와 여행객들로 붐벼 늘 활기가 넘친다. 커피 한잔을 앞에 놓고 노천 카페에 앉아 있으면 천년 고도 마드리드의 공기가 가슴으로 밀려들어와 여행의 즐거움을 더해준다. 광장 내에 관광 안내소가 있으며, 12월에는 크리스마스 마켓이 열리기도 한다. 광장 주변에 산 미구엘 시장, 세계에서 가장 오래된 식당 '보틴'을 비롯한 유명한 맛집들이 있어 여행하기 편리하다.

찾아가기 ❶ 솔 광장Puerta del Sol 에서 도보 4분350m ❷ 메트로 1·2·3호선 승차하여 솔역Puerta del Sol에서 하차, 도보 5분300m
주소 Plaza Mayor, 28012 Madrid

📷 산 미구엘 시장 Mercado de San Miguel 메르카도 데 산 미구엘
타파스 푸드 코트

마드리드 시내 중심에 있다. 우리가 생각하는 재래시장이 아닌 푸드 코트 같은 곳으로 다양한 타파스를 판매한다. 1916년에 만들어진 시장은 약 6년간의 리노베이션을 거쳐 2009년 멋진 외관으로 다시 오픈했다. 철골 구조에 통유리로 건축되어 깔끔하고 클래식한 멋을 풍긴다. 특히 해가 저물어 상점들이 불을 켜기 시작하면 그 아름다움은 배가 된다. 약 30개의 상점이 들어서 있으며 하몽, 치즈, 빵, 파에야, 해산물 등으로 만든 타파스를 판매한다. 가격이 저렴한 편은 아니지만, 다양한 타파스를 한 곳에서 즐길 수 있다는 장점이 있다. 아침 일찍부터 저녁 늦게까지 영업하는 곳이니 언제든 들러 식사하기 좋다. 모차렐라 치즈 카나페도 꼭 맛보길 추천한다.

찾아가기 ❶ 마요르 광장에서 도보 2분 ❷ 메트로 2·5호선 오페라역Ópera에서 도보 5분350m 주소 Plaza de San Miguel, s/n, 28005 Madrid
전화 915 42 49 36 영업시간 일~목 10:00~24:00 금·토 10:00~01:00
홈페이지 mercadodesanmiguel.es

© flickr_Phillip Pu

📷 그란 비아 거리 Gran Vía
스페인의 브로드웨이이자 쇼핑 명소

고층 건물과 백화점, 호텔, 상점, 극장, 레스토랑이 즐비한, 마드리드에서 가장 번화한 거리이다. 그란 비아는 스페인어로 '큰 길'이라는 뜻으로, 에스파냐 광장부터 알칼라 거리Calle de Alcalá까지 약 1.3km 정도의 대로를 말한다. 최근에는 뉴욕의 맨해튼 못지 않은 화려한 거리로 떠올라 '스페인의 브로드웨이'라 불리고 있다. 예전에는 극장과 호텔이 대부분이었으나 몇 년 전부터 브랜드 숍이 많이 들어와 쇼핑 명소로 자리 잡았다. 유명 스파 브랜드 자라Zara, 망고 Mango, H&M 등을 모두 이 거리에서 찾아볼 수 있으며, 백화점 프리마크Primark도 있어 쇼핑하기 좋다. 현대적인 분위기 속에 20세기 초에 지어진 화려하고 아름다운 건축물도 볼 수 있어 옛 것과 새것의 조화를 확인하는 즐거움도 맛볼 수 있다.

찾아가기 메트로 ❶ 1·5호선 그란 비아역Gran Via ❷ 3·5호선 카야오역Callao
❸ 2호선 산토 도밍고역Santo Domingo ❹ 3·10호선 플라사 데 에스파냐역Plaza de España
버스 1·2·3·46·74·146번 승차하여 ❶ 그란 비아-추에카 정류장Gran Via – Chueca 하차
❷ 메트로 그란 비아 정류장Metro Gran Vía 하차 ❸ 그란 비아-카야오 정류장Gran Vía–Callao 하차
❹ 산토 도밍고 정류장Santo Domingo 하차 ❺ 그란 비아-프라사 데 에스파냐 정류장Gran Vía - Plaza De España 하차

📷 엘 라스트로 벼룩시장 El rastro
500년 전통의 벼룩시장

16세기부터 열리기 시작하여 500년이 된 전통 있는 벼룩시장이다. 매주 일요일 혹은 휴일 아침에 현지인들이 물건을 가지고 나와 3,500개에 가까운 판매대가 늘어서며 장이 형성된다. 규모가 크고 물건도 다양하다. 옷, 가방, 장신구, 장식품, 음반, 전자제품, 악기, 책, 그림, 가구 등 말 그대로 없는 게 없는 시장이다. 이 벼룩시장은 스페인 영화의 거장 페드로 알모도바르의 영화 '정열의 미로'Laberinto de Pasiones에 배경 무대로 등장하기도 했다. 물건을 굳이 사지 않더라도 현지인과 여행객들이 활기찬 분위기 속에서 흥정하며 물건을 사고파는 모습을 구경하는 것만으로도 충분히 즐겁다. 주변에 엔틱 소품을 판매하는 상점들도 있어 함께 둘러보기 좋다. 일요일 아침 일찍 시장을 구경한 후 브런치를 즐기며 여유를 즐겨 보시길. 소매치기와 바가지에 주의하자.

찾아가기 지하철 5호선 라 라티나역La Latina에서 카스코로 광장Plaza de Cascorro 경유하여 남쪽으로 도보 3~4분300m 버스 ① 17, 18, 23, 35번 승차하여 라 라티나 정류장La Latina 하차, 도보 5분400m ② 60번 승차하여 플라사 세바다 정류장 Plaza Cebada 하차, 도보 4분300m 주소 Calle de la Ribera de Curtidores, 28005 Madrid 영업시간 일 08:00~15:00

🍴 무세오 델 하몽 Museo del Jamón

하몽부터 샌드위치까지

스페인 음식 하면 빼놓을 수 없는 하몽 전문점이다. 식당 이름 그대로 하몽 박물관처럼 수많은 돼지 뒷다리를 주렁주렁 매달아 놓은 모습이 인상적이다. 하몽이란 돼지 뒷다리를 소금에 절여 건조, 숙성시킨 스페인식 생 햄이다. 하몽 외에 스페인 소시지 초리소Cho-rizo, 치즈, 샌드위치 등의 다양한 요리도 맛볼 수 있다. 선택의 폭이 넓고 가격이 저렴해 많은 사람이 즐겨 찾는다. 마요르 광장 동쪽에 있으며, 산 미구엘 시장에서도 가깝다. 마드리드 시내에 6군데 지점이 있다.

찾아가기 ❶ 마요르 광장에서 도보 1분110m ❷ 메트로 2·5호선 오페라역 Opera에서 도보 5분350m ❸ 메트로 1·2·3호선 솔역Sol에서 도보 5분400m 주소 Plaza Mayor, 18, 28012 Madrid 전화 915 42 26 32 영업시간 08:00~12:30(지점에 따라 영업시간 다를 수 있음) 예산 하몽 6~25유로 홈페이지 museodeljamon.com

🍴 소브리노 데 보틴 Sobrino de Botín

세계에서 가장 오래된 식당

1725년에 문을 연 이곳은 세계에서 가장 오래된 레스토랑으로 기네스북에 이름을 올렸다. 가게에 들어서면 고풍스러운 분위기가 그 역사를 짐작하게 만든다. 보틴 부부가 처음 오픈 했을 당시에 식당 이름은 보틴의 집이라는 뜻의 '카사 보틴'이었다. '소브리노'란 스페인어로 조카라는 뜻인데, 보틴 부부의 조카가 식당을 이어받으면서 식당 이름은 '보틴의 조카'라는 뜻의 '소브리노 데 보틴'으로 바뀌었다. 스페인을 대표하는 화가 프란시스코 고야Francisco Goya, 1746~1828는 어릴 적 이곳 주방에서 설거지를 맡아 일하기도 했다. 대표 메뉴는 새끼 돼지 통구이Roast Suckling Pig와 새끼 양구이Roast Baby Lamb이다. 부엌의 화덕에서 구워낸 새끼 돼지 구이는 바삭한 껍질과 부드러운 살코기가 핵심인데, 호불호가 갈리는 요리이다. 돼지고기 요리 외에 소고기, 치킨, 생선, 해산물 요리 등도 있다. 인기가 많은 곳이라 저녁에는 예약하는 것이 좋다. 찾아가기 ❶ 마요르 광장에서 도보 2~3분250m ❷ 메트로 1호선 티르소 데 몰리나역Tirso de Molina에서 도보 4분350m 주소 Calle Cuchilleros, 17, 28005 Madrid 전화 913 66 42 17 영업시간 01:00~16:00, 20:00~24:00 예산 새끼 돼지 통구이 25유로 홈페이지 botin.es

🍴 초콜라테리아 산 히네스 Chocolatería San Ginés

야외 테이블에서 즐기는 스페인식 아침 식사

마드리드에서 가장 유명한 추로스 전문점으로, 1894년부터 추로스를 팔기 시작하여 역사가 120년이 넘는다. 24시간 내내 영업을 하며 낮에는 주로 여행객이, 밤에는 나이트라이프를 마친 현지인들이 귀갓길에 즐겨 찾는다. 그래서 언제나 많은 이들이 줄을 서있다. 스페인 젊은이들은 술을 마신 후 해장으로 추로스를 즐겨 먹으며, 또 아침식사로도 많이 먹는다. 실내 혹은 야외 테이블에 앉아서 스페인식 아침식사를 즐겨 보자. 추로스보다 좀 더 굵은 뽀라 Porra도 판매한다..

찾아가기 ① 메트로 2·5호선 오페라역Ópera에서 도보4분350m ② 메트로 1·2·3호선 솔역Sol에서 마요르 거리Calle Mayor 경유하여 도보 3분 주소 Pasadizo de San Ginés, 5, 28013 Madrid 전화 913 65 65 46 영업시간 24시간 영업 예산 추로스+초콜릿=4유로 홈페이지 chocolateriasangines.com

🍴 파리야 알람브라 Parrilla Alhambra

타일 장식이 멋진 타파스 집

먹자골목 크루즈 거리Calle de la Cruz와 빅토리아 거리Calle de la Victoria의 상점들은 외관을 가우디의 작품처럼 타일로 장식한 곳이 많다. 이슬람 문화를 받아들였기 때문이다. 그래서 레스토랑이라기 보다는 갤러리처럼 보이기도 한다. 파리야 알람브라도 그런 레스토랑이다. 마치 바로크 시대의 회화처럼 화려하고 디테일해 가게를 구경하는 재미가 있다. 타파스 또한 일품이다. 메뉴도 다양하다. 하몽과 염소 치즈 튀김 타파스Queso de cabra frito con salsa de arándanos, 바게트 빵 위의 안심스테이크와 양파 볶음에 겨자를 올린 타파스Tosta de solomillo con mostaza cebolla caramelizada, 바게뜨에 참치와 고추 할라피뇨를 올린 타파스Tosta de pimientos del piquillo con ventresca de atún 등을 추천하고 싶다. 직원에게 물으면 메뉴에 대해 친절하게 설명해준다.

찾아가기 메트로 1·2·3호선 솔역Puerta del Sol에서 도보 2분130m 주소 Calle de la Victoria, 9, 28012 Madrid 전화 915 31 31 24 예산 15유로 안팎

🍴 메손 델 샴피뇽 Mesón del Champiñón
꽃할배가 찾은 선술집

헤밍웨이는 스페인을 여행하다 밤이 되면 꼭 산미구엘 거리에 있는 메손선술집, 음식점을 찾아가 술잔을 기울였다. 지금도 그가 찾은 메손이 그대로 자리를 지키고 있다. 그중 가볼 만한 곳이 메손 델 샴피뇽Meson del Champiñon 이다. 이곳은 '꽃보다 할배'에서 백일섭이 찾아간 곳이기도 하다. 석쇠에 구운 버섯 요리가 유명하고 오믈렛 또한 맛있다. 한국어 메뉴판이 있으며, 종종 흥겨운 오르간으로 한국 가요를 연주해주기도 한다.

찾아가기 메트로 1·2·3호선 솔역Puerta del Sol에서 도보 6분500m, 마요르 광장에서 도보 3분230m
주소 C/ Cava de San Miguel, 17, 28005 Madrid
전화 915 59 67 90
영업시간 **화~토** 12:00~02:00 **일·월** 12:00~01:30
예산 11~20유로

🍴 누에바 갈리시아 Nueva Galicia
가정식 타파스, 맛도 양도 모두 OK

음식 맛이 좋기로 이름난 카페 겸 레스토랑이다. 주변의 레스토랑에 비해 외관이 평범하고, 실내 인테리어도 특별한 것이 없다. 가정집에 어울릴 법한 테이블과 식탁보, 그리고 중앙에 바Bar가 있을 뿐이다. 그런데도 손님이 끊이지 않는다. 마드리드 시민들이 이곳을 좋아하는 이유는 가정식 타파스가 너무나 맛이 좋기 때문이다. 가격도 저렴하고 양도 푸짐하다. 특히 우리의 감자탕과 비슷한 소파 데 파파sopa de Papa와 등심스테이크에 고추를 얹은 솔로미요 콘 피미엔토스 데 파드론Solomillo con pimientos de padron이 맛이 좋다. 마드리드 가정식의 정수를 느낄 수 있다.

찾아가기 메트로 1·2·3호선 솔역Puerta del Sol에서 도보 3분240m
주소 Calle de la Cruz, 6, 28012
전화 699 058 074 영업시간 **월~목·일요일** 08:00~23:30 **금·토요일** 08:00~1:30 가격 10유로 안팎

🔵 페데랄 카페 Federal Café

한적한 여유 한잔과 브런치

마드리드 시내 중심의 마요르 광장과 주변의 복잡한 거리를 조금만 벗어나면 만날 수 있는 한적한 골목의 멋진 카페이다. 여행객은 물론이고, 마드리드 로컬들이 일을 하거나 신문을 읽으며 일상을 보내는 모습을 구경할 수 있다. 마드리드에서 맛있는 커피로도 손 꼽히는 곳이며, 샌드위치, 에그 베네딕트, 햄버거 등 브런치를 즐기기도 그만이다. 복잡한 마드리드 시내 구경에 지쳐갈 즈음 도심 속에서 한적한 분위기를 즐기고픈 이에게 추천한다. 멀리 가지 않고도 조용히 여유를 만끽하기 좋다.

찾아가기 ❶ 마요르 광장에서 도보 3분230m
❷ 메트로 1호선 티르소 데 몰리나역Tirso de Molina에서 도보 5분500m
주소 Plaza del Conde de Barajas, 3, 28005 Madrid
전화 918 52 68 48
영업시간 월~목 09:00~24:00 금·토 09:00~ 01:00 일 09:00~20:00
예산 커피 2유로대 식사 10유로대
홈페이지 federalcafe.es

🔵 루다 카페 Ruda Café

로컬들의 일상을 구경하기 좋은

마드리드 중심에서 조금만 남쪽으로 내려가면 분위기가
확 바뀌며, 규모는 작지만 멋스러운 가게들이 하나 둘 눈
에 띈다. 그 중 루다 카페는 단연 많은 이들에게 사랑받
는 곳이다. 길 가다가 놓치기 쉬울 정도로 눈에 잘 띄지
않고 아주 작지만, 마드리드 최고의 카페 중 하나로 꼽힌
다. 특히 아침 식사를 예쁜 트레이에 가지런히 담아 내와
보기만 해도 기분이 좋아진다. 가격 또한 착하다. 동네
카페 분위기라 로컬들의 일상을 구경하며 여유롭게 시
간 보내기 좋다.

찾아가기 ❶ 마요르 광장에서 도보 9분750m ❷ 메트로 5호선 라
라티나역La Latina에서 도보 2분120m,
주소 Calle de la Ruda, 11, 28005 Madrid
전화 918 32 19 30
영업시간 월~금 08:00~20:00 토·일 09:00~20:00
예산 아침 식사 3~5유로 대 홈페이지 rudacafe.com

🔵 카페리토 Cafelito

여유로운 분위기에서 맛있는 빵과 커피를

작지만 매력적인 카페로 아침부터 저녁까지 붐빈다. 맛
있는 빵과 커피는 물론 예쁜 인테리어와 여유로운 분위
기까지 무엇 하나 빠질 게 없다. 개인적으로 마드리드 최
고의 커피로 꼽을 정도로 맛있었다. 가격도 착하다. 입구
의 고풍스러운 목재 출입문은 100년도 넘은 것이며, 내
부의 모든 가구도 손때 묻은 중고품이거나 주인장이 아
는 지인에게 받은 것이다. 편안한 분위기라 여유를 즐기
기엔 이만한 곳이 없다. 일요일엔 근처에서 열리는 라스
트로 벼룩시장에 갔다가 들르기 좋다. .

찾아가기 ❶ 국립 소피아 왕비 예술센터에서 도보 10분
❷ 메트로 3호선 라바피에스역Lavapies에서 도보 2분,
주소 Calle del Sombrerete, 20, 28012 Madrid
전화 910 84 30 96 영업시간 월~금 08:00~21:00
토·일 10:00~22:00 예산 아침 식사(토스트+커피)=3유로
홈페이지 cafelito.es

🛍️ 엘 코르테 잉글레스 El Corte Inglés

스페인의 대표 백화점

마드리드 최고의 쇼핑 플레이스다. 명품부터 스페인 브
랜드의 패션과 잡화, 서적, 화장품, 다양한 식료품 등을
구입하기 좋다. 더운 여름날 시원한 곳에서 쇼핑하길 원
한다면 엘 코르테 잉글레스를 추천한다. 마드리드에만
네 군데 지점이 있으며, 마드리드의 허브 솔광장에 있는
지점이 교통이 좋아 가장 이용하기 편리하다. 살라망카
지구의 세라노 거리에서 쇼핑할 계획이라면, 그곳에 엘
코르테 잉글레스 고야거리점이 있으니 이용해보자.

솔광장점 찾아가기 메트로 1·2·3호선 솔역Puerta del Sol에서 바로 주소 Calle de Preciados, 3, 28013 Madrid
전화 913 79 80 00 영업시간 월~토 10:00~22:00 일 11:00~21:00 홈페이지 www.elcorteingles.es
고야거리점 찾아가기 메트로 4호선 세라노역에서 고야 거리Calle de Goya 경유하여 동쪽으로 도보 10분800m
주소 Calle de Goya, 87, 28001 Madrid 전화 914 32 93 00

🛍️ 토니 폰스 Toni Pons

캔버스화 에스파드류를 저렴하게

노끈으로 밑창을 만든 신발 에스파드류 판매점이다. 에
스파드류는 오래 전 스페인, 프랑스 등에서 신던 신발에
서 유래하여 만들어진 캔버스화이다. 스페인에서 많이
생산되는데, 그 가운데 마드리드의 토니 폰스는 꽤 인기
있는 에스파드류 브랜드 매장으로, 국내 구매 가격보다
30% 이상 저렴하게 구입할 수 있다. 그래서 현지에서 구
매해야 할 쇼핑 리스트의 필수 항목이다. 솔 광장에서 가
깝고, 쇼핑의 거리 그란 비아에서도 도보로 4분이면 갈
수 있다. 샌달, 슬립온, 웨지힐 등 다양한 종류와 디자인
이 있으니, 에스파드류의 본고장에서 합리적인 가격에
득템하시길!

찾아가기 ❶ 메트로 1·5호선 그란 비아역Gran Vía에서 남서쪽으로
도보 4분350m ❷ 1·2·3호선 솔역Puerta del Sol에서 북쪽으로 도보
3분200m 주소 Calle del Carmen, 25, 28013 Madrid 전화 914 21
31 45 영업시간 10:00~21:30 홈페이지 tonipons.com

레티로 & 살라망카 지구
El Retiro & Salamanca

레티로는 마드리드 동쪽 중심부에 있는 아름다운 공원이다. 공원 주변에 마드리드 3대 미술관이 모여 있다. 피카소의 <게르니카>를 품은 국립 소피아 왕비 예술센터, 세계의 모든 미술관이 질투하는 명작의 보고 프라도, 그리고 티센 보르네미사 미술관까지, 예술 여행의 진수를 경험하게 될 것이다. 공원 북쪽의 살라망카 지구는 명품 숍과 고급 브랜드 매장이 들어선 곳이다. 이곳의 세라노 거리에서 만나는 다양한 숍은 여행의 즐거움을 더해준다.

살라망카 지구

플라테아 마드리드
세라노Serrano

세라노 거리
Calle de Serrano

레티로
Retiro

그란비아Gran Vía

Banco de
España

푸에르타 데 알칼라
Puerta de Alcalá

시벨레스 광장
Plaza Cibeles

시벨레스 궁 전망대
CentroCentro

Calle de Alcalá

세비야
Sevilla

Paseo del Prado

해양 박물관
Museo Naval

푸에르타 델 솔
Puerta del Sol

티센 보르네미사 미술관
Museo Nacional
Thyssen-Bornemisza

솔 광장
Puerta del Sol

Plaza de las Cortes

포세이돈
분수대

Calle de Felipe IV

고야동상

레티로 공원
Parque de El Retiro

라 돌로레스
Calle Lope de Vega

Calle de Atocha

Paseo del Prado

프라도 미술관
Museo Nacional
del Prado

더 스패니시 팜

안톤 마르틴
Antón Martín

마드리드
왕립식물원
Real Jardín Botánico

Calle de Atocha

아토차
Atocha

국립 소피아 왕비 예술센터
Museo Nacional Centro de
Arte Reina Sofía

아토차 기차역
Madrid-Puerta de Atocha

📷 국립 소피아 왕비 예술센터

Museo Nacional Centro de Arte Reina Sofía 무세오 나시오날 센트로 데 아르테 레이나 소피아

피카소의 게르니카를 품은 미술관

프라도 미술관, 티센 보르네미사 미술관과 함께 마드리드의 3대 미술관으로 꼽힌다. 18세기에 건립된 카를로스 병원 건물을 개축해서 1986년 미술관으로 단장하였다. 1992년 재설립하면서 당시의 왕비 이름을 붙여 국립 소피아 왕비 예술센터라 불리게 되었다. 20세기 근현대 미술 작품 1만 6천여 점을 소장하고 있으며, 스페인 출신 20세기의 거장 파블로 피카소와 살바도르 달리의 그림도 있다.

건물은 두 개로 나뉘어져 있는데, 전시실은 외부에 통유리 엘리베이터가 설치되어 있는 4층짜리 건물 사바티니 전시관Edificio Sabatini 2층과 4층에 있다. 또 다른 건물인 누벨빌딩Edificio Nouvel에는 카페와 숍 등이 있다. 20세기의 입체주의, 초현실주의 작품과 스페인 현대 미술의 전반을 보여주는 작품을 많이 소장하고 있다. 호안 미로, 후안 그리스, 로이 릭턴스타인, 프랜시스 베이컨, 클리포드 스틸, 요셉 보이스 등 다양한 예술가의 작품을 만나볼 수 있다. 국립 소피아 왕비 예술센터의 하이라이트는 피카소의 <게르니카>이다. 게르니카 전시관은 사바티니 전시관 2층에 있다. 휴관일을 제외하고 매일 저녁 7시부터는 무료 입장이다. 시간을 잘 활용한다면 알뜰한 여행을 즐길 수 있다.

©flickr_Dimitry B

찾아가기 메트로 ❶ 1호선 아토차역Atocha에서 도보 4분 ❷ 3호선 라바피에스역Lavapiés에서 도보 7분
버스 ❶ 6·27·34·59·85번 승차하여 레이나 소피아 정류장Reina Sofia 하차 ❷ 26·32·36·41번 승차하여 아토차 정류장Atocha
하차 주소 Calle de Santa Isabel, 52, 28012 Madrid 전화 917 74 10 00
운영시간 월·수~토 10:00~21:00 일 10:00~19:00 휴관 화요일, 1/1, 1/6, 5/1, 5/15, 11/9, 12/24, 12/25, 12/31
입장료 10유로 무료입장 평일 19:00~21:00 일요일 13:30~19:00(4/18, 5/18, 10/12, 12/6은 무료 입장하는 날)

🇪🇸 이 작품은 꼭 보자!

❶ 게르니카Guernica_파블로 피카소 작품

국립 소피아 왕비 예술센터의 하이라이트이자 피카소의 대표작이다. 게르니카는 스페인 북동부 바스크지방
에 위치한 작은 마을이다. 왕당파와 공화파의 전쟁이 벌어진 스페인 내전 당시인 1937년 4월 26일, 주말시장
이 열리고 있던 게르니카에 비행기 소리가 들리기 시작했다. 아이들은 비행기를 향해 손을 흔들었다. 그러나
불행하게도 그 비행기는 군사 반란을 일으킨 프랑코 장군의 공화파를 지지한, 하켄 클로이츠가 박혀 있는 나
치의 비행기였다. 그리고 평화롭던 마을에 폭탄이 비처럼 쏟아져 내리기 시작했다. 순식간에 생지옥으로 변
한 게르니카는 이틀 내내 불길에 휩싸였고, 민간인 1500명이 사망하고 수천 명이 부상당했다. 피카소는 이
소식에 분노했다. 이후 피카소는 스페인 공화정부로부터 파리만국박람회 스페인관에 전시할 벽화를 의뢰 받
았다. 피카소는 게르나카 마을의 분노와 슬픔을 담아 가로 776cm, 세로 349cm의 대작을 탄생시켰는데, 이

작품이 <게르니카>이다. 죽은 아이를 안고 울부짖는 여인, 상처 입은 말, 분해된 시신의 절규를 흑백 물감을 사용해 입체주의 화법으로 그렸다. 그는 작품 제작 과정을 사진으로 남겼는데, 이 사진들도 그림과 함께 전시되어 있다. 피카소는 <게르니카>를 그리고 다음과 같은 말을 남겼다.

"여러분은 눈만 있으면 화가가 되고, 귀만 있으면 음악가가 되고, 가슴 속에 하프만 있으면 시인이 된다고 생각하십니까? 천만에요. 정반대입니다. 예술가는 하나의 정치적인 인물입니다. 어떻게 예술가가 다른 사람의 일에 무관심할 수 있습니까? 회화는 치장을 하기 위해 존재하는 게 아닙니다."

❷ 창가의 인물 Figure at window_살바도르 달리 작품

초현실주의 화가 달리의 작품이다. 그가 21살 때 여동생의 뒷모습을 보고 그린 그림이다. 처음 이 그림을 보면 달리의 작품 같지 않아 당황하게 된다. 달리에게도 이런 그림을 그리는 시절이 있었다니 놀라울 따름이다. 그는 기묘하고 독특한 이미지를 그리는 화가로 알려져 있는데, 이 그림은 서정적이고 정교한 붓터치가 돋보여 정감이 간다. 소녀와 여인의 중간쯤에 있는 주인공이 창 밖 풍경을 내다보며 무슨 생각을 하고 있는지 자못 궁금해진다.

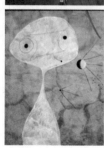

❸ 파이프를 문 남자 Man with a pipe_호안 미로 작품

바르셀로나 출신으로 파리에서 활동한 화가 호안 미로의 작품이다. 그는 환상의 세계를 별, 여자, 새 등 독특한 상형문자적인 형상으로 표현하기를 좋아했다. 이 작품도 그 중 하나이다. 얼핏 보기에 외계인처럼 생긴 인물이 파이프를 물고 있는데, 그림 속 파이프는 어린 아이가 흘려 그린 것처럼 실오라기로 묘사되어 있어 눈길을 끈다. 그는 파리에서 피카소와 친분을 쌓기도 했고, 초현실주의에 참여하기도 했다. 하지만 점차 자신만의 세계를 구축하여, 단순한 색과 배경, 선 등으로 순진무구한 세계에 환타지를 부여하는 그림을 주로 그렸다.

©flickr_Nathan Hughes Hamilton

📷 **프라도 미술관** Museo Nacional del Prado 무세오 나시오날 델 프라도
피카소가 관장을 지낸, 세계 모든 미술관이 질투하는

'초원'이라는 뜻된 프라도 미술관은 파리의 루브르, 상트페테르부르크의 에르미타주와 함께 세계 3대 미술관으로 꼽힌다. 15세기부터 스페인 왕실에서 수집한 최고 거장의 작품과 왕실 화가들의 작품을 중심으로 1819년에 개관하였으며, 현재 3만여 점의 작품을 소장하고 있다. 이 가운데 12세기부터 19세기 초까지의 작품 3천여점을 상설 전시 중이다. 프라도 미술관은 원래 자연사 박물관으로 시작하였으나 19세기 페르난도 7세가 회화와 조각을 중심으로 하는 왕립 미술관으로 재탄생시켰다.

프라도 마술관에는 세계 유수의 미술관들이 질투할 정도로 중요한 작품이 셀 수 없이 많다. '유럽 미술사의 보고', '세계 최고의 미술관'이라는 칭호가 전혀 어색하지 않다. 고야, 벨라스케스, 엘 그레코와 같은 스페인 작가들을 비롯해 유럽 전역 거장들의 작품을 만날 수 있다. 미술관 앞에는 스페인 미술사에서 빼놓을 수 없는 거장 고야와 벨라스케스의 동상이 세워져 있다.

Travel Tip ❶ 인터넷으로 티켓을 예매하면 입장료를 1유로 할인해주며, 기다리지 않고 바로 입장도 가능하다. ❷ 프라도의 입구는 모두 세 군데이다. 미술관 북쪽 고야 동상이 있는 메인 입구로 들어가야 빠른 시간에 주요 작품을 볼 수 있다.메트로 2호선 방코 데 에스파냐역Banco de España 이용 ❸ 무료 입장은 돈은 절약할 수 있으나 무료 티켓을 받기 위해 줄 서서 기다리는 시간이 많이 든다. 실제로 명작을 관람할 수 있는 시간은 1시간 안팎 정도라, 충분한 시간을 갖고 관람하기 어렵다.

입체파 화가로 세계 미술사에 한 획을 그은 피카소Pablo Picasso, 1881~1973는 1936년부터 1939년까지 프라도에서 관장을 지냈다. 그는 이곳에서 세계에서 가장 위대한 작품으로 꼽히는 벨라스케스의 <시녀들>을 만났으며, 이후 마흔네 번이나 이 작품을 모티브로 재해석한 그림을 그렸다. 피카소의 <시녀들>은 바르셀로나의 피카소 박물관에 소장되어 있다. 피카소도 인정한 화가 벨라스케스는 고야가 스승으로 꼽을 정도로 존경한 인물이기도 하다.

미술관 건물은 지하와 0층, 1층, 2층으로 구성되어 있으며, 0층에는 14세기부터 16세기에 이르는 유럽 회화가, 1층에는 15세기부터 18세기에 이르는 유럽 회화가, 2층에는 스페인 회화가 전시 중이다. 0층에서 고야의 <1808년 5월 3일의 처형>과 <자식을 먹는 사투르누스>를 만날 수 있으며, 벨라스케스의 명작 <시녀들>은 1층에서 찾아볼 수 있다. 작품의 전시 위치는 경우에 따라 바뀔 수도 있으니 참고하자.

찾아가기 ❶ 메트로 1호선 아토차역Atocha에서 프라도 거리Paseo del Prado 경유하여 도보 7분550m ❷ 메트로 2호선 방코 데 에스파냐역Banco de España에서 프라도 거리Paseo del Prado 경유하여 도보 7분550m ❸ 버스 10·14·27·34·37·45번 승차하여 무세오 델 프라도 정류장Museo Del Prado 하차 ❹ 버스 19번 승차하여 알폰소 XII-에스팔테르 정류장Alfonso XII-espalter 하차 주소 Paseo del Prado, s/n, 28014 Madrid 전화 913 30 28 00 관람시간 월~토 10:00~20:00 일·공휴일 10:00~19:00 1월 6일·12월 24일·12월 31일 10:00~14:00 휴관 1/1, 5/1, 12/25 홈페이지 museodelprado.es 입장료 15유로 무료 입장 월~토 18:00~20:00 일 17:00~19:00

디에고 벨라스케스 Diego Rodríguez de Silva Velázquez, 1599~1660

벨라스케스는 17세기 스페인 미술을 대표하는 화가이자 유럽 회화를 대표하는 인물이다. 스페인 문화의 황금기라고 부르는 17세기, 당시 스페인의 왕이었던 펠리페 4세는 정치보다 예술가의 후원에 더 관심이 많았다고 전해진다. 벨라스케스는 펠리페 4세의 초상화를 그린 후 궁정화가가 되었고, 이후 평생을 궁정 화가로 활동하며 왕이 총애를 받았다. 그는 당대의 작가들과 달리 왕이건 광대건 정말 표정이 살아있는 것처럼 그려 주목받았다. 프라도 미술관에는 벨라스케스의 작품이 많이 전시되어 있는데, 그 중 프라도의 하이라이트로 꼽는 <시녀들>은 1층 12번 전시관에서 찾아볼 수 있다. 그밖에 <펠리페 4세>, <이사벨 데 보르본 기마 초상화>, <술 취한 사람들>, <불카누스의 대장간> 등 다양한 작품을 만나볼 수 있다.

프란시스코 호세 데 고야 Francisco José de Goya, 1746~1828

고야는 18세기 후반에서 19세기 초경에 스페인 미술을 대표하던 화가로, 어떤 범주로도 분류되지 않는 독보적인 자유주의 작가이다. 그의 명성은 지금도 그대로 지켜지고 있어, 프라도 미술관의 작품 가운데 가장 많은 비중을 차지하는 작가로도 꼽힌다. 시대의 반항아였던 그는 '나의 스승은 자연, 벨라스케스, 렘브란트.'라고 할 정도로 벨라스케스를 존경했다. 그리고 벨라스케스와 마찬가지로 궁정 화가가 되었다. 처음엔 태피스트리 밑그림을 그리는 화가로 고용되었다가 점차 입지를 굳혀 스페인 화가 최고의 영예인 수석 궁정화가 자리에 오른다. 수석 궁정 화가가 된 직후에 그린 <카를로스 4세의 가족 초상화>를 프라도 1층 32번 전시실에서 만나볼 수 있다. 하지만 한창 활동하던 46세에 심한 열병을 앓아 청력을 잃고 만다. 그러다 1808년 스페인이 프랑스의 나폴레옹 군대의 침략을 받자, 고야는 전쟁의 참상 속에서 발견한 인간의 야만성을 담아 <1808년 5월 2일>과 <1808년 5월 3일의 처형>이라는 작품을 그렸다. 이 작품들은 프라도 0층의 64번과 65번 전시실에서 찾아볼 수 있다. 프랑스 군대가 물러나고 페르난도 7세가 왕위에 즉위했지만, 프랑스와 사이가 좋았던 그는 왕과 갈등하게 되었고, 이에 1819년 마드리드 외곽에 집을 사서 떠나버렸다. 그리고 '귀머거리의 집'이라 불리던 그곳에 틀어박혀, 인간의 어두운 면을 다룬 검은 그림 연작을 벽화로 남겼다. <자식을 잡아 먹는 사투르누스>는 검은 그림 연작 중 하나이다. 벽면을 떼어 내서 캔버스에 붙이는 식으로 벽화를 보존하여 옮겨 놓아, 프라도 0층의 67번 전시실에서 찾아볼 수 있다.

❶ 수태고지 The Annuciation_프라 안젤리코 작품, 0층 56B 전시관

성모 마리아가 성령으로 인해 예수를 수태했다는 사실을 가브리엘 천사
가 찾아와 알려주는 내용을 그린 것으로, 1425년경 작품이다. 그 뜻을 받
아들이겠다는 듯이 마리아는 두 손을 가슴에 모으고 있고, 그림 왼쪽 상단
에서 햇빛이 강렬하게 비추는데 이는 예수 잉태를 상징한다. 마리아와 가
브리엘의 후광에 쓰인 금색은 물감이 아닌 진짜 금이다. 마리아의 치마에
쓰인 파란색은 청금석이라는 파란색 보석을 갈아서 칠한 것이다. 그림 왼쪽의 남녀는 에덴 동산에서 쫓겨나
는 아담과 이브를 의미한다.

❷ 아담과 이브 Adam and Eve_알브레히트 뒤러 작품, 0층 55B 전시관

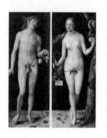

뒤러는 15~16세기 독일 지역에서 활동한 화가로 독일 미술의 아버지로 추앙받고
있다. 그는 <아담과 이브>를 통해 해부학적으로 흠잡을 데 없는 이상적인 인체의
아름다움을 표현했다. 아담은 사과를 들고 있고, 이브는 왼손으로 뱀이 건네는 사
과를 전해 받고 있다. 이브의 오른손은 나무 가지를 잡고 있는 데, 이 나무가지에
는 조그만 팻말이 달려 있다. 이 팻말을 자세히 보면 '알브레히트 뒤러가 1507년에
완성했다.'라고 새겨져 있다.

❸ 쾌락의 정원 The Garden of Earthly Delights
_히로니뮈스 보스 작품, 0층 56A 전시관

프라도 미술관의 대표 작품 중 하나로 나무판 세 개를 이어 붙여 만든 세 폭
짜리 작품이다. 베일에 싸인 네덜란드 출신의 화가 히로니뮈스 보스의 작
품인데, 그는 20세기 살바도르 달리를 비롯한 초현실주의 화가들에게 큰

영향을 미쳤다. 맨 왼쪽은 에덴 동산을, 가운데는 유토피아를, 맨 오른쪽은 지옥을 연대기적으로 구성해 놓았
다. 이 작품에 대한 해석은 논란이 많다. 유혹의 위험성을 경고하는 교훈적인 그림으로 해석되어 오다가, 20
세기 중반에 이르러서는 잃어버린 낙원의 전경을 담아낸 것으로 해석되기도 했다.

❹ 다윗과 골리앗 David Victorius over Goliath
_카라바조 작품, 1층 6 전시관

구약성서 중 한 부분을 그린 그림으로, 목동 다윗이 돌멩이와 가죽 끈만
으로 적장 골리앗의 머리를 자른 이야기를 그렸다. 그림 속에서 다윗이 잘
린 골리앗의 머리를 끈으로 묶고 있다. 카라바조는 명암법을 제대로 실현
할 줄 아는 화가였다. 골리앗의 얼굴은 카라바조 자신의 자화상이라고도
전해진다.

❺ 삼위일체 The Holy Trinity_엘 그레코 작품, 1층 8B 전시관

톨레도의 산토 도밍고 안티구오 수도원 제단을 장식하던 제단화다. 엘 그레코가 톨레도에 정착한 지 얼마 되지 않아 주문받아 그린 작품이다. 당시 사람들에겐 플랑드르식 세밀한 기법의 그림이 익숙했다. 그래서 엘 그레코의 화법은 새로운 것이었다. 보통 십자가의 예수는 앙상하고 핏자국이 선명한 처절한 모습으로 그려지는데, 그는 예수를 아름답게 묘사하고 있다.

❻ 가슴에 손을 얹은 기사 Knight with his hand on his Chest _엘 그레코 작품, 1층 8B 전시관

엘 그레코가 톨레도에 머물 때 그린 가장 뛰어난 초상화이다. 초상화의 주인은 돈 키호테의 저자 세르반테스일 것이라는 추측도 있고, 일부 학자들은 산티에고의 기사단인 돈 후안 드 실바라고 주장하기도 한다. 그림 속 주인공은 오른손을 가슴에 얹고 검을 쥐고 있다. 기사에게 권한을 부여하는 의식이라고 추측할 수 있다. 남자의 시선은 보는 이를 따라 다닌다. 정면 혹은 오른쪽이나 왼쪽으로 위치를 바꿔가며 그림을 바라보면 남자의 시선이 따라 오는 게 그대로 느껴진다.

❼ 술 취한 사람들 The Drinkes_디에고 벨라스케스 작품, 1층 11 전시관

벨라스케스 작품 중 신화를 주제로 한 것은 많지 않다. 이 작품은 그리스, 로마 신화에서 술의 신으로 등장하는 바쿠스와 술에 취해 기분 좋은 사람들을 그린 그림이다. 이탈리아 르네상스 화가들은 주로 아름답고 이상적으로 그림을 그렸는데, 반면 사실주의자인 벨라스케스는 그의 관찰력을 이용해 얼굴의 주름과 햇볕에 그을린 피부를 생생하게 묘사했다.

❽ 시녀들 Las Meninas_디에고 벨라스케스 작품, 1층 12 전시관

프라도 미술관의 하이라이트 작품이자 벨라스케스의 대표작이다. 이 작품에는 당시 궁정화가였던 벨라스케스 자신과 금발 머리의 소녀 마르가리타 공주, 그리고 공주의 시녀들이 등장한다. 그밖에 개와 함께 있는 난쟁이 여자와 개를 밟고 있는 궁정의 어릿광대도 등장한다. 서로 다른 신분의 사람들 특성이 조화를 잘 이루도록 그렸다. 공주에 대한 존경 어린 태도와 친밀감이 생동감 있게 표현되어 있고, 인물 간의 관계를 보여주는 감정도 잘 포

착되어 있다. 벨라스케스의 가슴에 그려진 십자가는 그림이 완성된 지 2년 후에 덧그려진 것이다. 산티아고 기사단의 표시로, 귀족으로 인정을 받았음을 의미한다. 벨라스케스에게는 개인적으로 매우 자랑스러운 일이었던 모양이다. 이 작품은 왕궁에서 소장하다가 19세기 초 프라도 미술관으로 옮겨졌다. 왕실 그림이 일반 대중에게 공개되면서 큰 주목을 받았다.

❾ 카를로스 4세의 가족 초상화 The Family of Charles IV
_프란시스코 데 고야 작품, 1층 32 전시관

고야가 남긴 5백여 점의 초상화 중 가장 대표적인 작품으로 1년이 넘게 작업한 걸작이다. 사람 수도 많고 여러 명이 한꺼번에 서 있는 게 어려워 한 사람씩 따로 초상화를 그린 다음 하나로 합쳤다고 전해진다. 그림 속에서는 왕이 아닌 왕비가 중심이다. 부와 권력에 취해 백성을 무시하고 국정에 무능했던 왕과 허영심 가득한 왕비의 모습을 비아냥거리고 있다. 왕비의 최대 약점인 틀니를 살짝 보이게, 팔뚝은 우람하게 그려놓았다. 또 모사꾼인 왕의 동생은 뒤에 얼굴만 살짝 보이도록 그렸다. 그리고 가장 왼쪽에는 고야 자신을 그려놓았는데, 이는 벨라스케스의 <시녀들>에서 영향을 받은 것으로 보인다.

❿ 옷 벗은 마하 The Naked Maja_프란시스코 데 고야 작품, 1층 36 전시관
당시엔 신화에 등장하는 여신 외에 누구인지 알 수 없는 일반 여성을 누드로 그린다는 것은 굉장히 파격적인 일이었다. 하지만 스페인의 당시 귀족들은 누드화를 불경스럽게 다루면서도 남몰래 수집하곤 했다. 당시 재상이었던 고도이Godoy도 고야의 <옷 벗은 마하>를 수집했고, 후에 재산이 몰수당하면서 이 작품이 외설적이라는 이유로 종교재판에 회부되기도 했다. 하지만 후에 고야의 천재적인 예술성이 마음껏 표현된 작품임을 인정받아 프라도 미술관으로 옮겨졌다. 나중에 그려진 <옷 입은 마하>와 나란히 걸려 있다.

프라도 미술관 안내도

0층
- 이탈리아 회화
- 스페인 회화
- 플랑드르 회화
- 조각
- 독일 회화

1층
- 이탈리아 회화
- 스페인 회화
- 플랑드르 회화
- 프랑스 회화
- 영국 회화
- 독일 회화
- 영상실

2층
- 스페인 회화

📷 티센 보르네미사 미술관 Museo Nacional Thyssen-Bornemisza
중세부터 현대까지, 서양미술사를 품었다

프라도 미술관, 국립 소피아 왕비 예술 센터와 함께 마드리드에서 꼭 방문해야 할 3대 미술관이다. 13세기부터 20세기 유럽 미술을 아우르는 방대한 규모의 작품을 소장하고 있다. 소장품 자체가 그대로 서양미술사나 다름없다. 이 작품들은 독일·헝가리계 기업가이자 예술품 수집가인 한스 하인리히 티센 보르네미사Hans Heinrich Thyssen-Bornemisza 남작이 부친과 조부의 뒤를 이어 수집한 것들이다. 남작은 가치가 한화로 1조원이 넘는 작품들을 400억 원도 안 되는 가격에 정부에게 넘기면서 미술관 이름에 '티센 보르네미사'라는 가문의 이름을 붙일 것을 원했다. 미술품들을 정부에 대여한 뒤 국가 소유가 되도록 계약을 체결한 것이다. 1992년 프라도 거리Paseo del Prado에 티센 보르네미사 미술관이 문을 열게 되었으며, 현재는 모두 스페인 정부 소유이다. 스페인의 다른 미술관에서는 보기 어려운 독일, 네덜란드, 인상주의, 미국의 현대 미술 작품까지 많이 찾아볼 수 있다. 0층부터 2층까지 모두 3층으로 이루어진 건물에, 약 800여 점의 작품이 연대순으로 전시되어 있다.

TIP 효과적인 티센 미술관 관람법

먼저 2층에서 시작해 0층으로 내려오며 관람하기를 추천한다. 2층에는 13~14세기 이탈리아 회화 작품이 많다. 대표 작품으로는 두초 디 부오닌세냐의 <그리스도와 사마리아 여인>, 얀 반 에이크의 <수태고지>, 도메니코 기를란다이오의 <조반나 토르나부오니의 초상화>, 한스 홀바인의 <잉글랜드의 헨리 8세> 등이 있다. 1층에는 17~19세기의 유럽 낭만주의 작품들이 주를 이루고 있으며, 우리에게 친숙한 인상파 화가 작품도 다수 찾아볼 수 있다. 르누아르의 <파라솔을 든 여인>, 빈센트 반 고흐의 <오베르의 베스노 마을>, 에드가 드가의 <몸을 기울인 발레리나>, 앙드레 드랭의 <워털루 다리>, 에드워드 호퍼의 <호텔 룸> 등을 잊지 말고 찾아보자. 0층에는 큐비즘에서부터 팝아트까지 근현대 작품들이 주로 전시되어 있다. 대표적인 작품으로는 살바도르 달리의 <석류 주변의 벌의 비행으로 인한 꿈>, 로이 리히텐슈타인의 <목욕하는 여인> 등이 있다.

찾아가기 메트로 2호선 방코 데 에스파냐역스페인 은행, Banco de España에서 프라도 거리Paseo del Prado 경유하여 남쪽으로 도보 5분400m 버스 ① 1, 2, 5, 9, 15, 20, 51, 52, 53, 74, 146번 승차하여 시벨레스 정류장Cibeles 하차, 프라도 거리Paseo del Prado 경유하여 남쪽으로 도보 5분400m ② 10, 14, 27, 34, 37, 45번 승차하여 넵투노 정류장Neptuno 하차, 도보 2분120m
주소 Paseo del Prado, 8, 28014 Madrid 전화 917 91 13 70 관람시간 화~일 10:00~19:00 월 12:00~16:00
입장료 12유로(월요일 무료) 홈페이지 museothyssen.org

📷 레티로 공원 Parque de El Retiro 파르케 데 엘 레티로
마드리드의 거대한 허파

마드리드 시내 동쪽에 있는 드넓은 공원으로 1만5천 그루의 나무가 거대한 숲을 이루고 있다. 넓이 1.4km², 둘레 4km에 달한다. 원래 이곳은 16세기에 펠리페 2세재위 1556~1598가 두 번째 부인을 위해 지은 별궁 부엔 레티로Buen Retiro의 정원이었다. 19세기 중반까지는 귀족들만 출입할 수 있었으나 1869년부터 일반인에게 공개되어, 현재 마드리드 시민과 여행객들의 휴식처 역할을 하고 있다. 공원 안의 건물들은 나폴레옹 전쟁 때 대부분 파괴되었고, 일부가 남아 군사박물관과 프라도 미술관의 별관으로 사용되고 있다. 또 다른 공원 안의 건축물 벨라스케스 궁전과 크리스털 궁전은 19세기 후반에 지어진 것이다. 공원 중심에는 드넓은 햇살 받으며 빛나는 인공 호수도 자리하고 있다. 호수 옆으로는 반원형 야외음악당이 둥글게 펼쳐져 있으며, 멋진 포즈를 취하고 있는 알폰소 12세의 기마상과 알카초파 분수도 찾아볼 수 있다. 사람들은 호수에서 작은 보트를 타며 즐거워하거나 잔디밭에 누워 여유를 즐긴다. 주말이 되면 나들이 나온 가족들로 활기찬 분위기가 되고, 또 거리 예술가, 화가, 노점상들도 모여들어 볼거리가 풍성해진다. 프라도 미술관 옆에 있어 미술관 관람하기 전이나 후에 들러보기 좋다.

찾아가기 ❶ 프라도 미술관에서 도보 9분650m
❷ 메트로 2호선 레티로역Retiro에서 바로
주소 Plaza de la Independencia, 7, 28001
Madrid 전화 914 00 87 40 운영시간 4~9월
06:00~00:00 10~3월 06:00~22:00

📷 세라노 거리 Calle de Serrano 까예 데 세라노
명품부터 스파 브랜드 쇼핑까지

스페인은 서유럽에 비해 관세가 낮고 물가도 저렴한 편이다. 이런 까닭에 마드리드는 의외로 쇼핑의 천국이다. 스페인을 대표하는 명품 브랜드 로에베Loewe를 비롯하여 다양한 명품 브랜드를 비교적 저렴하게 구입할 수 있다. 세라노 거리는 마드리드를 대표하는 명품 거리이자 쇼핑의 거리이다. 레티로 공원Parque de El Retiro 북서쪽의 알칼라 광장Puerta de Alcala 인근에서 시작하여 북쪽으로 약 1.8km 이어진다. 루이비통, 구찌, 미우미우 등 명품 브랜드는 물론 망고, 자라 등 스페인 스파 브랜드도 만날 수 있다. 게다가 스페인 백화점 엘 코르테 잉글레스El Corte Inglés의 고야거리점이 지하철 4호선 세라노역에서 도보 10분 거리에 있다. 의류, 신발, 식품을 한꺼번에 쇼핑하기 좋다. 세라노 거리가 있는 살라망카Salamanca 지역은 조용하고 고급스러운 동네로, 다른 관광지보다 덜 붐비고 깔끔하며 치안도 좋은 편이다. 세라노 거리 남쪽 끝에서 서쪽으로 시벨레스 광장Cibeles Fountain과 스페인 은행을 지나 계속 걸어가면 또 다른 쇼핑 명소 그란 비아 거리Gran Via와 만난다. 그란 비아 거리에는 다양한 중저가 브랜드가 입점해 있는 프리마크 백화점Primark과 자라, H&M 등 스파 브랜드 매장이 줄비하게 들어서 있어 함께 들러 쇼핑하기 좋다.

Travel Tip 엘 코르테 잉글레스El Corte Inglés 백화점은 메트로 4호선 세라노역에서 고야 거리Calle de Goya 경유하여 동쪽으로 도보 10분800m 거리에 있다.

찾아가기 ❶ 메트로 4호선 세라노역Serrano 하차 ❷ 티센 보르네미사와 프라도 미술관에서 북쪽으로 도보 11~13분

산티아고 베르나베우 스타디움 Santiago Bernabéu Stadium
호날두와 지단의 영혼이 숨쉬는 곳

세계 최강 축구팀 중에 하나인 레알 마드리드의 홈 구장으로 축구 팬이라면 빼놓을 수 없는 필수여행지이다. 이 축구 팀은 레알 마드리드 CF 혹은 레알이라고도 불리는데, 1950년대부터 유럽 축구의 강자로 떠올라 2015~2016 시즌부터 3회 연속UEFA 챔피언스 리그에서 기염을 토하며, 스페인뿐 아니라 유럽 최고의 팀이 되었다. 레알 마드리드는 UEFA 챔피언스 리그 최다 우승팀이기도 하다. 주요 경기의 티켓 구하기는 하늘의 별 따기이다. 주요 경기 외에는 어렵지 않게 티켓을 구할 수 있다. 시즌은 9월부터 5월까지이다.

경기가 없을 때는 구장을 둘러보는 투어에 참여하여 관중석은 물론 트로피와 유니폼, 팀의 역사를 살펴볼 수 있는 전시실, VIP석, 프레스 라인, 선수 탈의실, 경기장까지 직접 돌아볼 수 있다. 중간중간 사진도 찍어주는데 투어가 끝난 후 사진을 구매하면 된다. 투어 티켓은 10번 창구에서 구매할 수 있으며 홈페이지에서 인터넷 예매도 가능하다.

찾아가기 메트로 10호선 산티아고 베르나베우역Santiago Bernabéu에서 북동쪽으로 도보 2분
버스 ❶ 27, 40, 126, 147, 150번 승차하여 산티아고 베르나베우 정류장Santiago Bernabéu하차 ❷ 43, 120번 승차하여 리마-산
티아고 베르나베우 정류장Lima-Santiago Bernabeu 하차 주소 Av. de Concha Espina, 1, 28036 Madrid
전화 913 98 43 00 관람시간 월~토 10:00~19:00 일 10:30~18:30(경기 있는 날 투어 불가능)
투어 어른 25유로 어린이 18유로(오디오 가이드 사용하면 5유로 추가) 홈페이지 realmadrid.com

지금도 그들은 전쟁 중
레알 마드리드 CF와 FC 바르셀로나
레알 마드리드의 축구를 이야기 할 때 또 다른 스페인의 축구팀 FC 바
르셀로나와의 경기를 빼놓고는 얘기할 수 없다. 레알 마드리드는 스페
인 왕조에 의해 만들어진 왕립 축구단이고, FC 바르셀로나는 바르셀로
나 시민 20만 명이 조합원으로 가입되어 있는 일종의 축구 협동조합이다. FC 바르셀로나는 카탈루냐 지
역의 축구단인데, 카탈루냐는 마드리드를 중심으로 형성된 스페인 왕조와 오랜 시간 정치적으로 갈등을
계속해왔다. 바로 얼마 전까지도 카탈루냐의 독립을 외치는 바르셀로나 시민들의 대규모 시위가 벌어지
기도 했다. 이처럼 정체성이 다른 두 팀의 축구 경기를 엘 클라시코El Clasico라고 한다. 두 팀의 경기는 그
야말로 총성 없는 전쟁이자 온 도시가 들썩이는 극적인 축제이다. 카탈루냐가 스페인 왕조에 통합된 때
가 1714년이다. FC 바르셀로나의 홈구장인 캄푸누에서 두 팀의 경기가 벌어지면 전반 17분 14초가 되는
시점에 FC 바르셀로나 응원단은 일제히 각종 깃발과 피켓을 흔들며 카탈루냐 독립을 외치는 거대한 퍼
포먼스를 벌인다. 아직도 끝나지 않은 전쟁을 위한 전의를 다지는 것이다.

레티로 & 살라망카의 맛집
El Retiro & Salamanca

🍴 라 돌로레스 La Dolores
맥주와 와인, 다양한 카나페까지

티센 보르네미사 미술관에서 멀지 않은 곳에 있는 타파스 전문점이다. 스페인 특유의 분위기를 풍기는 타일로 예쁘게 장식된 멋진 외관이 인상적이다. 안으로 들어가면 여느 타파스 집이 그렇듯 바에서 많은 사람들이 맥주와 타파스를 즐기고 있다. 안쪽 테이블에서도 먹을 수 있으며, 테이블을 이용할 경우 가격이 조금 더 비싸다. 이집은 카나페가 전문인데, 빵 위에 여러 가지 재료를 올려 맥주나 와인과 간단히 즐길 수 있어 좋다. 연어, 대구, 앤초비, 홍합 등 해산물을 올려 내오는 카나페, 이베리코 햄이나 오리 햄을 올려 내오는 카나페 등 종류가 다양하다. 돌아다니다 지쳐 간단히 맥주 한잔하고 싶거나 식사 시간을 놓쳤을 때 간단하게 요기하기 좋다.

찾아가기 ❶ 프라도 미술관에서 도보 5분400m ❷ 메트로 1호선 안톤, 마르틴역Antón Martín에서 도보 6분450m 주소 Plaza Jesús, 4, 28014 Madrid 전화 914 29 22 43 영업시간 월~목 11:00~00:30 금·토 11:00~01:30 일 11:00~00:00 예산 타파스 2.8유로부터

🍴 플라테아 마드리드 Platea Madrid
마드리드 최고의 캐주얼 푸드 코트

살라망카 지역Barrio Salamanca의 콜론 광장Plaza de Colón 북쪽에 있는 마드리드 최고의 푸드 코트이다. 원래 영화관으로 쓰이던 건물을 개조해 캐주얼하고 화려한 식당가로 탈바꿈시켰다. 거대한 무대를 살려둔 채 상점을 배치해 놓았으며, 레스토랑 12개, 칵테일 바, 클럽 등이 입점해 있다. 마드리드 최고 셰프들의 음식을 맛볼 수 있는 유명 레스토랑도 있는데, 이곳 셰프들의 미슐랭 스타를 합하면 6개나 된다. 무대가 있고 홀 가운데 위 아래로 시원하게 뚫린 공간이 있어 거대한 콘서트 홀 같은 느낌이 든다. 저녁마다 무대에서 아티스트의 디제잉이나 공연이 펼쳐지기 때문이다. 금요일이나 주말 저녁이 되면 식당가는 만석이다. 무대가 잘 보이는 바에서 빈자리를 차지하기는 쉽지 않다. 최근 마드리드의 핫 플레이스로 떠오른 이곳에서 불금을 즐겨보자.

찾아가기 ❶ 시벨레스 광장Plaza Cibeles에서 도보 11분850m ❷ 메트로 4호선 세라노역Serrano에서 도보 1분100m, 콜론역Colón에서 도보 3분220m ❸ 버스 21, 53번 승차하여 콜론 정류장Colón 하차 도보 3분260m 주소 Calle de Goya, 5-7, 28001 Madrid 전화 915 77 00 25 영업시간 일~수 12:00~00:30 목~토 12:00~02:30 홈페이지 plateamadrid.com

🍴 스패니시 팜 The Spanish Farm

이베리코 돼지고기 요리부터 상그리아까지

프라도 미술관 뒤편에 있는 작은 보석 같은 레스토랑이다. 깔끔하고 현대적인 분위기에서 친절한 서비스를 받으며 훌륭한 음식을 맛볼 수 있다. 이베리코 돼지고기 요리가 전문인데, 스페인 스타일에 현대적인 요소를 가미하여 내놓아 맛이 좋다. 다른 음식들도 훌륭하다. 특히 이 집의 상그리아는 개인적으로 지금껏 먹어본 것 중 가장 맛있었다. 육회 요리의 일종인 스테이크 타르타르와 피스타치오 아이스크림이 올라간 초콜릿 케이크 디저트도 추천한다.

찾아가기 프라도 미술관에서 도보 2~3분130m 주소 Calle Espalter, 5, 28014 Madrid 전화 914 34 63 06
영업시간 화~토 13:00~16:30, 19:30~23:30 일 13:00~16:30 휴무 월요일
예산 10~20유로대 홈페이지 thespanishfarm.com

마드리드 왕궁 지구
Palacio Real de Madrid

왕궁 지구는 솔 광장과 마요르 광장 서쪽에 있다. 스페인의 역사와 정통성을 느낄 수 있는 곳이다. 베르사유 버금 가는 화려하고 아름다운 마드리드 궁전이 이 모든 것을 보여준다. 왕궁 옆에는 알무데나 대성당이 있다. 성당 돔에 올라가면 마드리드의 멋진 전경을 조망할 수 있다. 왕궁 지구 북쪽에는 이집트에서 선물 받은, 기원전 2세기에 지어진 데보드 신전이 있다. 이 신전의 전망대도 멋진 풍경을 담기 좋다.

데보드 신전 전망대
Mirador del Templo de Debod

Noviciado Ⓜ

한소 카페

Ⓜ Plaza de España
스페인 광장
Plaza de España

Calle de la Princesa
Calle de los Reyes
Calle del Pez
Calle de Bailén
Calle Gran Vía

플라멩코 공연장
Tablao Flamenco
Las Tablas

Ⓜ Santo Domingo

Calle Torija

사바티니 정원
Jardines de Sabatini

라 볼라
수도원
Calle de la Bola

까야오 광장
Plaza del Callao

그란 비아 거리
Calle Gran Vía

엘 코르테 잉글레스
El Corte Inglés

마드리드 왕궁
Palacio Real de Madrid

Campo del
Moro Gardens

페리페 4세 동상

왕립극장
Teatro Real

Ⓜ Opera

엘 코르테 잉글레스,
메르카도나

솔 광장
Puerta del Sol

Calle de Bailén

알무데나 성모 대성당
Catedral de Santa María
la Real de la Almudena

Calle Mayor

마요르 광장
Plaza Mayor

Calle Mayor

Calle de Segovia

 마드리드 왕궁 Palacio Real de Madrid 팔라시오 레알 데 마드리드
스페인의 베르사유를 꿈꾸다

스페인의 베르사유를 꿈꿨던 왕궁으로, 그 화려함이 베르사유 못지 않다. 펠리페 6세를 비롯한 지금의 왕실 가
족은 마드리드 왕궁에서 북서쪽으로 약 13km 거리에 있는 사르수엘라 궁전Palacio de la Zarzuela에서 지낸다.
펠리페 5세프랑스의 루이 14세의 손자이자 스페인 부르봉 왕가의 초대 왕는 16세기에 지어진 알카사르Alcázar 궁전이 1734
년 크리스마스 때 화재로 전소하자 새로운 왕궁을 짓도록 명했다. 이 새로운 왕궁이 마드리드 왕궁이다. 그는
베르사유 버금가는 유럽에서 가장 화려한 왕궁을 갖고 싶었지만, 완공되기 전 사망했다. 이런 이유로 왕궁은
1764년 완공되었다. 왕궁에는 약 2800개의 방이 있으며, 그 중 50개의 방을 관람할 수 있다. 가이드 투어에
참여하면 이 아름다운 방들을 직접 관람할 수 있다. 가장 화려한 방이 옥좌의 방Salón del Tronodlek이다. 베르
사유 궁전 거울의 방을 모티브로 설계한 방으로 화려한 천장과 조각품으로 장식되어 호화롭기 그지없다. 가
장 아름다운 방은 카를로스 3세가 사용하던 가스파리니의 방Salón de Gasparini이다. 천정과 벽면은 물론 바
닥까지 정교하고 아름답다.
왕궁 동쪽에는 오리엔테 광장Plaza de Oriente이 있다. 광장 중앙에 펠리페 4세의 청동 기마상이 있다. 이 광장은
느긋하게 앉아서 왕궁을 감상하기 좋은 곳이다. 해질녘에는 낭만적 분위기를 즐길 수 있는 뷰 포인트가 된다.

찾아가기 ❶ 마요르 광장Plaza mayor에서 도보 8분600m ❷ 솔 광장Puerta del Sol에서 도보 11분900m ❸ 메트로 2·5호선 승차하
여 오페라역Ópera 하차, 서쪽으로 도보 5분350m ❹ 버스 25번 승차하여 오페라 정류장Ópera 하차
주소 Calle de Bailén, s/n, 28071 Madrid 전화 914 54 87 00 운영시간 10월~3월 10:00~18:00 4~9월 10:00~20:00
입장료 10유로 홈페이지 patrimonionacional.es

Travel Tip
입장 티켓을 구입하려면 줄 서서 기다리는 건 기본이고, 종종 구하지 못할 수도 있다. 홈페이지에서 예약하는 게
편리하다. 매주 수요일에는 오전 11시에 왕궁 앞에서 약식으로 10여 분간 진행되는 근위병 교대식을 구경할 수
있다. 정식 근위병 교대식은 매월 첫째 주 수요일 12시~13시에 50분 동안 진행된다.

알무데나 성모 대성당 Catedral de Santa María la Real de la Almudena
왕궁 옆 대성당

마드리드 왕궁 옆에 있다. 흔히 '알무데나 대성당'이라고 불리는데, 알무데나는 아랍어로 '성벽'이라는 뜻의 알무다이나에서 유래된 말이다. 11세기 알폰소 6세가 이슬람교도들이 점령하고 있던 마드리드를 탈환한 후, 성벽에서 성상을 찾아냈다. 8세기 이슬람교도들이 이베리아 반도를 점령했을 때, 시민들이 도시의 안전을 기원하며 성모상을 벽 안에 감춰둔 것이다. 성벽에서 발견되었기에 이 성모상은 '알무데나'라고 불리게 되었다. 이후 16세기부터 알무데나 성모상을 위한 대성당을 짓자는 논의가 계속되다가, 1883년에 이르러 착공되었다. 처음엔 신고딕양식으로 건축되었으나 스페인 내전1936~1939이 발발하면서 공사는 중단되었다. 1950년 공사는 재개되었고, 바로 옆에 있는 마드리드 왕궁과의 조화를 고려하여 바로크 양식으로 설계를 변경해 1993년 완공되었다. 성당이 들어선 자리는 옛날 이슬람교도들 점령 당시 모스크가 있었던 자리로 추정된다. 성당 꼭대기 돔에 올라가면 마드리드의 멋진 시내 전경을 조망할 수 있다. 성당은 저녁까지 개방되지만, 돔에 올라갈 수 있는 시간은 오후 2시 30분까지로 제한되어 있으니 유의하자.

찾아가기 ❶ 마드리드 왕궁에서 도보 2분 ❷ 버스 3, 148번 승차하여 팔라시오 레알 정류장Palacio Real 하차 ❸ 메트로 2·5호선 오페라역Ópera 하차, 베르가라 거리Calle de Vergara 경유하여 도보 7분550m
주소 Calle de Bailén, 10, 28013 Madrid
전화 915 42 22 00 운영시간 겨울 09:00~20:30 여름 10:00~21:00
입장료 성당 무료 박물관+돔 6유로
홈페이지 catedraldelaalmudena.es

 ## 데보드 신전 전망대 Mirador del Templo de Debod 미라도르 델 템플로 데 데보드
마드리드 최고의 뷰

마드리드 왕궁 북쪽, 만자나레스 강Manzanares River 동쪽에 있는 몬타냐 공원Parque de la Montana은 마드리드 시민들의 다정한 휴식처이다. 이 공원 중앙에는 데보드 신전이 자리하고 있는데, 이 신전은 기원전 2세기에 지어진 고대 이집트의 신전이다. 원래 나일 강변에 자리하고 있었는데, 이집트 홍수로 파괴될 위험에 처하자 스페인이 나서 적극적으로 도와 주었다. 이에 이집트 정부는 신전을 스페인에 기증하기로 결정하였고, 1968년 마드리드로 옮겨졌다. 이후 2년여의 보수 공사를 마치고 1971년부터 일반에 공개되었다. 데보드 신전에서 서쪽으로 150m 떨어진 곳에는 데보드 신전 전망대Mirador del Templo de Debod가 있다. 이 전망대에 오르면 마드리드 최고의 뷰를 감상할 수 있다. 마드리드 왕궁부터 알무데나 대성당까지 탁 트인 마드리드의 전경이 시원하게 가슴으로 밀려든다. 낮에 보는 뷰도 멋지지만, 해질녘이 되면 최고의 일몰을 감상할 수 있다. 시내 중심가에서는 조금 떨어져 있지만, 여유롭고 한적하게 이집트 신전도 만나고 멋진 뷰도 감상하기 좋으니 꼭 방문해 보길 추천한다.

찾아가기 메트로 3·10호선 플라사 데 에스파냐 역Plaza de España에서 도보 9분750m

주소 Calle Prof. Martín Almagro Basch, 72, 28008 Madrid

 산 안토니오 데 라 플로리다 성당 Ermita de San Antonio de la Florida
고야, 이곳에 잠들다

18세기 말에 신고전주의 양식으로 지은 성당으로, 작고 소박하다. 스페인의 대표 화가 프란시스코 데 고야 Francisco José de Goya의 프레스코화가 있는 곳으로 유명하며, 고야가 묻혀 있어 고야의 판테온이라 불리기도 한다. 고야의 걸작은 천장에서 찾아볼 수 있는데, <성 삼위일체에 대한 경배>와 <성 안토니오의 기적>이라는 작품이다. 성 안토니오는 리스본에서 태어난 포르투갈의 유명한 성인이다. 고야의 <성 안토니오의 기적>에는 그가 살해된 사람을 되살리는 기적을 보여주는 장면이 묘사되어 있다. 매년 성 안토니오의 축일인 6월 13일이 되면 이 성당에, 평생의 반려자를 만나기를 원하는 미혼 여성들의 순례가 이어진다. 고야는 성당 오른쪽 바닥에 잠들어 있다. 이 성당은 1905년 스페인 국가 기념물National Monument로 지정되었다.

프란시스코 데 고야 Francisco José de Goya, 1746~1828
고야는 18~19세기 스페인 왕실 궁정 화가로 활동한, 스페인 미술사에서 빠질 수 없는 인물이다. 그는 20대 후반에 궁정 화가의 길을 걷기 시작했다. 불행하게도 그는 마흔여섯에 병으로 청력을 잃고 반 평생을 청각 장애인으로 살았다. 불행 속에서도 그는 오히려 더 많은 걸작을 남겼고, 결국 수석 궁정화가 자리까지 오르게 된다. 네 명의 왕을 모시며 궁정화가로 지내다, 말년에 프랑스 보르도 지방으로 요양갔다가 1828년 생을 마감했다. 프랑스에 있던 유해는 1919년 마드리드로 옮겨져 산 안토니오 데 라 플로리다 성당에 안치됐다. 프라도 미술관에 가면 고야의 많은 작품을 만날 수 있다.

찾아가기 ❶ 데보드 신전 전망대에서 도보 19분1.3km ❷ 버스 41, 46, 75, N20번 승차하여 산 안토니오 데 라 플로리다 정류장 San Antonio de la Florida 하차, 도보 2분210m ❸ 메트로 6·10호선 프린시페 피오역Príncipe Pío 하차, 도보 10분
주소 Glorieta San Antonio de la Florida, 5, 28008 Madrid 전화 915 42 07 22 운영시간 화~일 09:30~20:00
휴무 월요일 입장료 무료

🍽 라 볼라 La Bola

마드리드 전통 스튜

전통 마드리드식 스튜를 즐길 수 있는 맛집이다. 1870년에 문을 연 이후 4대째 가족이 대를 이어 운영해오고 있다. 역사가 오래되어 분위기 또한 고풍스럽다. 전 세계 수많은 여행객이 찾는 곳이라 각국의 언어로 된 메뉴판이 구비되어 있다. 식당에 들어서면 웨이터가 어떤 언어로 된 메뉴판을 필요로 하는지 묻는다. 물론 한국어 메뉴판도 있다. 가장 유명한 메뉴는 단연 마드리드식 스튜다. 전통 방식을 고수하여 장작불로 조리된 수프를 주전자처럼 생긴 토기에 담아 내와 그릇에 부어준다. 따뜻한 국물 요리가 필요할 때 잊지 말고 찾아보자.

찾아가기 ❶ 마드리드 왕궁에서 도보 6분500m ❷ 메트로 2·5호선 오페라역 Ópera에서 도보 4분300m, 2호선 산토 도밍고역Santo Domingo에서 도보 2~3분 210m 주소 Calle de la Bola, 5, 28013 Madrid 전화 915 47 69 30 영업시간 13:30~16:00, 20:30~22:30 예산 10~20유로 대 홈페이지 labola.es

☕ 한소 카페 HanSo Café

힙한 분위기에서 커피 한잔

마드리드의 핫한 카페 중 하나로 힙한 분위기와 맛있는 커피로 마드리드 젊은이들에게 사랑 받는 곳이다. 학생들이 많은 지역에 있어 노트북으로 일이나 과제를 하는 사람들이 많이 눈에 띈다. 마드리드에서 맛있는 커피를 맛볼 수 있는 곳으로 손꼽히며, 그밖에 토스트, 와플, 요거트, 케이크, 쿠키 등 간단한 요깃거리도 있다. 카페 이름과 분위기에서 동양적인 느낌이 드는데, 주인이 중국 출신이다. 덕분에 아보카도와 고수를 올린 토스트, 녹차라테, 팥이 들어간 녹차 케이크 등 아시아 스타일 메뉴도 찾아볼 수 있다.

찾아가기 ❶ 메트로 2호선 노비시아도역Noviciado에서 도보 2분180m ❷ 에스파냐 광장에서 로스 레이예스 거리Calle de los Reyes 경유하여 도보 8분550m 주소 Calle del Pez, 20, 28004 Madrid 전화 911 37 54 29 영업시간 화~금 09:00~20:00 토·일 10:00~20:00 휴무 월요일 예산 커피 1.5~3.5유로

톨레도
Toledo

세계문화유산 도시에 깃든 그레코의 숨결

톨레도는 마드리드에서 남서쪽으로 70km 거리에 있다. 카스티야라만차 자치 지역의 중심 도시 가운데
하나이며, 톨레도 주의 주도이다. 인구는 약 8만명이다. 마드리드 근교 여행지로 첫손에 꼽히는 도시로,
중세의 모습이 잘 보존되어 있다. 1986년 도시 전체가 세계문화유산으로 지정되었다. 기독교와 이슬람,
유대교 문화가 공존하는 이 도시는 1561년 마드리드로 옮기기 전까지 카스티야 중세 시대 스페인 중부를 지배
한 가톨릭 왕국. 1479년 아라곤-카탈루냐 왕국과 연합하였으며, 1516년 스페인 통일 왕국의 주역이 되었다. 왕국의 수도였다. 이후
경제적 정치적 중심지의 역할은 마드리드에게 내주었지만, 대성당이 있어 아직 종교적 중심지의 위상
은 지켜나가고 있다.

톨레도는 스페인 종교화의 거장 엘 그레코1541~1614. 그리스 크레타에서 태어난 중세시대 스페인 최고의 화가의 도시이
기도 하다. 톨레도 대성당, 산토 토메 교회, 산타 크루스 미술관, 엘 그레코의 집 등 곳곳에 그의 흔적이 남
아 있어 예술적 분위기를 더해준다.

계절별 최저·최고 기온 봄 5~22도 여름 15~32도 가을 5~27도 겨울 3~13도
홈페이지 https://turismo.toledo.es/

마드리드에서 톨레도 가는 방법

기차와 버스를 이용할 수 있으나, 버스로 가는 것이 가격도 저렴하고 운행 간격이 짧아 더 편리하다.

버스로 가기

❶ 버스 터미널 가는 방법

마드리드 메트로 6·11호선 플라사 엘립티카역Plaza Elíptica에서 버스 터미널Terminal Autobuses 표지판 따라 지하 3층으로 이동→플라사 엘립티카 버스 터미널 도착 후 알사 버스 티켓 판매소나 티켓 발매기에서 톨레도 행 티켓 구입→지하 1층 7번 승차장으로 이동→버스 탑승

©flickr_Nacho

예매 및 시간표 확인 http://www.alsa.es

❷ 운행 시간과 소요 시간 08:00~00:00 사이에 30분 간격으로 운행한다. 직행Directo은 50분, 완행Por pueblos은 1시간 30분 소요된다.

❸ 요금 왕복 9.84유로이다.

❹ 톨레도 시내 진입하기 톨레도 버스 터미널Estación de Autobuses에서 도시 중앙에 있는 소코도베르 광장까지 도보나 버스로 이동할 수 있다. 도보로 이동할 경우 20분1.2km 걸린다. 버스는 터미널 부근의 익스택시온 데 오토부시스 정류장Estación de Autobuses. Vuelta에서 L5·L12번 버스 승차하여 소코도베르 광장 정류장 Zocodover(Plaza)에서 하차하면 된다. 운행 간격은 6분, 소요 시간은 11분이다.

기차로 가기

❶ 기차역 찾아가기 마드리드 아토차 역에서 아반트Avant, 특급 열차 탑승하면 톨레도역까지 30분 정도 소요된다.

인터넷 예매 ❶ http://www.raileurope.co.kr

❷ https://renfe.spainrail.com

❸ http://www.renfe.es

❷ 운행 간격과 요금 운행 간격은 2시간 30분이다. 요금은 편도 13.9 유로, 왕복 22.2유로이다.

❸ 톨레도 시내 진입하기 톨레도역에서 시내까지는 도보나 버스로 이동할 수 있다. 도보로는 알칸타 다리 경유하여 23분1.4km 정도 걸린다. 버스는 역에서 나와 서쪽에 있는 큰 길 라 로사 거리Paseo de la Rosa에 있는 정류장에서 타면된다. 정류장 이름은 파세오 데 라 로사 정류장Paseo de la Rosa(renfe)으로, 톨레도 역에서 도보 2분120m 정도 걸린다. 이곳에서 L5·L5D·L11·L61·L62·L94·LB2번 버스를 승차하여 시내 중심부인 소코도베르 광장 정류장 Zocodover (Plaza)에서 하차하면 된다. 버스는 8분 간격으로 운행되며, 소요 시간은 11분이다.

©Wikimedia_Dan Vaquerizo Molina

❶ 알카사르에서 시내 풍경 한눈에 담기
소코도베르는 톨레도 중심에 있는 광장이다. 광장 남쪽 고지대의 성채 알카사르Alcázar de Toledo에 가면 세계 문화유산의 도시 톨레도의 고풍스러운 풍경을 한눈에 감상하기 좋다.

❷ 꼬마 열차 소코트랜 타고 톨레도 여행하기
소코도베르 광장의 명물 꼬마 열차 소코트랜을 타고 톨레도 시내 곳곳을 여유있게 둘러보자.

❸ 종교화의 거장 엘 그레코의 명작 감상하기
산타 크루스 미술관, 톨레도 대성당, 산토 토메 교회, 엘 그레코의 집에 가면 스페인 종교화의 거장 엘 그레코의 작품을 마음껏 감상할 수 있다.

🏛 톨레도, 이렇게 돌아보자

버스터미널 도보 20분 또는 버스 10분 **소코도베르 광장** 도보 2분130m **산타 크루스 미술관** 도보 5분350m **알카사르** 도보 6분350m **톨레도 대성당** 도보 7분550m **산토 토메 교회** 도보 3분150m **엘 그레코의 집**

Alcantara Bridge

타구스 강

산타 크루즈 미술관
Museo De Santa Cruz

광광
안내소

꼬마 열차
소코트렘 승강장

알카사르
육군 박물관
Alcazar de Toledo

소코도베르 광장
Plaza de Zocodover

Calle Comercio

톨레도 대성당
Santa Iglesia Catedral
Primada de Toledo

Calle Cardenal Cisneros

시청

티베드나
엘 보테로

Calle Ciudad

Calle Trinidad

라 클린데스티나

Calle Santo Tomé

산토 토메 교회
Iglesia de Santo Tomé

엘 그레코의 집
Museo del Greco

 ## 소코도베르 광장 Plaza de Zocodover 프라사 데 소코도베르
톨레도 여행의 시작점, 꼬마기차를 타자

구도심에 있는 톨레도의 상징적인 광장이다. 톨레도 여행의 시
작점이자 여행의 마침표를 찍는 곳이다. 소코도베르는 이슬람어
로 '가축 시장'이라는 뜻인데, 이슬람 교도가 이베리아 반도를 지
배했을 당시8~12세기. 이베리아 반도는 원래 로마제국을 무너뜨린 서고트족이 차
지하고 있었으나 700년대부터 약 400년 동안은 이슬람의 지배를 받았다. 이곳은
말, 당나귀 등 짐을 싣는 동물을 매매하던 곳이었다고 전해진다.
톨레도에 도착하면 일단 소코도베르 광장을 찾아가자. 광장 주변
엔 많은 상점이 있다. 의류, 공예 및 기념품, 음식점들이 늘어서
있다. 어느 때나 아름답지만 크리스마스 때 가장 매력적이다. 가
이드 투어가 시작되는 곳으로, 투어 티켓 판매소도 이곳에 있다.
소코도베르 광장은 톨레도의 명물인 소코트란Zoco Tren이라는 꼬
마 열차가 시작되는 곳이기도 하다. 40~50분 동안 소코트란을 타
고 톨레도 시내 곳곳을 편하게 구경할 수 있다. 소코트란을 타게
되면 가능하면 우측 자리를 잡자. 오른쪽 전망이 좋은 까닭에 늘
인기가 많다는 점도 참고하자.

찾아가기 톨레도 버스터미널Estación de Autobuses de Toledo에서 도보 20분(① 버스터미널에서 자주색 선을 따라 걷는다. ② 자
주색 선이 끝나는 곳에서 에스컬레이터를 탄다. ③ 에스컬레이터를 몇 차례 타면 소코도베르 광장으로 이어진다.)
주소 Plaza Zocodover, s/n, 45001 Toledo
꼬마기차 소코트란 정보 이용시간 10:00~17:00(30분 간격으로 운행, 성수기에는 15분 간격) 소요시간 약 40분 요금 5.5유로로

산타 크루스 미술관 Museo De Santa Cruz 무세오 데 산타 크루스
스페인의 자랑, 엘 그레코와 고야를 만나다

16세기에 지어진 건물에 들어서 있는 2층으로 된 미술관이다. 이슬람 형식이 가미된 건물이 인상적이다. 원래는 이사벨 여왕이 가난한 사람들과 고아를 위해 지은 자선 병원 건물이었는데, 19세기에 이르러 미술관이 되었다. 산타 크루스란 스페인어로 '성 십자가'라는 뜻인데, 미술관 건물이 십자가 모양이라 이런 이름이 붙여졌다. 16~17세기에 걸쳐 제작된 고고학, 순수 미술, 장식 미술 작품으로 나누어 전시하고 있다. 주목할 만한 것은 톨레도에서 활동한 거장 엘 그레코El Greco, 1541~1614의 작품을 22점이나 소장하고 있다는 사실이다. 엘 그레코는 그리스 크레타 섬 출신 화가인데, 스페인에서 활동하며 명성을 얻었다. 가장 대표적인 엘 그레코의 작품은 <성 베로니카>, <성 가족>, <성모 마리아의 승천> 등이다. 미술관은 오랫동안 무료 관람으로 운영되다가 최근에 유료로 바뀌었다. 톨레도를 대표하는 화가인 엘 그레코를 비롯해 고야Francisco de Goya, 1746~1828의 작품도 만날 수 있어 입장료가 아깝지 않다. 미술관 중앙의 작지만 아름다운 파티오Patio, 건물로 둘러 싸인 작은 안뜰가 편안함을 선사한다.

찾아가기 소코도베르 광장에서 동쪽으로 도보 2분130m 주소 Miguel de Cervantes, 3, 45001 Toledo 전화 925 22 14 02
관람시간 월~토 09:30~18:30 일 10:00~14:00 휴관 1/1, 1/6, 1/23, 5/1, 12/45, 12/25, 12/31
입장료 4유로(매주 수요일 오후 4시부터, 매주 일요일에는 무료 입장)

톨레도 대성당
Santa Iglesia Catedral Primada de Toledo 산타 이글레시아 카테드랄 프리마다 데 톨레도
톨레도의 자존심, 스페인 가톨릭의 수석 대교구

1226년 이슬람 세력이 지배하던 이베리아 반도의 탈환을 기념하기 위해 카스티야의 왕 페르난도 3세의 명으로 가톨릭 교도들이 성당을 짓기 시작했는데, 이것이 톨레도의 대성당의 시작이다. 원래 있던 이슬람 사원을 허물고 착공한지 266년이 지난 1493년에야 완공되었다. 그 후에도 여러 차례 증축과 개축이 반복되면서 새로운 요소들이 더해져 다양한 문화와 건축 양식이 혼합된 지금의 모습을 갖추게 되었다. 규모는 엄청나다. 성당 실내 길이만 약 120m, 너비 약 60m, 높이 약 40m에 이르며, 예배당이 22개나 된다. 성당 주변에는 조각으로 정밀하게 장식한 문 5개가 아름다운 자태로 서 있다. 톨레도 대성당은 스페인 가톨릭의 수석 대교구의 면모를 두루 갖춘 경이로운 곳으로, 톨레도 거리에서 길을 잃더라도 어디에서든 다시 길을 위치를 확인해주는 등대 같은 건축물이다.

톨레도는 1561년 마드리드로 수도를 옮기기 전까지 카스티야의 수도였다. 경제적 정치적 중심지의 역할은 마드리드에게 내주었지만, 대성당 덕에 종교적 중심지로서의 위상은 지켜나가고 있다. 성당 내부를 장식하고 있는 화려한 조각과 그림, 스테인드그라스는 감동을 넘어 온 몸에 전율이 일 정도로 대단한 스케일을 보여준다. 특히 트란스파란테Transparente는 톨레도 대성당에서만 찾아볼 수 있는 보물로, 스페인의 건축가이자 조각가인 나르시소 토메의 작품이다. 대리석과 설화 석고로 제작한 화려한 제단 장식과 제단 뒤편 벽 상단의 둥근 채광창을 아울러 트란스파란테라고 하는데, 이 채광창을 통해 자연광이 들어와 조명처럼 제단을 비추면

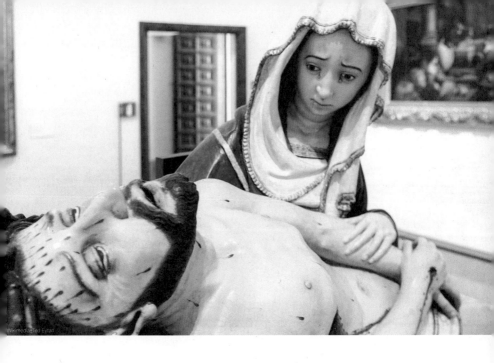

Wikimedia Ted Eytan

천국의 문이 열리는 것처럼 성스러운 분위기가 성당을 감싼다. 성물실에는 엘 그레코와 고야, 벨라스케스 등 거장의 작품이 전시되어 있으니 잊지 말고 감상해보자.

찾아가기 소코도베르 광장에서 코메르시오 거리Calle Comercio 경유하여 서남쪽으로 도보 6분 주소 Calle Cardenal Cisneros, 1, 45002 Toledo 전화 925 22 22 41 운영시간 월~토 10:00~18:00 일 14:00~18:00 휴관 1/1, 12/25 입장료 10유로(종탑 포함 시 12유로) 홈페이지 catedralprimada.es

📷 알카사르 Alcázar de Toledo 알카사르 데 톨레도
황홀한 전경을 가슴에 담자

알카사르는 '궁전'을 뜻하는 아랍어에서 유래한 말로, 궁전이나 성채를 뜻한다. 스페인의 도시 곳곳에서 알카사르를 찾아볼 수 있는데, 대개 이슬람과 기독교 양식이 더해져 있어 세상 어디에도 없는, 스페인 특유의 매력적인 건축물로 사랑 받고 있다. 톨레도의 알카사르도 스페인의 대표적인 성채로 꼽힌다. 3세기 무렵 로마 시대에 왕궁으로 사용되었던 곳인데, 이후 여러 번 재건축되었다. 스페인 내전1936~1939 당시엔 폭탄으로 심각하게 훼손되어 폐허가 되었다가 전쟁 이후 재건되었다. 현재는 군사 박물관, 도서관 등으로 사용되고 있다. 군사 박물관에서는 무기 변천사 전시실, 군복 전시실, 카를로스 5세의 튀니지 정복 기념 동상 등을 찾아볼 수 있다.

알카사르는 소코도베르 광장 남쪽의 고지대에 위치하고 있어 전망이 좋기로도 유명하다. 특히 알카사르 도서관 위에 있는 카페테리아에 가면 커피 한잔 마시며 황홀한 톨레도 전경을 감상할 수 있다.

찾아가기 소코도베르 광장에서 남쪽으로 카를로스 5세 언덕길Cuesta Carlos V 경유하여 도보 5분350m
주소 Calle de la Union, s/n, 45001 Toledo 전화 925 23 88 00 운영시간 목~화 10:00~17:00 휴관 매주 수요일, 1/1, 1/6, 5/1, 12/24, 12/25, 12/31 입장료 5유로

📷 산토 토메 교회 Iglesia de Santo Tomé 이글레시아 데 산토 토메
엘 그레코의 대표작을 만나다

도시 자체가 세계문화유산인 톨레도는 스페인 종교화의 거장 엘 그레코의 도시이기도 하다. 도시 곳곳에 엘 그레코의 흔적과 작품들이 남아 있다. 산토 토메 교회도 그 중 하나이다. 무데하르 양식이슬람 건축 양식으로 지어진 종탑이 있는 작은 교회인데, 이곳에 전시된 엘 그레코의 대표작 <오르가스 백작의 매장> 덕에 유명해졌다. <오르가스 백작의 매장>1586은 14세기에 살았던 오르가스 백작의 죽음에 관련된 전설을 그린 작품이다. 오르가스 백작은 신앙심이 매우 깊어 사후에 재산의 대부분을 교회에 헌납하겠다는 유언장을 남긴 인물이다. 그가 죽자 장례식 날 스테판 성인과 어거스틴 성인이 하늘에서 내려와 직접 매장을 했다는 전설이 전해진다. 엘 그레코는 <오르가스 백작의 매장>에서 천상 세계와 지상 세계를 확연하게 구분하여 그렸다. 지상 세계의 수많은 사람들 중 단 두 명만이 정면을 바라보고 있는데, 한 사람은 엘 그레코 자신이고 다른 한 사람은 그의 여덟 살짜리 아들이다. 그림 왼쪽 하단의 어린 소년이 그의 아들이다. 엘 그레코는 소년의 옷 주머니에 꽂혀 있는 손수건에 출생 연도인 1578년을 새겨 넣었다. 소년이 자신의 아들임을 표시한 것이다.

찾아가기 톨레도 대성당에서 시우다드 거리 Calle Ciudad 경유하여 서쪽으로 도보 7분550m
주소 Plaza del Conde, 4, 45002 Toledo
전화 925 25 60 98 운영시간 3/1~10/15 10:00~18:45 10/16~2/28 10:00~17:45
휴관 1/1, 12/25 입장료 2.8유로
홈페이지 toledomonumental.com

 엘 그레코의 집 Museo del Greco 무세오 델 그레코
엘 그레코를 기념하다

19세기에 엘 그레코를 기념하기 위해 베가 잉클란 후작이 만든 박물관이다. 원래 귀족의 저택이었던 건물인데, 엘 그레코가 생전에 살던 집처럼 꾸며 놓았다. 정원은 물론 아틀리에와 부엌까지 그대로 재현되어 있다. 엘 그레코는 스페인 미술사에서 빼놓을 수 없는 인물이다. 그는 고향 그리스에서 화가 수업을 받고 20대에 이콘화예배용 화상를 그리는 화가로 활동하다 35세 무렵 스페인으로 와 여생을 보냈다. 엘 그레코의 집에는 <톨레도의 풍경과 지도>Vista y plano de Toledo를 비롯하여 엘 그레코의 많은 작품이 전시되어 있다.

찾아가기 산토 토메 교회에서 트랜지토 거리Paseo Tránsito 경유하여 도보 2분150m 주소 Paseo Tránsito, s/n, 45002 Toledo 전화 925 99 09 80 운영시간 3~10월 화~토 09:30~19:30 11~2월 화~토 09:30~18:00 일 10:00~15:00 휴관 월요일, 1/1, 1/6, 1/23, 5/1, 12/24, 12/25, 12/31 입장료 3유로(일요일 무료) 홈페이지 museodelgreco.mcu.es

스페인 종교화의 거장, 엘 그레코 El Greco, 1541~1614
그리스 크레타 섬 출신의 후기 르네상스 화가이다. 본명은 도메니코스 테오토코풀로스이다. 그는 마드리드 교외에 있는 거대한 궁전 엘 에스코리알El Escorial의 궁정 화가로 활동하기 위해 35세 무렵1577 스페인으로 왔다. 엘 그레코는 '그리스인'이라는 뜻이다. 모두가 그를 엘 그레코라 불렀지만, 그는 자신의 그림에 항상 본명으로 서명하곤 했다.

그의 작품은 어둡고 색채가 극적이면서 인물들의 얼굴을 길쭉하게 표현해, 그로테스크 한 매력을 보여준다. 그는 궁전 회화 제작에 참여해 2년에 걸쳐 <성 마우리시오의 순교>라는 작품을 그렸다. 하지만 당시 왕이었던 필리페 2세는 이 작품이 마음에 들지 않자 창고에 처박아 버렸다. 그는 궁정 화가로 빛을 보지 못하고 톨레도로 떠나야 했다. 그는 40년에 걸쳐 톨레도에서 수많은 명작을 남겼다. 그는 당대엔 제대로 평가 받지 못했다. 20세기에 들어 그의 스타일이 재발견되었다. 이제 도시 곳곳에 남은 그의 흔적과 작품은 톨레도의 보물들이다. 톨레도 대성당, 산토 토메 교회, 산타 크루스 미술관, 엘 그레코의 집에 가면 그의 작품을 감상할 수 있다. 물론 엘 에스코리알 궁전에 남겨진 <성 마우리시오의 순교>도 지금은 궁궐의 자랑거리로 대접받고 있다.

톨레도의 맛집
Toledo

🍽 타베르나 엘 보테로 Taberna El Botero

칵테일과 타파스, 맛있는 식사까지

톨레도 대성당에서 가까운 곳에 있는 훌륭한 칵테일 바이자 레스토랑이다. 1층은 칵테일 바, 2층은 레스토랑으로, 각각의 콘셉트에 맞게 꾸며져 있다. 칵테일 바에서는 실력 있는 바텐더가 만드는 세계적으로 유명한 칵테일부터 톨레도에서만 맛볼 수 있는 지역 칵테일까지 다양하게 즐길 수 있다. 칵테일과 타파스를 함께 즐기면 간단한 한끼 식사로도 손색이 없다. 2층 레스토랑에는 고기 요리부터 참치, 문어 등 해산물 요리까지 다양하게 준비되어 있다. 톨레도 로컬들이 사랑하는 식당이므로 실패 없는 한끼 식사를 즐기기에 충분하다.

찾아가기 **톨레도 대성당에서 카르데날 시즈네로스 거리**Calle Cardenal Cisneros 경유하여 **도보 2분**140m
주소 Calle Ciudad, 5, 45002 Toledo 전화 925 28 09 67
영업시간 **월** 12:00~17:00 **수·목·일** 12:00~01:30 **금·토** 12:00~02:30
예산 10~20유로대 홈페이지 tabernabotero.com

🍽 라 클란데스티나 La Clandestina

깔끔하고 로맨틱한 분위기에서 맛있는 식사를

실내는 깔끔하고 현대적이지만, 예쁜 정원이 있어 로맨틱한 분위기도 나는 톨레도의 맛집이다. 소코도베르 광장에서 도보 7분 정도 거리의 작은 골목에 있다. 음식 맛은 물론 친절한 서비스도 받을 수 있어 만족스러운 식사를 할 수 있다. 메뉴는 새끼돼지 통구이부터 스테이크, 해산물, 샐러드까지 다양하다. 디저트도 훌륭하다. 기분 좋아지는 멋진 분위기에서 합리적인 가격에 맛있는 식사를 즐기고 싶다면 이 집을 추천한다.

찾아가기 **소코도베르 광장에서 프아타 거리**Calle Plata 경유하여 서쪽으로 **도보 6분**450m 주소 calle de las tendillas 3, 45002 Toledo
전화 925 22 59 25 영업시간 **화** 13:00~16:00 **수~목** 13:00~01:30 **금** 01:00~02:30 **토** 13:00~02:30 **일** 13:00~17:00 휴무 월요일
예산 10~20유로대 홈페이지 clandestina.la

세고비아 Segovia
시간 여행, 고대 로마 시대로!

마드리드에서 북서쪽으로 60km 떨어져 있는 도시다. 톨레도와 더불어 마드리드 근교 여행지로 인기 좋은 곳이다. 현재 인구는 5만 명이 조금 넘는다. 해발 1000m에 자리잡은 고원 도시로 로마시대기원전 80년 경에 건설한 지상 30m 높이의 물길 다리, 세고비아 수도교로 유명하다. 수도교는 기둥 128개가 떠받치고 있는 2층 아치 다리로, 길이가 813m에 이른다. 지금은 폐쇄되었으나 로마시대 이후 1884년까지 프리아 강의 물을 세고비아에 공급해주었다.

세고비아는 톨레도보다 역사가 앞선 고도이다. 1200년대부터 1500년대 중반까지 카스티야 왕국카스티야는 중세 시대 스페인 중부를 지배한 가톨릭 왕국의 수도로 영화를 누리기도 했다. 유서 깊은 도시답게 유네스코 세계문화유산으로 등재되어 있다. 백설공주의 성 알카사르를 비롯하여 로마 수도교, 대성당 등이 잘 보존되어 있다.

계절별 최저·최고 기온 봄 1~17도 여름 11~27도 가을 3~23도 겨울 0~8도
홈페이지 www.turismodesegovia.com

🇪🇸 마드리드에서 세고비아 가는 방법

©flickr_Luiyo

버스로 가기

❶ 버스 터미널 찾아가기 마드리드 메트로 3·6호선 몽클로아역Moncloa 하차→Terminal Autobuses 1 방향 출구로 나가 몽클로아 버스 터미널 도착→지하 2층 Avanzabus 버스 회사 티켓 판매소에서 세고비아 행 티켓 구매→지하 1층에서 버스 탑승

❷ 버스 시간 세고비아행 주중 06:30~23:15, 주말 08:00~23:00 마드리드행 주중 05:35~21:30, 주말 07:30~21:30(30분~1시간 15분 간격으로 운행)

❸ 버스 요금 왕복 10.6유로

❹ 세고비아 시내 진입하기 세고비아 버스 터미널Empresa de Automóviles Galo Alvarez S.A.에서 아쿠에둑토 거리Av. Acueducto 경유하여 로마 수도교가 있는 아소게호 광장Plaza del Azoguejo까지 도보 6분500m

©flickr_Tim Adams

기차로 가기

마드리드 북쪽 차마르틴역Estacion de Chamartin에서 세고비아까지 하루 20여 회 열차가 운행된다. 초고속 열차로는 30분, 일반 열차로는 1시간 정도 소요된다. 세고비아역Segovia Av은 시 외곽에 있다. 역에서 시내까지는 버스 또는 택시를 타고 10~12분 이동해야 한다. 시내 접근성, 요금 등 여러 면에서 기차보다 버스가 더 편리하다.

인터넷 예매 ❶ http://www.raileurope.co.kr ❷ https://renfe.spainrail.com ❸ http://www.renfe.es

🇪🇸 세고비아 버킷 리스트 3

❶ 수도교는 세고비아의 상징이다. 기원전 80년부터 1800년대 말까지 세고비아에 물을 공급해준 고대 로마의 대표적인 수로 유적이다.

❷ 대성당 종탑과 알카사르 성 탑에서 세계문화유산의 도시 세고비아의 고풍스러운 전경을 마음껏 감상할 수 있다.

❸ 새끼 돼지 통구이 '코치니오 아사도'Cochinillo Asado를 맛보자. 수도교 앞에 코치니오 아사도 원조 맛집 '메손 데 칸디도'Meson de Candido가 있다.

로마 수도교 도보 10분, 700m **세고비아 대성당** 도보 11분, 650m **알카사르**

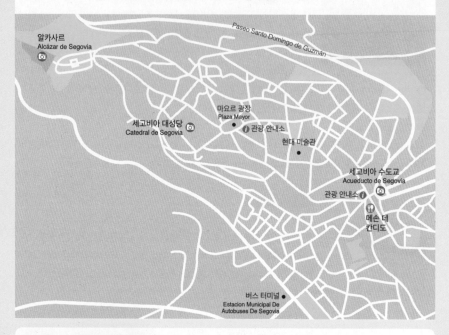

새끼돼지 통구이 코치니오 아사도Cochinillo Asado 즐기기

코치니오 아사도는 카스티야 지방의 향토 음식이다. 생후 2주 된 새끼 돼지에 버터를 바르고 소금으로 간하여 장작 화덕에 구워내는 요리이다. 겉은 과자처럼 바삭하고 속은 부드럽고 육즙이 넘친다. 고기는 접시로 잘게 자를 수 있을 만큼 부드럽다. 사람에 따라 호불호가 갈리기도 한다.

©flickr_katiebordne

코치니오 아사도 맛집, 메손 데 칸디도 Meson de Candido
200년이 넘은 세고비아 맛집

로마 수도교 바로 앞에 있는 원조 코치니오 아사도 맛집이다. 개업한지 200년이 넘은 곳으로 유명하며, 식당 안은 언제나 손님으로 북적인다. 가게 앞에 창업주 동상이 있는데, 여행객들은 이곳에서 사진 찍기를 즐긴다. 이곳에서 식사하고 싶다면 미리 예약하기를 추천한다.

주소 Plaza Azoguejo, 5, 40001 Segovia 전화 921 42 59 11
영업시간 13:00~16:30, 20:00~23:00 예산 25유로부터
홈페이지 www.mesondecandido.es

©flickr_Zarateman

📷 세고비아 수도교 Acueducto de Segovia 아쿠에둑토 데 세고비아
📍 2천 년을 품은 고대 로마의 수로

수도교는 세계의 여행객을 불러들이는 세고비아의 상징이다. 로마 토목 기술의 우수성을 보여주는 건축물로, 세고비아에서 16km 거리에 있는 푸엔프리아Fuenfria 산맥에서 발원한 프리아 강물을 끌어다가 세고비아 주택가에 공급하던 급수 시설이다. 로마 지배 시기인 기원전 80년경에 건설된 것으로 추정되며, 전체 길이 약 794m, 높이는 30m에 이른다. 긴 다리처럼 보이는 이 구조물은 어떤 지지대나 접착제 없이 20,400개의 화강암으로 만들어졌다. 아치 166개와 120개 기둥으로 구성되어 있다. 고대 로마의 건축술과 미학성의 절정을 보여준다. 아슬아슬하게 돌을 쌓아 올려 만든 수도교의 모습은 보는 이의 감탄을 자아낸다. 세계에서 가장 잘 보존된 로마의 수도교 중 하나로도 꼽힌다. 11세기 무어인이슬람교도들의 침략을 받았을 때 심각한 피해를 입어 아치 36개가 파괴되었으나 15세기에 모두 복구되었다. 19세기까지 세고비아 주민들을 위해 수로로 사용되었으며, 1997년부터는 수도교 보존을 위해 주변을 보행자 전용 구역으로 설정했다. 이 구역에서는 차량 운행이 통제된다.

찾아가기 세고비아 버스터미널Empresa de Automoviles Galo Alvarez SA에서 아쿠에둑토 거리 Av. Acueducto 경유하여 도보 6분 주소 Plaza del Azoguejo, 1, 40001 Segovia 전화 921 46 67 20 홈페이지 turismodesegovia.com

 세고비아 대성당 Catedral de Segovia 카테드랄 데 세고비아
화려하고, 우아하고, 아름다운

세고비아 중심부 마요르 광장Plaza Major에 있다. 16세기 초 코무네로스 반란1520. 독일 출신 스페인의 왕·카를로스 1세이자 신성로마제국 황제·카를로스 5세의 세금 부담 정책에 반대하며 일어난 시민 봉기 사건. 당시 시민들을 코무네로스라 불렀다.으로 원래 있던 성당이 파괴되자 1525년 카를로스 1세의 명으로 재건하기 시작하여 1577년 지금의 모습으로 완성되었다. 스페인의 후기 고딕 양식 건축물로 뾰족하고 화려한 장식이 많은 것이 특징이다. 건축물의 우아하고 드레스를 활짝 펼친 듯한 모습 덕분에 '귀부인 대성당' 또는 '대성당 중의 귀부인'이라는 별칭으로도 불린다. 종탑에 올라가면 세고비아의 고풍스러운 시내 풍경이 한눈에 들어온다. 1985년 유네스코 세계문화유산으로 지정되었으며, 성당의 부속 박물관에는 순금으로 만들어진 보물과 회화 작품이 보관되어 있다. 또 유모의 실수로 창문에서 떨어져 죽은 엔리케 2세1333 ~ 1379 아들의 묘도 찾아볼 수 있다. 이 묘는 촬영을 금지하고 있다. 전하는 말에 따르면 왕자의 유모도 슬픔과 죄책감을 이기지 못하고 스스로 목숨을 끊었다고 한다.

찾아가기 ❶ 수도교Acueducto de Segovia에서 후안 브라보 거리Calle Juan Bravo 경유하여 도보 8분700m ❷ 알카사르Alcazar에서 마르케스 델 아르코 거리Calle Marqués del Arco 경유하여 도보 11분650m 주소 Plaza Mayor, s/n, 40001 Segovia 전화 921 46 22 05 운영시간 4~10월 09:00~21:00 11~3월 09:30~19:00 입장료 3유로 (일요일 09:30~13:15 무료) 홈페이지 turismodesegovia.com

 알카사르 Alcázar de Segovia 알카사르 데 세고비아
디즈니 백설공주의 성

디즈니 만화 영화 속에 등장하는 백설공주가 살던 성의 모티브가 되어준 성이다. 그래서 이 성을 보면 어린 시절의 추억이 떠올라 미소 짓게 된다. 알카사르의 기원은 고대 로마 시대로 거슬러 올라간다. 당시 이곳은 요새였다. 이후 11세기 무어인이슬람들이 이베리아 반도를 점령한 뒤, 알모라비드 왕조1060 ~ 1147. 아프리카 북부 모로코 지역과 스페인 중남부를 지배했다. 시기에 다시 이 자리에 요새를 만들었다. 12세기 말 카톨릭 세력이 탈환하면서 여러 차례 증축과 개축이 반복되었다. 당시엔 주로 왕의 거주지로 사용되다가 16~18세기에는 일부가 감옥으로 사용되기도 했다. 1862년 화재로 지붕이 심하게 손상되어 지금의 모습으로 복원되었다. 성 내부를 직접 관람할 수 있는데, 왕들이 사용했던 방을 비롯하여 가구, 갑옷, 무기 등 왕실의 화려한 갖가지 물건들이 전시되어 있다. 성 탑에 오르면 세고비아 시내를 한눈에 조망할 수 있다.

찾아가기 ❶ 수도교에서 후안 브라보 거리Calle Juan Bravo 경유하여 도보 18분1.4km ❷ 대성당에서 마르케스 델 아르코 거리 Calle Marqués del Arco 경유하여 도보 8분650m 주소 Plaza Reina Victoria Eugenia, s/n, 40003 Segovia 전화 921 46 07 59 운영시간 11~3월 10:00~18:00 4~10월 10:00~20:00 입장료 8유로 홈페이지 alcazardesegovia.com

그라나다
Granada

이슬처럼 영롱한 알람브라 궁전의 추억

그라나다는 스페인 남부 안달루시아 지방에 있는 중소 도시다. 그라나다 주의 주도로, 인구는 약 24만이
다. 그라나다는 유럽에서 이슬람 세력의 최후 거점이었던 곳이다. 이슬람의 나스르 왕조1231~1492가 이
곳에서 이슬처럼 사라졌다. 이 도시가 매력적인 이유는 8세기부터 약 800년 동안 그라나다를 다스렸던
무어인이베리아 반도와 북아프리카에 살았던 이슬람 사람들의 흔적이 진하게 남아 있는 까닭이다. 가장 강렬한 흔적
은 알람브라 궁전이다. 이슬람을 몰아내고 스페인을 통일한1492 부부 왕 페르난도 2세1452~1516와 이사
벨 여왕1451~1504은 여러 모스크를 허물고 그 자리에 성당을 지었다. 하지만 너무 아름다워 이 궁전까지
허물진 못했다. 이슬람은 함락시켰지만, 그들도 아름다움 앞에선 어쩔 수 없었다.

"그라나다를 잃는 것보다 알람브라를 보지 못하게 되는 것이 더 마음이 아프구나!" 나스르 왕조의 마지
막 왕 보압딜무함마드 12세은 카톨릭 세력에게 궁을 넘기면서도 알람브라의 아름다움을 상찬했다. 파리 루
브르 박물관에 가면 그가 슬픈 표정으로 알람브라와 이별하는 장면을 담은 그림보압딜 왕의 고별을 볼 수
있다. 이런 까닭에 여행자들은 애틋한 시선으로 아람브라를 바라보게 된다. 여행하는 내내 프란치스코
타레가1852~1909의 명곡 '아람브라 궁전의 추억'이 귓가에 맴돌아 이 도시를 더욱 특별하게 만들어준다.

계절별 최저·최고 기온 봄 16~24도 여름 21~27도 가을 18~26도 겨울 15~22도
홈페이지 www.granadatur.com

©wikimedia_Andreuvv

비행기로 가는 방법

그라나다 공항은 도심에서 약 16km 떨어진 곳에 자리하고 있다. 정식 이름은 페데리코 가르시아 로르카 그라나다-하엔 공항Aeropuerto Federico Garcia Lorca Granada-Jaén이다. 바르셀로나에서는 1시간 10분, 마드리드에서는 50분 정도 소요된다. 항공편은 바르셀로나와 마드리드에서 하루 5~10회 정도 운항된다. 요즘은 저가 항공이 발달되어 있어 열차나 버스보다 저렴한 비용으로 비행기로 이동하기 좋다. 가장 인기있는 스페인 저가 항공사는 부엘링vueling 항공www.vueling.com이다.

■ 공항에서 시내 들어가기

그라나다 공항은 워낙 작아 밖으로 나가면 바로 공항 버스 정류장이 있다. 공항 버스는 05:00~21:45까지 30분 간격으로 운행되며, 시내까지 약 30분 정도 소요된다. 요금은 3유로로, 승차하여 기사에게 직접 지불하면 된다. 공항 버스를 타지 않을 계획이라면 택시를 이용해야 하며, 비용은 약 30유로 정도 생각하면 된다. 시내에서 공항으로 출발하는 버스는 그라나다 대성당 앞에서 06:00~23:00까지 운행된다.

©flickr_Vasconium

버스로 가는 방법

안달루시아 지방인 말라가, 세비야 등지에서 그라나다를 오갈 때는 버스알사 버스Alsa Bus를 많이 이용한다. 버스 터미널Estación de Autobuses de Granada은 시내에서 북쪽으로 조금 떨어진 곳에 있다. 스페인의 대표 버스인 알사 버스 예약은 모바일이나 컴퓨터로 모두 가능하다. 모바일의 경우 앱 스토어나 플레이 스토어에서 'Alsa'라고 검색하여 알사 버스 어플을 다운 받으면 된다. 컴퓨터로 할 경우 www.alsa.com으로 들어가 예약하면 된다. 터미널 바로 앞에서 버스 SN1을 탑승하여 3km 정도20분 소요 가면 그라나다 시내로 들어갈 수 있다. 시내에서 버스 터미널로 나올 경우에도 그라나다 대성당 앞에서 버스 SN1을 탑승하면 된다. 마드리드에서도 버스로 갈 수 있다. 마드리드 동남쪽의 남부터미널South Station. Estación Sur de Autobuses 출발하는데, 소요 시간이 5시간으로 긴 게 단점이다.

출·도착지	소요 시간	편도 요금
세비야↔그라나다	3시간	23~35유로
말라가↔그라나다	1시간 반	5~11.43유로
마드리드↔그라나다	5시간	20~45유로

©wikimedia_Falk2

기차로 가는 방법

세비야와 그라나다, 바르셀로나산츠역 Estación de Sants, 마드리드아토차역 Madrid-Puerta de Atocha 등지에서도 그라나다까지 기차로 이동할 수 있다. 하지만 현재 그라나다 부근 철도가 공사 중이라 모든 노선이 직행으로 연결이 안되고, 안테구에라–산타 아나 역Antequera-Santa Ana에서 내려 그라나다 행 버스로 환승해야 한다. 기차 티켓을 보여주고 탑승하면 버스는 그라나다 기차역Estación de Ferrscarriles에 내려준다. 11시간 이상 소요 되는 바르셀로나↔그라나다 간 야간 열차는 현재 운행하지 않고 있다.(2018년 7월 현재 기준)

그라나다 기차역은 알람브라 궁전 북쪽 알바이신 지구Albaicín 외곽에 있다. 역에서 시내로 나가려면 기차역 북쪽의 대로 라 콘스티튜션 거리Av. De la Constitución의 안달루세스 정류장Andaluces(역에서 도보 3분)에서 도심 순환버스 LAC에 승차하면 된다. 대성당까지 약 10분이면 도착한다.

스페인 철도 홈페이지 http://www.renfe.com 인터넷 예매 ❶ http://www.raileurope.co.kr ❷ https://renfe.spainrail.com

🏛 그라나다 시내 교통 정보

도시가 작아서 도보로 충분히 여행이 가능하지만, 알람브라 궁전이나 알바이신 지구를 여행할 때에는 버스를 이용하는 것도 좋다. 요금은 1.4유로로야간 1.5유로이다. 버스 티켓은 1회권과 충전식 교통카드 보노 부스Bono Bus 가 있다. 버스 기사, 신문 가판대, 버스 정류장의 자동판매기에서 구매할 수 있다. 교통 카드를 구매할 경우 2 유로의 보증금이 추가되며, 카드를 반납하면 환불받을 수 있다. 보증금 환불은 버스 기사를 비롯하여 판매하 는 곳 어디서든 가능하다. 충전은 5유로, 10유로, 20유로 단위로 할 수 있다. 1회 사용 금액이 1회권 티켓보다 저렴하여, 5유로 충전했을 때는 0.87유로, 10유로 충전했을 때는 0.85유로, 20유로 충전했을 때는 0.83유로로 차감된다. 5회 이상 버스를 이용할 계획이라면 보노 부스를 구입하는 게 편리하고 저렴하다. 게다가 여러 명 이 카드 하나로 함께 버스에 탑승할 수도 있다. 인원 수와 버스 이용 횟수를 고려하여 알맞은 금액을 충전하 면 된다. 명소 입장과 시내 버스 이용을 함께 할 수 있는 그라나다 카드 보노 투리스티코도 여행객에겐 유용 하다. 시내 버스의 종류로는 도심순환버스인 LAC와 알람브라 버스가 있다.

❶ 도심순환버스 LAC
여행자들이 이용하기 좋은 버스이다. 주요 관광 명소나 여행의 기점이 되 는 곳 중심으로 운행하며, 배차 시간도 빠른 편이라 편리하다. 이른 아침 06:45부터 밤 23:45까지 약 5분 간격으로 운행된다. 그라나다 대성당, 그 란 비아 등으로 이동할 때 편리하다.

©flickr_Tim Adams

❷ 알람브라 버스
빨간색 버스라 눈에 띈다. 좁은 골목길을 달리며 여행자들을 알람브라 궁 전으로, 알바이신 지구로 안내해준다. 모두 네 개의 노선C1·C2·C3·C4이 있 으며, C1과 C2는 누에바 광장에서 C3와 C4는 이사벨라 카톨리나 광장에 서 이용할 수 있다. C3, C4 버스를 타면 알람브라 궁전으로 갈 수 있고, C1 버스를 이용하면 알바이신 지구로 갈 수 있다.

그라나다 카드 보노 투리스티코Granada Card Bono Turistico

명소 입장과 시내 버스 이용을 함께 할 수 있는 통합 카드이다. 종류는 그라나다 카드Granada Card와 그라나다 카드 시티Granada Card City가 있으며, 그라나다 카드는 입장권 구하기 힘든 알함브라를 방문할 수 있어 유용하다. 3개월 전에 예약할 수 있으며, 5일 동안 시내 버스를 9번 무료 이용할 수 있다. 카드를 구입하면 일단 여행이 시작되는 날짜와 알함브라 입장 날짜, 시간 등을 설정하는 게 중요하다. 그라나다 카드 시티35.5유로는 그라나다의 주요 명소를 돌아볼 수 있는 카드로 알함브라는 포함되지 않는다. 카드는 시내 관광안내소에서 구입할 수 있고, 온라인 예매도 가능하다. http://en.granadatur.com/granada-card

■ 알람브라 궁전 방문 가능한 그라나다 카드Granada Card의 종류   *온라인 예매 가격 기준

카드 이름	여행 가능한 곳	가격
Granada Card Night Palaces	야간 나스르 궁전과 도심 주요 명소	36.5유로
Granada Card Gardens	헤네랄리페 정원과 도심 주요 명소	36.5유로
Granada Card Night Gardens	야간 헤네랄리페 정원과 도심 주요 명소	34.5유로
Granada Card Andalusian Monuments	알람브라를 비롯한 그라나다와 안달루시아의 명소들	43유로

작가가 추천하는 일정별 최적 코스

1일	09:00	알람브라 궁전
	12:00	점심 식사
	13:00	그라나다 대성당
	15:00	커피 휴식
	16:00	알바이신 지구
	19:00	저녁 식사
	21:00	산니콜라스 전망대
2일	09:00	네르하 및 프리힐리아나 당일치기
	20:00	그라나다로 복귀
	20:30	저녁 식사

그라나다 현지 투어 안내

그라나다는 뭐니뭐니해도 알람브라 투어가 대표적이다. 알람브라 궁전만 하는 투어, 궁전과 시내까지 포함된 투어가 있다. 알람브라 티켓을 구하지 못했다면 투어를 이용하는 것도 좋은 방법이다.

유로 자전거 나라 홈페이지 www.eurobike.kr 대표번호 02-723-3403~5 한국에서 001-34-600-022-578 유럽에서 0034-600-022-578 스페인에서 600-022-578 굿맨가이드 홈페이지 www.goodmanguide.com 대표번호 1600-4813

01 알람브라 궁전의 추억 속으로
#알람브라 궁전

알람브라 궁전은 이슬람 건축의 절정을 보여주는 궁전이다. 오랜 시간이 지난 지금까지도 그라나다의 자랑이자 스페인의 보석이다. 마지막 이슬람 왕조인 나스르 왕조는 이 궁전에서 이슬처럼 사라졌지만, 궁전은 아직도 남아 그들의 애틋한 역사와 아름다운 문화를 보여주고 있다.

02 그라나다 걷기 여행
#알바이신 지구 #칼데레리아 누에바 거리

그라나다는 도보로 여행하기 좋다. 도시 곳곳이 산책로이다. 알바이신 지구는 세계문화유산으로 지정된 언덕 위의 동네로 이슬람 스타일 건물이 오밀조밀 들어서 있다. 산책하며 골목 곳곳을 구경하는 재미가 있다. 특히 알바이신 지구의 로맨틱한 산책로인 로스 트리스테스 산책길에서 아름다운 알람브라의 모습을 바라보는 것을 잊지 말자. 칼데레리아 누에바 거리는 북아프리카 정취가 느껴지는 이국적인 거리다. 북아프리카 스타일 상점, 모로칸 음식을 파는 레스토랑과 카페가 여행의 묘미를 더해준다.

03 그라나다의 멋진 뷰 즐기기
#산 니콜라스 전망대 #산 크리스토발 전망대 #알카사바 #레스토랑 엘 트리요

©flickr_Nicolas collmer

산 니콜라스 전망대는 알바이신 지구 언덕 꼭대기에 있는 전망대이다. 알람브라 궁전과 그라나다의 아름다운 풍경을 한눈에 담을 수 있다. 해질녘엔 특히 더 아름답다. 산 니콜라스 전망대 북쪽에 있는 산 크리스토발 전망대에서도 그라나다의 아름다운 풍경을 즐길 수 있다. 알카사바는 알람브라에서 가장 오래된 동네이자 요새로 알람브라의 전망대 역할을 하는 곳이다. 고풍스럽고 아름다운 그라나다 시가지 풍경을 눈멀미가 나도록 바라볼 수 있다. 알바이신 지구의 레스토랑 엘 트리요Restaurante El Trillo에서의 식사도 잊지 말고 챙기자. 알람브라 궁전과 알바이신 지구의 멋진 뷰를 감상하며 식사를 할 수 있다.

산 크리스토발 전망대
Mirador de
San Cristobal

Calle Panaderos

Calle de Alhacaba

라르가 광장
Plaza Larga

다르 알 오라 궁전
Palacio de Dar al-Horra

산 니콜라스 전망대
Mirador San Nicolás

알바이신 지구
Albaicin

엘 트리요

Calle San Juan de los Reyes

아랍 하우스
Casa árabe de
Horno del Oro

Calle Elvira

칼데레리아 누에바 거리
Calle Calderería Nueva

Calle San Juan de los Reyes

사프라의 집
Casa de Zafra

로스 트리스테스
산책길
Paseo de los tristes

두란 커피
하우스

아랍 목욕탕
El Bañuelo

Carrera del Darro

라 리비에라

Calle Elvira

네그로
카르본

나스르 궁전
Palacios
Nazaries

Calle Gran Via de Colón

파파스
엘비라

누에바 광장
Plaza Nueva

관광
안내소

알카사바
Alcazaba

카를로스
5세 궁전

관광
안내소

그라나다 대성당
Catedral de Granada

Plaza Nueva

로스
디아만테스

알람브라 궁전
Alhambra

라 핀카
커피

Cuesta de Gomérez

Plaza de
Bib Rambla

Calle Pavaneras

그란 카페
빕 람블라

Calle Reyes Católicos

관광 안내소

Plaza de lCarmen

우체국

엔트레브라사스

Calle Angel Ganivet

Calle Varela

라 보티예리아

라 타나

 알람브라 궁전 Alhambra
이슬람 건축의 절정, 스페인의 보석

알람브라는 이슬람 건축의 절정을 보여준다. 스페인의 보석 같은 유적으로, 사비카 언덕La sabika에 있는 궁전
이자 요새이다. 그라나다는 이슬람 통치기 말년 나스르 왕조의 중심이 되었던 도시이다. 이베리아 반도는 711
년부터 1492년까지 무려 781년간 이슬람 왕조의 지배를 받았다. 13세기 중반까지 코르도바와 세비야가 이슬
람 왕국의 중심지였는데, 이 두 도시가 가톨릭 세력에 의해 함락되자 1238년 이슬람의 왕 무함마드 1세무함마드
이븐 유수프 이븐 나스르, 재위 1237~1273는 그라나다를 수도로 정하고 나스르 왕조를 건립하였다. 나스르 왕조는 그
라나다에서 이슬람 문화를 꽃 피우다 1492년 가톨릭 교도들에 의해 무너졌다.

알람브라는 무함마드 1세의 명으로 축성되기 시작하여 증개축을 해오다 14세기 후반 나스르 왕조의 7대 왕인
유수프 1세 때 완공되었다. 알람브라는 아랍어로 '붉은 빛'이라는 뜻이다. 이슬람을 몰아내고 스페인을 통일 한
부부 왕 페르난도 2세1452~1516와 이사벨 여왕은 알람브라 궁전이 너무 아름다워 이슬람의 궁전이었음에도
그대로 보전하기로 결정했다. 그 덕에 대부분 14세기의 모습을 유지하고 있다. 다만, 카를로스 5세1500~1558,
이사벨 여왕의 외손자가 르네상스 양식으로 '카를로스 5세 궁전'을 짓는 등 일부 증개축이 이루어졌다. 하지만 알람
브라 궁전은 오랜 시간 세상으로부터 잊혀져 버렸다. 그러다 1832년 미국 작가 워싱턴 어빙Washington Irving,
1783~1859이 알람브라 궁전에 머물며 쓴 「알람브라 이야기」라는 책이 발간되면서, 얼마나 아름답고 역사적으

로 의미가 있는 궁전인지 재조명 받게 되었다. 이에 스페인 정부는 허물어져 가던 알람브라의 복원 작업에 들어갔다. 1984년에는 세계문화유산에 등재되었으며, 현재는 세심한 관리를 받으며 언제나 아름다운 모습으로 여행객을 맞이하고 있다. 궁전은 크게 나스르 궁전, 알카사바, 헤네랄리페, 카를로스 5세 궁전으로 나뉜다.

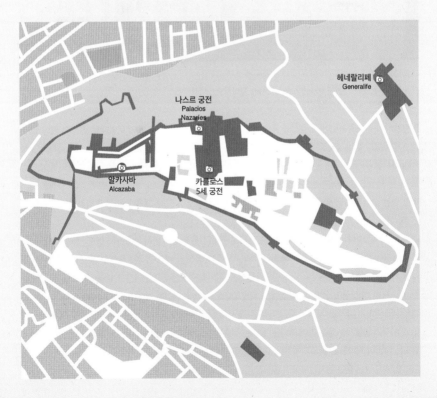

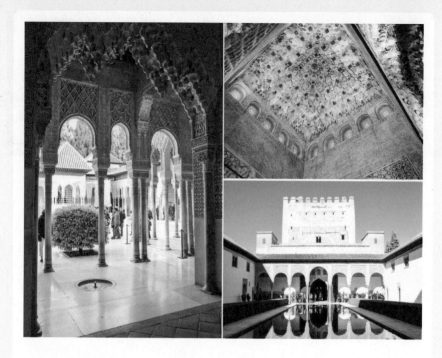

01 나스르 궁전 Palacios Nazaríes 팔라시오스 나사리에스
알함브라의 꽃

알함브라의 하이라이트이다. 유럽과 동양 분위기가 동시에 느껴지는 두 개의 아름다운 정원이 있다. 코마레스 궁Palacio de Comares의 아라야네스 중정Patio de Arrayanes과 사자 궁Palacio de los Leones의 사자의 중정 Patio de los Leones이다. 알함브라의 상징이기도 한 아라야네스 중정은 커다란 직사각형 연못이 중앙에 있고, 연못 양 옆으로 아라야네스가 심어져 있는 정원으로, 언제나 여행객이 붐비는 포토존이다. 중정을 둘러싸고 있는 코마레스 궁엔 화려한 조각과 장식으로 꾸며진 방들이 있다. 그 중 하나가 알함브라에서 가장 넓은 '대사들의 방'이다.

대사들의 방은 술탄이슬람의 왕이 외국 사절을 만나던 곳이다. 돔 천장이 몹시 아름답다. 8017개에 달하는 나뭇조각을 짜맞춰 만든 천장이라 더욱 놀랍다. 특히 이슬람교의 일곱 계단 천국을 표현한 별 문양이 인상 깊다. 사절들은 이 방에서 술탄을 만나도 술탄의 얼굴조차 기억하지 못했다고 전해진다. 아라야네스 꽃 향기에 취한 데다가 한 변의 길이가 10m가 넘는 압도적인 방 크기에 눌려 정신을 차릴 수 없었기 때문이다.

대사들의 방에서 나가면 '사자의 중정'이 나온다. 사자 열두 마리가 받치고 있는 분수대가 한가운데에 놓여있고, 사자의 입에서는 물이 뿜어져 나온다. 이는 이슬람에서 생명의 근원이라 여기는 황도 12궁을 의미한다. 황도는 태양이 지나는 길을 의미하는데, 이를 12등분하여 만들어진 12개의 별자리를 황도 12궁이라 한다. 사자의 입에서 나온 물은 동서남북으로 흘러간다.

사자의 중정도 왕의 사저였던 사자 궁의 아름다운 방들로 둘러 싸여 있다. 중정 북쪽에 있는 방이 '두 자매의 방'Sala de dos Hermanas이다. 후궁들이 살았던 곳으로 돔 천장이 5천 개의 작은 종유석으로 장식되어 있어 환상적이다. 중정 남쪽에 있는 '아벤세라헤스 방'Sala de Abencerrajes은 천장이 8각별 모양으로 장식되어 있어 탄성을 자아내게 만든다. 이 방은 화려한 이슬람 양식의 절정을 보여주지만, 비극적인 이야기도 전해진다. 그라나다의 마지막 왕 보압딜무함마드 12세의 왕비가 북아프리카 왕족 아벤세라헤스와 사랑에 빠졌는데, 왕은 그 가문의 남자 36명을 이 방에서 참수하였다. 중정 동쪽에는 왕의 방이 있다. 나스르 궁전은 하루 방문객을 8천 명 내외로 제한하고 있다.

02 알카사바 Alcazaba
알람브라의 전망대

알카사바는 로마의 요새였으나 13세기 무함마드 1세가 재정비하여 현재의 규모를 갖추었다. 알람브라에서 가장 오래된 곳이다. 축성 당시엔 가톨릭 교도들의 침략을 막기 위한 단단한 성채이자 군사 기지였다. 요새 안에는 병사들의 숙소, 지하 감옥, 저수조 등이 있었는데, 지금은 성벽과 탑의 일부만 남아 있다. 성의 서쪽 끝에는 벨라탑Torre de Vella이 있다. 벨라탑은 가톨릭 교도들이 그라나다를 탈환한 후 십자가와 승기를 세운 곳이다. 현재 이곳에서는 하얀 집들이 빼곡히 들어선 그라나다 시가지의 멋진 전망을 볼 수 있다.

03 헤네랄리페 Generalife
정원이 아름다운 여름 궁전

헤네랄리페는 아랍어로 '건축가의 정원'이라는 뜻이다. 알람브라 궁전 동쪽 언덕에 있다. 무함마드 3세 때인 14세기 초에 왕의 피서를 위해 조성되었다. 사이프러스 나무가 숲 터널을 이루고 있는 산책로를 지나 걸어가면 왕궁이 나온다. 산책로는 전통적인 그라나다 스타일의 모자이크로 덮여 있어 걷는 내내 기분이 상쾌하다. 지금은 왕궁보다는 아름다운 정원, 특히 아세키아 중정Patio de la Acequia을 보기 위해 사람들이 즐겨 찾는다. 아세키아는 기다란 세로형 수로가 있고, 수로 양 옆으로는 분수와 형형색색 꽃이 장식되어 있는 정원이다. 이 분수의 물은 시에라 네바다 산맥그라나다에서 동남쪽에 있는 산맥. 최고 높이는 3487m이다. 시에라 네바다는 눈으로 뒤덮인 산이라는 뜻이다.의 눈을 녹여 사용하고 있다고 전해진다. 헤네랄리페의 아름다운 정원은 1931년부터 가꾸기 시작하여 1951년에 완성되었다.

04 카를로스 5세 궁전
이슬람 속 가톨릭 문화

카를로스 5세1500~1558, 이새벨 여왕의 외손자가 스페인 탄생을 기념하기 위해 알람브라 내에 지은 궁전이다. 그는 그라나다로 신혼 여행을 왔다가 기념비적인 궁전을 짓기로 마음먹었다. 궁전은 르네상스 양식으로 지어졌다. 이슬람 양식 건축물 사이에 있어 이채롭다. 재미있는 것은 카를로스 5세는 스페인어를 하지 못했다는 사실이다. 그는 신성로마제국지금의 독일, 네덜란드, 스페인, 이탈리아 일부 등을 다스리

는 합스부르크 왕조의 후계자였다. 그는 플랑드르네덜란드에서 태어나 그곳에서 자랐다. 그는 친가와 외가로부터 플랑드르와 프랑크 공국, 카스티야-아라곤 연합 왕국, 나폴리, 시칠리아, 신대륙과 아프리카의 해외 영토를 물려받았다. 그에게 스페인은 그가 다스리는 여러 영토 가운데 하나였던 셈이다. 현재 카를로스 5세 궁전 1층과 2층은 미술관으로 쓰이고 있다.

버스 이사벨 라 카톨리카 광장Plaza Isabel La Catolica에서 버스 C3·C4 탑승하여 헤네랄리페 정류장Generalife(종점) 하차
도보 ❶ 누에바 광장Plaza Nueva에서 고메레즈 언덕길Cuesta de Gomérez 따라 알람브라 매표소까지 20분 소요 **❷** 알람브라 궁전 남서쪽에 있는 레알레호 광장Plaza del Realejo에서 레알레호 언덕길Cuesta del Realejo 따라 매표소까지 13분 소요 **❸** 알람브라 궁전 북쪽에 있는 로스 트리스테스 거리Paseo de los Tristes에서 로스 치노스 언덕길Cuesta de los Chinos 따라 매표소까지 12분 소요

알람브라 티켓 구입하기 나스르 궁전은 하루 방문객을 8천 명 정도로 제한 하고 있으며, 정해진 예약 시간에만 입장할 수 있다. 알카사바, 헤네랄리페 등 은 티켓이 있다면 시간에 관계 없이 둘러볼 수 있다. 알카사바, 나스르 궁전, 헤네랄리페 순서로 둘러볼 것을 추천한다. 모두 둘러보려면 알람브라 일반 티 켓을 구매하면 된다.

알람브라 티켓은 사전 예약하는 게 좋다. 입장 티켓의 1/3은 매표소에서 판매하지만 성수기엔 이마저도 일찍 매진되므로 이른 아침부터 줄을 서야 한다. 오전 8시가 지나면 표를 구하지 못할 가능성이 크므로 되도록 사전 예약을 추천한다. 인터넷으로 예 매했다면 티켓을 인쇄해 가거나, 휴대폰에 파일을 저장하여 QR코드가 인식될 수 있도록 하면 된다. 그밖에 라 카이샤 은행La Caixa 전 지점 ATM기와 누에바 광장의 관광안내소 티켓 자동판매기에서도 티켓을 출력할 수 있다.
❶ 온라인 예약 tickets.alhambra-patronato.es/en **❷ 누에바 광장 관광안내소** Calle Reyes Católicos 40(대성당에서 도보 2분, 190m)

티켓 종류와 가격
❶ 알람브라 일반 티켓 Alhambra General(나스르 궁전+알카사바+헤네랄리페) 14.85유로
❷ 나스르 궁전 야간 티켓 Night Visit to Nasrid Palaces 8.48유로
❸ 정원과 헤네랄리페 야간 티켓 Night visit to Gardens and Generalife 5.3유로
❹ 정원 + 헤네랄리페 + 알카사바 Gardens, Generalife and Alcazaba 7.42유로
❺ 알람브라와 로드리게스 아코스타 재단 통합 티켓 Alhambra and Rodriguez Acosta Foundation Combined Tour 18.03유로
❻ 알람브라 익스페리언스(나스르 궁전 야간+헤넬랄리페 주간+알카사바 주간) 14.85유로

운영 시간
❶ 4/1~10/14 08:30~20:00(주간), 22:00~23:30(야간) **❷** 10/15~3/31 08:30~18:00(주간), 20:00~21:30(야간)
❸ 휴관 1/1, 12/25 **❹** 나스르 궁전은 예약 시간에 입장해야 하며, 나머지는 언제든지 입장 가능하다.

알람브라 티켓을 구하지 못했다면?
다양한 아랍 유적을 돌아볼 수 있는 통합 티켓 도블라 데 오로DOBLA DE ORO가 있다. 알람브라 티켓보다 6유로 정도 비싸지 만, 티켓을 구하지 못했을 경우 알람브라 궁전을 방문할 수 있는 마지막 방법이다. 알람브라 티켓보다 남아 있을 가능성이 크 지만 성수기에는 이마저도 구하기가 쉽지 않다.
❶ 도블라 데 오로 일반 20.84유로 **알람브라**나스르 궁전, 헤네랄리페, 알카사바, 아랍식 목욕탕Bañuelo, 아랍 하우스Casa Morisca Horno de Oro, 다르 알 오라 궁전Dar al-Horra's Palace, 차피스의 집Casa del Chapiz, 사프라의 집Casa de Zafra, 코랄 델 카르본Corral del Carbón
❷ 도블라 데 오로 야간 15.55유로 **나스르 궁전 야간**, 아랍식 목욕탕Bañuelo, 아랍 하우스Casa Morisca Horno de Oro, 다르 알 오라 궁전Dar al-Horra's Palace, 차피스의 집Casa del Chapiz, 사프라의 집Casa de Zafra, 코랄 델 카르본Corral del Carbón

 알바이신 지구 Albaicin
이슬람 유적 지구

알람브라 궁전 북쪽에 있는 이슬람 유적 지구로, 1984년 유네스코 세계문화유산으로 지정되었다. 언덕 위의 동네로 무어인 특유의 양식이 돋보이는 건물이 모여 있으며, 그라나다의 옛 모습을 가장 잘 간직하고 있는 유서 깊은 지역이다. 하얀 집들이 구릉 지대에 오밀조밀 자리잡고 있고, 집집마다 알록달록한 타일이나 꽃 화분으로 장식해 놓았다. 계단을 타고 좁은 골목으로 올라가면 미소 짓게 만드는 하얀 벽과 세월의 더께를 이고 있는 기와지붕이 조화를 이룬 멋진 광경을 마주하게 된다. 이토록 평화로운 풍경을 선사하지만, 이곳은 1492년 그라나다 함락 당시 이슬람 교도가 가톨릭 교도들에게 거세게 저항했던 격전지이기도 하다. 산 니콜라스 전망대Mirador San Nicolás나 산 크리스토발 전망대Mirador de San Cristobal에 오르면 알바이신의 멋진 전경과 알람브라의 아름다운 모습을 한눈에 담을 수 있다. 알바이신 지역을 천천히 산책하며 이슬람 문화 유적지를 돌아보자. 일요일에는 대부분의 유적지가 무료 개방이니 잘 활용하면 비용을 절약할 수 있다.

찾아가기 ❶ 누에바 광장에서 칼데레리아 누에바 거리Calle Calderería Nueva까지 도보 3분200m 거리이다. 이 거리를 따라 북동쪽으로 도보 12분 거리650m에 산 니콜라스 전망대가 있다. ❷ 누에바 광장 맞은 편에서 C1 버스 탑승, 산 니콜라스 광장 정류장Plaza de San Nicolas 하차.

Travel Tip 누에바 광장 Plaza Nueva

그라나다 여행의 거점이 되는 곳이다. 산책도 할 겸 누에바 광장에서 도보 15분 정도면 알바이신 지구 여행의 출발점 산 니콜라스 전망대에 도착한다. 좁은 골목을 따라 북아프리카 분위기가 가득한 칼데레리아 누에바 거리를 구경하며 알바이신 지구의 매력을 만끽할 수 있다.

알바이신 지구 추천 코스

산 니콜라스 전망대 도보 5분, 400m **다르 알 오라 궁전** 도보 9분, 650m **산 크리스토발 전망대** 도보 4분, 300m **라르가 광장** 도보 13분, 차피즈 언덕길Cuesta del Chapiz 따라 800m **아랍 하우스** 도보 5분, 로스 트리스테스 산책길Paseo de los triste 따라 400m **사프라의 집** 도보 2분, 120m **아랍 목욕탕**

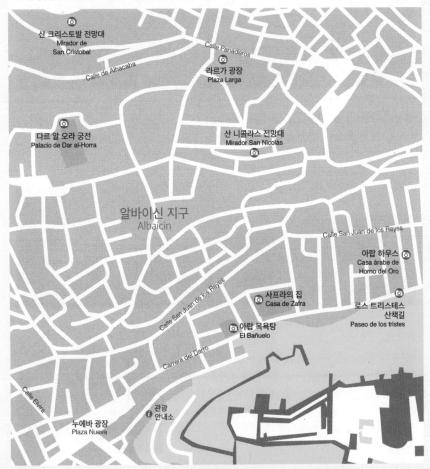

🇪🇸 알바이신 지구의 명소들

❶ 산 니콜라스 전망대 Mirador San Nicolás

알바이신 지구 꼭대기에 있는 전망대이다. 남쪽에 있는 알람브라 궁전을 정면으로 바라보기 좋으며, 궁 뒤로 펼쳐진 시에라 네바다 산맥도 훤히 보인다. 해가 지면 알람브라의 멋진 야경도 즐길 수 있다. 어느 시간대든 현지인, 여행객이 많이 찾는다. 해질녘이 가장 아름답다. 주소 Plaza Mirador de San Nicolás, 2-5, 18010 Granada

❷ 산 크리스토발 전망대 Mirador de San Cristobal

산 니콜라스 전망대보다 조금 더 북쪽에 있다. 산 니콜라스 전망대보다 덜 붐벼 여유롭게 그라나다 풍경을 감상할 수 있는 곳이다. 알람브라 궁전과 알바이신 지구를 한눈에 조망할 수 있다.

주소 Ctra. de Murcia, 47, 18010 Granada

❸ 라르가 광장 Plaza Larga

알바이신 지구 중심에 있는 작은 광장이다. 주변이 레스토랑과 상점으로 둘러 싸여 있어 늘 활기가 넘친다. 주말이 되면 현지인과 여행객들이 광장 중앙에 있는 야외 테이블에 모여 여유롭게 식사를 즐긴다. 꽃과 색색 타일로 장식된 예쁜 건물을 배경으로 펼쳐지는 현지인들의 일상을 구경하기 좋다.

주소 Plaza Larga, 18010 Granada

❹ 다르 알 오라 궁전 Palacio de Dar al-Horra

그라나다 이슬람 왕조의 마지막 왕이었던 보압딜무함마드 12세의 어머니 아익사Aixa가 살았던 궁전이다 알람브라 궁전의 축소판 같은 곳으로 나스르 왕조 당시에 지어졌는데, 아직도 잘 보존되어 있다.

주소 Callejón de las Monjas, s/n, 18008 Granada
운영시간 9/15~4/30 10:00~17:00
5/1~9/14 09:30~14:30, 17:00~20:30

❺ 아랍 하우스 Casa árabe de Horno del Oro

15세기 말에 지어진 이슬람 전통 가옥이다. 직사각형의 중정에 풀Pool이 있는 전통적인 이슬람 가옥 양식을 찾아볼 수 있다.

주소 Calle Horno del Oro, 14, 18010 Albaicín, Granada
운영시간 9/15~4/30 10:00~17:00
5/1~9/14 09:30~14:30, 17:00~20:30

❻ 사프라의 집 Casa de Zafra

1994년 유네스코 문화유산으로 지정된 나스르의 왕궁으로, 14세기 말에 지어졌다. 안달루시아 지방 전통 건축 양식을 살펴볼 수 있다.

주소 Calle Portería Concepción, 8, 18010 Granada
운영시간 9/15~4/30 10:00~17:00
5/1~9/14 09:30~14:30, 17:00~20:30

❼ 아랍 목욕탕 El Bañuelo

11세기의 아랍 목욕탕 모습을 확인할 수 있는 곳이다. 냉탕, 온탕, 고온탕으로 쓰이던 3개의 방이 있다.

주소 Carrera del Darro, 31, 18010 Granada
운영시간 9/15~4/30 10:00~17:00
5/1~9/14 09:30~14:30, 17:00~20:30

❽ 로스 트리스테스 산책길 Paseo de los tristes

알람브라 궁전이 있는 사비카 언덕La sabika 아래에 위치한 로맨틱한 산책로다. 알람브라를 가까이서 한눈에 조망할 수 있다. 레스토랑과 카페, 상점들이 모여 있고 예술가들이 공연을 펼치기도 한다. 작은 다로 강Rio Darro과 울창한 나무들이 아름답게 조화를 이루고 있어 더욱 멋지다.

주소 Paseo del Padre Manjón, 3, 18010 Granada

 산 니콜라스 전망대 Mirador San Nicolas 미라도르 산 니콜라스
알함브라 궁전의 아름다움을 한눈에 담자

알바이신 지구 남쪽의 언덕 꼭대기에 있다. 이슬람 특유의 집들과 아기자기한 꽃으로 장식된 알바이신 지구를 구경하며 전망대에 다다르면 알함브라 궁전과 그라나다의 아름다운 전경이 한눈에 들어온다. 특히 알함브라 궁전을 정면에서 감상할 수 있어 밤이고 낮이고 많은 이들이 찾는다. 사람들이 가장 많이 찾는 시간대는 해질녘이다. 전망대 바로 앞 광장에서 울려 퍼지는 거리 악사의 낭만적인 연주를 배경 음악 삼아 너 나 할 것 없이 달빛 아래에서 빛나는 알함브라 궁전을 감상한다. 근처에 레스토랑과 카페가 많아 멋진 뷰를 감상하며 식사를 할 수도 있다. 높은 언덕 꼭대기까지 걸어 올라가는 게 힘들면 누에바 광장 맞은 편에서 버스 C1을 탑승하면 전망대 바로 아래에 내려준다.

찾아가기 ❶ 누에바 광장에서 도보 15분850m
❷ 누에바 광장 맞은 편에서 버스 C1 탑승, 산 니콜라스 광장Plaza de San Nicolas 정류장에서 하차. 버스 요금 1.2유로로
주소 Plaza Mirador de San Nicolás, 2-5, 18010 Granada

 ## 그라나다 대성당 Catedral de Granada 카테드랄 데 그라나다
화려함의 극치, 부부 왕 이사벨과 페르난도 이곳에 잠들다

가톨릭 교도들이 781년간 이슬람의 통치에서 벗어난 뒤 이슬람 사원 모스크가 있던 자리에 세운 성당이다. 카를로스 5세 국왕1500~1558, 신성로마제국의 황제이자 스페인 국왕, 이사벨 1세 여왕과 페르난도 2세의 외손자의 지시로 건축이 시작된 것은 1523년이다. 고딕 양식으로 짓기 시작했는데, 유럽을 화마처럼 휩쓸고 간 흑사병 때문에 180여 년이 흐른 1703년에야 르네상스 양식으로 완성되었다. 성당 내부에서는 무데하르 양식이슬람의 양식도 찾아볼 수 있다. 스페인은 물론 유럽에서도 규모가 큰 성당으로 손꼽힌다. 성당 내부에는 르네상스 예술의 걸작이라 할 수 있는 화려한 오르간과 황금 제단이 있으며, 신약성서 내용을 주제로 담고 있는 스테인드글라스도 찾아볼 수 있다. 예배당이 여러 개인데, 그 가운데 왕실 예배당Capilla Real에는 이슬람으로부터 그라나다를 탈환하고 스페인을 통일한 이사벨 1세 여왕1451~1504과 그녀의 남편 페르난도 2세의 유해가 안치되어 있다.

찾아가기 ❶ 누에바 광장에서 알미레세로스 거리Calle Almireceros 경유하여 도보 3분230m ❷ 이사벨 라 카톨리카 광장에서 그란 비아 데 콜론 거리Calle Gran Vía de Colón 경유하여 도보 3분240m 주소 Calle Gran Vía de Colón, 5, 18001 Granada 전화 958 22 29 59 관람시간 월~토 10:00~18:30 일 15:00~17:45 입장료 5유로(오디오가이드 포함, 일요일 무료 입장) 홈페이지 catedraldegranada.com

📷 칼데레리아 누에바 거리 Calle Calderería Nueva 카예 칼데레리아 누에바
🔹 그라나다에서 만나는 북아프리카 향기

누에바 광장에서 엘비라 거리Calle Elvira 를 경유하여 북서쪽으
로 걷다도보 3분, 200m 우회전하면 북아프리카의 정취가 느껴지
는 이국적인 거리가 나오는데, 이곳이 칼데레리아 누에바 거리
이다. 시내 중심에서 유네스코 세계문화유산으로 지정된 알바
이신 지구를 갈 때에도 이 길을 거쳐간다. 그라나다에서 북아
프리카의 향기를 가장 잘 느낄 수 있는 거리로 좁은 길 양 옆으
로 북아프리카 스타일의 옷, 장신구, 장식품, 신발, 물담배, 공
예품 등을 파는 각종 상점들이 들어서 있다. 모로칸 음식을 맛
볼 수 있는 카페와 레스토랑도 찾아볼 수 있다. 알바이신 지구
언덕의 멋진 집들과 계단에 북아프리카의 정취가 더해져 있어
독특한 이국적인 분위기를 만끽할 수 있다.

찾아가기 그라나다 대성당에서 도보 4분270m, 누에바 광장에서 도보 3
분200m 주소 Calle Calderería Nueva, 18010 Granada

그라나다의 맛집과 카페
Granada

🍴 로스 디아만테스 Bar los diamantes
해산물 타파스 즐기기

그라나다에서 가장 유명한 맛집으로, 해산물 타파스 성지와도 같은 곳이다. 각종 해산물 튀김, 파에야, 조개, 새우 등 다양한 해산물을 타파스로 즐길 수 있다. 그라나다에서 가장 중심이 되는 누에바 광장에 있는 지점은 비교적 최근에 문을 열어 현대적이고 분위기가 깔끔하다. 로컬, 관광객, 남녀노소를 불문하고 많은 이들이 맥주와 타파스를 즐긴다. 서비스도 빠른 편이며 유명한 곳임에도 친절한 편이다. 손님이 많으므로 여유롭게 앉아서 먹기보다 옆 사람과 어깨를 부딪혀가며 먹어야 한다. 맥주를 시키면 나오는 타파스 외에도 해산물 요리를 주문할 수 있다. 테이블에 앉으려면 요리를 주문해야 한다. 가격은 합리적인 편이며, 배부르게 먹어도 20~25유로 정도면 충분하다.

찾아가기 누에바 광장에서 도보 1분 주소 Plaza Nueva, 13, 18009 Granada 전화 958 07 53 13 운영시간 12:30~24:00 예산 맥주 2유로대, 요리 10유로대 홈페이지 www.barlosdiamantes.com/menu.html

🍴 파파스 엘비라 PAPAS ELVIRA
모로칸 '집밥'을 경험하고 싶다면

그라나다는 이슬람 문화를 경험할 수 있는 도시 중 하나이다. 모로칸 식당과 상점이 즐비한 거리도 있어, 모로코 음식을 어렵지 않게 접할 수 있다. 그 가운데 파파스 엘비라는 맛있는 모로코 음식을 즐길 수 있는 곳이다. 그라나다에 사는 스페인 친구에게 소개받은 곳인데, 메뉴 중에 모로칸 전통 음식 파스텔라Pastela를 추천한다. 얇은 파이 안에 고기와 야채 등 다양한 재료를 넣고 시나몬을 더해 만든 요리인데, 어디에서도 맛보지 못한 흥미로운 맛을 선사해 준다. 맛있는 야채 스튜, 키쉬, 디저트 등도 있다. 모로칸 '집밥'의 정수를 맛보고 싶다면 이곳을 추천한다. 찾아가기 ❶ 그라나다 대성당에서 알미레세로스 거리Calle Almireceros 경유하여 도보 2분190m ❷ 누에바 광장에서 엘비라 거리Calle Elvira 경유하여 도보 1분72m 주소 Calle Elvira, 9, 18010 Granada 전화 667 68 07 09 영업시간 10:00~01:00 예산 파스텔라 3.5유로

🍴 라 리비에라 Bar La Riviera

술을 주문하면 타파스가 무료!

그라나다는 술을 주문하면 타파스가 무료로 나오는 경
우가 많다. 라 리비에라도 그런 곳이다. 술을 한 잔 더 주
문하면 다른 타파스가 또 제공된다. 애주가들에게는 여
간 좋은 일이 아닐 수 없다. 게다가 다양한 타파스 메뉴
중 원하는 것을 고를 수도 있다. 고기부터 해산물, 신선
한 채소로 만든 타파스가 약 30여 개나 된다. 여러 명과
함께 가면 다양한 타파스를 맛볼 수 있어 좋다. 문어 다
리 튀김과 작은 샌드위치, 꼬치 등이 인기가 많다.

찾아가기 그라나다 대성당과 누에바 광장에서 도보 2분200m
주소 Calle Cetti Meriem, 7, 18010 Granada
전화 958 22 79 69
영업시간 12:30~00:30
예산 맥주 2유로부터

🍴 네그로 카르본 Negro Carbón

강변의 멋진 레스토랑

그라나다 시내에는 작은 도랑, 다로 강Rio Darro이 흐른
다. 네그로 카르본은 다로 강변에 있는 훌륭한 레스토
랑이다. 그라나다 음식 물가에 비해 좀 비싼 편이지만,
타파스가 아닌 제대로 된 맛있는 식사를 할 수 있는 곳
이기에 추천한다. 특히 이베리코 돼지고기와 립아이스
테이크가 훌륭하다. 연어 타타키와 양갈비도 추천할 만
하다. 사이드 메뉴인 구운 감자도 놓치지 말자. 촉촉하
게 구워진 감자가 일품이다. 친절한 직원들의 서비스
는 덤이다. 금요일이나 주말 저녁에는 예약하는 게 좋
으며, 식사 후엔 로맨틱한 다로 강변을 산책하는 것도
잊지 말자.

찾아가기 누에바 광장Plaza Nueva에서 도보 3분290m
주소 Puente Espinosa, 9, 18009 Granada 전화 958 04 91 19
영업시간 월~목 13:00~17:00, 19:30~23:30 금~일 13:00~
17:00, 20:00~24:00 휴무 화요일 예산 5~25유로

☕ 두란 커피 하우스 Duran Coffee House

유럽에서 흔치 않은 콜드 브루 전문 카페

다로Darro강 옆에 있는 멋진 카페로, 그라나다에서 가장
맛있는 커피를 맛볼 수 있는 곳 중 하나이다. 유럽에서
흔치 않게 찬물로 커피를 우려내는 콜드 브루Cold brew
를 전문으로 하며, 주로 에티오피아, 콜롬비아, 브라질 커
피를 취급한다. 실험실 기계 같은 콜드 브루 장비가 여기
저기 놓여 있어, 인테리어 역할도 톡톡히 한다. 아침에는
뷔페를 제공하여 다양한 빵, 과일, 치즈, 햄, 삶은 달걀, 요
거트, 주스 등을 커피와 함께 즐길 수 있다. 라테를 주문
할 때 바리스타가 내미는 종이에 한글로 이름을 적어주
면, 한글 이름을 새긴 라테를 내온다.

찾아가기 누에바 광장Plaza Nueva에서 도보 4분300m, 레스토
랑 네그로 카르본에서 도보 1분74m 주소 Carrera del Darro, 25,
18010 Granada 전화 628 41 45 95 영업시간 08:00~13:00
예산 커피 2유로부터 아침 뷔페 9.5유로

🍴 엘 트리요 Restaurante El Trillo

멋진 뷰, 맛있는 식사

알람브라 궁전과 알바이신 지구의 멋진 뷰를 감상하며
식사할 수 있는 곳이다. 고급 요리를 합리적인 가격에 맛
볼 수 있으며, 서비스도 친절하다. 알바이신 지구의 하얀
집들 사이에 있으며, 대문에 들어서 계단을 오르면 멋진
안뜰이 나타난다. 실내는 물론 마당과 2층 테라스에도
테이블이 있는데, 멋진 뷰를 원한다면 2층 테라스 자리
예약을 추천한다. 요리도 나무랄 데 없이 훌륭하다. 특히
돼지 안심솔로미요, Solomillo이 맛있다. 어떤 요리를 주문하
더라도 후회 없는 선택이 될 것이다.

찾아가기 산 니콜라스 전망대에서 라스 토마사 언덕길Cuesta de
las Tomasa 경유하여 도보 6분350m
주소 Calle Algibe de Trillo, 3, 18010 Granada
전화 958 22 51 82 영업시간 월~일 13:00~16:00, 19:00~23:00
예산 메인 요리 15~20유로 대
홈페이지 www.restaurante-eltrillo.com

🅒 라 핀카 커피 La Finca Coffee

현지인들이 즐겨 찾는 로컬 카페

그라나다에서 가장 맛있는 커피를 맛볼 수 있는 곳으로 손꼽히는 카페다. 대성당 근처 작은 골목에 있어 찾기가 쉽지 않지만, 규모가 크지 않음에도 많은 이들이 즐겨 찾는다. '핀카'란 '농장'이라는 뜻이다. 이름에 걸맞게 자연친화적인데다 편안하고 아늑한 분위기가 흘러 기분이 한층 좋아진다. 커피와 함께 간단한 케이크나 빵, 쿠키 등도 맛볼 수 있다. 그라나다 대성당과 가까워 여행객이 많은 편이지만, 현지인들도 즐겨 찾아 로컬 분위기를 느낄 수 있다. 작지만 멋진 카페에서 커피와 함께 휴식을 취하고 싶을 때 찾아가기 좋다. 찾아가기 그라나다 대성당에서 도보 3분240m 주소 Calle Colegio Catalino, 3, 18001 Granada 전화 658 85 25 73 영업시간 월~목 09:00~19:00 금 09:00~20:00 토 10:00~13:30, 14:30~20:00 일 10:00~19:00

🍽 그란 카페 빕 람블라 Gran Cafe Bib Rambla

'단짠'의 조화, 100년 된 추로스 맛집

100년 역사를 자랑하는 그라나다의 추로스 맛집이다. 우리가 보통 아는 추로스보다 조금 두껍지만 속이 비어 있어 식감이 부드럽다. 짭조름한 추로스를 핫초콜릿에 찍어 먹으면 소위 '단짠'의 조화가 그만이다. 여행객이 많이 찾는 곳이라 로컬보다 관광지 분위기에 가깝지만, 전통 있는 맛집에서 추로스를 즐길 수 있어 좋다. 바에서 먹는 경우, 테이블에서 먹는 경우, 야외에서 먹는 경우에 따라 가격이 달라지니 잘 확인하고 선택하자. 찾아가기 그라나다 대성당에서 도보 4분400m 주소 Plaza de Bib-Rambla, 3, 18001 Granada 전화 958 25 68 20 영업시간 08:00~23:00 예산 추로스+핫초콜릿 3.4유로부터 홈페이지 cafebibrambla.com

🍽 엔트레브라사스 EntreBrasas Granada

한국인도 즐겨 찾는 고기 요리 맛집

늘 사람들로 북적대는 인기 좋은 곳이다. 돼지고기, 소고기, 캥거루고기, 타조고기 등 다양한 고기 요리를 판매한다. 국적불문하고 모든 이들에게 사랑을 받고 있으며, 한국인 여행객에게도 인기가 좋다. 맥주를 주문하면 우리 입맛에 잘 맞는 무료 타파스가 나온다. 식당마다 타파스의 퀄리티는 천차만별인데, 이곳 타파스는 무료여도 훌륭하다. 스테이크도 맛있어, 실패할 확률이 거의 없다. 저녁 9시 이후에는 현지인들로 가득 찬다. 좀 더 여유롭게 식사하고 싶다면 그 이전 시간을 추천한다. 찾아가기 이사벨 라 카톨리카 광장Plaza Isabel La Catolica에서 도보 4분350m 주소 Calle Navas, 27, 18009 Granada 전화 858 10 57 87 영업시간 월~토 12:30~16:00, 19:30~24:00 휴무 일요일 예산 음료 2유로부터

🍴 라 보티예리아 La Botillería

합리적 가격, 퀄리티 있는 식사

그라나다 시내에서 조금 남쪽에 있는 맛집이다. 레스토
랑에 가까운 곳이라 바에서 서서 먹는 것에 조금 지쳤
을 때 가기 좋다. 테이블에 편하게 앉아 제대로 된 요리
를 즐길 수 있으며, 바에서 음료와 타파스만 즐길 수도
있다. 요리뿐 아니라 무료로 나오는 타파스도 훌륭하다.
경우에 따라서는 무료 디저트가 제공되기도 하며, 합리
적인 가격에 친절한 서비스, 맛있는 음식까지 나무랄 데
가 없다. 돼지 안심 구이인 솔로미요Solomillo가 이 집의
인기 메뉴이다.

찾아가기 이사벨 라 카톨리카 광장Plaza Isabel La Catolica에서
도보 4분400m 주소 Calle Varela, 10, 18009 Granada
전화 958 22 49 28 영업시간 12:30~01:00
예산 요리 9~17유로 홈페이지 labotilleriagranada.es

🍷 라 타나 Taberna La Tana

아기자기한 분위기에서 즐기는 스페인 와인

그라나다에서 스페인 와인을 제대로 맛보고 싶을 때 가
기 좋은 와인 바이다. 원하는 와인의 느낌을 얘기하면 그
라나다의 유명한 소믈리에인 젊은 주인이 벽면을 가득
채우고 있는 수많은 와인 중에서 원하는 것을 찾아 서빙
해 준다. 와인 리스트는 늘 변하는 편이며, 이 달에 추천
하는 와인이 벽면에 적혀 있다. 그라나다의 여느 바가 그
렇듯 이곳에서도 와인을 주문하면 잘 어울릴 만한 타파
스가 무료로 제공된다. 따로 음식을 주문할 수도 있다. 공
간이 협소해 테이블이 많지 않아 보통 바에서 마신다. 아
기자기한 분위기에서 맛있는 와인을 즐기고 싶다면 라
타나를 추천한다.

찾아가기 이사벨 라 카톨리카 광장Plaza Isabel La Catolica에서
도보 5분400m 주소 Placeta del Agua, 3, 18009 Granada
전화 958 22 52 48 영업시간 13:00~16:30, 20:30~24:00
예산 와인 2~3.5유로부터
홈페이지 tabernalatana.com

네르하 & 프리힐리아나
Nerja & Frigiliana

풍경이 그림처럼 아름답다

'유럽의 발코니'라 불리는 네르하는 스페인 남부 말라가 주의 아름다운 해안가 마을이다. 지중해의 그림 같은 풍경을 마음껏 감상하기 좋다. 두 눈 가득 지중해를 담고 있으면, 이 마을에 왜 발코니라는 별명이 붙었는지 이해하게 된다. 인구는 2만이 조금 넘는다. 그라나다에서 남쪽으로 94km, 말라가에서 동쪽으로 57km 떨어져 있다.

프리힐리아나는 네르하에 갔다면 꼭 들러봐야 할 아름다운 마을이다. 하얀 집들이 옹기종기 모여 있어 '스페인의 산토리니'라고 불리며, 무심코 찍어도 화보가 되는 포토 스폿으로 손꼽힌다. 네르하에서 서쪽으로 약 15km 거리에 있으며, 버스로 25분 안팎이면 프리힐리아나에 닿을 수 있다.

계절별 최저·최고 기온 봄 12~24도 여름 19~31도 가을 12~28도 겨울 9~18도
네르하 https://turismo.nerja.es
프리힐리아나 http://www.turismofrigiliana.es/en

🇪🇸 네르하 가는 방법

그라나다와 말라가에서 출발한 네르하 행 버스는 모두 마을 입구에 있는 버스 정류장 네르하에 선다. 정류장 주소 29780 Nerja, Málaga

그라나다에서 가는 방법

❶ 그라나다 버스터미널Estación de Autobuses de Granada에서 그라나다Granada→토레 델 마르Torre Del Mar 행 버스 승차하여 네르하 정류장에서 하차하면 된다.

❷ 요금 편도 10.89유로, 왕복 19.65유로

❸ 소요 시간 약 2시간

말라가에서 가는 방법

❶ 말라가 마리아 삼브라노 기차역Estación de Málaga María Zambrano 바로 옆 버스 터미널이나 시내에 있는 무예 에레디아 정류장Estación Muelle Heredia(주소 29001, Malaga)에서 말라가Malaga→쿠에바스 데 네르하 Cuevas De Nerja 행 버스에 탑승하여 네르하 정류장에 하차하면 된다.

❷ 버스 티켓은 터미널과 정류장의 매표소에서 모두 구입할 수 있다. 요금 편도 4.58유로 왕복 8.29유로

❸ 소요 시간 약 1시간~1시간 30분 .

🇪🇸 네르하, 이렇게 돌아보자

❶ 전망대 '발콘 데 에우로파'Balcón de Europa 찾아가기

버스 정류장 네르하에서 남쪽으로 도보 13분 거리850m에 있다. 네르하의 중심이 되는 곳으로 전망대 주변에 레스토랑과 카페, 호텔이 모여 있어 여행하기에 편리하다.

❷ 라 토레시야 해변에서 낭만을 즐기자

전망대 '발콘 데 에우로파'Balcón de Europa에서 도보로 10분 정도 거리에 있는 라 토레시야 해변Playa De La Torrecilla도 꼭 들러보길 추천한다. 아담한 해변이라 프라이빗 한 느낌이 들어 좋다. 호젓하게 해변에 앉아 지중해 바다를 바라보며 작열하는 태양 아래에서 맥주라도 한잔 들이키면 천국이 따로 없다.

 네르하 Nerja
'유럽의 발코니'라 불리는 휴양 도시

네르하는 스페인 남부의 코스타 델 솔Costa del Sol, 태양의 해안 해안가에 있다. 코스타 델 솔은 지중해를 따라 그림처럼 펼쳐져 있는 300km에 이르는 아름다운 해안선이다. 이 해안선을 따라 코스타 델 솔의 관문인 말라가를 비롯하여 많은 해안 도시가 자리하고 있는데, 그 가운데서도 네르하는 아름답기로 손꼽히는 곳이다. 말라가에서 해안을 따라 동쪽으로 약 57km 떨어져 있으며, 지중해의 아름다운 풍경을 볼 수 있어 '유럽의 발코니'라 불린다. 무어인이슬람 교도들이 이베리아 반도를 지배했던 시절 이곳은 '풍부한 자원'이라는 뜻의 아랍어 나릭사Narixa라고 불렸는데, 시간이 흐르면서 지금은 '네르하'라 불리고 있다. 1885년 지진으로 폐허가 되었을 때 당시 스페인의 왕이었던 알폰소 12세가 위로차 이곳을 방문했다. 현재 네르하의 발코니이자 전망대로 알려져 있는 발콘 데 에우로파Balcón de Europa에 서서 탁 트인 지중해의 아름다운 전망을 보고 '이곳이 유럽의 발코니'라며 감탄했다고 전해진다. 그 후로 네르하는 '유럽의 발코니'라는 별칭을 갖게 되었다. 현재 전망대에는 알폰소 12세의 동상이 세워져 있다. 야자수가 길게 늘어서 있는 길을 따라 가파른 절벽 위의 전망대에 다다르면 끝없는 지중해의 풍경이 두 눈 가득 들어온다. 뜨거운 태양과 시원한 바람, 탁 트인 시야 덕분에 이곳이 진정 유럽의 발코니임을 온 몸으로 이해하게 된다.

 프리힐리아나 Frigiliana
스페인의 산토리니

네르하에서 버스로 약 25분 내외 거리에 있는 아름다운 고원 마을이다. 파란 하늘 아래에 새하얀 돌로 지은 집들이 옹기종기 모여있어 '스페인의 산토리니'라 불린다. 특별한 명소는 없지만 마을 자체가 워낙 아름다워 여행객들이 즐겨 찾는다. 지중해 분위기 물씬 풍기는 하얀 집과 알록달록한 대문은 무심코 찍어도 화보가 되는 여행객의 포토 스폿이다. 집집마다 꽃이 담긴 작은 화분이 걸려 있고, 상점의 간판은 하나같이 귀여운 타일 모자이크로 만들어져 있어, 보는 눈이 즐겁다.

이 예쁜 마을은 한때 무어인들의 피신처였다. 그리스도 교도들이 이베리아 반도에서 국토 회복 운동 전쟁레콩키스타을 벌일 때 이슬람 교도들이

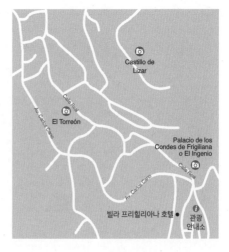

이곳으로 숨어들어 몸을 피했다. 훗날엔 유대인이 정착해 살았다. 이런 역사적인 배경 덕에 지금은 마을 곳곳에 다양한 문화와 종교의 흔적이 남아 있다. 매년 8월 말이 되면 세 종교, 즉 기독교·이슬람교·유대교의 융합을 기념하는 문화 축제가 4일 동안 열린다.

Travel Tip 프리힐리아나 여행법
프리힐리아나는 보통 그라나다 또는 말라가에서 네르하와 더불어 당일치기로 여행하는 경우가 많다. 이 경우, 일정이 빠듯하므로 시간 조절을 잘 해야 한다. 하루에 둘러보기에는 두 곳 모두 너무 아름답다. 시간 여유가 있다면 숙박 시설이 잘 갖추어진 네르하에서 하루 묵기를 추천한다. 네르하와 프리힐리아나에선 느낌표를 찍듯, 조금 천천히 여행하자.

찾아가기 ❶ 버스 정류장 네르하주소 29780 Nerja, Málaga에서 프리힐리아나 행 버스 탑승
❷ 버스 시간 네르하에서 프리힐리아나 행 버스 **주중** 07:20~20:30 1~1.5시간 간격으로 운행, 7~8월 21:30까지 **주말** 09:30~20:50 0.5~2.5 시간 간격으로 운행 프리힐리아나에서 네르하 행 버스 **주중** 07:00~21:00 1~1.5시간 간격으로 운행, 7~8월 22:00까지 **주말** 09:50~21:10 0.5~2.5 시간 간격으로 운행 ❸ 요금 1유로(편도) ❹ 소요 시간 약 25분

네르하와 프리힐리나의 맛집과 카페
Nerja & Frigiliana

🍴 치링기토 토레시야 3 Chiringuito Torrecilla 3

파에야부터 샌드위치까지

라 토레시아 해변 바로 앞에 있는 레스토랑이다. 새하얀 건물과 탁 트인 테라스, 나무로 만든 조명등이 스페인 남부 느낌을 물씬 풍기며, 지중해의 로망을 완벽하게 실현시켜 준다. 테라스 자리에 앉으면 지중해가 눈 앞에 그림처럼 펼쳐진다. 지중해를 바라보며 가만히 앉아 있으면 너무 행복해 입꼬리가 저절로 올라간다. 음식도 푸짐하고 맛이 좋으며, 직원들도 친절하다. 각종 해산물로 만든 파에야, 파스타, 생선구이, 해산물 튀김 등 메뉴가 다양하다. 그밖에 육류 요리와 샌드위치도 판매하며, 음료만 마실 수도 있다. 네르하를 방문한다면 꼭 가보시길.

찾아가기 발콘 데 에우로파전망대에서 도보 10분 주소 Nerja, Paseo Marítimo, 29602 Marbella, Málaga 전화 687 84 60 92 영업시간 09:00~22:00 예산 8~30유로(식사)

🍴 크로녹스 카페 Kronox café

잠시 쉬어가기 좋은 카페

네르하의 전망대이자 발코니인 발콘 데 에우로파 Balcón de Europa로 가는 긴 길 끝에 있는 카페다. 샐러드, 샌드위치, 타파스 등 간단하게 식사를 즐길 수 있다. 지나가는 사람들, 네르하의 풍경과 지중해를 감상하기에 참 좋은 곳이다. 맥주나 칵테일, 커피를 마시며 잠깐 휴식을 취하기에도 안성맞춤이다. 아침 8시부터 새벽 2시까지 논스톱으로 영업을 하기에 언제든 들러 배를 채우고 휴식을 취

할 수 있다. 아무래도 관광지 중심에 있다 보니 가격이 조금 비싼 편이다. 음식 맛은 보통 수준이다.

찾아가기 발코니에서 도보 3분 주소 Plaza Balcón de Europa, 5, 29780 Nerja, Málaga 전화 952 52 15 99 영업시간 08:00-02:00 예산 커피 1.9유로부터

🍴 엘 하르딘 Restaurante El Jardín 레스타우란테 엘 하르딘

매혹적인, 너무나 매혹적인

'정원'이라는 이름을 가진 레스토랑으로 지중해 분위기가 물씬 풍긴다. 나무 파라솔과 야자수가 어우러진 테라스가 특히 아름답다. 프리힐리아나의 멋진 전경을 조망할 수 있는 최적의 위치에 자리를 잡고 있다. 비밀의 정원에 들어가듯 골목을 따라 구석구석 돌아 올라가다 보면 예쁜 식당 입구가 나오고, 로맨틱한 테라스가 펼쳐진다. 식사는 햄버거부터 소고기, 돼지고기, 치킨, 생선 등 취향에 맞게 고를 수 있도록 준비되어 있으며, 특히 이베리안 돼지고기 요리가 인기가 많다. 식사를 하지 않더라도 커피 혹은 맥주 한 잔을 마시며 잠시 쉬어갈 수 있다.

찾아가기 버스 정류장에서 도보 15분 주소 Calle Santo Cristo, s/n, 29788 Frigiliana, Málaga
전화 952 53 31 85 영업시간 화~일 12:30~15:30, 19:00~22:30 예산 메인 메뉴 13~28유로
홈페이지 thegardenfrigiliana.com

말라가
Málaga

피카소의 고향, 유럽인들이 로망하는 휴양지

말라가는 스페인 남부의 항구 도시로 지중해와 맞닿아 있다. 인구는 약 57만 명이다. 유럽인들이 가고 싶어하는 휴양지로 도시, 바다, 날씨가 모두 아름답다. 사계절 온화한 지중해성 기후와 아름다운 해안선 등 여러 면에서 나폴리에 비유된다.

말라가는 유서 깊은 도시이기도 하다. BC 12세기 페니키아인들에 의해 처음 도시가 만들어졌으며, 이후 로마의 지배를 받기도 했다. 711년부터는 무어인들이슬람의 지배를 받으면서 발전하기 시작하여 안달루시아 지방의 중요한 도시가 되었다. 1487년 가톨릭 세력이 말라가를 차지했다. 말라가의 피카소 미술관에 가면 페니키아와 로마 시대의 유적을 찾아볼 수 있다. 부에나비스타 궁전을 미술관으로 개조하는 공사를 할 때 발견된 유적들이다.

말라가는 피카소의 고향이다. 10대 중반, 바르셀로나로 미술 유학을 떠나기 전까지, 화가이자 미술 교사였던 아버지의 영향을 받으며 그는 말라가에서 화가의 꿈을 키웠다. 말라가 피카소 미술관은 프랑스, 스페인, 미국, 일본 등에 있는 피카소 미술관 8개 가운데 하나이다. 피카소의 고향에 들어선 미술관이라 그 의미가 크다. 아름다운 해변에서 지중해를 만끽하고 천재 화가의 예술 세계도 체험해보자

대표 축제 플라멩코 축제(9월, 홀수 해)
계절별 최저·최고 기온 봄 11~24도 여름 18~31도 가을 11~28도 겨울 8~17도
홈페이지 http://www.malagaturismo.com

🇪🇸 말라가 가는 방법

©Wikimedia_HrAd

비행기로 가기

휴양 도시라서 스페인과 유럽 도시들과 연결되는 항공편이 다양하다. 마드리드에서 1시간 10분, 바르셀로나에서 1시간 30분이 소요되며, 파리에서 2시간 30분, 런던에서 2시간 50분이 소요된다. 저비용 항공사인 부엘링 항공www.vueling.com에서는 바르셀로나에서 말라가 간 항공편을 하루 6회 이상, 마드리드에서 말라가 간 항공편을 하루 10회 정도 운항하고 있다. 그 밖의 저비용 항공사로 이지젯Easyjet, www.easyjet.com, 트란사비아Transavia, www.transavia.com 등이 있다. 스카이스캐너www.skyscanner.co.kr를 통해 항공권 가격을 비교하여 구매할 수 있다. 말라가 공항은 시내에서 약 10km 거리에 있다. 공항의 공식 이름은 말라가-코스타델솔 공항Aeropuerto de Málaga - Costa del Sol이다.

■ 말라가 공항 안내

터미널 T3 0층에 관광안내센터가 있다. 택스 리펀은 터미널 T3 1층에서 할 수 있다. 영수증 당 90.15유로가 초과되는 것에 한해 리펀을 받을 수 있다. 환전소는 터미널 T2 0층 수하물 찾는 곳Baggage Reclaim, 월~금 09:00~22:00 토·일 09:00~00:00, 터미널 T3 0층 수하물 찾는 곳월~금08:00~22:00, 토·일 08:30~22:30, 터미널 T3 1층 탑승 구역Boarding Area, 월~금 06:30~22:00 토·일 07:00~00:00에 있다. 환전은 달러로만 가능하다.

■ 공항에서 시내 들어가기

말라가 공항에서 시내로 들어갈 때에는 공항 버스, 공항 철도, 택시를 이용하면 된다.

❶ 공항 버스 A Express Airport A 터미널 T3에서 공항 밖으로 나가면 가까운 곳에 정류장이 있다. 공항 버스 A에 승차하여 말라가 항구 부근의 파르케 거리Paseo del Parque 또는 아라메다 프린시팔 거리Alameda Principal에서 하차하면 된다. 약 20분 소요되며, 요금은 3유로다. 버스에서 기사에게 티켓 요금을 지불하면 된다. 시내행 운행 시간은 06:23~23:30이고, 공항행 운행 시간은 07:00~00:00이다. 20~40분 간격으로 운행된다.

❷ 공항 철도 세르카니아스 Cercanias 흔히 렌페Renfe라고 알려진 열차이다. 터미널 T3에서 이정표를 따라가면 타는 곳이 나온다. 기차역이나 버스 터미널에 가려면 마리아 삼브라노역Maria Zambrano에서 하차하면 되고, 시내 중심에 가려면 센트로 아라메다역Centro Alameda에서 내리면 된다. 센트로 아라메다까지 약 12분 소요된다. 시내행 운행 시간은 05:20~23:30이고, 공항행 운행 시간은 06:44~23:54이다. 20분 간격으로 운행된다. 요금은 1.8유로이다.

❸ 택시 가장 편하지만 비용이 많이 든다. 시내까지 15유로 정도 나온다. 공항에서 택시 이정가가 있는 곳으로 가면 택시를 탈 수 있다. 우버나 마이택시는 말라가에서는 운영되지 않는다.

> Travel Tip 말라가에서 택시 잡기 말라가에서 택시를 잡으려면 정해진 택시 정류소에 가야 한다. 시내에는 아라메다 프린시팔 거리Alameda Principal의 버거킹 앞에 택시 정류소가 있다.

©flickr_Johannes Schwanbeck

기차로 가기
마드리드에서 말라가까지 초고속 열차AVE로 2시간 40분, 바르셀로나에서는 초고속 열차AVE로 5시간 50분, 세비야에서는 일반 열차로 2시간 정도 소요된다. 말라가 기차역의 이름은 마리아 삼브라노Estacion de tren maria zambrano로, 시내 중심에서 남서쪽으로 약 1.7km 떨어져 있다.
스페인 철도 홈페이지 http://www.renfe.com 인터넷 예매 ❶ http://www.raileurope.co.kr ❷ https://renfe.spainrail.com

버스로 가기
안달루시아 지방의 여러 도시와 연결되는 버스 노선이 있다. 네르하와 그라나다에서는 1시간 30분, 론다에서는 2시간, 세비야에서는 2시간 45분이 소요된다. 말라가 버스 터미널은 마리아 삼브라노 기차역Estacion de tren maria zambrano 바로 옆에 있다. 인터넷 예매 ❶ http://www.alsa.es ❷ https://www.autobusing.com

🏴 말라가 시내 교통 정보

©Wikimedia_Tyk

말라가 중심에서는 도보로 이동하는 게 편리하다. 지하철이 있긴 하지만 여행지와는 연결되지 않는다. 버스 터미널과 기차역에서 시내 중심으로 이동할 경우에는 버스를 이용하는 게 좋다. 또 히브랄파로 성에 갈 때에도 버스35번버스를 이용하는 게 편리하다. 시내 버스는 대부분 아라메다 프린시팔Alameda Principal 거리에서 탈 수 있다. 요금은 1회에 1.3유로이다. 버스에서는 10유로보다 큰 금액의 지폐는 사용하지 않는 것이 좋다. 충전식 교통카드 타르헤타 트란스보르도Tarjeta Transbordo 카드도 있는데, 카드 보증금 1.9유로에 8.3유로를 충전해 10회 이용할 수 있다. 1회 이용 시 1시간 이내에 버스 환승이 가능하며, 여러 명이 함께 사용할 수도 있다. 교통카드는 운전 기사에게 직접 구매할 수 있으며, 신문 가판대 키오스크나 담배 가게Tobacco에서도 구입과 충전을 할 수 있다. 카드 보증금은 돌려받을 수 있다.

🏴 말라가 여행 버킷 리스트

01 말라가의 멋진 뷰 즐기기
#말라가 대성당 #알카사바 #히브랄파로 성

아름다운 도시 풍경을 한눈에 조망할 만한 곳이 꽤 많다. 말라가 대성당 돔에 오르면 시내 전경은 물론 하브랄파로 성과 지중해까지 한눈에 담을 수 있다. 알카사바도 말라가 시내 모습을 조망하기 좋은 곳이다. 히브랄파로 성은 말라가에서 가장 멋진 뷰를 선사하는 곳이다. 지중해와 어우러진 말라가 시내 전경을 바라보며 근사한 말라가 여행의 추억을 남길 수 있다.

02 피카소 만나기
#피카소 미술관 #피카소 생가

피카소는 10대 중반까지 말라가에서 살았다. 피카소 미술관에서는 유화·드로잉·판화·조각 등 다양한 피카소의 작품을 만나볼 수 있다. 미술관에서 200m만 가면 그의 생가가 나온다. 그의 작품과 가족들이 사용했던 물건이 전시되어 있다. 피카소 미술관에서 남서쪽으로 도보 10분 거리800m에는 피카소가 즐겨 찾았던 와인 바 안티구아 카사 데 구아르디아가 있다. 무려 180년의 역사를 자랑하는 곳이다.

03 지중해 즐기기
#말라가 항구 #말라게타 해변 #엘 발네아리오
#엘 메렌데로

말라가는 유럽 사람들이 휴가를 보내고 싶은 곳 1위로 꼽히는 휴양지이다. 말라가 항구와 말라게타 해변에서 푸른 하늘이 펼쳐진 지중해를 만끽하자. 지중해의 멋진 뷰를 보여주는 말라게타 해변의 레스토랑 엘 메렌데로와 엘 발네아리오에서의 근사한 식사도 잊지 말자.

🏛 작가가 추천하는 일정별 최적 코스

1일		
	09:30	피카소 생가 및 메르세드 광장
	11:00	피카소 미술관
	13:00	말라가 해변 및 항구
	13:30	해변에서 점심 식사
	15:00	말라가 대성당
	16:00	알카사바
	17:00	히브랄파로 성
	19:30	저녁 식사
	21:00	시내 구경
2일		
	09:00	네르하 및 프리힐리아나 당일치기
	20:00	말라가로 복귀
	20:30	저녁 식사

 말라가 대성당 Catedral de Málaga 카테드랄 데 말라가
아름다운 르네상스 건축

말라가 중심부에 있는 웅장한 성당으로, 안달루시아 지역에서 가장 훌륭한 르네상스 양식 건축물로 평가 받고 있다. 노란 오렌지가 달린 앙증맞은 오렌지 나무가 성당 입구를 장식하고 있어 눈길을 끈다. 모스크이슬람 사원가 있던 자리에 1528년부터 성당을 짓기 시작하여 여러 건축가의 손을 거쳐 1782년에 완공되었다. 처음엔 남쪽과 북쪽에 두 개의 종탑을 만드는 것으로 설계하였으나, 공사에 너무 많은 시간을 들인데다 자금마저 부족해져, 결국 북쪽에 높이 84m의 종탑만 세우게 되었다. 그래서 하나의 팔을 가진 여인이라는 뜻의 '라 만키타'La Manquita 라는 별칭이 붙었다. 성당 내부는 르네상스 양식과 바로크 양식이 조화를 이루고 있으며, 많은 예술 작품으로 꾸며져 있다. 돔에 올라가면 말라가 시내 전경과 히브랄파로 성, 말라가 항구와 지중해까지 한눈에 감상할 수 있다.

찾아가기 피카소 미술관에서 산 아구스틴 거리Calle San Agustín 경유하여 도보 4분290m 주소 Calle Molina Lario, 9, 29015 Málaga 전화 952 22 03 45 운영시간 월~금 10:00~18:00 토 10:00~17:00 휴관 일요일, 공휴일 입장료 5유로

©Museo Picasso Málag

 피카소 미술관 Museo Picasso Málaga 무세오 피카소 말라가
말라가의 상징

화가가 자신의 이름이 담긴 미술관을 갖는다는 것은 굉장히 영
광스러운 일일 것이다. 그런 면에서 피카소1881~1973는 참으로 부
러운 예술가이다. 피카소의 이름을 사용하는 미술관이 프랑스,
스페인 등 전 세계에 여덟 군데나 있으니 말이다. 그 중 말라가의
피카소 미술관은 작품의 수가 많거나 규모가 크지는 않지만, 피
카소의 고향에 있는 미술관이라 더욱 의미가 깊다. 피카소는 말
라가에서 태어나 10대 중반까지 고향에서 살았다. 미술관은 피
카소의 며느리와 손자가 기증한, 1901년부터 1972년 사이의 피
카소 작품 155점을 소장하고 있다.

말라가에 피카소 미술관을 세우자는 제안은 피카소 생전부터 있
었다. 그러나 스페인 내전 당시 나치가 게르니카를 폭격한 사건
을 담은 <게르니카>마드리드의 국립 소피아 왕비 예술센터 소장 때문에
우파인 프랑코파에게 정적政敵으로 취급을 받아 이루어지지 않

Museo Picasso Málaga

았다. 피카소 사망 후인 1992년 피카소의 며느리 크리스티네 루이스 피카소에 의해 다시 미술관 건립이 추진되었고, 2003년 마침내 피카소 미술관이 문을 열었다. 유화, 드로잉, 도자기, 판화, 조각 등 다양한 피카소의 작품을 감상할 수 있다.

미술관은 16세기에 지어진 아름다운 대저택 부에나비스타 궁전Buenavista Palacio을 리모델링하여 사용하고 있다. 중앙에 작은 중정이 있는 2층짜리 건물이다. 자연 채광이 가능하도록 대대적인 내부 공사를 통해 개조되었다. 미술관은 이제 지중해와 더불어 말라가의 상징이 되었다. 일요일 오후 4시 이후엔 무료 입장이다. 전시실 사진 촬영은 불가하다.

찾아가기 ❶ 알카사바에서 알카사비야 거리Calle Alcazabilla 경유하여 도보 3분200m ❷ 피카소 생가에서 그라나다 거리Calle Granada 경유하여 도보 4분350m 주소 Palacio de Buenavista, Calle San Agustín, 8, 29015 Málaga

전화 952 12 76 00 운영시간 11~2월 10:00~18:00 3~6월·9~10월 10:00~19:00 7·8월 10:00~20:00

휴관 12/25, 1/1, 1/6 입장료 상설전 8유로 특별전 6.5유로 통합 12유로

무료 입장 2/28, 5/18, 9/27, 매주 일요일 4시 이후 홈페이지 museopicassomalaga.org

📷 피카소 생가 & 메르세드 광장 Museo Casa Natal de Picasso & Plaza de la Merced
유년기의 피카소를 만나다

천재 화가의 고향이지만, 피카소가 파리에서 예술의 꽃을 피운 까닭에 이 도시가 피카소의 고향이라는 사실을 아는 이는 많지 않다. 피카소는 1881년 10월 말라가에서 태어났다. 바르셀로나로 유학을 떠나기 전인 10대 중반까지 화가이자 미술 교사였던 아버지의 예술적 영향을 받으며 이곳에서 살았다. 피카소가 태어난 집은 현재 박물관으로 운영되고 있다. 두 층의 전시관으로 이루어져 있는데, 피카소의 작품을 비롯해 피카소 가족에 관한 기록, 실제 가족이 사용했던 물건 등이 전시되어 있다. 전시관은 19세기·피카소의 부모·피카소의 가족·피카소의 말라가·피카소와 말라가/피카소와 스페인, 이렇게 5개 테마로 구성되어 있다.

메르세드는 피카소 생가 바로 남쪽에 있는 광장이다. 중앙에 오벨리스크가 세워져 있고, 광장 한쪽에는 벤치에 앉아 있는 피카소 동상도 있다. 5월엔 광장의 자카란다 나무에서 보랏빛 꽃이 흐드러지게 핀다. 그 모습이 황홀하다. 광장 주변은 식당과 카페가 많아 광장을 바라보며 여유롭게 식사하기 좋다.

찾아가기 피카소 미술관에서 그라나다 거리Calle Granada 경유하여 도보 4분350m 주소 Plaza de la Merced, 15, 29012 Málaga 전화 951 92 60 60 운영시간 09:30~20:00 휴무 1/1, 12/15 입장료 3유로(오디오가이드 포함), 일요일 오후 4시 이후 무료 입장 홈페이지 fundacionpicasso.malaga.eu

아타라사나스 시장 Mercado Central de Atarazanas 메르카도 센트랄 데 아타라사나스
말라가의 부엌

시장 구경은 여행의 특별한 즐거움이다. 현지인들의 삶을 가장 가까이서 볼 수 있기에 더 밀착된 여행을 할 수 있다. 시내 서남쪽에 있는 아타라사나스 시장도 그런 곳이다. 현지인과 여행객이 즐겨 찾는 곳으로, 과일·채소·육류·해산물 등 다양한 식재료를 판매한다. 하몽, 초리조스페인식 소시지, 올리브, 향신료 등도 찾아볼 수 있다. 시내 중심에 자리하고 있지만 가격이 합리적인 편이며, 시식을 해볼 수도 있다. 간단한 음료나 타파스를 맛볼 수 있는 가게도 있어 여행하다 출출함을 달래기도 좋다. 말라가의 일상으로 더 들어간 곳에서 즐기는 식사는 여행의 즐거움을 더해준다. 오후 2시까지밖에 운영하지 않으므로 일찍 둘러보는 게 좋다.

시장 건물은 14세기 나스르 왕조이베리아 반도 최후의 이슬람 왕조 당시 선박 공장이었던 곳이다. 이후 창고, 무기 저장고, 군병원, 막사 등으로 사용되다가 19세기 중반 이후 시장으로 바뀌었다. 2008년부터 2년간 대규모 공사를 통해 예전의 모습을 많이 되찾았다. 어느 시장 못지않게 단정하고 깔끔해 더 좋다.

찾아가기 피카소 미술관에서 몰리나 라리오 거리Calle Molina Lario 경유하여 도보 10분800m
주소 CalleAtarazanas, 10, 29005 Málaga 전화 951 92 60 10 영업시간 월~토 08:00~15:00

 알카사바 Alcazaba
말라가를 한눈에

알카사바는 아랍어로 성채 혹은 요새라는 뜻이다. 한때 이슬람이
지배했던 스페인 남부 안달루시아 지역에는 도시마다 요새가 있
다. 말라가의 알카사바는 이슬람 군사 건축물의 전형으로 스페인
에서 가장 잘 보존된 요새로 꼽힌다. 11세기 중반1057~1063 그라나
다 왕국8세기 초부터 이슬람의 통치를 받으며 전성기를 누린 왕국의 술탄 바이
스의 명으로 지어졌다. 미로와 같은 성 안으로 들어가면 연못, 분
수 등이 있는 전형적인 이슬람 정원과 궁전의 일부를 감상할 수 있
다. 규모는 작지만 알람브라 궁전처럼 아름답다. 언덕 위에 자리하
고 있어 말라가 항구와 시내가 한눈에 들어온다. 요새로서의 기능
을 갖고 있었기에 현재는 말라가를 한 눈에 조망할 수 있는 전망대
역할을 톡톡히 하고 있다. 바로 앞에는 2천여 년의 역사를 가진 로
마 원형 극장이 잘 보존돼 있다. 로마 원형 극장과 알카사바의 입구
는 다르다. 로마 원형 극장은 상시 무료로 입장할 수 있다. 알카사
바 위쪽에 자리하고 있는 히브랄파로 성 입장권과 통합권을 사면
좀 더 저렴하게 알카사바를 관람할 수 있다. 히브랄파로 성은 알카
사바에서 도보 20분 정도 소요된다.

찾아가기 피카소 미술관에서 라 후데리아 광장Plaza de la Judería 경유하여 도보 3분200m
주소 Calle Alcazabilla, 2, 29012 Málaga 전화 630 93 29 87 운영시간 **여름** 09:00~20:00 **겨울** 09:00~18:00
입장료 2.2유로, 알카사바+히브랄파로 성 통합권 3.55유로, 일요일 오후 2시 이후 무료

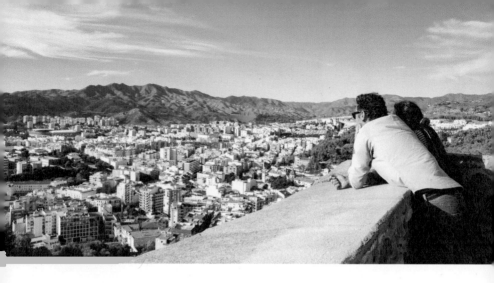

 히브랄파로 성 Castillo de Gibralfaro 카스티요 데 히브랄파로
말라가에서 가장 멋진 뷰

히브랄파로 성은 131m 높이 산 정상에 있다. 알카사바 뒤편에 14세기에 지어진 요새로, 이슬람의 왕 유스프 1세에 의해 지어졌다. 성 이름은 이 산 위에 있던 등대에서 유래했다. 등대 덕에 산은 '빛의 산'이라는 이름을 얻었는데, 페니키아어로 빛의 산이 'Jbel-Faro'이다. 성은 1487년 카스티야Castilla, 스페인 중부 지역에 있던 왕국의 여왕 이사벨 1세가 국토 회복 운동을 통해 이 요새를 점령하면서 가톨릭 세력에게 넘어갔다. 이사벨 1세의 남편인 아라곤의 왕 페르난도 2세는 한 때 이곳을 임시 거처로 삼기도 했다. 현재는 말라가에서 가장 멋진 뷰를 보여주는 전망대 역할을 하고 있다. 항구와 지중해, 말라가 시내를 한눈에 담을 수 있어 많은 여행객이 찾는다. 알카사바와 통합 티켓을 구매하면 더 저렴하게 방문할 수 있으며, 일요일 오후 2시부터는 알카사바, 히브랄파로 성 모두 입장료가 무료이다. 알카사바에서 히브랄파로 성까지는 도보로 약 20분 정도 걸린다. 도보가 어려운 경우 말라가 항구 인포메이션 센터 근처에서 35번 버스를 타면 성 입구까지 갈 수 있다. 평일에는 7시 20분부터 21시 10분까지, 주말에는 10시 55분부터 19시까지 버스가 운영된다.

찾아가기 ❶ 알카사바에서 도보 20분1.2km ❷ 말라가 항구 인포메이션 센터 근처 파세오 델 파르케 정류장Paseo del Parque
(알카사바에서 도보 4분, 350m)에서 35번 버스 승차하여 히브랄파로 성 입구Camino de Gibralfaro 하차
주소 Camino Gibralfaro, 11, 29016 Málaga 전화 952 22 72 30 운영시간 여름 09:00~20:00 겨울 09:00~18:00
입장료 2.2유로(알카사바+히브랄파로=3.55유로), 일요일 오후 2시부터 무료 홈페이지 malagaturismo.com

 말라가 항구와 말라게타 해변 Puerto de Malaga & Playa de la Malagueta
지중해와 태양을 품다

말라가는 지중해 따라 펼쳐진 30km에 이르는 아름다운 해안선 코스타 델 솔Costa del Sol의 관문이다. 언제나 유럽인들이 가고 싶어하는 최고의 휴양지 1순위로 꼽힌다. 그 중에서도 지중해와 푸른 하늘, 따뜻한 태양을 품은 말라게타 해변이 최고로 꼽힌다. 해변은 도보로 이동할 수 있을 만큼 도심에서도 가깝다.

해변에 이르기 전 야자수가 길게 늘어서 있고, 요트가 정박해 있는 풍경을 만나게 되는데, 이곳이 말라가 항구이다. 야자수 옆으로는 상점과 레스토랑, 카페가 줄지어 들어서 있어 벌써 마음이 들뜨며 휴양지에 들어선 기분이 든다. 이곳에서 지중해를 바라보며 커피 한잔의 여유를 즐기고 있노라면 세상 부러울 것이 없다. 해질녘 노을이라도 지면, 뭔가를 할 필요도 없이 그저 여유롭게 그 풍경을 즐겨주기만 하면 된다. 항구 바로 옆이 폭 45m에 길이 120m에 이르는 아름다운 해변 말라게타이다. 평일에는 한적한 지중해 분위기를 즐길 수 있고, 주말에는 활기가 넘쳐 말라가의 대표적인 명소로 꼽힌다. 모래 사장에 'Malagueta'라고 새겨진 커다란 조형물이 있는데, 이곳은 여행자들이 사랑하는 포토 스폿이다.

찾아가기 ❶ 말라가 대성당에서 N-340 거리 경유하여 도보 15분1.2km ❷ 알카사바에서 파르케 거리Paseo del Parque와 N-340 거리 경유하여 도보 13분1.3km **주소** Paseo del Muelle Uno, s/n, 29016 Málaga

 ## 말라가 퐁피두 센터 Centre Pompidou Málaga 센트레 퐁피두 말라가
파리 퐁피두 센터 분관

말라가 항구 옆에 있는 미술관으로, 알록달록한 큐브 모양 건물이 눈길을 끈다. 파리의 대표적인 현대 미술관 퐁피두 센터 때문에 익숙한 느낌을 주는 데, 퐁피두의 말라가 분관이다. 퐁피두 센터는 세계 곳곳에 5년간 한시적으로 분관을 운영한다는 계획을 밝혔다. 그 후 첫 분관인 말라가 퐁피두 센터가 2015년 3월 문을 열었다. 앞으로 멕시코, 브라질, 한국, 중국 등에도 분관을 낼 계획이다. 말라가 분관은 2020년까지 운영된다. 말라가 퐁피두 센터에서는 주로 20~21세기의 회화, 조각, 설치, 영상 등 다양한 분야의 작품을 만날 수 있다. 프리다 칼로, 피카소, 샤갈, 호안 미로 등 거장의 작품도 소장하고 있으며, 정기적으로 기획전을 열기도 한다. 말라게 타 해변과 가까워 지중해를 만끽하다가 들러 특별한 추억을 만들기 좋다.

찾아가기 말라게타 해변에서 도보 5분350m 주소 Pasaje Doctor Carrillo Casaux, s/n, 29016 Málaga
전화 951 92 62 00 운영시간 수~월 09:30~20:00 휴관 매주 화요일, 1/1, 12/25
입장료 상설전 7유로 기획전 4유로 상설+기획 9유로(매주 일요일 오후 4시 이후 무료 입장)
홈페이지 centrepompidou-malaga.eu

말라가의 맛집과 카페
Málaga

🍴 엘 가스트로나우타 El Gastronauta

음식, 가격, 서비스 모두 만족

피카소 미술관에서 멀지 않은 조용한 골목에 있는 매력적인 식당이다. 말라가의 중심지에 있지만 조용해서 여유롭게 식사하기 좋다. 파란색과 하얀색으로 꾸며진 가게는 지중해를 연상케 한다. 자유로운 분위기가 느껴지는 내부로 들어서면 밝고 친절한 직원들이 반가이 맞아준다. 영어 메뉴판이 있어 메뉴 고르기도 수월하다. 메뉴는 타파스부터 샐러드, 파에야, 스테이크, 해산물 요리까지 아주 다양하다. 어떤 메뉴를 선택하더라도 가격 대비 훌륭한 음식을 맛볼 수 있다. 음식, 가격, 서비스 어느 것 하나 부족한 것 없는 숨은 보석 같은 음식점이다.

찾아가기 피카소 미술관에서 도보 2분140m
주소 CalleEchegaray, 3, 29015 Málaga 전화 951 77 80 69
영업시간 **월·목~일** 13:00~17:00, 19:30~01:00 **수** 19:00~01:00
휴무 화요일 예산 **타파스** 2~3유로 **일반 요리** 10유로부터

🍴 카사 롤라 Casa Lola

다양한 맛의 핀초 즐기기

식당과 상점으로 늘 붐비는 그라나다 거리Calle Granada에 있는 훌륭한 타파스 식당이다. 피카소 미술관에서 멀지 않으며, 낮 12시 반부터 자정까지 논스톱으로 운영된다. 작은 바게트 위에 각종 재료와 소스를 얹어 작은 꼬챙이로 고정시킨 핀초 Pincho가 유명하다. 빵 위에 올라가는 재료가 다양하므로 영어 메뉴판을 보고 입맛에 맞는 것을 고르면 된다. 블랙 푸딩Black pudding이 올라간 핀초도 인기 메뉴 중 하나인데, 블랙 푸딩은 우리나라의 순대와 비슷한 것으로 먹을 만하다. 이베리코 돼지고기 패티가 들어간 작은 햄버거도 이 집의 인기 메뉴다. 그밖에 다양한 메뉴가 있어 취향에 맞게 고를 수 있다.

찾아가기 피카소 미술관에서 도보 1~2분97m
주소 29015, Calle Granada, 46, 29015 Málaga
전화 952 22 38 14 영업시간 12:30~24:00
예산 타파스 2유로부터 홈페이지 tabernacasalola.com

🍴 카사 아란다 Casa Aranda

인생 추로스를 추천하고 싶은

스페인에는 도시마다 유명한 추로스 집 하나씩은 꼭 있다. 카사 아란다는 말라가에서 가장 유명한 추로스 집이다. 말라가 시내 중심의 작은 골목에 있으며, 이 골목을 다 차지할 정도로 규모가 크다. 그래도 언제나 사람들로 북적인다. 금방 튀긴 따끈한 추로스에 핫초콜릿을 찍어 먹으면 짭조름한 추로스와 핫초콜릿의 단맛이 단짠의 조화를 환상적으로 보여준다. 이 집은 다른 추로스 가게들과 다르게 핫초콜릿이 밀크 초콜릿이라는 게 특징이다. 인생 추로스로 꼽는 사람들도 많은 곳이니, 말라가에 간다면 꼭 경험해 보시길.

찾아가기 피카소 미술관에서 세테야 마리아 거리Calle Sta. María 경유하여 도보 9분750m 주소 Herrería del Rey, 3, 29005 Málaga 전화 952 22 28 12 영업시간 08:00~12:30, 17:00~21:00 예산 추로스 3개+핫초콜릿=3.15유로 홈페이지 casa-aranda.net

🍷 안티구아 카사 데 구아르디아 Antigua Casa de Guardia

피카소가 사랑한 와인 바

말라가는 디저트 와인 세리Sherry를 생산하는 곳이다. 안티구아 카사 데 구아르디아는 1840년에 문을 연 말라가의 와인 바이다. 무려 180년의 역사를 자랑한다. 가게를 들어서면 수많은 와인 통과 바 외에는 아무것도 보이지 않아 당황스러울 수 있지만, 그냥 와인을 주문하면 된다. 바에서 간단하게 말라가 와인을 맛볼 수 있다. 피카소도 즐겨 찾은 와인 바로 유명하며, 실내에 피카소의 사진도 걸려 있다. 와인 종류는 수십 가지다. 직원에게 취향을 얘기하면 추천해 준다. 홍합, 조개, 올리브, 새우 등이 들어간 해산물 타파스도 즐길 수 있다. 독특한 풍미의 말라가 와인을 즐길 수 있는 곳으로, 와인을 사랑하는 여행자에게 추천한다.

찾아가기 ❶ 피카소 미술관에서 아라메다 프린시팔Alameda Principal 경유하여 남서쪽으로 도보 10분800m ❷ 알카사바에서 아라메다 프린시팔Alameda Principal 경유하여 남서쪽으로 도보 10분800m 주소 Alameda Principal, 18, 29005 Málaga 전화 952 21 46 80 영업시간 월~목 10:00~22:00 금~토 10:00~22:45 일 11:00~15:00 예산 와인 한 잔 1.2유로부터 홈페이지 antiguacasadeguardia.com

🍽 라 바라 데 사파타 La Barra de Zapata

깔끔하고 맛있는 타파스

작은 골목에 있지만 훌륭한 타파스 레스토랑이다. 와인이나 맥주와 즐길 수 있는 다양한 종류의 타파스와 치즈 요리 등을 판매한다. 워낙 인기 좋은 데다 테이블 수가 많지 않아 예약하지 않으면 자리를 잡기 힘들다. 깔끔하고 맛있는 음식과 친절한 서비스가 이 집의 인기 비결이다. 주인장의 영어 실력이 유창하여 모든 메뉴를 영어로 자세히 설명해 준다. 물론 메뉴 선택을 고민하고 있으면, 추천해 주기도 한다. 맛있는 음식과 서비스, 멋진 분위기까지 갖췄으니 인기가 많을 수밖에 없다. 소시지의 종류인 치스토라Chistorra와 문어 세비체해산물 샐러드가 인기 메뉴이다.

찾아가기 알카사바에서 크리스터 거리Calle Císter 경유하여 도보 6분500m 주소 Calle Salinas, 10, 29015 Málaga 전화 952 64 27 23 영업시간 화~토 13:30~16:00, 19:00~24:00 예산 타파스 5유로부터

🍽 라 레코바 La Recova

저렴하고 맛있는 아침식사 전문 식당

오후 4시까지만 운영하고 아침 식사를 전문으로 판매한다. 평범한 듯하지만 다른 곳에서는 경험할 수 없는 독특한 식사를 제공한다. 안달루시아 지역의 수공예 도자기도 판매하여 분위기가 이색적이다. 벽면에 진열된 도자기와 상품들이 신비롭고 특별한 분위기를 연출해 준다. 직접 만든 그릇과 종지에 다섯 가지 스프레드와 잼을 담아 내온다. 빵과 음료에 과일까지 곁들인 메뉴가 2.5유로이다. 정말 착한 가격이다. 이색적인 분위기에서 특별한 아침을 맞이하고 싶다면 라 레코바를 추천한다.

찾아가기 알카사바에서 세테야 마리아 거리Calle Sta. María 경유하여 도보 10분850m 주소 Pje Ntra. Sra. de los Dolores de San Juan, 5, 29005 Málaga 전화 952 21 67 94 영업시간 월~금 08:30~16:00 토 08:30~12:30 휴무 일요일 예산 2.5유로(아침 식사) 홈페이지 larecova.es

🍴 엘 메렌데로 El Merendero de Antonio Martin
해변의 멋진 레스토랑

말라게타 해변의 분위기 좋은 레스토랑이다. 하얀 외관이 지중해의 주택을 연상시킨다. 인테리어가 편안하면서도 로맨틱해 한층 설레게 한다. 말라게타 해변의 글자 조형물 바로 앞에 있으며, 해변이 시원하게 보이는 멋진 뷰를 자랑한다. 음식, 분위기, 서비스까지 훌륭한 레스토랑이다. 현지인들이 주말에 옷을 차려 입고 가족, 친구들과 식사를 하기 위해 즐겨 찾는다. 영어 메뉴판도 있어 주문은 어렵지 않다. 메인 메뉴는 해산물 요리이고, 소꼬리, 이베리코 돼지고기 등으로 만든 육류 요리도 있다. 타파스 메뉴도 있어 다양한 스페인 음식을 맛보기 좋다. 지중해 바닷가에서 즐기는 만족스러운 식사를 원한다면 이곳을 추천한다.

찾아가기 말라게타 해변에서 도보 1분 주소 Plaza de la Malagueta, 4, 29016 Málaga 전화 951 77 65 02
영업시간 월~토 13:00~16:30, 20:00~24:00 일 13:00~16:30 예산 음료 3잔+요리 3개=47유로 홈페이지 grupogorki.com

🍴 엘 발네아리오 El Balneario-Baños del Carmen
지중해의 멋진 뷰를 가진

그리스의 어느 조용한 바닷가에 있을 법한, 하얀 집에 들어선 멋진 식당이다. 지중해에 대한 환상을 그대로 실현시켜준다. 말라게타 해변에서 조금 떨어져 있지만, 조용하고 한적한 곳에서 바다를 바라보며 여유롭게 식사할 수 있다. 교통도 편리한 편이다. 시내에서 버스를 타면 10분이면 도착하고, 택시를 타더라도 5유로 안팎으로 갈 수 있다. 낮에도 멋진 뷰를 선사하지만, 해질녘 분위기도 끝내준다. 음식도 만족스럽다. 특히 생선구이와 해산물이 유명하다. 음료만 마시며 경치를 감상해도 좋다. 로맨틱한 분위기에서 지중해를 바라보고 있으면 세상 시름은 모두 잊게 된다. 조용히 낭만을 즐기고 싶다면 이곳을 놓치지 마시길.

찾아가기 ❶ 알카사바 부근의 파세오 델 파르케 정류장Paseo del Parque에서 33번 버스 승차하여 아베니다 후안 세바스티안 엘카노 정류장Av. Juan Sebastian Elcano (Cerrado Calderón) 하차, 도보 1분100m ❷ 말라게타 해변에서 N-340 거리 경유하여 동쪽으로 도보 26분(2.1km) 주소 Calle Bolivia, 26, 29017 Málaga 전화 951 90 55 78 영업시간 일~목 08:30~24:00 금·토 08:30~02:30 예산 와인 2잔+요리 4개=70유로 홈페이지 elbalneariomalaga.com

세비야
Sevilla

스페인의 정열을 품다

세비야는 플라멩코와 투우의 고향이다. 안달루시아 지방의 중심 도시이자 세비야 주의 주도이다. 인구는 약 70만 명이고, 마드리드, 바르셀로나, 발렌시아에 이어 스페인에서 네 번째로 큰 도시이다. 로마 시대부터 번창하기 시작하여 8세기 이후엔 이슬람의 지배를 받았다. 대항해 시대 |5~18세기 중반까지 에는 신대륙에서 실어온 보물이 스페인으로 유입되는 통로 역할을 하였다. 내륙에 있는 도시인데도 보물이 들어온 것은 세비야를 가로지르는 과달키비르 강이 바다와 연결되어 있기 때문이었다. 그 덕에 세비야는 부를 축적할 수 있었다.

풍요는 문화와 예술을 발전시켰다. 정열의 춤 플라멩코와 피카소가 흠모한 화가 벨라스케스는 이런 배경 덕에 탄생할 수 있었다. 세비야 대성당은 세계에서 가장 큰 고딕 성당이자 세계 3대 성당 중 하나이다. 그뿐이 아니다. 세비야는 <피가로의 결혼>, <카르멘>, <세비야의 이발사>, <돈 조반니> 등 25개 유명 오페라의 배경 무대이다. 세비야는 유네스코가 선정한 '음악의 도시'이다.

대표 축제 페리아 더 아브릴 축제(4월 말), 세나마 산타 축제(부활절 주간), 플라멩코 축제(9월, 짝수 해)
계절별 최저·최고 기온 봄 10~26도 여름 19~35도 가을 10~30도 겨울 7~18도
스페인 관광청 https://www.spain.info/en
세비야 관광청 http://www.visitasevilla.es/en

🏛 세비야 가는 방법

비행기로 가기 인천공항에서 세비야로 가는 직항 노선은 없다. 스페인이나 유럽의 다른 도시를 경유해서 가게 된다. 마드리드에서 1시간 5분, 바르셀로나에서 1시간 50분, 파리에서 2시간 15분, 런던과 로마에서는 2시간 50분이 소요된다. 유럽의 다른 도시에서 세비야를 갈 경우 저가 항공을 이용하는 것이 편리하다. 저비용 항공사는 이지젯Easyjet, www.easyjet.com, 부엘링vueling, www.vueling.com, 트란사비아Transavia, www.transavia.com 등이 있다. 스카이스캐너www.skyscanner.co.kr를 이용하면 항공권 가격을 비교하여 구매할 수 있다. 세비야 공항은 시내에서 약 10km 떨어져 있다.

■ 공항에서 시내 들어가기
세비야 공항에서 시내로 들어가는 방법은 공항 버스 EA를 이용하는 것과 택시를 이용하는 방법이 있다. 공항 버스는 35분 정도 소요되며, 요금은 4유로이다. 공항 출발 버스는 05:20~01:15까지, 시내 출발 버스는 04:30~00:30까지 운영된다. 공항을 출발한 버스는 산타 후스타 기차역Estacion de Santa Justa, 루이스 데 모랄레스 정류장Luis de Morales, 산 베르나르도역San Bernardo, 카를로스 5세 거리Av. Carlos V, 황금의 탑 앞의 파세오 콜론Paseo Colon을 지나 아르마스 광장Plaza de Armas까지 운행된다.
택시를 이용하면 편리하지만 비용이 많이 든다. 시내까지 15분 소요되며, 요금은 약 25유로 정도이다. 스페인의 택시 앱 마이 택시My Taxi를 이용하면 콜택시를 부를 수 있으며, 요금은 미터기 그대로 적용된다. 첫 사용 시 할인 쿠폰을 적용 받을 수 있다.

기차로 가기 세비야 중앙역은 산타 후스타 기차역Estacion Santa Justa으로 도심에서 북동쪽으로 1.5km 떨어져 있다. 고속열차인 AVE와 일반 열차를 운행한다. 마드리드, 말라가, 그라나다에서 이동할 때 많이 이용한다. 고속열차인 AVE는 마드리드 아토차역에서 세비야 산타 후스타역까지 2시간 30분, 일반 열차로는 그라나다에서 3시간, 말라가에서 2시간 소요된다. 론다에서 세비야까지 기차로 이

©wikimedia, CARLOS TEIXIDOR CADENAS

동할 경우 코르도바Córdoba에서 환승해야 하므로 3시간 이상 걸린다. 기차역에서 시내까지 나가려면 도보로 30분 이상 걸리므로, 기차역 부근의 호세 라구이요 정류장José Laguillo(Estación Santa.Justa)에서 C1 버스를 탑승하여 산 세바스티안 정류장San Sebastian에서 하차하면 된다.
기차역 주소 Av. de Kansas City, 41008 Sevilla 스페인 철도 홈페이지 http://www.renfe.com
인터넷 예매 ❶ http://www.raileurope.co.kr ❷ https://renfe.spainrail.com

버스로 가기 안달루시아 지방은 버스 연결이 구석구석까지 잘 되어 있어 기차보다 버스를 많이 이용하는 편이다. 세비야에는 플라사 데 아르마스 버스 터미널과 프라도 산 세바스티안 버스 터미널이 있다. 스페인 전역을 오가는 알사 버스와 로컬 버스가 운영된다.

❶ 플라사 데 아르마스 버스 터미널 Estación de Autobuses Plaza de Armas

©flickr, Alejandro CT

세비야 시내 서쪽에 있다. 주로 장거리 노선이 운영된다. 알사 버스를 비롯하여 프랑스, 벨기에, 포르투갈 등과 연결되는 국제 노선도 운행된다. 그라나다에서 3시간, 말라가에서 2시간 45분, 마드리드에서 6시간 15분이 소요되며, 포르투갈 리스본에서 6시간 반이 소요된다. 리스본을 오가는 버스는 야간 버스를 많이 이용한다. 터미널에서 대성당으로 나가려면 C1 버스를 타고 파세오 크리스토발 콜론 정류장Paseo Cristóbal Colón에서 하차하면 된다.

터미널 주소 Puente del Cristo de la Expiración el Cachorro, s/n, 41001 Sevilla 인터넷 예매 https://www.alsa.com

❷ 프라도 산 세바스티안 버스 터미널 Estación Prado San Sebastián

©flickr

세비야 시내 남동쪽에 있다. 안달루시아의 소도시들과 연결되는 다양한 회사의 버스가 운행된다. 세비야와 론다를 오갈 때에 주로 이 터미널에서 로스 아마리요스Los Amarillos 회사의 버스를 이용한다. 론다에서 세비야까지 직행 버스는 1시간 45분, 완행 버스는 2시간 45분 소요된다. 터미널에서 세비야 대성당까지는 도보 15분 정도 걸린다. 걷기 부담스러운 경우엔 프라도 데 산 세바스티안역Prado de San Sebastián에서 메트로 센트로트램 T1선을 탑승하여 두 개의 역 지나 아치보 데 인디아스역Archivo de Indias에서 내리면 대성당까지 이동도보 1분, 120m이 가능하다. 메트로 센트로의 프라도 데 산 세바스티안역은 터미널과 바로 연결된다.

터미널 주소 Plaza San Sebastián, 41004 Sevilla 로스 아마리요스 버스 인터넷 예매 https://www.autobusing.com

🏳️ 세비야 시내 교통 정보

주요 명소는 모두 도보로 이동 가능하다. 하지만 숙소 위치에 따라, 혹은 2일 이상 여행할 경우, 버스나 트램을 이용할 수도 있다. 시내 구석구석을 연결해주는 버스가 가장 편리하다. 지하철은 탈 일이 거의 없다. 메트로 센트로트램는 T1선을 많이 이용한다. 프라도 데 산 세바스티안 버스 터미널, 세비야 대성당아치보 데 인디아스역Archivo de Indias, 등을 갈 때 편리하다. 버스 티켓은 1회권과 충전식 교통 카드인 투쌤TUSSAM이 있다. 1회권은 1.4유로로 버스 기사에게 직접 구매하면 된다. 충전식 카드는 환승이 가능한 콘 트란스보르도Con transbordo와 환승이 불가능한 신 트란스보르도Sin transbordo가 있다. 환승이 가능한 카드는 버스 1회 승차시 0.76유로로 차감되고, 환승이 불가능한 카드는 0.69유로가 차감된다. 카드 보증금은 1.5유로이며, 충전은 7유로부터 50유로까지 할 수 있다. 하루 혹은 3일 동안 무제한으로 사용할 수 있는 1일 여행자 패스Turistica 1 dia, 5유로와 3일 여행자 패스Turistica 3 dias, 10유로도 있다. 버스 카드는 가판대 키오스크나 담배를 판매하는 간이 편의점 타바코스Tabacos에서 판매한다. 버스 카드로 트램도 이용 가능하다.

교통센터 홈페이지 https://www.tussam.es

01 세상 최대 고딕 성당, 세비야 대성당 관람

세비야 대성당은 세비야 여행의 필수 코스이다. 고딕 성당으로는 세계에서 가장 크며, 모든 건축양식을 통틀어서는 3번째로 크다. 신대륙을 발견한 콜럼버스1451~1506의 묘가 있으며, 성당 곳곳에 고야를 비롯한 유명 화가들의 명작이 걸려 있어 미술관 분위기도 난다. 실내는 성스러움과 아름다움의 극치를 보여준다.

02 아름다운 세비야 전경 감상하기

세비야는 예쁜 풍경을 가진 도시로 유명하다. 히랄다 탑과 황금의 탑, 메트로폴 파라솔에서 아름다운 모습을 마음껏 감상할 수 있다. 히랄다 탑은 세비야 대성당의 종탑으로, 계단이 아닌 오르막길로 만들어진 통로를 따라 104m 높이의 탑 꼭대기에 오르면 아기자기한 세비야 시내 모습이 한눈에 들어온다. 강변에 있는 황금의 탑 꼭대기에도 전망대가 있다. 산책로와 과달키비르 강이 어우러진 아름다운 모습을 감상하기 좋다. 버섯 모양의 건축물 메트로폴 파라솔 전망대는 세비야 최고의 뷰 포인트로 꼽힌다. 특히 해질녘 풍경이 아름답다.

03 정열의 춤, 플라멩코 즐기기

세비야는 플라멩코의 본고장이다. 공연장도 여러 군데이다. 플라멩코의 역사와 소품을 관람할 수 있는 플라멩코 무도 박물관에 가면 저녁 7시에 혼을 빼앗는 멋진 공연도 관람할 수 있다. 카사 데 라 메모리아는 플라멩코 문화센터이다. 저렴한 비용으로 멋진 공연을 볼 수 있다. 타블라우 엘 아레날은 식사를 하면서 공연을 볼 수 있는 곳이다. 가격은 다소 비싼 편이다. '꽃보다 할배' 출연진이 플라멩코를 관람한 곳이다.

04 인생 타파스 맛보기

세비야에도 맛있는 타파스 집이 많다. 라 브루닐다는 세비야에서 가장 유명한 타파스 레스토랑이다. 푸짐한 타파스를 원한다면 메첼라 레스타우란테를 추천한다. 인기가 많고 규모가 크지 않은 레스토랑이므로 예약하는 게 좋다. 엘 린콘시요는 세비야에서 가장 오래된 타파스 바이다. 대구 튀김, 크로켓, 토르티야, 생선 튀김, 오징어 튀김, 스테이크 등으로 만든 다양한 타파스가 있다. 에슬라바는 세비야 타파스 대회에서 우승을 거머쥔 맛집이다. 미슐랭에서 여러 번 추천하기도 했으며, 독특한 맛과 모양의 타파스는 물론 스페인 전통을 담은 타파스도 판매한다.

🖼 세비야는 어떻게 유명 오페라의 무대가 되었을까?

세비야는 오페라의 도시이다. <카르멘>, <세비야의 이발사>, <피가로의 결혼>, <돈 조반니>, <휘델리오> 등 무려 25개 유명 오페라의 배경이 세비야이다. 오페라는 17~19세기 이탈리아, 독일, 프랑스에서 귀족과 왕족의 예술로 인기를 끌었다. 그런데 왜, 이 나라들과 한참 떨어진 스페인의 남부 도시 세비야가 유명 오페라의 배경 도시가 되었을까? 이유는 이렇다. 세비야를 배경으로 하는 오페라는 하나같이 당시로서는 파격적인 내용을 담고 있었다. 팜므파탈과 바람둥이가 주인공으로 등장하는가 하면, 사회 현실과 지배 계급의 부조리를 비판하는 내용도 많았다. 자유, 저항, 평등, 혁명 등 사회적인 메시지를 담은 내용이 많았기에 자기 나라가 아닌 제3의 나라, 제3의 도시를 배경으로 삼아, 왕실과 귀족의 검열과 탄압을 피해 갔던 것이다.

또 다른 이유는 세비야의 정체성과도 깊이 연결되어 있다. 세비야는 유네스코가 음악의 도시로 선정할 만큼 음악의 뿌리가 깊다. 또 투우와 플라멩코가 상징하듯 자유와 정열이 넘치는 도시이다. 이슬람과 기독교 문화가 공존하는 독특하고 차별적인 도시이기도 하다. 이렇듯 세비야가 품은 매력과 독특한 스토리가 자유와 파격을 지향하는 오페라의 배경지로 안성맞춤이었던 셈이다.

세비야엔 지금도 오페라의 배경이 되었던 곳이 남아 있다. <카르멘>의 무대였던 왕립담배공장인데, 지금은 세비야 대학교 안에 있다. 주인공 카르멘은 담배 공장의 여직원이었다.

🖼 작가가 추천하는 일정별 최적 코스

1일	09:30	알카사르
	12:30	황금의 탑 및 강변 산책
	13:30	점심 식사
	15:00	세비야 대성당 및 히랄다 탑
	17:00	살바도르 성당
	18:00	메트로폴 파라솔
	19:00	플라멩코 관람
	20:30	저녁 식사
2일	09:00	스페인 광장
	10:00	론다 당일 치기
	20:00	세비야로 복귀
	20:30	저녁 식사

세비야 현지 투어 안내 대성당을 포함한 주요 명소 몇 군데를 둘러보는 시내 투어가 있다. 가까운 론다까지 함께 둘러보는 투어도 인기가 많다.

유로 자전거 나라 홈페이지 www.eurobike.kr 대표번호 02-723-3403~5 한국에서 001-34-600-022-578 유럽에서 0034-600-022-578 스페인에서 600-022-578 **굿맨가이드** 홈페이지 www.goodmanguide.com 대표번호 1600-4813 **인디고트래블** 홈페이지 www.indigotravel.co.kr 대표번호 02-516-8277

카사 리카르도

에슬라바

카오티카

엘 린콘시요

메트로폴 파라솔
Metropol Parasol

Calle San Laureano

Calle Alfonso XII

Calle Imagen

카사 테 라 메모리아
Centro Cultural Flamenco
"Casa de la Memoria"

메쳄라
레스타우란테

파고

살바도르 성당
El Divino Salvador

볼라스

파르마시아
델 라 알팔파

조코 세비야

플라멩코 무도 박물관
Museo del Baile Flamenco

라 브루닐다

세비야 공항
산타 후스타 기차역

Calle Adriano

Calle Alemanes

보데가
산타
크루스

타베르나 라 살

이사벨 2세 다리

타블라우 엘 아레날
Tablao Flamenco El Arenal

세비야 대성당
Catedral de Sevilla

관광
안내소

카사 데 라 기타라
Casa de la Guitarra

세라미카 루이스

타블라우 로스 가요스
Tablao Flamenco Los Gallos

알카사르
Patronato Del Real Alcázar
De Sevilla

크루즈 선착장

황금의 탑
Torre del Oro

프라도 산 세바스티안
버스 터미널
Estación Prado San
Sebastián

토치 커피
로스터스

세비야 대학교
(왕립담배공장)

산 텔모 다리
Puente del San Telmo

스페인 광장
Plaza de España

📷 세비야 대성당 Catedral de Sevilla 카테드랄 데 세비야
세계 3대 성당, 콜럼버스 이곳에 잠들다

바티칸의 산 피에트로 대성당, 런던의 세인트 폴 대성당에 이어 유럽에서 세 번째로 큰 성당이자 세계에서 가장 큰 고딕 성당이다. 1987년 유네스코 세계문화유산에 등재되었다. 안달루시아 지방의 대성당들이 대부분 그렇듯 세비야 대성당 자리도 원래는 이슬람 사원이 있던 곳이었다. 세비야는 12세기까지 무어인이 다스렸는데, 가톨릭 교도들이 이 지역을 탈환하였다. 대성당 자리에 있던 이슬람 사원이 1401년까지 성당으로 사용되기도 했다. 이후 가톨릭 교도들은 모스크를 허물고 약 100여 년에 걸쳐 세비야 성당을 건축하였다. 그러나 이슬람의 흔적을 완전히 없애지는 않았다. 오렌지 나무가 늘어서 있는 오렌지 안뜰성당 북쪽과 모스크의 첨탑이었던 히랄다 탑은 지금도 찾아볼 수 있는 이슬람의 흔적이다.

오랜 시간에 걸쳐 건축되어 고딕, 신고딕, 르네상스 양식이 혼재되어 있다. 외관은 고딕 양식이지만 내부로

들어가면 르네상스 양식이다. 성당 남쪽에 있는 정문 산 크리스토발 문Puerta de San Cristóbal을 통해 성당 안으로 들어선다. 정문 가까운 곳에 신대륙을 발견한 콜럼버스의 묘가 있다. 대성당의 실내 분위기는 성스러움과 아름다움의 극치를 보여준다. 곳곳에 고야를 비롯한 유명 화가들의 명화가 걸려 있어 미술관 같은 느낌도 든다. 특히 중앙 제단은 1480년부터 1560년까지 80년에 걸쳐 만든 세계 최대 규모의 제단이다. 폭 18m, 높이 27m에 이르며 황금으로 디테일하게 빚어 놓았다. 제단은 더없이 고혹적인 자태를 보여준다.

찾아가기 ❶ 알카사르에서 트리운포 광장Pl. del Triunfo 경유하여 북쪽으로 도보 2분180m ❷ 살바도르 성당El Divino Salvador에서 프랑코스 거리 Calle Francos 경유하여 남쪽으로 도보 6분550m

주소 Av. de la Constitución, s/n, 41004 Sevilla

전화 902 09 96 92

운영시간 월 11:00~15:30 화~토 11:00~17:00 일 14:30~18:00

휴관 1/1, 1/6, 12/25 입장료 대성당+히랄다 탑=9유로

홈페이지 catedraldesevilla.es

콜럼버스 무덤은 왜 공중에 떠 있을까?

세비야 대성당에는 신대륙을 발견한 탐험가 콜럼버스의 묘가 있다. 무덤이 땅 속에 묻혀 있지 않아 독특하다. 스페인 네 왕국카스티야, 레온, 나바라, 아라곤의 왕들 조각상이 콜럼버스의 묘를 짊어지고 있는데, '죽어서도 스페인 땅을 밟고 싶지 않다.'는 콜럼버스의 유언을 지켜주기 위해 이렇게 만든 것이다. 스페인의 후원을 받으며 승승장구했던 콜럼버스는 왜 그런 유언을 남겼을까? 그는 이사벨 여왕의 후원으로 항해를 시

작하게 됐지만, 신대륙을 발견하고 무역으로 부를 축적하면서 인디언들을 살해하고 노예로 삼는 등 많은 악행을 저질렀다. 그의 탐욕과 잔인함은 스페인 사람들의 미움을 샀다. 좌절에 빠진 콜럼버스는 관절염에 시달리다 사망했고 죽으면서 이 같은 유언을 남겼다. 그의 장례식에는 스페인 왕실에서 아무도 참석하지 않았다.

모스크 첨탑이 대성당 종탑 되다, 히랄다 탑

성당 북동쪽 모퉁이에 있는 탑으로, 대성당의 상징이다. 벽돌로 만들어진 104m 높이의 대성당 종탑은 원래는 이슬람 지배 당시인 1184~1198년 사이에 만들어진 이슬람 사원의 첨탑이었다. 가톨릭 교도들이 대성당을 지으며 첨탑에 종루를 만들어 올리면서 지금의 모습이 되었다. 탑 꼭대기에 있는 풍향계에는 청동으로 만든 여신상으로 장식되어 있다. 꼭대기 전망대에 이르는 길은 계단이 아니라 오르막 길이다. 이슬람 시대에는 당나귀를 타고 첨탑에 올라 이 같은 오르막길을 만들었다고 전해진다. 전망대에 오르면 세비야 시내가 한 눈에 들어온다.

Travel Tip 대성당 관람 팁 3가지

❶ 대성당 입장 티켓으로 살바도르 성당주소 Pl. del Salvador, 41004 Sevilla을 무료로 관람할 수 있다. 대성당의 티켓 구매 줄이 길 경우 살바도르 성당에서 구입하기를 추천한다. 살바도르 성당에서 대성당과의 통합 티켓을 구매하면, 줄을 설 필요 없이 대성당 입장이 가능하다.

❷ 성당 내부-히랄다 탑-오렌지 안뜰 순서로 돌아보면 편리하다.

❸ 성당 입장 시 노출이 심한 옷차림은 자제하자.

 알카사르 Patronato Del Real Alcázar De Sevilla 파트로나토 델 레알 알카사르 데 세비야
미드 '왕좌의 게임'의 촬영지

알카사르는 712년 이슬람 통치자의 요새가 있던 자리이다. 이후 12세기 후반에 이슬람 성채가 다시 지어지기도 했지만, 지금은 그 모습을 찾아볼 수 없다. 이슬람에서 가톨릭 세력으로 지배자가 바뀌면서도 천 년이 넘는 긴 시간 동안 여러 명의 왕들이 이곳에 왕궁과 성채를 지었다. 현재 알카사르의 중심 영역인 돈 페드로 궁전은 14세기에 그라나다의 알람브라 나스르 궁전을 모티브로 하여 지은 것으로, 지금까지도 스페인 왕가의 거처로 사용되고 있다. 유럽에서 실제 왕궁으로 사용되고 있는 가장 오래된 궁이며, 스페인 특유의 이슬람 건축 양식인 무데하르 양식으로 지어진 세비야의 대표적인 건축물이다. 돈 페드로 궁전의 중정인 '소녀의 안뜰'Patio De Doncellas은 알카사르의 하이라이트다. 정교한 회랑으로 둘러싸인 직사각형의 연못에 돈 페드로 궁전 모습이 아름답게 비친다. 왕궁은 기하학적 문양이 들어간 정교한 조각과 타일 등으로 장식되어 있는데, 관리가 잘 되어 여전히 화려하기 그지없다. 돈 페드로 궁전 뒤쪽의 연못과 분수가 있는 정원도 잊지 말고 둘러보자. 알카사르는 미국 드라마 <왕좌의 게임> 시즌 5의 촬영지이기도 하여 드라마 팬들의 발길이 이어지고 있다. 1987년 세비야 대성당과 함께 유네스코 세계문화유산으로 지정되었다.

찾아가기 세비야 대성당에서 트리운포 광장Pl. del Triunfo 경유하여 남쪽으로 도보 2분180m 주소 Pl. del Patio de Banderas, 6, 41004 Sevilla 전화 954 50 23 24 운영시간 10~3월 09:30~17:00 4~9월 09:30~19:00 휴관 1/1, 1/6, 성주간 금요일, 12/25 입장료 11.5유로 홈페이지 alcazarsevilla.org

 황금의 탑 Torre del Oro 토레 델 오로
시원한 강변 풍경을 한눈에

과달키비르 강의 산 텔모 다리Puente del San Telmo 주변에 있는 커다란 탑이다. 원래는 13세기에 이슬람 교도
들이 강을 통과하는 배를 감시하고 통제하기 위해 세운 망루였다. 강 건너편에 똑같이 생긴 '은의 탑'이 있어
두 탑을 쇠사슬로 연결하여 세비야에 들어오는 배를 막았다고 하는데, 현재 은의 탑은 찾아볼 수 없다. 지붕
이 황금 타일로 덮여 있어서, 또는 16~17세기에 신대륙에서 가져온 금을 보관했던 곳이라 황금의 탑이라 불
렸다고 하지만, 확실한 이야기는 아니다. 황금이 아니더라도 아메리카 대륙에서 가져온 전리품들을 보관했
던 곳으로 쓰였던 것은 확실하다. 한때 감옥·예배당·항구 관리 사무소 등 다양한 용도로 사용되기도 했다. 현
재는 탑 안에 해양 박물관이 들어서 있으며, 옥상에 전망대가 있다. 전망대에서는 강과 다리, 산책로가 어우
러진 멋진 강변 풍경을 감상할 수 있다.

찾아가기 대성당에서 라 콘스티투시온 거리Av. de la Constitución 경유하여 남서쪽으로 도보 10분850m
주소 Paseo de Cristóbal Colón, s/n, 41001 Sevilla 전화 954 22 24 19 운영시간 월~금 09:30~18:45 토·일 10:30~18:45
입장료 일반 3유로 학생 1.5유로(월요일 무료 입장)

 ## 메트로폴 파라솔 Metropol Parasol
버섯 모양의 세계 최대 목조 건축

세비야의 버섯이라 불리는 독특한 건축물로, 박물관·상점·전
망대 등이 들어서 있는 복합문화공간이다. 3,400여 개의 목재
로 2004년부터 2011년까지 8년에 걸쳐 세워진 세계 최대의
목조 건축물이다. 건물 부지만 가로 150m, 세로 70m에 달하며
높이는 26m나 된다. 19세기 이곳에는 시장 건물이 있었다. 건
물이 거의 허물어지자 20세기에 들어서면서 지하 주차장을 만
들기 위해 공사를 하다가, 로마 시대와 이슬람 시대의 유적들
을 발견하였다. 사업은 잠시 중단되었지만, 2004년 시에서 다
시 개발 프로젝트를 진행하여 4층짜리 메트로폴 파라솔을 건
축했다. 지하에는 메트로폴 파라솔 부지에서 발견된 로마, 이
슬람 시대의 유적들을 전시하고 있는 고고학 박물관이 들어서
있고, 1층은 상점가이다. 2층은 광장으로 이용되며, 3·4층에는
테라스와 세비야를 한눈에 내려다 볼 수 있는 전망대가 있다.
전망대 위에는 간단히 식사할 수 있는 카페가 있다. 메트로폴
파라솔 입장료에 무료 음료 한잔 이용권이 포함되어 있는데 이
카페에서 사용하면 된다. 전망대는 세비야 최고의 뷰 포인트로
꼽히는 곳이다. 대성당과 히랄다 탑 등 세비야 시내의 아름다
운 전경을 눈에 담을 수 있다. 해질녘에는 황홀한 석양을 감상
할 수 있어 더욱 좋다.

찾아가기 세비야 대성당에서 프란코스 거리Calle
Francos 경유하여 북쪽으로 도보 11분900m
주소 Pl. de la Encarnación, s/n, 41003 Sevilla
전화 954 56 15 12 운영시간 일~목 10:00~23:00
금·토 10:00~23:30 입장료 3유로(음료 한잔 무
료 제공) 홈페이지 setasdesevilla.com

📷 플라멩코 무도 박물관 Museo del Baile Flamenco 무세오 델 바일레 플라멩코
스페인 최고의 플라멩코

세비야에서 멋진 플라멩코 공연을 볼 수 있는 곳이다. 세비야 출신 플라멩코 댄서 크리스티나 호요스에 의해 탄생하였다. 18세기에 지어진 건물 안에 플라멩코의 역사를 비롯하여 플라멩코 거장의 그림과 사진, 다양한 드레스와 소품 등이 전시되어 있다. 이곳의 하이라이트는 플라멩코 공연이다. 매일 오후 5시, 7시, 8시 45분, 10시 15분, 세 명의 댄서와 두 명의 가수, 한 명의 기타리스트가 혼을 빼앗는 멋진 플라멩코 공연을 선보인다. 좌석은 100석에 불과하므로 예약하기를 추천한다. 세비야의 많은 플라멩코 공연장 중에서 가장 인기 있는 곳 이어서, 당일 예약할 경우 자리가 없을 가능성이 높다. 또 좌석이 정해져 있지 않고 선착순으로 입장하므로 좋은 자리를 잡고 싶다면 미리 가서 대기하는 것이 좋다. 공연 내내 댄서들의 땀과 열정이 고스란히 전해진다. 한 시간 남짓 이어지는 공연 시간이 짧게 느껴질 것이다.

찾아가기 메트로폴 파라솔에서 남쪽으로 도보 8분600m, 세비야 대성당에서 북동쪽으로 도보 5분400m
주소 Calle Manuel Rojas Marcos, 41004 Sevilla 운영시간 10:00~19:00 입장료 박물관 일반 10유로 학생 8유로 공연 일 반 22유로 학생 15유로 박물관+공연 일반 26유로 학생 19유로 홈페이지 museoflamenco.com

🇪🇸 또 다른 플라멩코 공연장

카사 데 라 메모리아 Centro Cultural Flamenco "Casa de la Memoria"

플라멩코 문화센터이다. 남녀 무희 각 한 명, 가수, 기타리스트 이렇게 네 명이 멋진 무대를 선사한다. 공연료가 비교적 저렴하다는 장점이 있다. 공연장 규모는 작은 편이며, 좌석은 가로로 길게 배치되어 있다. 지정 좌석제가 아니므로 중앙 자리를 선점하는 것이 좋다.

찾아가기 ❶ 메트로폴 파라솔에서 라라냐 거리Calle Laraña 경유하여 도보 3분 290m ❷ 세비야 대성당에서 쿠나 거리Calle Cuna 경유하여 북쪽으로 도보 10분 800m 주소 Calle Cuna, 6, 41004 Sevilla 공연시간 19:30~20:30, 21:00~22:00 입장료 18유로 홈페이지 casadelamemoria.es

카사 데 라 기타라 Casa de la Guitarra

스페인어로 '기타의 집'이라는 뜻이다. 유명한 플라멩코 기타리스트가 기타 박물관처럼 꾸며 놓았다. 옛 유대인 구역인 산타 크루즈 지역의 18세기 건물 안에 들어서 있으며, 전시된 기타들은 19세기에 만들어진 것들이다. 매일 밤 멋진 기타 연주와 함께 열정적인 플라멩코 공연이 펼쳐진다.

찾아가기 ❶ 알카사르에서 북동쪽으로 도보 4분350m ❷ 대성당에서 마테오스 가고 거리Calle Mateos Gago 경유하여 동쪽으로 도보 3분230m 주소 Calle Mesón del Moro, 12, 41004 Sevilla 전화 954 22 40 93 공연시간 19:30~20:30, 21:00~22:00 입장료 18유로 홈페이지 flamencoensevilla.com

타블라우 엘 아레날 Tablao Flamenco El Arenal

'타블라우'는 플라멩코 무대라는 뜻으로, 이곳은 쇼를 보며 식사할 수 있는 곳이다. 가격은 다소 비싼 편이다. 음료가 무료로 제공되고, 테이블에 앉아 편하게 관람할 수 있다는 장점이 있다. 무희와 가수들이 여러 명이며, 공연 시간은 1시간 반 가량 소요된다. 다채로운 프라멩코 공연을 보고 싶은 이에게 추천한다. TV 프로그램 '꽃보다 할배' 출연진이 플라멩코를 관람했던 곳이다. 찾아가기 ❶ 대성당에서 알미란타즈고 거리Calle Almirantazgo 경유하여 서쪽으로 도보 5분400m ❷ 황금의 탑에서 크리스토발 콜론 거리Paseo de Cristóbal Colón 경유하여 도보 9분700m 주소 Calle Rodo, 7, 41001 Sevilla 전화 954 21 64 92 공연시간 19:30~21:00, 21:30~23:00 입장료 39유로부터 홈페이지 tablaoelarenal.com

타블라우 로스 가요스 Tablao Flamenco Los Gallos

세비야의 대표적인 타블라우 중 한 곳이다. 음료 한 잔이 무료로 제공된다. 모두 10명의 무희, 가수, 기타리스트가 나와 1시간 반 동안 멋진 공연을 펼친다. 오랜 경력을 가진 공연자로만 구성되었다는 자부심이 있는 곳이다.

찾아가기 대성당에서 마테오스 가고 거리Calle Mateos Gago 경유하여 도보 5분400m 주소 Pl. de Sta Cruz, 11, 41004 Sevilla 전화 954 21 69 81 공연시간 20:30~22:00, 22:30~00:00 입장료 35유로 홈페이지 tablaolosgallos.com

©이민정

 스페인 광장 Plaza de España 프라사 데 에스파냐
김태희와 한가인이 CF를 찍은 그곳

스페인에는 도시마다 스페인 광장이라 불리는 곳이 있다. 세비야의 스페인 광장은 그 많은 스페인 광장은 물론, 스페인의 모든 광장 가운데 가장 아름다운 광장으로 꼽힌다. 스페인 광장은 세비야를 대표하는 랜드마크이기도 하다. 광장은 1929년에 만들어졌다. 중남미 제국 박람회를 위해 마리아 루이사 공원을 조성하면서 공원 안에 스페인 광장도 만들었다. 광장을 안고 있는 반원형 건축물은 아르데코 양식과 신 무데하르 양식이슬람 양식이 혼합되어 있다. 웅장하고 아름다운 스페인의 대표적인 건축물이다. 광장 중앙의 커다란 분수대가 웅장함을 더해준다. 이 건물을 배경으로 김태희와 한가인이 휴대폰과 카드사 CF를 촬영하기도 했다. 건물에는 스페인 남부 특유의 화려한 타일로 장식된 58개의 벤치가 있는데, 이 벤치는 스페인의 주요 도시 58개를 상징하는 것이다. 벤치마다 도시 이름과 휘장, 역사, 지도 등을 그림으로 새겨 놓았다. 그 중 바르셀로나 벤치가 가장 인기가 좋다. 건물 앞에 작은 수로가 지나고 있으며 그 위로 아치형 다리 네 개가 놓여 있다. 5유로를 내면 보트를 대여해 수로에서 분위기를 낼 수도 있다. 마차 투어1시간 소요도 가능하다. 마차는 스페인 광장 정문에서 대기하고 있다.

찾아가기 ❶ 프라도 산 세바스티안 버스 터미널Estación Prado San Sebastián에서 그랄 프리모 데 리베라 거리Calle Gral. Primo de Rivera 경유하여 도보 10분850m ❷ 세비야 대성당에서 팔로스 데 라 프론테라 거리Calle Palos de la Frontera 경유하여 도보 17분1.4km 주소 Av de Isabel la Católica, 41004 Sevilla

세비야의 맛집과 숍
Sevilla

🍽️ 보데가 산타 크루스 Bodega Santa Cruz
저렴한 가격에 맛있는 타파스를

대성당 부근에 있는 유명한 타파스 바이다. 빠른 서비스, 저렴한 가격, 괜찮은 음식, 활기찬 분위기를 고루 갖추고 있다. 바 스타일이라 의자가 많지 않으며, 빨리 서서 먹고 떠나는 분위기다. 많은 한국 여행객이 찾기 때문에 직원들은 간단한 한국어는 할 줄 안다. 영어 메뉴판은 없지만 친절한 직원의 도움을 받아 어렵지 않게 주문할 수 있다. 가지 튀김, 돼지고기 안심 구이, 오징어 튀김 등 메뉴는 다양하다. 오전 8시부터 문을 열며, 아침에는 스페인식 전통 아침 식사를 제공한다. 정오부터는 타파스를 맛볼 수 있다.

찾아가기 세비야 대성당에서 도보 2분150m
주소 Calle Rodrigo Caro, 1A, 41004 Sevilla 전화 954 21 16 94
영업시간 08:00~24:00 예산 타파스 2유로 대

🍽️ 타베르나 라 살 Taberna La Sal
세비야의 특급 타파스 맛집

세비야에서 남쪽으로 120km 떨어진 항구 도시 카디스 Cádiz에서 잡아 올린 싱싱한 참치를 공수해와 특별한 타파스를 만들어내는 곳이다. 매년 열리는 세비야 타파스 대회에서의 우승을 비롯해 매년 3위 안에 드는 실력파 맛집이다. 2014년과 2015년 대회에서 우승한 타파스를 맛볼 수 있다. 한국 여행객이 많이 찾지만, 참치 타파스보다는 오늘의 메뉴를 뜻하는 '메뉴 델 디아'Menu del Dia를 주로 선호하여 주인장을 안타깝게 만든다고 한다. 일본의 TV에서 소개되기도 했던 맛있는 참치 타파스 레스토랑이니 꼭 주문해보시길.

찾아가기 세비야 대성당에서 마테오스 가고 거리Calle Mateos Gago 경유하여 도보 6분450m 주소 Calle Doncellas, 8, 41004 Sevilla 전화 954 53 58 46 영업시간 12:00~17:00, 20:00~00:00 예산 타파스 4~5유로 요리 10~20유로 대

🅲 볼라스 Bolas Helados

세비야 최고 아이스크림

세비야는 4월부터 날이 더워지기 시작한다. 볼라스는 세비야의 더위를 날려주는 아이스크림 전문점이다. 다양한 종류의 맛있는 아이스크림을 맛볼 수 있으며, 세비야 최고의 아이스크림으로 칭송을 받고 있다. 친절한 주인 아저씨가 무엇을 먹을까 고민하는 손님에게 다양한 아이스크림을 맛볼 수 있도록 도와준다. 주문한 아이스크림 위에 다른 맛의 아이스크림을 한 스푼 올려주는 센스도 잊지 않는다. 더운 날씨에 지쳤을 땐 세비야 최고의 아이스크림 가게 블라스를 떠올리자.

찾아가기 세비야 대성당에서 도보 7분600m
주소 Nº, Calle Puerta de la Carne, 3, 41004 Sevilla
전화 625 77 80 80 예산 2.5유로부터
홈페이지 bolaspuertadelacarne.com

🍴 파고 Fargo

슬로우 푸드 맛집, 유기농과 비건 음식

세비야에는 유기농 레스토랑이 딱 3곳 있다. 세비야 도심의 골목에 있는 파고는 그 중 한 곳이다. 파고의 셰프는 안달루시아 지방에 여섯 명 밖에 없는 '슬로우 푸드' 협회 멤버 셰프 중 한 명이다. 좋은 재료로 좋은 음식을 만들어내자는 신념으로 요리하는데, '파고'라는 식당 이름은 코엔 형제의 영화 제목 '파고'에서 따온 것이다. 유기농 산업의 '모순'을 발견하고 그 점을 풍자하기 위해 '풍자'의 대가인 코엔 형제의 영화 '파고'를 식당 이름에 사용했다고 전해진다. 파고의 유기농, 비건 요리는 매우 맛이 좋다. 메뉴를 선택할 때 식당 주인이 모든 메뉴를 하나하나 친절하게 설명해준다.

찾아가기 메트로폴 파라솔Metropol parasol에서 도보 4분290m
주소 Calle Pérez Galdós, 20, 41004 Sevilla
전화 955 27 65 52 영업시간 12:30~15:00, 19:30~23:00
예산 10~20유로

🅟 카오티카 Caótica

책도 보고 커피도 마시고

메트로폴 파라솔 부근의 작은 골목 안에 있는 북카
페이다. 얼핏 보기엔 독특한 인테리어의 카페처럼
보이지만 서점이기도 하다. 개인이 운영하는 작은
서점으로, 다양한 문화 행사를 개최한다. 지역 주민
이나 학생, 전 세계의 디지털 노마드들이 모여 있는
문화 교류의 장이라 분위기가 흥미롭다. 1층은 카
페로 운영되어 커피와 맥주, 간단한 음식을 먹을
수 있다. 2층부터 서점이다. 베스트셀러를 비롯하
여 고전과 동화, 소설, 여행·건축·예술 서적 등 다

양한 스페인어 책이 구비되어 있다. 책을 좋아하는 이라면 차를 마시며 현지 분위기를 만끽할 수 있어 좋다.
찾아가기 메트로폴 파라솔에서 엔카르나시온 광장Pl. de la Encarnación 경유하여 도보 3분220m
주소 Calle José Gestoso, 8, 41003 Sevilla 전화 955 54 19 66
영업시간 서점 월~목 10:00~14:00, 17:00~21:00 금 10:00~21:00 카페 월~금 09:00~22:00 토 10:00~21:00

🅟 엘 린콘시요 El Rinconcillo

350년 된 타파스 바

1670년에 문을 연, 세비야에서 가장 오래된 타파스 바
이다. 일단 외관부터 고풍스러워 그 역사가 느껴진다. 돼
지 뒷다리가 주렁주렁 매달려 있는 실내에는 늘 사람들
이 가득하다. 식사 시간에는 워낙 사람이 많아 자리 잡기
가 쉽지 않다. 일단 맥주 한잔을 주문한 후, 수십 가지 타
파스 중에 입맛에 맞을 만한 것으로 골라 보자. 영어 메
뉴판도 존재한다. 대구 튀김, 크로켓, 토르티야, 생선 튀
김, 오징어 튀김, 스테이크 등 다양한 타파스가 있다. 이
베리코 돼지 안심Iberian tenderloin과 소고기 등심Beef top
sirloin이 특히 맛있다.

찾아가기 메트로폴 파라솔Metropol parasol에서 도보 5분400m
주소 Calle Gerona, 40, 41003 Sevilla
전화 954 22 31 83 영업시간 13:00~01:30
예산 타파스 2~3유로 대 홈페이지 elrinconcillo.es

🍴 라 브루닐다 La brunilda

세비야에서 만난 인생 타파스

세비야에서 가장 유명한 타파스 레스토랑이다. 문어 요리,
스테이크, 버섯 리조토, 참치 타타키 등 인기 메뉴가 다양
하다. 하나 딱 고를 수 없을 정도로 모두 맛있다. 덕분에 세
비야 여행자들은 남녀노소 국적 불문하고 모두 이곳으로
모여든다. 오픈 30분 전부터 줄을 서는 것은 기본이다. 세
비야에서 인생 타파스를 만나고 싶다면 브루닐다를 놓치
지 말자. 혹시 너무 줄이 길다면 2분 거리에 있는 레스토
랑 바르톨로메아Bartolomea를 추천한다. 브루닐다의 지점
으로 줄이 비교적 짧은 편이다.

찾아가기 세비야 대성당에서 갈레라 거리Calle Galera 경유하여
도보 10분800m 주소 Calle Galera, 5, 41002 Sevilla
전화 954 22 04 81 영업시간 화~토 13:00~16:00, 20:30~23:30
일 13:00~16:00 휴무 월요일 예산 3~17유로
홈페이지 labrunildatapas.com

🍴 조코 세비야 Restautante Zoko Sevilla

캐주얼 한 일본식 스페인 요리

캐주얼 한 분위기에서 일본 스타일이 가미된 스페인 요리
를 맛볼 수 있는 레스토랑이다. 우리 입맛에 잘 맞는 요리
가 많아 좋다. 스페인에서는 보통 음료를 주문하면 올리브
가 무료로 나오는데, 이곳 올리브는 정말 맛이 좋다. 요리
도 만족스럽다. 매운 향신료와 느끼함에 지쳤을 때 이곳
음식을 먹으면 입맛이 살아난다. 현지인들이 특별한 분위
기를 내고 싶을 때 즐겨 찾는 레스토랑으로 손꼽힌다. 금
요일 저녁이나 주말에는 예약을 추천한다.

찾아가기 ❶ 타파스 집 라 브루닐다에서 도보 3분240m ❷ 대성당
에서 파스터 이 란데로 거리Calle Pastor y Landero 경유하여 도보
12분950m 주소 Calle Marqués de Paradas, 55, 41001 Sevilla
전화 954 96 31 49 영업시간 13:00~00:30
예산 요리 3가지+와인 3잔=39유로 홈페이지 restaurantezoko.com

🍴 메첼라 레스타우란테 Mechela Restaurante

트립어드바이저 상위 랭크, 타파스지만 푸짐해!

세비야 최고 타파스 식당 중 한 곳이다. 세계 최대 여행 사이
트 트립어드바이저에서 선정한 세비야 맛집 중 늘 상위권
을 유지한다. 현대적이면서 아늑한 분위기에서 보기만 해
도 군침이 도는 요리를 즐길 수 있다. 맛은 두말할 것 없으
며, 타파스를 주문해도 푸짐한 한끼 요리가 나온다. 샐러드,
해산물, 고기, 리조토 등 다양한 메뉴가 있다. 일부 메뉴는
적은 양으로 주문할 수 있어 혼자서 방문해도 부담이 없다.
인기가 많고 규모가 크지 않은 레스토랑이므로 예약을 추
천한다. 세비야에 두 군데 식당을 운영 중이다.

바이렌 점 찾아가기 살바도르 성당El Divino Salvador에서 리오하
거리Calle Rioja와 바이렌 거리Calle Bailén 경유하여 도보 8분700m
주소 Calle Bailén, 34, 41001 Sevilla 전화 955 28 94 93 영업시간
화~토 13:45~16:00, 20:30~24:00 **월** 20:30~23:45 휴무 일요일 예산 4~7유로 홈페이지 mechelarestaurante.es
아레날 점 찾아가기 대성당에서 아르페 거리Calle Arfe 경유하여 도보 7분600m 주소 Calle Pastor y Landero, 20, 41001
Sevilla 전화 955 28 25 66 영업시간 **화~토** 13:45~15:45, 20:30~00:00 **일** 13:45~16:00 휴무 월요일

☕ 토치 커피 로스터스 Torch Coffee Roasters

세비야 강변의 분위기 좋은 카페

세비야 강변 황금의 탑에서 도보 2분 거리에 있는 분위기가
현대적인 카페다. 깔끔하고 모던하면서 아늑하여 잠시 쉬어
가기 안성맞춤이다. 커피 맛도 훌륭하다. 노트북으로 일하는
디지털 노마드들이 즐겨 찾는다. 머핀, 케이크, 토스트 등 간
단한 요기거리도 있다. 와이파이를 사용하려면 직원에게 번
호를 받아야 하며, 1시간 사용할 수 있다. 미국에도 지점이 있
으며, 직접 로스팅 한 커피빈도 판매한다. 맛있는 커피와 빵
을 멋진 분위기에서 즐기길 원한다면 토치 커피를 추천한다.

찾아가기 ❶ 황금의 탑Torre del Oro에서 도보 2분200m ❷ 메트로
푸에르타 데 헤레즈역Puerta de Jerez에서 세비야 강 방향으로 도
보 2분170m ❸ 버스 03번 파세오 콜론 정류장Paseo Colon(Jardines
Cristina)에서 하차, 도보 1분38m ❹ 버스 40, 41번 파세오 데 라스 델
리시아스 정류장Paseo de Las delicias(Almirante Lobo)에서 하차, 바
로 앞 주소 Ave. Paseo de las Delicias, 3, 41001 Sevilla
영업시간 **월~금** 09:00~20:00 **토·일** 10:00~20:00 예산 1.5유로부터 홈페이지 torchcoffee.com

에슬라바 Bar-Restaurante Eslava

타파스 대회에서 우승을 거머쥔

세비야의 대표 맛집 가운데 하나이다. 미슐랭에서 여러 번 추천하기도 했으며, 다른 곳에서 보기 힘든 독특한 맛과 모양의 타파스를 즐길 수 있다. 스페인의 전통을 담은 타파스도 판매한다. 세비야 타파스 대회에서 우승을 거머쥐기도 했다. 가장 인기가 많은 메뉴는 2013년 타파스 대회에서 3위를 차지한 담배 모양 타파스인 시가로 파라 베케르Cigarro para Becquer이다. 푸아그라를 올린 타파스, 하몽, 로즈마리 허니 글레이즈를 바른 돼지갈비 등도 있다. 인기가 많은 곳이므로 식사 시간을 피해 가길 추천한다.

찾아가기 메트로솔 파라솔Metropol parasol에서 도보 12분1km
주소 Calle Eslava, 3, 41002 Sevilla, 스페인 전화 954 90 65 68
영업시간 화~토 12:30~00:00 일 12:30~17:00
예산 타파스 2~3유로 대 홈페이지 espacioeslava.com

카사 리카르도 Casa Ricardo

세비야에서 가장 맛있는 하몽

세비야에서 가장 맛있는 하몽을 맛볼 수 있는 곳이다. 관광지에서 조금 벗어난 세비야 도심 북쪽 외진 골목에 있어, 현지인들만 아는 숨은 보석 같은 맛집이다. 가격은 관광지에 비해 저렴하고 음식 맛은 훨씬 좋다. 하몽에도 등급이 있는데, 5스타에 해당하는 5J신코 호따 Cinco Jota 등급 하몽을 꼭 맛보기를 추천한다. 카사 리가르도는 1985년 문을 연 뒤 가족이 경영해오고 있으며 최고의 전통 타파스도 맛볼 수 있다. 타파스 메뉴는 따로 없다. 고기, 생선 등 선호하는 재료를 얘기하면 적당한 요리를 추천해준다. 생선 꼬치와 크로켓, 안심 스테이크솔로미요 Solomillo 등이 맛이 좋다.

찾아가기 메트로폴 파라솔Metropol parasol에서 도보 12분1km
주소 Calle Hernán Cortés, 2, 41002 Sevilla 전화 954 38 97 51
영업시간 화~토 13:00~16:30, 20:00~00:30 일 13:00~16:30
예산 타파스 2~3유로 홈페이지 casaricardosevilla.com

🛍️ 세라미카 루이스 Ceramica RUIZ

알록달록 예쁜 타일, 접시, 그릇, 컵

스페인의 안달루시아 지역을 여행하면서 기념품으로 빼놓을 수 없는 것이 알록달록한 세라믹 제품이다. 대개 기념품 가게에서는 대량으로 만들어진 제품을 많이 파는데, 이곳에서는 다른 곳에서 흔히 볼 수 없는 타일, 접시, 그릇, 컵, 장식품, 마그넷 등 다양한 종류의 세라믹 제품을 만나볼 수 있다. 고를 때 친절한 주인장이 성심 성의껏 도와주고 설명해준다. 뽁뽁이 포장지로 꼼꼼하게 포장까지 해주니 깨질까 염려하지 않아도 된다.

찾아가기 타파스 집 브루닐다La brunilda에서 과달키비르 강 위의 이사벨 2세 다리Puente de Isabel II 건너 도보 9분700m
주소 Calle San Jorge, 27, 41010 Sevilla
전화 955 18 69 41 영업시간 10:00~21:00
홈페이지 ceramicaruiz.es

🛍️ 파르마시아 델 라 알팔파 Farmacia del la Alfalfa

마티덤 앰플을 저렴한 가격에

세비야 쇼핑 리스트에서 빼놓을 수 없는 것이 마티덤Marti Derm의 앰플 화장품이다. 이곳은 마티덤의 화장품을 가장 저렴하게 판매하는 약국으로 알려져 한국인들에게 유명하다. 한국어로 된 안내문도 있어 쇼핑하기 편리하다. 피부 타입과 기능에 따라서 다양한 앰플을 구입할 수 있다. 비타민과 수분 공급 등으로 피부 개선에 도움이 된다고 알려져 있어 인기가 많은 제품들이다. 스페인 다른

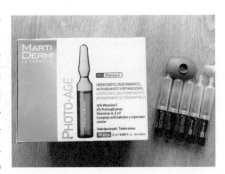

도시는 물론 세비야에서도 저렴하게 판매하는 약국으로 꼽히는 곳이니, 세비야를 여행할 계획이라면 들러 보자.

찾아가기 ❶ 플라멩코 무도 박물관에서 루차나 거리Calle Luchana 경유하여 북쪽으로 도보 3분220m ❷ 메트로폴 파라솔에서 남쪽으로 도보 5분400m 주소 Pl. de la Alfalfa, 11, 41004 Sevilla 전화 954 22 64 47 영업시간 09:30~22:00
홈페이지 farmaciaalfalfa.com

론다
Ronda

헤밍웨이의 도시. 절벽 도시라 더 아름답다

스페인 남부 안달루시아 지방 말라가 주에 있는 해발 750m의 절벽 도시이다. 말라가에서 서북쪽으로 100km 정도 떨어져 있다. 약 3만 5천 명이 사는 소도시이지만 아름다움은 어느 도시에 뒤지지 않는다. 론다는 자연이 만든 아름다움과 인간이 창조한 문명이 절묘하게 어우러져 있다. 과달레빈 강Río Guadalevin이 흐르는 타호 협곡티 Tajo Canyon이 도시를 둘로 나누어 준다. 협곡 북쪽이 신시가이고 남쪽이 구시가이다. 신시가와 구시가는 120m 협곡 위에 놓인, 보기만해도 아찔한 누에보 다리가 연결해준다. 론다는 한때 고대 로마의 지배를 받았고, 8~15세기엔 무어인이 다스렸다. 지금도 그 흔적이 론다의 스토리를 전해준다. 헤밍웨이는 론다에서 <누구를 위하여 종은 울리나>를 집필하였다. 지금도 그가 산책하던 길이 남아 있다. 그는 론다를 '연인과 로맨틱한 시간을 보내기 좋은 곳'이라고 극찬했다.

대표 축제 투우 축제(9월 초)
계절별 최저·최고 기온 봄 13~24도 여름 20~32도 가을 14~29도 겨울 10~20도
홈페이지 www.turismoderonda.es/es

🇪🇸 론다 가는 방법

❶ 마드리드에서 아토차 역에서 초고속열차AVE로 4시간 걸린다. 론다 기차역에서 시내 중심의 누에보 다리까지는 카레라 에스피넬 거리Carrera Espinel 경유하여 남동쪽으로 도보 16분1.2km 걸린다.

인터넷 예매 ❶ http://www.raileurope.co.kr ❷ https://renfe.spainrail.com
❸ http://www.renfe.com

©wikimedia_Zarateman

❷ 세비야·말라가에서 세비야Estación Prado San Sebastián와 말라가에서 로스 아마리요스Los Amarillos 회사의 버스를 타면 된다. 말라가에서는 2시간, 세비야에서는 직행 1시간 45분, 완행 2시간 45분 소요된다. 티켓을 구매하지 못했다면 버스에 타서 기사에게 구매하면 된다. 론다 버스 터미널에서 누에보 다리까지는 남쪽으로 도보 13분900m이 소요된다. 인터넷 예매 https://www.autobusing.com

론다 시내 교통 도시가 작고 명소가 가까운 거리에 있어 걷는 게 더 편하다. 가까운 곳은 5분, 아무리 멀어도 걸어서 20분 안팎이면 명소, 맛집, 기차역, 버스 터미널, 숙소 등 어디든 갈 수 있다.

🚌 론다, 이렇게 돌아보자

누에보 다리 도보 4분, 240m **론다 투우장** 도보 3분, 200m **론다 전망대** 도보 3분, 200m **헤밍웨이 산책로** 도보 13분, 950m **알모카바르 성문**

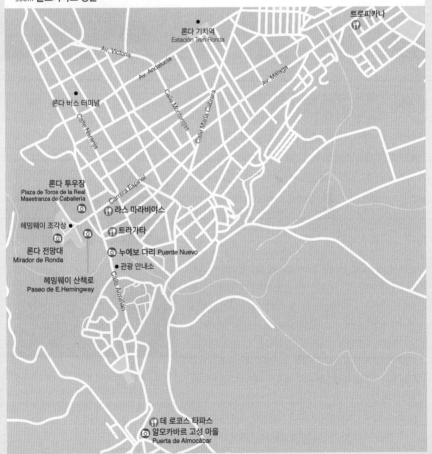

 누에보 다리 Puente Nuevo 푸엔테 누에보
'꽃할배'에서 만난 그 절경

론다는 절벽 위의 도시다. 해발 750m에 위치해 있으며, 온통
협곡과 험준한 산으로 이루어져 있다. 누에보는 120m 깊이의
타호 협곡 위에 놓인 아름다운 다리다. 이 다리가 론다의 구시
가와 신시가를 이어준다. 아래로는 과달레빈 강Río Guadalevín
이 그림처럼 흐른다. 1751년 짓기 시작하여 약 40년 만에 완공
하였는데, 당시 지어진 다리 중 가장 늦게 만들어져 '새로운 다
리'라는 뜻을 담아 '누에보 다리'라 불리고 있다. 다리 위나 아
래에서 보는 뷰 뿐 아니라 멀리서 바라볼 때도 입이 떡 벌어지
는 장관이 펼쳐진다. 스페인 남부 안달루시아 지방에서 가장
장엄한 경관이다. TV 프로그램 〈꽃보다 할배〉에 소개된 후 더
욱 유명해졌다. 다리 앞 스페인 광장Plaza España 주변에 카페나
레스토랑이 올망졸망 들어서 있어 여유로운 시간을 보내며 누
에보의 멋진 절경을 즐길 수 있다. 이 절경을 제대로 즐기고 싶
다면 협곡 아래로의 트래킹을 추천한다. 다리 건너 오른쪽 길
로 접어들면 나오는 마리아 아욱실리아도라 광장Plaza de María
Auxiliadora에서 시작해 협곡 아래로 내려가다 보면 다리 위에
서 본 풍경과 또 다른 멋지고 웅장한 절경을 감상할 수 있다.

찾아가기 ❶ 론다역Estación Tren Ronda에서 도보
16분1.2km ❷ 론다 버스터미널Estación de Autobus-
es에서 도보 13분900m ❸ 헤밍웨이 산책로에서 도
보 4분 주소 Calle Armiñán, s/n, 29400 Ronda,
Málaga

Wikimedia, Michal Osmenda

론다 투우장 Plaza de Toros de la Real Maestranza de Caballería de Ronda
세상에서 가장 아름다운 투우장

"전통이다." "아니다. 동물 학대다." 투우는 논란이 많은 스포츠
이지만, 스페인에서 만큼은 국가의 기예로 지정된 대표적인 전
통 오락이다. 안달루시아 지방은 스페인을 투우의 나라로 만든
곳인데, 그 중 론다는 투우의 발상지로 꼽히는 도시다. 론다 투우
장은 1785년에 건립된 스페인에서 가장 오래된 투우장 중 하나
이다. 1993년 국가문화기념물로 지정되었다. 투우 경기가 열리
는 날은 드물지만, 여행객들은 입장료만 내면 바로크 양식으로
지어진 아름다운 투우장을 둘러볼 수 있다. 투우장은 지름 66m
의 원형으로, 최대 6천 명을 수용할 수 있다. 어마어마한 크기는
보는 이를 압도한다. 투우장 안에 박물관도 있다. 투우사들의 사
진과 의상, 투우 관련 그림이나 포스터 등을 통해 투우의 역사를
한눈에 볼 수 있다. 론다에서는 9월 초에 투우 축제가 열린다. 길
거리에서 전통 복장을 입은 사람들의 다양한 퍼레이드가 이어지
고, 투우장선 투우 경기도 열린다.

찾아가기 ❶ 누에보 다리Puente Nuevo에서 아르미난 거리Calle Armiñán 경유하여 도보 4분240m ❷ 론다 전망대에서 블라스
인판테 거리Paseo Blas Infante 경유하여 도보 3분200m 주소 Calle Virgen de la Paz, 15, 29400 Ronda, Málaga
전화 952 87 41 32 운영시간 11~2월 10:00~18:00 3월·10월 10:00~19:00 4~9월 10:00~20:00 입장료 7유로

 ## 헤밍웨이 산책로와 론다 전망대 Paseo de E.Hemingway & Mirador de Ronda
협곡 앞에서 만난 헤밍웨이

스페인 광장은 신시가지에서 누에보 다리로 가기 전에 있다. 진행 방향에서 광장 오른쪽으로 가면 절벽의 멋진 모습을 한눈에 담을 수 있는 스페인 국영 호텔 파라도르Parador de Ronda가 있다. 누에보 다리에서 이 호텔에 이르는 길은 헤밍웨이가 협곡의 절경을 바라보며 산책하던 길로 유명하다. 헤밍웨이는 유럽 곳곳에 흔적을 남겨 여행의 즐거움을 더해준다. 론다도 그 중 하나로, 헤밍웨이는 이곳을 '연인과 로맨틱한 시간을 보내기에 가장 좋은 곳'이라고 극찬했다. 그는 론다에서 스페인 내전을 배경으로 한 소설 『누구를 위하여 종은 울리나』를 집필했다. 이 작품에는 파시스트가 병사들을 절벽 아래로 내던지는 장면이 나오는데, 이는 론다에서 실제로 일어난 사건을 소설화한 것이다. 또한 소설이 잉글릿드 버그만 주연의 영화로 제작되면서 일부는 론다에서 직접 촬영되기도 했다. 헤밍웨이 산책로를 지나 이어지는 길을 따라 걷다 보면 알라메다 델 타호 공원Alameda del tajo이 나온다. 론다 전망대가 있는 곳으로, 공원 입구에는 헤밍웨이의 동상이 세워져 있다. 공원의 푸른 녹음을 만끽하며 절벽 끝에 다다르면 론다 협곡의 멋진 절경을 품에 안을 수 있다. 많은 여행객들은 멋진 풍경을 눈에 담기 위해 론다 전망대를 찾는다. 독일의 시인 릴케도 론다의 절경을 노래했다.

Travel Tip 파라도르 호텔 테라스도 론다의 절경을 감상하기 좋은 곳이다. 호텔 테라스에서 커피 한잔 하며 당신의 여행에 쉼표를 찍어도 좋겠다.

찾아가기 누에보 다리에서 도보 5분300m
주소 Paseo Blas Infante, 1, 29400 Ronda, Málaga

📷 알모카바르 고성 마을 Puerta de Almocábar 푸에르타 데 알모카바르
성벽 마을로 떠나는 특별한 여행

누에보 다리 남쪽, 론다 구시가지 중심부엔 13세기에 지어진 이슬람 성문과 성벽이 있다. 이곳의 알모카바르 성벽은 13~15세기 이슬람 건축 양식이 고스란히 남아있는 유적이다. 구시가지 일부를 감싸고 있는 이 성벽에는 알모카바르 성문과 16세기 건축한 카를로스 5세의 성문을 포함해 모두 세 개의 성문이 있다.

성벽 안에는 작은 집과 식당이 옹기종기 들어서 있으며, 르네상스 스타일의 건축도 찾아볼 수 있다. 식당과 카페에선 성으로 둘러싸인 성벽 마을의 이국적인 풍경을 즐기며 간단한 식사나 맥주, 커피를 즐길 수 있다. 잊지 말고 성벽 마을 음식점을 찾아보시라. 여행이 더욱 특별해지는 느낌이 들어 당신의 마음이 충만해질 것이다. 훌륭한 타파스 바 데 로코스 타파스De locos tapas를 추천한다.

───────────

찾아가기 누에보 다리 건너 남쪽 구시가지로 도보 10분

주소 s/n, Plazuela Arquitecto Francisco Pons Sorolla, 29400 Ronda, Málaga 전화 952 18 71 19

론다의 맛집
Ronda

🍴 라스 마라비야스 Restaurante Las Maravillas

언제나 문을 여는 현지인 맛집

론다 중심부, 투우장 동쪽 카레라 에스피넬 거리Carrera Espi-nel에 있는 제법 큰 레스토랑이다. 많은 식당이 문을 열기 전인 오전 11시 반쯤 문을 연다. 다른 식당이 문을 닫는 월요일, 시에스타 시간, 연휴 시즌까지 언제든 영업을 하여 이용하기 편리하다. 메뉴가 너무 다양해 음식이 별로일 수도 있다는 편견은 이곳에선 통하지 않는다. 오히려 언제나 만족스러운 식사를 할 수 있어 고맙기까지 하다. 현지인들도 즐겨 찾는 맛집으로, 타파스부터 해산물과 육류 요리, 파스타까지 다양하게 즐길 수 있다. 양도 푸짐하며 가격 또한 합리적이다.

찾아가기 누에보 다리에서 도보 4분230m
주소 Carrera Espinel, 3, 29400 Ronda, Málaga
영업시간 11:30~23:30 예산 8~15유로

🍴 트라가타 Tragatá

아시안 스타일 요리

누에보 다리 인근, 스페인 광장 옆 누에바 거리Calle Nueva에 있는 작지만 멋진 레스토랑이다. 스페인 남부 느낌이 물씬 풍기는 조명과 밝은 분위기가 인상적이며, 다른 곳에서는 맛보기 어려운 독특하고 창의적인 타파스를 맛볼 수 있어 좋다. 셰프인 베니토 고메즈는 10년 넘게 이 식당을 이끌어오면서 차별화를 위해 늘 노력했다. 아시안 스타일이 가미된 요리가 많아 우리 입맛에도 아주 잘 맞는다. 오징어 튀김과 매콤한 마요네즈 소스가 들어간 샌드위치는 이 집의 인기 메뉴다. 특히 식당 직원들이 추천하는 매콤한 소스로 요리된 돼지고기를 상추에 싸먹는 타파스는 독특하고 맛도 훌륭하다.

찾아가기 누에보 다리에서 도보 2분
주소 Calle Nueva, 4, 29400 Ronda, Málaga 전화 952 87 72 09
영업시간 화~토 13:15~15:45, 20:00~23:00 일 13:15~15:45
휴무 월요일 예산 타파스 2~3유로 대 홈페이지 tragata.com

🍴 데 로코스 타파스 De locos tapas

독창적이고 새로운 타파스

누에보 다리에서 도보로 10분 정도 거리의 무어인 성벽
안에 있는 작은 타파스 식당이다. 타파스만 판매하는데
주기적으로 메뉴가 바뀐다. 보통 15개 정도의 타파스가
있는데, 하나를 맛보고 나면 너무 맛있어서 나머지 메뉴
도 모두 맛보고 싶어진다. 다양한 도시에서 요리를 배운
셰프의 요리라 독창적이고 새로워 모든 사람의 입맛에
잘 맞는다. 그날 들어온 신선한 재료만 사용하는데, 밤
늦게는 재료가 소진되어 맛보지 못할 수도 있다. 식사 피
크 시간에는 예약을 추천한다.

찾아가기 누에보 다리에서 도보 10분800m

주소 Plazuela Arquitecto Francisco Pons Sorolla, 7, 29400
Ronda, Málaga 전화 951 08 37 72

영업시간 화~토 13:00~16:00, 19:30~23:00 월 19:30~23:00

홈페이지 de-locos-tapas.com

🍴 트로피카나 TROPICANA

론다 최고 맛집, 한국인 환영!

세계 최대 여행 사이트 트립어드바이저에서 론다의 식당
1위 자리를 지키고 있는 맛집이다. 3대를 이어 운영해오
고 있으며, 분위기는 깔끔하고 아늑하다. 말라가 거리와
아시니포 거리Av. Málaga & Calle Acinipo가 만나는 지점에 있
다. 중심부에서 도보로 10분 정도 걸리지만 맛있는 식사
를 원한다면 방문해 볼 만하다. 론다는 한국인이 워낙 많
이 찾는 도시로 유명한데, 트로피카나는 한국인 여행객
들의 성지와도 같은 맛집이다. 주인장은 한국인이 주로
주문하는 메뉴를 훤히 꿰고 있으며, 간단한 한국어까지
동원하여 친절한 서비스를 제공한다. 인기 메뉴는 이베
리코 돼지고기 요리, 소꼬리 페스츄리, 문어 요리 등이다.

찾아가기 버스터미널에서 도보 13분, 누에보 다리에서 도보 18분

주소 Av. Málaga & Calle Acinipo, s/n, 29400 Ronda, Málaga

전화 952 87 89 85 영업시간 목~토 12:30~15:30, 19:30~22:30
수·일 12:30~15:30, 19:30~22:00 휴무 월·화

예산 음료 2잔+요리 3개 44유로

포르투갈
Portugal

———

사랑스러운. 너무나 사랑스러운!

포르투갈 여행 준비편
포르투갈 여행 실전편

포르투갈 여행
준비편

포르투갈 여행 기본 정보

포르투갈 관광청 www.visitportugal.com/en

01
포르투갈 가는 방법

❶ 경유편으로 가기

인천공항에서 포르투갈로 가는 직항 노선이 없다. 마드리드나 바르셀로나, 파리, 런던, 로마 등을 경유해서 리스본이나 포르투로 갈 수 있다. 대한항공, 에어프랑스, 알이탈리아, 루프트한자를 이용해 1회 경유하여 갈 수 있다. 소요 시간은 16시간 안팎이지만 경유지 대기 시간에 따라 차이가 날 수 있다.

❷ 유럽 여행지에서 가기

유럽을 여행하다가 다른 도시에서 갈 수도 있다. 유럽에서 포르투갈로 갈 때는 저비용 항공으로 이동하는 것이 편리하다. 이지젯www.easyjet.com, 부엘링www.vueling.com, 트란사비아www.transavia.com, 라이언에어 www.ryanair.com 등이 있다. 스카이스캐너www.skyscanner.co.kr를 이용하면 항공권 가격을 비교하며 구매할 수 있다.

02
입국 수속하기

포르투갈 입국 수속은 특별한 게 없다. 입국 신고서도 없다. 비행기에서 내리기 직전 여권과 본인 확인을 하는 경우가 종종 있지만, 공항 입국 심사는 어려울 것이 전혀 없다. 본인 확인 후 그냥 웃어주거나 입국 목적을 묻는 정도이다, 아무 말 없이 여권에 도장을 찍어주기도 한다. 입국 수속을 마치면 짐을 찾아 바로 게이트로 나가면 된다.

03
구글 번역 앱 활용하기

식당, 숙소 이용시 의사소통이 되지 않을 땐 구글 번역기를 활용하자. 번역하고자 하는 말을 적어 넣거나 말로 입력하면 번역해준다. 음성 번역도 해준다. 한국어, 포르투갈어 등 98개 국어를 지원한다. 완벽하진 안지만, 의사소통이 되지 않을 경우 요긴하게 사용할 수 있다.

translate.google.com

04
전화 걸기

포르투갈 국가 번호는 351이다. 한국에서 국제 전화를 걸 때는 001, 00700등 국제전화 접속번호와 국가번호 351을 누른 다음 책에 표기된 전화번호를 누르면 된다. 유럽의 다른 국가에서 전화 걸 때는 00과 국가번호 351을 누른 다음 전화번호를 누르면 된다. 현지에서 맛집, 명소 등에 전화 걸 때는 전화번호만 누르면 된다.

예시)전화번호가 21 887 5077일 경우

국내에서 001-351-21-887-5077

스페인에서 00351-21-887-5077

포르투갈에서 21 887 5077

05
여권 분실시 대처법

여권을 분실하면 리스본 한국대사관에서 단수 여권을 발급받자. 여권을 재발급 받으려면 경찰서에서 발행한 분실 신고서, 신분증, 여권용 사진 2매가 필요하다. 접수하면 당일 발급된다.

포르투갈 대한민국 대사관

찾아가기 메트로 레드 라인과 옐로 라인 살다냐역Saldanha에서 북쪽으로 도보 4분

주소 Av. Miguel Bombarda 36-7, 1051-802 Lisboa

이메일 embpt@mofa.go.kr

업무시간 월~금 09:00~12:30, 14:00:17:30

긴급 연락처 21-793-7200(업무시간), 91-079-5055(업무시간 외)

외교통상부 영사콜센터 www.0404.go.kr 국제전화 00-800-2100-0404

포르투갈 한눈에 보기

포르투갈   스페인

포르투

포르투갈 북부 도루 강 하구에 자리잡은 언덕 위의 항구 도시다. 리스본에 이어 포르투갈 제2의 도시이다. 빈티지 도시답게 곳곳에 낭만이 배어 있다. 포트 와인과 해리포터의 도시로도 유명하다.

신트라

리스본에서 북서쪽으로 28km 거리에 있는 아름다운 전원 도시. 리스본의 당일치기 근교 여행지로 꼽힌다. 도시 자체가 세계문화유산이다. 신트라 궁, 페나 국립 왕궁, 무어인의 성 등이 아름답다.

호카 곶

유럽, 더 나아가 유라시아 대륙의 서쪽 끝이다. 신트라에서 17km 거리에 있으며, 땅끝 마을의 낭만을 느낄 수 있다. 해질녘 바다로 떨어지는 석양을 보고 있으면 울컥, 감정 덩어리가 올라온다.

리스본

포르투갈의 수도이자 가장 큰 도시이다. 테주 강 하구에 있는 항구 도시로 언덕이 많아 풍경이 아름답다. 붉은 지붕과 테주 강이 펼쳐진 풍경은 그림처럼 아름답다.

포르투갈 미리 알기

포르투갈의 시작과 이슬람의 지배

포르투갈 민족도 스페인과 마찬가지로 기원전 7세기경 켈트족이 이베리아 반도로 이주해 오면서 시작되었다. 켈트족은 이베리아 원주민과 혼혈을 이루며 살았다. 기원전 2세기부터 600여 년간 로마의 지배를 받았으며, 로마가 쇠퇴한 후 5세기 초부터는 서고트족이 포르투갈에 자리 잡으면서 라틴 문화의 근간을 이루었다. 711년 북아프리카의 아랍 군사 온 7천여 명이 지중해를 건너 지브롤터에 상륙했다. 이때부터 이베리아 반도는 점차 이슬람의 지배를 받기 시작했다. 이에 대항하여 이베리아 반도의 가톨릭 왕국들은 영토를 되찾기 위해 레콩키스타 운동국토회복운동을 벌여 나갔다. 1093년 이 과정에서 포르투스 칼레 백작령이 만들어진다. 포르투스 칼레 백작령이란 알폰소 6세카스티야·레온 연합 왕국의 왕가 지목한 백작 앙리 드 부르고뉴에게 가톨릭의 영토로 남아 있는 브라가와 포르투 등 포르투갈 북부에 해당하는 지역을 지배하도록 하는 것으로, 이 백작령에서 포르투갈이 시작되었다. 1139년 부르고뉴의 아들인 엔히크가 포르투갈 왕국을 선포하였다. 당시의 거점 도시 포르투의 라틴어 이름 포르투스 칼레에서 나라 이름을 따왔다. 1249년 이슬람 세력을 완전히 축출한 뒤 남쪽으로 영토를 확장하여 오늘날의 포르투갈 국경이 형성되었다.

대항해 시대의 영광과 대지진의 비극

포르투갈은 15세기 대항해 시대의 문을 연 주역이다. 포르투갈의 항해가 바스쿠 다 가마Vasco da Gama는 항해왕 엔히크 왕자의 명령을 받아 탐험대를 이끌고 리스본의 벨렝에서 출발했다. 인도 항로를 개척하는 게 목적이었지만 그들이 상륙한 곳은 남아메리카였다. 이후 브라질을 발견해 식민지로 삼으면서 포르투갈은 막대한 부를 축적하였다. 16세기에는 경제는 물론 정치와 군사 면에서도 강국이 되었다.

1755년 11월 1일 고요한 아침, 대지진과 쓰나미가 리스본을 덮쳤다. 리스본은 폐허가 되었다. 당시 리스본에는 약 275,000명이 거주하고 있었는데, 대지진과 쓰나미로 수만 명이 목숨을 잃었다. 건물은 물에 잠기거나 무너졌고, 화재까지 일어 도시를 재로 만들었다. 리스본의 85퍼센트가 파괴되었다. 지구상에서 일어난 지진 중 다섯 손가락 안에 드는 강진이었다.

1974년 봄, 민주화의 깃발을 들다

리스본 서쪽 테주 강 위에는 '4월 25일 다리'가 놓여 있다. 1974년 4월 25일 포르투갈 혁명을 기념하는 다리이다. 그날, 수많은 시민이 거리로 쏟아져 나왔다. 수십 년 간 이어진 안토니우 드 올리베이라 살라자르의 독재에 저항하기 위해 젊은 좌파 장교들로 구성된 혁명군이 쿠데타를 일으킨 것이다. 사상자는 정부 측의 발포로 발생한 네 명이 다였다. 세계 역사에 유례를 찾아볼 수 없는 무혈 군사 혁명이었다. 시민들은 환호하며 군인들의 총에 카네이션을 달아주었다. 이후 포르투갈은 스스로 자유를 되찾고 민주주의를 일구어냈다. 1994년엔 EU에 가입하였다.

물리적 거리는 멀지만 포르투칼은 우리의 '한'과 비슷한 정서를 가지고 있다. 그들의 소울을 담은 전통음악 파두는 우리의 판소리에 비견된다. 2018년 론리플래닛이 꼭 방문해야 할 나라로 포르투갈을 선정하면서 다시 주목받고 있다.

포르투갈 일반 정보

수도 리스본(리스보아) **위치** 유럽 리베리아반도 서쪽 끝 **면적** 92,090㎢(한국의 약 0.9배)
인구 10,291,000명(한국의 약 1/5배) **언어** 포르투갈어 **화폐 단위** 유로(£, EUR)
시차 한국보다 9시간 느리다. 서머타임이 실시되는 3월 말~10월 말에는 8시간 느리다.
최저·최고 기온 봄 7~22도 여름 15~31도 가을 9~26도 겨울 6~16도

🏛 Bucket List 01

감동적인, 너무나 감동적인
포르투갈의 전망 명소 5

포르투갈은 언덕 도시가 많다. 리스본, 포르투 어디를 가도 지붕이 붉은 집들이 오밀조밀 모여있다. 여기에 강변 풍경까지 눈에 담으면 이국적인 감성이 가슴을 친다. 여행에서 돌아와도 오래도록 당신의 가슴에 남을 것이다.

📍 리스본의 상 조르즈 성 `p362↵`

리스본에서 가장 멋진 풍경을 볼 수 있는 곳이다. 위에서 내려다 보는 리스본의 시내와 테주 강 풍경이 감동적이다. 어둠이 내리기 시작하면 사람들이 상기된 표정으로 붉게 물드는 리스본의 로맨틱한 풍경을 눈과 카메라에 담는다.

📍 리스본의 그라사 전망대 `p361↵`

리스본에서 가장 아름다운 전경을 볼 수 있는 전망대이다. 상 조르즈 성, 4월 25일 다리, 리스본 시내의 파스텔 색깔의 집들을 한눈에 조망할 수 있다. 노천 카페도 있어 멋진 뷰를 바라보며 커피 한잔하기 더없이 좋다.

📍 리스본의 상 페드루 드 알칸타라 전망대

포르투갈의 대표 시인 페르난두 페소아가 리스본의 가장 빼어난 풍경을 볼 수 있는 전망대라고 칭송했던 곳이다. 시내의 오밀조밀한 집들은 물론 저 멀리 테주 강까지 한눈에 조망할 수 있으며, 특히 해질녘에는 아름다운 노을을 온전히 감상할 수 있다. `p349↵`

📍 포르투의 세하 두 필라르 수도원 `p406↵`

포르투 높은 언덕에 있는 수도원이다. 돔에 오르면 포르투의 멋진 시내 전경을 360도 파노라마로 감상할 수 있다. 포르투 시내와 동 루이스 1세 다리가 어우러진 절경이 영화처럼 펼쳐진다.

📍 포르투의 히베리아 광장 `p399↵`

알록달록한 집들, 동 루이스 1세 다리, 도루 강을 한눈에 담을 수 있는 곳이다. 광장에서 이어지는 강변 거리에는 레스토랑, 노천 카페가 많다. 포트 와인을 즐기며 절경을 감상하면 당신 여행은 금상첨화가 된다.

🇪🇸 Bucket List 02
아, 코발트 블루
아줄레주 감상하기 좋은 곳 베스트 5

아줄레주는 '작고 윤기 나는 돌'이라는 아랍어에서 유래한 말로, 포르투갈 특유의 코발트 블루 도자기 타일 장식을 말한다. 마누엘 1세 때 15세기에 이슬람 문화를 받아들여 유행하기 시작했다. 지금도 건물 내외부를 장식하는 데 많이 쓰인다.

📍 리스본의 아줄레주 국립 박물관 [p364↵]

15세기부터 오늘에 이르기까지 아줄레주의 변천사는 물론 제작 과정까지 살펴볼 수 있다. 아줄레주 7천여 점이 전시되어 있다. 2층에는 대지진 이전의 리스본을 담은 23m 아줄레주 벽화가 전시되어 있다.

📍 포르투의 상벤투 기차역 [p410↵]

19세기에 지은 기차역이다. 내부가 아줄레주로 화려하게 꾸며져 있어, 기차역이기 이전에 건물 자체만으로도 많은 관심을 받고 있다. 덕분에 세계에서 가장 아름다운 기차역이라는 칭호까지 붙었다.

📍 포르투의 카르무 성당 [p413↵]

18세기에 지은 성당으로 1912년 아줄레주 벽화가 더해졌다. 아줄레주 벽화 덕에 세상에서 외벽이 가장 아름다운 성당이 되었다. 벽화에는 카르멜 수도회 설립 이야기가 새겨져 있다. 성당과 트램을 한 뷰에 넣으면 멋진 여행 사진을 얻을 수 있다.

📍 신트라 궁전 [p384↵]

포르투갈 왕실에서 여름 별장으로 사용하던 궁궐이다. 마누엘 1세 때 궁을 개보수하면서 아줄레주로 장식하여, 지금도 푸른 타일 장식을 볼 수 있는 곳으로 유명하다. 포르투갈에서 가장 오래된 아줄레주를 볼 수 있다.

🎵 Bucket List 03
포르투갈의 소울!
파두 공연장 베스트 4

파두Fado는 포르투갈을 대표하는 서정적인 민속 음악이다. 포르투갈의 소울을 담고 있는 음악으로 깊은 서정이 우리의 판소리와 비슷하다. 리스본과 포르투에는 파두 공연과 함께 식사나 음료를 즐길 만한 곳이 많다.

📍 리스본의 동 아폰수 오 고르두 p367↵

맛있는 요리와 멋진 파두 공연을 동시에 경험할 수 있는 곳이다. 공연에는 음식값에 5유로가 추가된다. 마늘 특제 소스를 더한 새끼 돼지 구이가 이 집의 별미다.

📍 포르투의 카사 다 기타라 p420↵

악기 상점인데, 퀼리티 높은 파두 공연을 볼 수 있는 곳으로도 유명하다. 공연은 1, 2부로 나누어 진행되며, 중간에 쉬는 시간에 포트 와인 한잔을 시음할 수 있다.

📍 리스본의 파레이리냐 알파마 p370↵

리스본에서 가장 오래된 파두 식당 중 한 곳이다. 주인 아저씨의 훌륭한 기타 연주와 함께 매일 밤 실력파 가수들의 공연을 볼 수 있다.

📍 포르투의 칼렘 p404↵

빌라 노바 드 가이아에 있는, 규모가 가장 큰 와인 셀러이다. 투어에 참여하면 와인 시음과 함께 파두 공연을 관람할 수 있다.

🍱 Bucket List 04
아, 먹는 즐거움!
포르투갈 미식 여행

어느 도시나 그렇지만 포르투갈에도 이곳에서만 맛볼 수 있는 음식이 있다. 에그 타르트인 파스텔 드 나타, 다양한 문어 요리, 포르투갈 샌드위치 프란세지냐 등 이국의 음식을 맛보며 여행의 즐거움을 만끽해보자.

🍴 파스텔 드 나타
포르투갈의 빵 하면 누가 뭐래도 나타가 진리다. 다른 곳에서 절대 맛 볼 수 없는 인생 최고의 에그타르트를 맛보게 될 것이다. 1일 1나타는 기본!

🍴 문어 샐러드
문어 샐러드는 맛이 상큼해 느끼함을 달랠 때 먹기 좋다. 문어 외에 올리브 오일, 양파, 라임이 들어간다. 간단하게 한끼 식사를 하기에 손색이 없다.

🍴 문어밥
포르투갈의 명물 메뉴이다. 문어밥은 말 그대로 문어가 들어간 밥 요리이다. 식당마다 스타일 차이가 조금씩 있지만, 대부분 우리 입맛에 잘 맞는 편이다. 한국 음식이 생각날 때 먹기 좋다.

🍴 프란세지냐
고기와 치즈가 잔뜩 들어간 샌드위치로 일명 '내장파괴 버거'라고 불린다. 스테이크, 소시지, 햄, 빵을 겹겹이 쌓고 치즈와 소스를 올려주면 완성이다. 맥주 안주로 그만이다.

Bucket List 05
MUST DO, MUST ENJOY!
포르투갈 체험 여행 베스트 5

포르투갈은 거창하지 않지만 당신의 마음을 터치해주는 아기자기한 체험 아이템이 많아서 좋다. 서정 깊은 트램과 아기자기한 골목길, 여기에 포트 와인과 유럽의 땅끝에서 즐기는 석양까지, 포르투갈의 매력은 끝이 없다.

@Wikipedia, Wiki-portwine

🔾 트램 타고 리스본 낭만 여행 p339↵

리스본은 언덕의 도시다. 트램 6개 노선이 이 언덕 도시를 낭만의 도시로 만들어준다. 인기가 많은 노선은 28번이다. 성수기엔 사람이 많아 출발지가 아니면 자리 잡기가 쉽지 않다. 28번 트램은 코메르시우 광장, 산타 주스타 엘리베터, 포르타스 두 솔 광장, 리스본 대성당, 상 조르즈 성 등 바이샤지구와 알파마 지구의 명소와 낭만이 흐르는 골목으로 당신을 안내해준다.

🔾 리스본의 알파마 지구 골목길 산책

알파마는 리스본에서도 다른 지역과 차별화되는 특색 있는 지역이다. 서울의 서촌, 또는 북촌한옥마을 같은 곳이다. 리스본 대지진 때 큰 피해를 입지 않은 덕에 옛 모습이 비교적 잘 남아 있다. 구불구불한 좁은 골목길을 따라 알파마 지구를 걷다 보면 문득, 어떤 추억의 한 조각이 떠오를 것 같다. 설령 길을 잃더라도 행복해지는 곳이다.

🔾 에그 타르트 즐기기 p381↵

에그타르트. 포르투갈에서는 나타라고 부른다. 나타

즐기기는 리스본 여행의 필수 코스이다. 에그타르트의 본고장이 리스본인 까닭이다. 나타는 리스본 벨렝 지구의 제로니무스 수도원의 수도사들이 탄생시켰다. 벨렝 지구엔 수도승들에게 레시피를 전수 받은 200년 가까이 된 원조 나타 맛집이 있다.

🔾 포트 와인 즐기기 p404↵

포트 와인은 포르투의 도루 강 상류에서 재배한 포도로 만든다. 이런 까닭에 와인 셀러들이 도루 강변 빌라 노바 드 가이아 지역에 모여 있다. 와인 셀러 투어에 참여하면 시음도 하고, 구입도 할 수 있다. 포트 와인은 포르투 여행의 기념품으로도 그만이다.

🔾 유럽의 땅끝, 대서양으로 해가 진다 p388↵

광염 소나타 같은 석양을 볼 수 있는 호카 곶은 포르투갈의 최서단이자 유럽의 땅끝 마을이다. 태양이 대서양 수평선 아래로 사라지는 모습을 보고 있으면 이곳이 거대한 대륙의 끄트머리인 게 실감난다. 포르투갈의 시인 루이스 바스 드 카몽이스는 이렇게 노래했다. 여기에서 땅이 끝나고 바다가 시작된다.

©lickr, Marco Verch

▤ Bucket List 06
사는 즐거움, 추억하는 즐거움
포르투갈 베스트 기념품5

포르투갈에서는 대단한 쇼핑을 하기보다 다른 나라에서는 구하기 힘든 독특한 기념품을 구입하는 게 좋다. 지인들에게 특색 있는 선물하기도 좋고, 집 안에 놓아두면 새록새록 여행의 추억이 떠올라 마음이 즐거워진다.

⑤ 포트 와인
기념품으로 구입하기 좋다. 빌라 노바 드 가이야 지역의 와인 셀러에서 테이스팅을 해보고 취향에 맞는 와인을 하나쯤 골라보자.

⑤ 아줄레주
푸른 빛 나는 도자기 타일 아줄레주는 포르투갈을 대표하는 기념품이다. 크기와 무늬가 다양한 아줄레주를 파는 상점이 많다. 포르투갈을 추억하는 장식품으로 그만이다.

⑤ 클라우스 포르투 비누 & 쿠토 치약
클라우스 포르투Claus Porto는 포르투갈 명품 비누이다. 패키지가 예쁘고 향기가 은은해 인기가 많다. 포르투갈 국민 치약 쿠토Couto의 인기도 좋다. 불소와 파라벤을 첨가하지 않았으나 살균과 소독 작용이 탁월하다. 패키지도 예쁘다.

⑤ 마그네틱
저렴하고 가벼워 기념품으로 인기가 많다. 포르투갈을 상징하는 닭, 트램, 정어리 등이 그려져 있다. 냉장고 문을 열 때마다 포르투갈 여행을 추억할 수 있다.

⑤ 정어리 통조림
기념품으로 손꼽히는 아이템이다. 알록달록하고 레트로한 패키지 덕분에 더욱 가치가 있다. 올리브, 대구, 문어 통조림도 있다.

여행 전 읽어두면 좋은 책

❶ 페르난두 페소아의 『불안의 책』 페르난두 페소아Fernando António Nogueira Pessoa, 1888~1935는 포르투갈을 대표하는 시인이다. 포르투갈 곳곳에서 만날 수 있다. 서점에서는 페소아의 책을, 상점에는 페소아 얼굴이 그려진 기념품을 만날 수 있다. 리스본 바이샤 시아두역 부근에 있는 카페 브라질레이라 앞에는 페소아 동상이 놓여 있어 늘 사진 찍는 사람들로 붐빈다. 『불안의 책』은 페소아의 작품 중 가장 유명하다. 말년을 보낸 리스본의 주택Casa Fernando Pessoa을 기념관으로 만들었다. 기념관 주소 R. Coelho da Rocha 16, 1250-088 Lisboa

❷ 주제 사라마구의 『눈먼 자들의 도시』 주제 사라마구Jose Saramago, 1922~2010는 1998년 포르투갈 최초로 노벨 문학상을 수상한 작가이다. 『눈먼 자들의 도시』는 영화화 되기도 했다. 주제 사라마구는 공산주의 불법 정당에서 활동하다가 국외로 추방되었으며, 반유대인 발언이나 포르투갈이 스페인에 통합되어야 한다는 등의 발언으로 늘 논쟁거리를 만들었다. 리스본에 주제 사라마구 기념 박물관인 카사 두스 비쿠스Casa dos Bicos가 있다. 기념관 주소 Rua dos Bacalhoeiros, 1100-135 Lisboa

❸ 파스칼 메르시어의 『리스본 행 야간열차』 제목만으로도 들어도 가슴이 설레는 이 소설은 스위스 작가 파스칼 메르시어Pascal Mercier, 1944~ 의 베스트셀러 작품이다. 영화로 만들어지기도 했다. 하지만 제목처럼 낭만적인 얘기는 아니다. 1932년부터 1968년까지 포르투갈의 살라자르 독재 정권 시절에 대한 이야기로 포르투갈의 역사를 이해하는데 도움이 된다. 영화에선, 매력적인 리스본의 모습을 확인할 수 있다.

❹ 조앤 K. 롤링의 『해리포터』 영국 작가 조앤 K. 롤링Joan K. Rowling, 1965~ 은 약 2년간 포르투에서 영어 교사로 일하며 해리포터를 집필했다. 포르투는 그녀에게 영감을 준 도시로도 유명하다. 렐루 서점의 구불구불한 계단은 마법 학교 호그와트의 움직이는 마법의 계단을 탄생시켰고, 포르투 대학교의 교복은 마법 학교 학생들의 망토 교복을 탄생시켰다. 포르투의 마제스틱 카페는 그녀가 해리포터를 집필했던 곳으로도 유명하다. 렐루 서점과 마제스틱 카페는 명소보다 더 많은 사람으로 붐빈다.

포르투갈의 날씨와 옷차림

포르투갈은 유럽 국가 중 가장 온화한 기후를 갖는 나라 중 하나로 스페인과 기온이 비슷한 편이다. 여름에는 40℃ 가까이 육박할 때도 있지만 건조해서, 높은 습도와 찌는 듯한 더위는 걱정하지 않아도 된다. 태양 빛이 따가우니 선글라스는 꼭 챙기자. 연중 평균 기온은 13℃ 정도로 겨울에도 기온이 영하로 내려가는 일은 거의 없다. 하지만 겨울에는 비가 많이 오고 바람이 제법 부는 편이다. 겨울에 여행한다면 우산이나 우비를 꼭 챙기자. 또 두꺼운 옷보다는 얇은 옷을 여러 벌 겹쳐 입을 수 있도록 준비하는 것이 좋다.

포르투갈의 계절별 최저·최고 기온 봄 7~22도 여름 15~31도 가을 9~26도 겨울 6~16도

포르투갈 여행
실전편

리스본
신트라와 호카 곶
포르투

리스본
Lisboa

대항해 시대의 영광, 언덕과 트램, 낭만의 도시

대서양으로 흘러 드는 테주 강 하구에 있는 항구 도시로 포르투갈의 수도이자 포르투갈에서 가장 큰 도시이다. 인구는 약 57만 명이다. 15세기 대항해 시대를 맞이하면서 번영을 누리기 시작하여, 1755년 리스본 대지진으로 폐허가 되었다가, 당시 재상이었던 조제 폼발 후작의 지휘로 재건되었다. 10개가 넘는 언덕으로 이루어져 있으며, 큰 언덕만 해도 7개나 된다. 언덕이 많아 걸어 다니기 쉽지 않지만, 언덕 위에서 바라보는 포르투갈 특유의 붉은 지붕들이 펼쳐진 시내 풍경은 그림처럼 아름답다. 시내 중심부는 저지대인 바이샤 지구와 고지대인 바이후 알투 지구로 나뉜다. 이 두 지구는 리스본의 명물 산타 주스타 엘리베이터를 타면 쉽게 오갈 수 있다. 중심부 동쪽에는 명소가 몰려 있는 구시가지 알파마 지구가, 북쪽에는 신시가지 리베르다드 지구가, 서쪽에는 세계문화유산 제로니무스 수도원이 있는 벨렝 지구가 있다. 리스본을 상징적으로 대표하는 노란 트램을 타면 구시가지 구석구석을 돌아보며 고풍스러운 리스본의 정취를 만끽할 수 있다.

계절별 최저·최고 기온 봄 10~22도 여름 16~28도 가을 12~26도 겨울 8~16도
홈페이지 www.visitportugal.com/en

리스본 가는 방법

비행기로 가기

리스본으로 가는 직항 노선은 없다. 마드리드나 바르셀로나, 파리, 런던, 로마 등을 경유해서 갈 수 있다. 마드리드에서 1시간 20분, 바르셀로나에서 1시간 55분이 소요된다. 포르투에서는 50분이 소요된다. 파리에서는 2시간 30분, 런던에서는 2시간 40분, 로마에서는 2시간 55분이 소요된다. 리스본 공항Aeroporto de Lisboa의 정식 명칭은 리스본 포르텔라 공항Lisbon Portela Airport으로, 리스본 시내 중심에서 북쪽으로 약 6km 떨어져 있다. 다른 유럽 도시들과 마찬가지로 리스본도 저가 항공이 많이 운행되고 있다. 이지젯Easyjet, www.easyjet.com, 부엘링vueling, www.vueling.com, 트란사비아Transavia, www.transavia.com를 많이 이용한다. 항공권 가격 비교 웹사이트 스카이스캐너www.skyscanner.co.kr에서 구매할 수 있다.

■ 리스본 공항 이용 안내

터미널은 모두 두 개이다. 국제선은 주로 터미널 T1을 이용한다. 심카드를 구입하려면 터미널 T1 관광 안내소 옆 보다폰Vodafone에서 구매하면 된다. 관광 안내소Tourism Information에서는 리스보아 카드리스본의 모든 교통 수단과 주요 명소 무료 입장 및 입장료 할인까지 가능한 카드를 구매할 수 있다. 공항 내 환전소도 여러 군데 있다. 원화로는 환전이 불가능하고 달러로만 가능하다는 것을 잊지 말자. 택스 리펀은 영수증 한 장당 61.35유로 이상 구매하고, 택스 프리 영수증을 받았을 때 가능하다. 101번 카운터에서 서류 심사를 받은 후 TAX REFUND 창구로 가서 제출하면 된다. 공항 홈페이지 http://www.ana.pt

■ 공항에서 시내 들어가기

❶ 공항 버스 Aerobus 목적지에 따라 Line 1과 Line2로 나뉜다. 보통 여행자들은 시내 중심에 있는 호시우 기차역Lisboa -Rossio으로 많이 가는데, 이때는 Line 1을 승차하여 호시우 정류장Rossio에서 내리면 된다. Line 2는 버스 터미널로 가는 공항 버스로, 터미널 부근에 있는 세트 히우스 정류장Sete Rios에서 내리면 된다. 시내까지는 약 30분 소요된다. 공항 바로 앞에 정류장이 있으며, 티켓 요금은 편도 4유로이다. 티켓 하나로 24시간 동안 공항 버스를 이용할 수 있으며, 30일 이내에 공항 버스를 다시 이용할 경우 왕복으로 끊으면 할인을 받아 6유로이다. 여행자들이 사용하는 리스보아 카드 이용 시 25% 할인을 받아 3유로에 이용할 수 있다. 오전 7시 30분부터 밤 11시까지 20~25분 간격으로 운행된다. 홈페이지 http://www.aerobus.pt

❷ 지하철 Metro 공항에서 메트로Metro 표시를 따라가면 지하철을 탈 수 있다. 레드 라인의 아에로포르투역Aeroporto이 공항과 바로 연결된다. 목적지에 따라 환승해서 리스본 시내 중심까지 갈 수 있다. 호시우역Rossio에 가려면 알라메다역Alameda에서 그린 라인으로 환승하면 된다. 06:00~01:00까지 6~10분 간격으로 운행되며, 시내까지 약 20분 소요된다.

❸ 택시 가장 편한 방법이자 가장 비싼 방법이다. 공항 시내까지 약 15유로 정도 나온다. 포르투갈에서 택시를 탈 때는 짐 1개 당 1.5유로가 추가된다. 우버Uber 앱을 이용하면 일반 택시보다 요금이 조금 저렴하다. 또 다른 택시 앱 마이 택시My Taxi를 이용하면 콜택시를 부를 수 있다. 미터기 요금 그대로 적용되며 첫 사용 시 할인 쿠폰을 적용 받을 수 있다. 앱 스토어나 플레이 스토어에서 My taxi를 검색하여 앱을 다운받아 사용하면 된다. 마이 택시는 목적지 도착 후 기사가 요금을 입력하면 탑승자 앱에 그대로 전송되어, 화면에서 결제창 버튼을 슬라이드로 넘겨주면 결제가 되는 시스템이다. 우버는 목적지 도착 후 요금이 자동으로 결제된다. 우버 택시는 법적으로 등록된 택시가 아니므로 분실과 사고에 보호받지 못할 수도 있다.

기차로 가기

리스본에는 기차역이 네 군데인데, 주로 이용하는 곳은 시내 중심에 있는 호시우 기차역Lisboa - Rossio과 국제선이나 중·장거리 열차가 들어오는 산타 아폴로니아 기차역Lisboa Santa Apolónia이다. 호시우 기차역은 신트라나 호카곶에 갈 때 많이 이용하며, 시내 중심에 위치해 있어 숙소를 찾아가기 편리하다. 산타 아폴로니아 기차역은 스페인 마드리드의 차마르틴역에서 출발하는 기차가 도착하는 역으로, 포르투에서 기차를 타고 들어올 때도 이용한다. 마드리드에서는 8시간 포르투에서는 2시간 45분 소요된다. 역은 리스본 시내 동쪽 끝 알파마 지구 부근에 있다. 호시우 광장까지 가려면 기차역과 연결되는 지하철 블루 라인이나 버스 759번을 이용하면 된다. 호시우 기차역 주소 R. 1º de Dezembro, 1249-970 Lisboa 산타 아폴로니아 기차역 주소 Av. Infante Dom Henrique 1, 1100-105 Lisboa 인터넷 예매 ❶ https://www.cp.pt/passageiros/en/buy-tickets ❷ http://www.renfe.com/

버스로 가기

버스 터미널 이름은 세트 히우스 버스 터미널Terminal Rodoviário Sete Rios.로, 리스본 시내에서 북서쪽으로 약 5km 떨어져 있다. 세비야, 포르투 등을 잇는 버스가 들어온다. 리스본까지 포르투에서는 3시간 30분, 세비야에서는 6시간 30분 정도 소요된다. 세비야에서 리스본으로 갈 때는 야간 버스를 많이 이용한다. 터미널에서 시내로 진입하려면 북서쪽으로 도보 6분 거리400m에 있는 지하철 블루 라인 자르딩 줄로지쿠역Jardim Zoológi-co을 이용하면 된다. 터미널 주소 R. Prof. Lima Basto 133, 1500-423 Lisboa 인터넷 예매 https://www.rede-expressos.pt/

TIP Travel Tip 세비야에서 야간 버스를 이용할 경우, 리스본 도착 시간인 오전 6시쯤 숙소 체크인이 가능한지 미리 확인하는 것이 좋다. 만약 안 될 경우 아침 7시 무렵 문을 여는 카페를 찾아가서 기다리는 것도 방법이다. 호시우 기차역 1층에 있는 스타벅스는 오전 7시 30분에 문을 연다. 블루 라인 자르딩 줄로지쿠역Jardim Zoológico에서 지하철 탑승 후 헤스타우라도레스역Restauradores에서 하차하면 호시우 기차역까지 도보 2분130m 걸린다. 어차피 시내에 진입하려면 호시우 광장 쪽으로 나가야 하니 조금 일찍 도착하여 따뜻한 차 한 잔 마시며 쉬는 것이 나을 수도 있다. 파다리아 두 바이루Padaria do Bairro라는 카페주소 R. da Misericórdia 13, 1200-279 Lisboa는 오전 7시에 문을 연다. 지하철 블루 라인 바이샤 시아두역Baixa-Chiado에서 도보 8분450m 거리에 있다.

리스본 시내 교통 정보

시내 교통 수단은 지하철, 버스, 트램, 언덕을 올라가는 푸니쿨라, 산타 주스타 엘리베이터 등이 있다. 지하철은 모두 4개의 노선레드 라인, 옐로 라인, 그린 라인, 블루 라인이 운행되고 있으며, 승차권은 지하철 역 안 자동 발매기에서 구입할 수 있다.

리스본의 버스, 트램, 푸니쿨라, 엘리베이터는 모두 카리스Carris라는 회사에서 운영한다. 버스는 리스본 시내 구석구석을 운행하고 있으며, 티켓은 정류장의 카리스 티켓 판매소나 버스 운전 기사에게 구입할 수 있다. 트램은 창 밖으로 리스본 시내 풍경을 구경하며 둘러보기 좋은 교통 수단이다. 특히 바이후 알투와 바이샤, 알파마 지구의 명소를 도는 28번 트램은 리스본의 상징이자 명물이다. 티켓은 기사에게 직접 구입할 수 있다.

카리스 홈페이지 http://www.carris.pt 메트로 홈페이지 http://www.metrolisboa.pt

대중교통 이용 요금

교통수단	요금	이용 횟수	교통수단	요금	이용 횟수
지하철	1.5유로	1회	푸니쿨라	3.8유로	2회
버스	2유로	1회	산타 주스타	5.3유로	2회
트램	3유로	1회			

알아두면 좋은 교통 카드 정보

❶ 비바 비아젬Viva Viagem

리스본의 모든 교통 수단을 이용할 수 있는 교통카드로 일부 지하철 역 자동발매기에서 구입할 수 있다. 1회권, 1일24시간 이용권, 금액별 충전권 등이 있다. 카드 발급비 0.5유로가 추가된다. 1회 이용권은 카리스Carris 회사의 교통 수단과 지하철을 모두 이용할 수 있으며 금액은 1.5유로다. 1시간 동안 교통 수단 간에 환승할 수 있으며, 지하철 간의 환승도 가능하다.

1일24시간 이용권은 카리스 회사의 교통 수단과 지하철을 하루 동안 이용할 수 있는 티켓으로, 여행객이 가장 많이 이용한다. 이 이용권으로 28번 트램, 푸니쿨라, 산타 주스타 엘리베이터까지 하루 동안 이용한다면 본전을 충분히 뽑을 수 있기 때문이다. 신트라 행 교외 기차까지 이용 가능한 1일 이용권도 있다. 하지만 신트라까지 이용할 계획이라면 교외 기차까지 사용 가능한 비바 비아젬 1일 이용권보다 신트라 원데이 패스가 더 편리하다. 신트라 원데이 패스는 신트라는 물론 호카곶, 카스카이스 행 버스까지 이용 가능하기 때문이다. 비바 비아젬 충전권zapping을 사용할 경우 카리스Carris 회사의 교통 수단은 1.35유로씩 차감되고, 지하철은 1.33유로, 신트라로 가는 교외 기차는 1.9유로로 차감된다.

비바 비아젬 카드 종류

카드 종류	이용 가능 교통 수단	금액
1회권Single ticket	Carris / 지하철	1.5유로
1일 이용권(24시간) 1 day ticket	Carris / 지하철	6.4유로
	Carris / 지하철 / 교외 기차(신트라, 카스카이스 등)	10.55유로
	Carris / 지하철 / 페리(카시아스행)	9.5유로
충전권Zapping	모든 교통 수단	3~40유로

비바 비아젬 카드를 구입할 수 있는 지하철 역

노선	역이름
블루 라인	콜레지우 밀리타르Colegio Militar, 자르딩 줄로지쿠Jardim Zoológico, 마르케스 드 폼발Marquês de Pombal, 바이샤 시아두Baixa-Chiado
옐로 라인	캄푸 그란드Campo Grande, 마르케스 드 폼발Marquês de Pombal
그린 라인	캄푸 그란드Campo Grande, 바이샤 시아두Baixa-Chiado, 카이스 두 소드레Cais do Sodré
레드 라인	오리엔트Oriente, 아에로포르투Aeroporto

❷ 리스보아 카드Lisboa Card

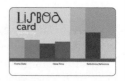

리스본의 모든 교통 수단과 주요 명소 무료 입장 및 입장료 할인까지 가능한 카드다. 카드 종류에 따라 첫 개시 시간부터 24시간, 48시간, 72시간 내에 사용 가능하다. 24시간 카드는 19유로, 48시간 카드는 32유로, 72시간 카드는 40유로다. 공항 버스도 25% 할인 가능하니 리스보아 카드를 사용할 계획이라면 공항 관광 안내소에서 구매하여 바로 사용하는 것이 좋다. 공항에서부터 이용할 계획이 아니라면 시간을 잘 계산해서 유리한 시간을 활용하는 게 유리하다. 사용하기 전 카드 하단에 개시일을 적고 사용하면 된다.

카드 구입은 홈페이지https://www.visitlisboa.com에서 예매하여 관광 안내소에서 수령하거나, 직접 현장의 관광 안내소에서 구매할 수 있다. 호시우 광장이나 코메르시우 광장, 포스 궁전Palácio Foz의 관광 안내소를 비롯하여 지하철 블루 라인 산타 아폴로니아역Santa Apolónia의 관광 안내소에서 판매한다. 리스보아 카드가 있으면 산타주스타 엘리베이터, 제로니무스 수도원, 마차 박물관, 아줄레주 박물관, 국립 고대 미술관, 판테온, 벨렝 탑 등은 무료 입장이 가능하고, 신트라의 페나 성과 무어 성은 입장료를 할인 받을 수 있다.

관광 안내소 주소

호시우 광장 관광 안내소 Praça Dom Pedro IV 9, 1100-200 Lisboa
포스 궁전 관광 안내소 Praça dos Restauradores 18, 1250-001 Lisboa
코메르시우 광장 관광 안내소Turismo de Lisboa Visitors & Convention Bureau Rua do Arsenal 23, 1100-038 Lisboa

🇵🇹 리스본 여행 버킷 리스트

01 그림 같은 리스본 전경 즐기기

#산타 주스타 엘리베이터 #상 페드루 드 알칸타라 전망대 #상 조르즈 성 #그라사 전망대
#포르타스 두 솔 전망대 #판테온 #벨렝 탑

리스본은 아름다운 뷰를 감상하기 좋은 곳이 많다. 아우구스타 거리의 산타 주스타 엘리베이터 꼭대기 전망대에 오르면 호시우 광장 주변의 시내 풍경이 훤히 눈에 들어온다. 리스본에서 가장 아름다운 일몰을 보려면 상 조르즈 성으로 가면 된다. 상 페드루 드 알칸타라 전망대는 리스본의 가장 멋진 모습을 보여주는 곳이다. 그라사 전망대는 상 조르즈 성, 테주 강, 4월 25일 다리, 리스본 시내의 파스텔톤 집들이 어우러진 멋진 모습을 보여준다. 포르타스 두 솔 전망대에서는 알파마 지구의 올망졸망 붉은 건물과 판테온, 테주 강까지 감상할 수 있다. 판테온 4층 테라스에서도 테주 강과 알파마 지구의 그림 같은 풍경을 감상할 수 있다. 강가에 있는 벨렝 탑의 3층 테라스에서는 테주 강과 어우러진 벨렝 지구의 멋진 풍광을 눈에 담을 수 있다.

02 리스본의 아이콘 28번 트램 타고 낭만 여행

리스본에는 6개의 트램 노선이 운행되고 있다. 그 중 가장 인기 많은 노선은 28번이다. 메트로 그린 라인 마르팅 모니즈 역Martim Moniz 부근에서 출발한다. 타려는 사람이 많아 출발지에서 타지 않으면 자리 잡기가 쉽지 않다. 오후 늦게는 좀 덜 붐빈다. 28번 트램에 승차하면 코메르시우 광장, 예술가의 산실 카페 브라질레이라, 산타 주스타 엘리베이터, 포르타스 두 솔 광장, 리스본 대성당, 상 조르즈 성, 도둑 시장화·토요일에만 가능 등 바이후 알

투, 바이샤, 알파마 지구의 명소 곳곳을 누빌 수 있다. 명소뿐 아니라 리스본의 골목 구석구석을 보여줘 여행의 묘미를 더해준다. 리스보아 카드와 비바 비아젬 카드가 있으면 승차할 수 있으며, 카드가 없는 경우 기사에게 직접 티켓2.9유로을 구입하면 된다. 호시우 광장 동쪽에 있는 피게이라 광장에서 출발하는 15번 트램도 타볼 만하다. 구시가지에서 벨렝지구까지 운행한다.

03 파두 감상하기
#파두 박물관 #동 아폰수 오 고르두 #카자 드 리냐리스 #파레이리냐 알파마

파두는 포르투갈의 판소리이다. 서정적인 민속 음악으로 포르투갈 사람들의 소울이 담겨 있다. 알파마 지구는 파두의 본고장이다. 파두 박물관에 가면 CD로 아말리아 호드리게스 등 유명 파두 가수들의 노래를 실제로 감상할 수 있다. 알파마 지구의 많은 식당에서도 식사비에 5~10유로 정도를 추가하면 1시간 내외의 파두 공연을 볼 수 있다. 대표적인 파두 식당은 리스본 대성당 부근에 있는 동 아폰수 오 고르두와 카자 드 리냐리스, 리스본에서 가장 오래된 파두 식당 파레이리냐 알파마 등이다.

04 1유로의 행복, 나타 맛보기
#만테이가리아 #파스테이스 드 벨렝

나타는 에그타르트를 말한다. 나타 맛보기는 리스본 여행의 필수 코스이다. 제로니스 수도원에서 수도승들이 만들어 먹기 시작하면서 전해져 오늘에 이르렀다. 1837년 문을 연 나타 집 파스테이스 드 벨렝은 한국인들 사이에서 일명 '벨렝 빵집'으로 유명한 곳으로 나타 원조 맛집이다. 제로니무스 수도승들의 비결을 전수받아 아직도 그대로 만들고 있다. 세계에서 몰려온 여행객의 발길이 끊이지 않는다. 만테이가리아는 파스테이스 드 벨렝과 쌍두마차를 이루고 있는 리스본의 나타 맛집이다. 벨렝 빵집보다 모양이 좀 더 단정하고, 듬뿍 들어 있는 커스터드 크림도 더 달콤하다.

🎫 작가가 추천하는 일정별 최적 코스

1일	09:00	코메르시우 광장
	10:00	산타 주스타 엘리베이터
	11:00	호시우 광장
	11:30	상 페드루 드 알칸타라 전망대와 글로리아 엘리베이터
	12:30	점심 식사
	14:00	28번 트램 타고 그라사Graça 지역으로 이동
	14:30	그라사 전망대

15:30	상 조르즈 성
17:00	알파마 지역 산책 및 구경 포르타스 두 솔 광장Largo Portas do Sol 및 산타 루지아 전망대Miradouro de Santa Luzia
18:00	리스본 대성당
19:00	저녁 식사 및 파두 관람
21:00	시내 구경

2일

10:00	아침 식사
11:00	트램 혹은 버스 타고 벨렝 지구로 이동
11:30	제로니무스 수도원
13:00	점심 식사
14:00	파스테이스 드 벨렝Pastéis de Belém에서 디저트로 에그타르트 맛보기
15:00	발견기념비
15:30	벨렝탑
17:00	Lx 팩토리
19:00	저녁 식사
21:00	코메르시우 광장 및 거리 구경

3일   신트라 및 호카 곶 당일 치기

4일

10:00	도둑시장(화, 토)
12:00	판테온
13:30	점심 식사
14:30	파두 박물관
16:30	아줄레주 박물관
18:30	저녁 식사
20:00	아우구스타 거리R. Augusta에서 패션잡화 쇼핑

벨렝 지구

바이샤 지구 서쪽의 테주 강 하류에 있다. 발견
기념비, 벨렝 탑, 세계문화유산인 제로니무스
수도원 등이 있으며, 대항해 시대의 꿈과 영광
을 찾아볼 수 있는 곳이다.

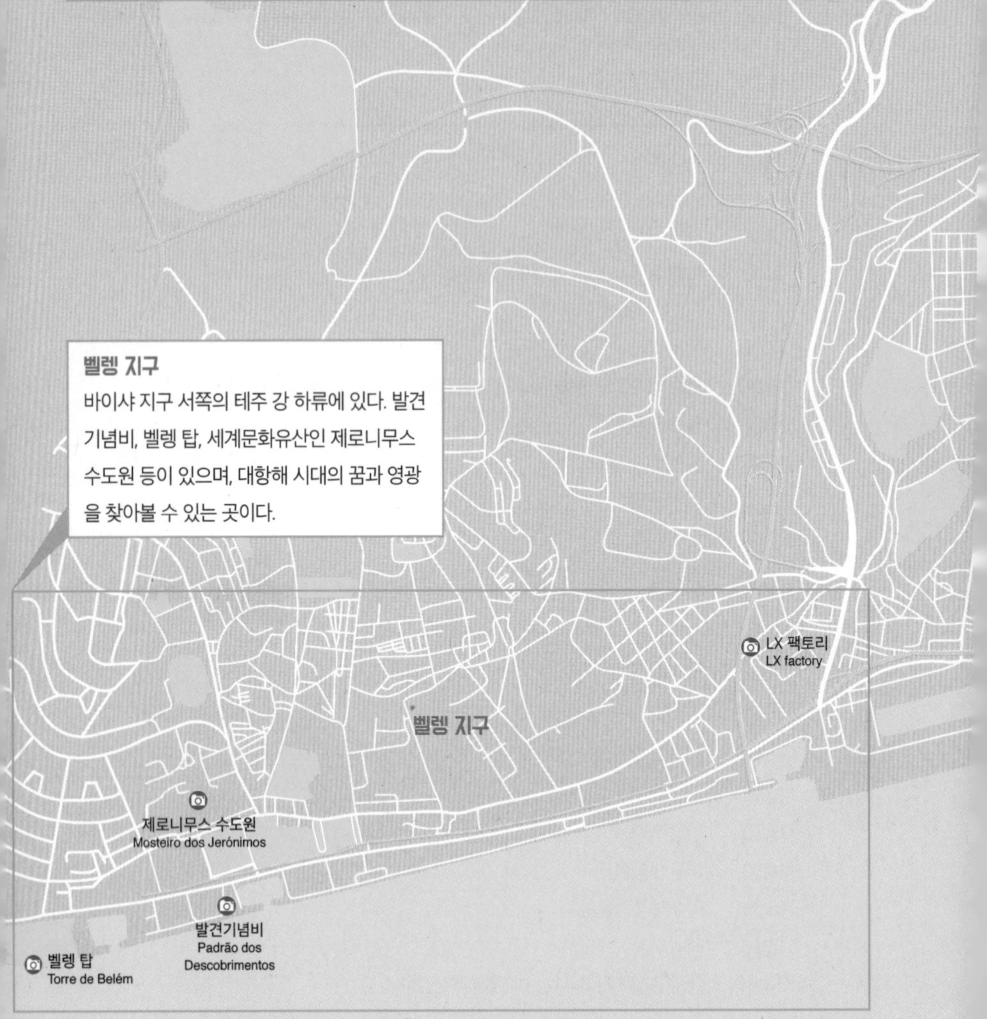

LX 팩토리
LX factory

벨렝 지구

제로니무스 수도원
Mosteiro dos Jerónimos

발견기념비
Padrão dos
Descobrimentos

벨렝 탑
Torre de Belém

에두아르두 7세 공원
Parque Eduardo VII

아줄레주
국립 박물관
Museu Nacional
do Azulejo

리베르다드 거리
Av. da Liberdade

바이후 알투 지구

알파마 지구

상 페드루드
알칸타라 전망대
Miradouro de São
Pedro de Alcântara

피게이라 광장
Praça
Figueira

판테온
Panteão Nacional

호시우 광장
Praça Rossio

상 조르즈 성
Castelo de
S. Jorge

포르타스 두 솔 전망대
Miradouro das Portas do Sol

산타 주스타 엘리베이터
Elevador de Santa Justa

파두 박물관
Museu do Fado

아우구스타 거리
R. Augusta

바이샤 지구

리스본 대성당
Sé de Lisboa

코메르시우 광장
Praça do Comércio

국립 고대 미술관
Museu Nacional
le Arte Antiga

알파마 지구
리스본에서 가장 오래된 구시
가지로, 언덕 위의 동네이다. 구
불구불 이어지는 골목 풍경은
서울의 북촌을 연상시킨다. 전
망대가 많아 테주 강과 어우러
진 고풍스러운 리스본 풍경을
감상하기 좋다.

바이후 알투 지구
고지대인 바이후 알투 지구는
산타주스타 엘리베이터로 저
지대인 바이샤 지구와 연결된
다. 가헤트 거리R. Garrett나 카
르무 거리R. do Carmo에는 상
점과 카페, 음식점이 많아 여
행하기 편리하다.

바이샤 지구
시내 중심부의 구시가지로 리
스본 여행의 출발점이다. 코메
르시우 광장에서 아우구스타
개선문을 통과하여 상점과 식
당의 거리 아우구스타 거리로
접어들면 본격적으로 리스본
여행이 시작된다.

바이샤 & 바이후 알투 지구 Baixa & Bairro Alto

리스본 여행의 시작점

바이샤·바이후 알투 지구는 시내 중심부에 있는 구시가지로, 리스본의 핵심 출발점이다. 동쪽엔 알파마 지구, 서쪽엔 벨렝 지구가 자리하고 있다. 비이후 알투 지구는 고지대로 바이샤 지구 북쪽과 연결된다. 산타 주스타 엘리베이터가 두 지구를 연결해준다. 두 지구엔 리스본의 주요 광장과 전망대가 있으며, 카페와 식당, 상점이 즐비하여 여행하기가 편리하다. 바이후 알투 지구 북쪽으로는 신시가지 리베르다드 지구가 이어진다.

팡 아 메사 콩 세르테자

헤스타우라도레스 광장
(푸니쿨라 승차장)
Monumento dos Restauradores

상 페드루 드
알칸타라 전망대
Miradouro de
São Pedro de Alcântara

Restauradores Ⓜ

Lisboa - Rossio

호시우 광장
Praça Rossio

Ⓜ Rossio

피게이라 광장
Praça Figueira

루바리아
울리시스

비스트로
셈 마네이라스

R. de Santa Justa

R. da Misericórdia

보아-바우

do Carmo

산타 주스타 엘리베이터
Elevador de Santa Justa

R. dos Fanqueiros

R. da Madalena

만테이가리아

사크라멘투
두 시아두

아 브라질레이라

R. Garrett

젤라두스
산티니

R. Augusta

Rua do Loreto

베르트랑 서점

Ⓜ Baixa-Chiado

젤라토
테라피

카자 다 인디아

알마

파브리카
커피 숍

R. do Alecrim

Rua da Conceição

아우구스타 거리
R. Augusta

아우구스타 개선문
Arco da Rua Augusta

타임 아웃
마켓

로자 다스
콩세르바스

코메르시우 광장
Praça do Comércio

Terreiro do Paço Ⓜ

Cais do Sodré Ⓜ

🅰️ 코메르시우 광장 Praça do Comércio 프라사 두 코메르시우
<비긴 어게인>의 버스킹, 리스본 핵심 명소

리스본에서 가장 큰 광장으로, 앞으로 바다처럼 넓은 테주 강이 펼쳐진다. TV 프로그램 <비긴 어게인2>에서 김윤아, 윤건, 로이킴이 테주 강을 배경으로 이곳에서 버스킹을 했다. 1755년 대지진 이전엔 왕궁이 있었다. 그래서 테헤이루 두 파수Terreiro do Paço라고 불리기도 하는데, '왕궁 뜰'이란 의미다. 지진 이후 광장으로 만들었다. 리스본의 새로운 경제 중심지가 되길 바라며 상업 혹은 무역이라는 뜻의 '코메르시우'라 이름 지었다. 광장은 ㄷ자 모양 건물에 안겨 있다. 건물 안에는 법원, 관세청 같은 관공서와 카페, 레스토랑, 리스보아 스토리 센터Lisboa Story Centre, 관광 안내소 등이 있다. 건물 중앙에 우뚝 솟은 아치형 건축물은 아우구스타 개선문Arco da Rua Augusta이다. 개선문을 통과하여 북쪽으로 가면 각종 숍이 즐비한 아우구스타 거리로 이어진다. 개선문 위로 올라가면 광장과 테주 강을 한눈에 담을 수 있다. 광장 중앙에는 개혁왕이라는 별명을 가진 주제 1세 Jose I, 재위 1750~1777의 청동 기마상이 세워져 있다.

찾아가기 ❶ 리스본 대성당에서 세 줄리앙 거리Rua de S. Julião 경유하여 도보 6분400m
❷ 트램 15·25번 승차하여 프라사 코르메시우 정류장Pç. Comércio 하차
❸ 메트로 블루라인 Az선 승차하여 테헤이루 두 파수역Terreiro do Paço 하차, 도보 4분270m
주소 Praça do Comércio, 1100-148 Lisboa

리스본 최고의 번화가, 아우구스타 거리R. Augusta

코메르시우 광장의 개선문을 통과하면 북쪽으로 리스본 최대 번화가인 아우구스타 거리가 펼쳐진다. 패션 숍, 카페, 레스토랑, 기념품 가게가 들어서 있는 보행자 전용 거리이다. 노천 카페도 있어, 차 한잔 마시며 거리 풍경을 구경하기 좋다. 아우구스타 거리를 따라 북쪽으로 가면 리스본의 명물 산타 주스타 엘리베이터가 나오고, 이어 호시우 광장과 피게이라 광장이 나온다.

©Wikimedia, Miguel

©flickr_Eduardo Zarate

호시우 광장 Praça Rossio 프라사 호시우
리스본의 중심지이자 교통의 요지

리스본에서 가장 유명한 광장 중 하나이다. 정식 이름은 페드로 4세 광장이지만, 보편적으로 호시우 광장으로 불린다. 광장 북쪽에는 국립극장이 있고, 동쪽으로 조금 가면 피게이라 광장이 나온다. 상점과 오래된 카페가 광장을 둘러싸고 있다. 광장 중앙에 동상이 하나가 우뚝 서 있다. 브라질 제국의 창설자이며 초대 황제를 지낸 페드로 1세1798~1834 동상이다. 그는 나폴레옹의 포르투갈 침략을 피해 왕족과 함께 브라질로 피신 갔다가 귀국하지 않고 브라질을 통치했다. 그 후 브라질을 포르투갈에서 독립시켜 브라질 제국 초대 황제가 되었다. 아버지 주앙 6세가 사망하자 한때 페드로 4세라는 이름으로 브라질에 머물며 포르투갈 왕도 겸했으나 곧 딸에게 왕위를 물려주었다.

광장 바닥은 대항해 시대를 상징하는 포르투갈 특유의 물결 무늬로 포장돼 있다. 이 같은 바닥 문양은 포르투갈 전역에서 찾아볼 수 있으며, 과거에 포르투갈의 지배를 받았던 마카오와 브라질에서도 쉽게 찾아볼 수 있다. 호시우 광장에서는 수많은 공식 행사가 열린다. 겨울이 되면 크리스마스 마켓이 들어서기도 한다. 광장은 교통의 중심지이기도 하다. 하루 종일 다양한 버스와 트램이 지나다닌다. 호시우 기차역도 가까워 신트라Sintra 갈 때 편리하다.

찾아가기 ❶ 산타 주스타 엘리베이터에서 북쪽으로 도보 3~4분280m ❷ 메트로 그린 라인Vd 승차하여 호시우역Rossio 하차, 도보 1분38m 주소 Praça Dom Pedro IV, 1100-200 Lisbon

피게이라 광장Praça Figueira

호시우 광장 동쪽에 있는 광장이다. 광장을 둘러 싸고 있는 멋진 건물들은 1755년 대지진 이후 폼발 후작 때 새로 지어진 것이다. 광장 주변에 기념품 상점, 카페, 레스토랑이 들어서 있다. 광장 중앙에는 항해왕 엔히크 왕자의 아버지 동 주앙 1세의 기마상이 있다.

신시가지의 메인 대로, 리베르다드 거리Av. da Liberdade

호시우 광장에서 북쪽으로 4분쯤 가면 헤스타우라도레스 광장이 나온다. 여기에서 북쪽으로 시원하게 뻗는 큰 길이 보이는데, 신시가지의 메인 대로인 리베르다드 거리이다. 거리는 헤스타우라도레스 광장에서 에두아르두 7세 공원 바로 앞에 있는 폼발 후작 광장까지 이어진다. 길이는 1.6km이다. 1755년 리스본 대지진 이후 폼발 후작에 의해 조성되었으며, 리스본 시내에서 공항 등 외곽을 오갈 때 많이 사용한다. 명품 숍, 호텔, 은행 등이 들어서 있으며, 깔끔하게 정비되어 있어 산책하기도 좋다.

📷 산타 주스타 엘리베이터 Elevador de Santa Justa 엘레바도르 드 산타 주스타
리스본에서 가장 아름다운 엘리베이터

리스본은 커다란 언덕 일곱 개로 이루어져 있다. 경사가 많은 덕에 언덕을 쉽게 오르내릴 수 있는 트램이나 엘리베이터가 많이 발달했다. 그 가운데 아우구스타 거리의 산타 주스타 엘리베이터는 아름답기로 유명하다. 저지대인 바이샤 지구와 고지대인 바이후 알투 지구를 연결해준다. 프랑스계 포르투갈 건축가 하울 메스니에르 드 퐁사르Raul Mesnier de Ponsard가 설계하여 1902년에 완공되었다. 그는 파리의 에펠탑을 설계한 귀스타브 에펠의 제자이기도 하다. 높이 45m에 이르는 신고딕 양식의 철골 구조물이다. 꼭대기에는 전망대가 있어 리스본의 시가지 풍경을 전망하기 좋다. 구조물 자체도 우아하고 아름다워 리스본의 명물로 꼽힌다. 2002년에는 그 중요성을 인정 받아 국가 기념물National Monument로 지정되기도 했다. 엘리베이터 탑승 요금은 5.15유로이다. 전망대만 입장할 경우 1.5유로를 내면 된다. 전망대에서는 호시우 광장, 아우구스타 거리 등이 어우러진 근사한 리스본 시내 풍경을 감상할 수 있다. 특히 야경이 끝내준다.

─────────────

찾아가기 호시우 광장에서 도보 3분 주소 R. do Ouro, 1150-060 Lisboa 전화 21 413 8679 운영시간 하절기(3월~10월) 07:00~23:00 동절기(11월~2월) 07:00~21:00 요금 엘리베이터 5.15유로 전망대 1.5유로(리스보아 카드와 교통카드Viva Viagem cards로 결제 가능)

 상 페드루 드 알칸타라 전망대
Miradouro de São Pedro de Alcântara 미라도루 드 상 페드루 드 알칸타라
리스본 최고의 뷰를 원한다면

상 페드루 드 알칸타라 전망대는 바이후 알투 언덕 위에 있다. 포르투갈의 대표 시인인 페르난두 페소아Fernando António Nogueira Pessoa, 1888~1935는 이곳을 리스본에서 가장 빼어난 풍경을 볼 수 있는 전망대라고 칭송했다. 시내의 오밀조밀한 집들은 물론 저 멀리 타구스Tagus, 테주Tejo 강까지 한눈에 조망할 수 있으며, 특히 해질녘에는 아름다운 노을을 제대로 감상할 수 있다. 전망대 주변은 작은 공원으로 꾸며져 있다. 종종 길거리 음악가들이 공연을 하기도 하고, 겨울에는 작은 마켓이 선다. 중앙의 커다란 분수대와 한쪽의 작은 야외 카페가 공원의 매력을 더해준다. 영화 <리스본행 야간 열차>의 포스터 배경지가 되기도 했으며, 영화에서 주인공 제레미 아이언스가 이곳 벤치에 앉아 하염없이 리스본 풍경을 바라본 곳으로 유명하다.

찾아가기 메트로 블루 라인Az 헤스타우라도레스역Restauradores 하차하여 도보 2분110m-헤스타우라도레스 광장 도착-광장에서 글로리아 엘리베이터 승차-종점 도착-알칸타라 전망대
주소 R. São Pedro de Alcântara, 1200-470 Lisboa

푸니쿨라, 글로리아 엘리베이터라 불리는

상 페드루 드 알칸타라 전망대 옆은 글로리아 엘리베이터 Elevador da Glória라고 불리는 유명한 푸니쿨라의 종점이다. 푸니쿨라지만 엄청난 경사를 오르내려 이름에 엘리베이터를 붙여 부른다. 리스본 중심부의 헤스타우라도레스 광장Praça dos Restauradores에서 승차하면 된다. 편도 요금은 3.7유로이다. 리스보아 카드, 비바 비아젬 카드로 탑승 가능하다. 푸니쿨라는 그래피티로 치장하고 있으며, 골목에도 그래피티가 가득해 야외 갤러리를 방불케 한다. 이 경사진 골목도 푸니쿨라 못지 않은 포토 스팟으로 유명하다.

에두아르두 7세 공원 VII Parque Eduardo VII 파르크 이두아르두
전망 좋은 리스본 최고의 공원

포르투갈의 대표적인 시인 페르난두 페소아가 리스본 최고의 공원
이라고 극찬한 프랑스풍 공원이다. 리스본 시내 북쪽에 있으며, 넓
이는 약 8만 평이다. 호시우 광장 지나 리베르다드 거리를 따라 북
쪽으로 걷다가 폼발 후작 광장을 지나면 나온다. 원래 이름은 '자유
의 공원'이었다. 1903년 영국의 왕 에드워드 7세가 리스본을 방문한
것을 기념해, 포르투갈 발음으로 에두아르두 7세 공원이라 다시
이름 지었다. 공원 중앙부에 기하학적 문양의 잔디 정원이 있어 이
색적이다. 공원 안에는 식물원 에스투파 프리아Estufa Fria와 행사장
건물로 사용되는 카를루스 로페스 파빌리온Pavilhão Carlos Lopes이
있다. 에두아르두 7세 공원은 언덕에 위치해 있어 공원 정상부에서
테주 강과 어우러진 리스본 시내 풍경을 조망하기 좋다. 겨울에는
리스본에서 가장 큰 크리스마스 마켓이 열리기도 한다.

찾아가기 ❶ 메트로 옐로 라인Am·블루 라인Az 승차하여 마르케스 드 폼발역Marquês de Pombal 하차, 도보 7분450m
❷ 호시우 광장에서 리베르다드 거리Av. da Liberdade 경유하여 도보 25분1.8km 주소 Parque Eduardo VII, 1070-051 Lisboa
운영시간 24시간 입장료 무료 홈페이지 http://www.cm-lisboa.pt

아말리아 호드리게스 공원
에두아르두 7세 공원 북쪽에 있다. 아말리아 호드리게스Amalia
Rodrigues, 1920~1999는 포르투갈 파두 음악의 여왕으로 꼽히
는 무척 유명한 가수이다. 공원 안에 전망 좋은 카페 리냐 다
구아Linha d'Água가 있으니, 커피 한잔하며 여유를 즐겨보자.

바이샤 & 바이후 알투 지구의 맛집과 숍
Baixa & Bairro Alto

🍴 만테이가리아 Manteigaria

달콤하고 따뜻한 에그타르트

새롭게 떠오르고 있는 파스텔 드 나타에그타르트 맛집이다. 리스본에서 가장 유명한 원조 에그타르트 집 파스테이스 드 벨렝Pasteis de Belém과 쌍두마차를 이룬다. 파스테이스 드 벨렝의 에그타르트보다 모양이 좀 더 단정하고, 듬뿍 들어 있는 커스터드 크림도 더 달콤하다. 방금 만든 따뜻한 에그타르트를 맛볼 수 있다는 것도 이 집의 장점이다. 따뜻한 파이 위에 시나몬 가루와 슈거 파우더를 뿌려 먹으면 1유로의 행복을 만끽할 수 있다. 리스본 시내 중심부에 있어 찾아가기 좋다.

찾아가기 ❶ 상 페드루 드 알칸타라 전망대에서 남쪽으로 도보 7분 600m ❷ 산타 주스타 엘리베이터에서 가헤트 거리R.Garrett 경유하여 도보 8분550m 주소 Rua do Loreto 2, 1200-108 Lisboa 전화 21 347 1492 영업시간 08:00~24:00 예산 1유로(1개)

🍴 보아-바우 Boa Bao

리스본에서 만난 쌀국수와 똠양꿍

포르투갈에서는 생각보다 아시아 식당을 찾아보기가 어렵다. 긴 유럽 여행으로 서양 음식에 지쳐 갈 즈음 한국 음식이 생각난다면 보아-바우를 추천한다. 아시아 퓨전 요리를 선보이는 곳으로 중국, 한국, 동남아 음식 등을 두루 맛볼 수 있다. 국물 음식이 먹고 싶을 땐 이곳 쌀국수가 제격이다. 그밖에 완탕면, 똠양꿍 등 구수한 국물이 일품인 요리를 맛볼 수 있다. 한식으로는 소고기 잡채가 있다. 친절한 직원과 동양적인 멋진 분위기 덕분에 기분 좋게 식사할 수 있다.

찾아가기 ❶ 상 페드루 드 알칸타라 전망대에서 남쪽으로 도보 6분 550m ❷ 산타 주스타 엘리베이터에서 가헤트 거리R. Garrett 경유하여 도보 7분400m 주소 Largo Rafael Bordalo Pinheiro 30, 1200-108 Lisboa 전화 919 023 030 예산 12~18유로

홈페이지 boabao.pt

리스본 351

🏠 아 브라질레이라 Café A Brasileira

파리의 카페 '레 뒤 마고'가 떠오르는

여행객에게 가장 유명한 카페 가운데 하나이다. 이 카페의 테라스는 각종 투어의 모임 장소로 이용된다. 버스커들의 공연이 끊이지 않는 바이샤-시아두역Metro Baixa-Chiado과 가까워 카페가 늘 활기가 넘친다. 1905년 문을 연 이 카페는 브라질 커피를 수입해 팔기 위해 처음 문을 열었다. 상호 '아 브라질레이라' 역시 '브라질 여성'를 뜻하는 포르투갈어이다. 피카소와 헤밍웨이가 사랑한 파리의 카페 레 뒤 마고처럼, 20세기 초 많은 지식인들과 예술가들이 모여 문화를 꽃 피우며 유명해졌다. 카페 입구에는 포르투갈의 대표 시인 페르난두 페소아의 동상이 세워져 있다. 바, 실내 테이블, 야외 테이블마다 가격이 다르니 참고하시길.

찾아가기 ❶ 메트로 블루 라인AZ과 그린 라인VD 바이샤-시아두역 Baixa-Chiado 하차, 도보 5~6분300m ❷ 트램 28번 승차하여 시아두 정류장Chiado 하차, 도보 1~2분67m ❸ 산타 주스타 엘리베이터에서 가헤트 거리R.Garrett 경유하여 도보 5분350m 주소 R. Garrett 120, 1200 Lisboa 전화 21 346 9541 영업시간 08:00~02:00 예산 0.7유로(커피)부터

🍴 비스트로 셍 마네이라스 Bistro 100 Maneiras

맛은 물론 서비스까지 최고

서비스, 음식, 분위기는 물론 위치까지 뭐 하나 나무랄 데 없는 리스본 최고 식당 중 하나이다. 리스본에서 가장 맛있는 음식을 모던한 분위기에서 친절한 서비스를 받으며 맛보기를 원한다면 이 집을 추천한다. 필자가 두 번째로 방문했을 때, 직원이 이름과 앉았던 테이블까지 기억하고 있어 놀라웠다. 음식 중에는 해산물 요리가 유명하다. 특히 전식 중 세비체해산물 샐러드는 이곳에서 꼭 맛보아야 한다. 다른 메뉴도 모두 맛이 좋아 어떤 요리를 주문하더라도 기억에 남는 식사를 하게 될 것이다.

찾아가기 ❶ 상 페드루 드 알칸타라 전망대에서 남쪽으로 도보 4분350m ❷ 산타 주스타 엘리베이터에서 가헤트 거리R. Garrett 경유하여 도보 9분550m 주소 Largo da Trindade 9, 1200-466 Lisboa 전화 910 307 575 영업시간 12:00~02:00 예산 빵+전식2+본식1+와인2+디저트1=88유로 홈페이지 restaurante100maneiras.com

🍴 팡 아 메사 콩 세르테자 Pão à Mesa com Certeza

깔끔하고 모던한 문어와 새우 요리

바이후 알투Bairro Alto 지역은 유명 셰프의 레스토랑과 편
집숍, 바 등이 즐비한, 리스본에서 가장 트렌디한 곳이다.
빵 아 메자 콩 세르테자는 바이후 알투 북쪽에 있는 모던
하면서도 아늑한 레스토랑으로 정오부터 논스톱으로 운
영된다. 가게에서는 언제나 파두 음악이 흘러나온다. 포르
투갈에서 많이 사용하는 문어, 새우 등으로 깔끔하게 만들
어낸 맛있는 요리를 선보이며, 콩으로 만든 디저트 파스텔
페이장Pastel Feijão도 맛볼 수 있다. 상 페드루 드 알칸타
라 전망대에서 가깝다. 식사 후 특색 있는 편집숍을 구경
하는 것도 잊지 말자.

찾아가기 상 페드루 드 알칸타라 전망대Miradouro de São Pedro
de Alcântara에서 북서쪽으로 도보 2분150m
주소 R. Dom Pedro V 44, 1250-094 Lisboa 전화 966 122 675
영업시간 월~목 12:00~01:00 금·토 12:00~02:00
일 12:00~24:00 예산 메인 요리 12~18유로

🍴 사크라멘투 두 시아두 Sacramento do Chiado

맛있는 식전 빵과 해산물 요리

리스본 중심에 있는 맛집이다. 인기가 많아 식사 시간이 되
면 금세 테이블이 찬다. 이 집은 식전 빵부터 남다르다. 포
르투갈에서 최고로 꼽을 수 있는 빵이다. 직접 만든 빵에
고기로 만든 스프레드와 올리브유가 곁들여져 나온다. 이
집의 대표 메뉴는 해산물 요리다. 대구, 참치, 연어, 문어, 새
우 등 다양한 해산물 요리가 있으므로 취향에 맞게 고르
면 된다. 서비스가 친절하고 음식 맛이 좋을 뿐 아니라 분
위기도 이국적이다. 가격까지 저렴하니 더욱 만족스럽다.

찾아가기 ❶ 메트로 블루 라인AZ과 그린 라인VD 바이사-시아
두역Baixa-Chiado에서 동북쪽으로 도보 4분 ❷ 산타 주스타 엘
리베이터에서 카르무 거리R. do Carmo 경유하여 도보 4분230m
주소 Calçada Sacramento 40 a 46, 1200-394 Lisboa
전화 21 342 0572 영업시간 월~일 12:00~24:00
예산 빵+음료 3잔+요리 2개+디저트 1개=53.5유로
홈페이지 sacramentodochiado.com

🍽 알마 Alma

미슐랭 원 스타 레스토랑

포르투갈어 '알마'는 '영혼'이라는 뜻이다. 알마는 리스본
에서 가장 유명한 스타 셰프 중 한 명인 엔히크 사 페소아
Henrique Sa Pessoa의 레스토랑으로, 2018년 미슐랭에서
원 스타를 받았다. 예약제로 운영되며, 식사 이상의 감정·
정체성·지식을 전달하겠다는 신념을 가지고 훌륭한 요리
를 선보인다. 이곳 셰프는 싱가포르에서 일한 경험이 있어
아시아 스타일이 가미되어 있다. 포르투갈의 물가를 생각
하면 비싼 편이지만 고급스러운 분위기에서 멋진 식사를
하고 싶을 때 이용하기 좋다.

찾아가기 ❶ 메트로 블루 라인과 그린 라인 바이샤-시아두역
Baixa-Chiado에서 서쪽으로 도보 5분 ❷ 산타 주스타 엘리베이
터에서 가헤트 거리R. Garrett 경유하여 도보 5분350m 주소 R.
Anchieta 15, 1200-224 Lisboa 전화 21 347 0650 영업시간 화~
일 12:30~15:30, 19:00~23:30 휴무 월요일 예산 전식+본식+후
식+샴페인1잔+와인 1잔=80유로 홈페이지 almalisboa.pt

🍦 젤라두스 산티니 Gelados Santini

포르투갈 최고의 젤라토

1949년부터 포르투갈 최고의 아이스크림을 판매하고 있는 젤라토
전문점이다. 바이샤 시아두역 부근에 있어 더운 여름날 시내 구경
하다 들르기 좋다. 리스본은 겨울에도 기온이 비교적 따뜻하다. 그
래서 이 집은 일년 내내 아이스크림을 먹으려는 사람으로 붐빈다.
부드러운 밀크 아이스크림부터 상큼한 과일 아이스크림까지 종류
만 20가지가 넘는다. 재료의 식감이 살아있어 더욱 좋다. 리스본에
만 2개의 지점이 있다.

바이샤점 찾아가기 ❶ 메트로 블루 라인과 그린 라인 바이샤-시아두역
Baixa-Chiado에서 북쪽으로 도보 2분 ❷ 산타 주스타 엘리베이터에서 남쪽으
로 도보 2분120m 주소 R. do Carmo 9, 1200-093 Lisboa 전화 21 346 8431
영업시간 13:00~24:00 예산 2가지 맛이 2.9유로부터 홈페이지 santini.pt
벨렝점 찾아가기 ❶ 제로니무스 수도원에서 벨렝 거리R. de Belém 경유하
여 동쪽으로 도보 8분600m ❷ 에그타르트 집 파스테이스 드 벨렝Pastéis de Belém에서 벨렝 거리R. de Belém 경유하여 동쪽
으로 도보 4분350m 주소 Museu dos Coches, Praça Afonso de Albuquerque, 1300-014 Lisboa 전화 21 098 7208
영업시간 11:00~20:00

젤라토 테라피 Gelato Therapy

달콤하고 시원한 아이스크림

현지인들이 추천하는 리스본의 젤라토 맛집이다. 맛 좋고 시원한 아이스크림이 여름날의 더위를 잠재워줄 것이다. 실내는 예쁜 콘 아이스크림 모형으로 장식되어 있어 귀엽고 밝은 분위기가 난다. 가게는 아담하지만 젤라토 뿐만 아니라 프라페, 크레페, 와플 등의 디저트와 커피도 판매한다. 젤라토 중에서 피스타치오가 가장 인기가 많다. 주인 아저씨가 추천하는 바질이 들어간 바닐라 맛 젤라토도 인기 메뉴 중 하나이다.

찾아가기 코메르시우 광장에서 알판데가 거리Rua da Alfândega와 마달레나 거리R. da Madalena 경유하여 도보 6분450m 주소 1100 332, R. da Madalena 83, 1100-010 Lisboa 영업시간 11:00~19:00 예산 2.9유로부터(스몰, 1스쿱)

타임 아웃 마켓 Time Out Market

푸드 코트, 스낵부터 미슐랭 스타의 요리까지

푸드 코트라는 말로는 이곳을 다 설명할 수 없다. 미식 평가단의 평가를 바탕으로 리스본 시내와 근교의 유명 음식점을 엄선해서 모아놓은 곳이기 때문이다. 스낵과 디저트에서부터 미슐랭 스타 셰프 군단의 요리까지 한자리에 모아 놓았다. 메뉴 선택의 폭이 넓다. 포르투갈 전통 대구 크로켓을 맛보고 싶다면 올류 바칼라우OLHÓ BACALHAU를 추천한다. 얼큰한 국물이나 따뜻한 수프를 원한다면 크렘 드 라 크렘CRÈME DE LA CRÈME을,

저렴한 가격에 품질 좋은 스테이크를 먹고 싶다면 리스본 시내의 유명 식당을 그대로 옮겨 놓은 카페 드 상 벤토CAFÉ DE SÃO BENTO를 추천한다. 엔히크 사 페소아HENRIQUE SÁ PESSOA는 미슐랭 스타 셰프의 요리를 저렴하게 맛볼 수 있는 곳이다. 미겔 카스트루 에 시우바MIGUEL CASTRO E SILVA에서는 포르투 출신의 베테랑 셰프의 맛깔스러운 포르투갈 전통 음식을 경험할 수 있다. 이외에도 정말 다양한 요리가 많다. 디저트로 유명한 에그타르트 집 만테이가리아Manteigaria에서 에그타르트를 먹고, 바Bar 카자 다 진자Casa da Ginja에서 포르투갈 전통 체리주 진자Ginja를 마실 수 있다. 한자리에서 다양하게 즐길 수 있다. 넓은 공간이 깔끔하게 인테리어 되어 있어 편안하게 식사하기 좋다. 곧 미국 마이애미에도 진출하며, 2019년에는 보스턴에도 문을 열 예정이다.

찾아가기 코메르시우 광장에서 히베이라 다스 나우스 거리Av. Ribeira das Naus 또는 아세날 거리Rua do Arsenal 경유하여 서쪽으로 도보 11분850m 주소 Av. 24 de Julho 49, 1200-479 Lisboa 전화 21 395 1274 영업시간 일~수 10:00~24:00 목~토 10:00~02:00 홈페이지 timeoutmarket.com

🍴 카자 다 인디아 Casa da Índia Lda
저렴하고 푸짐한 포르투갈 요리 맛보기

이름은 인도 식당 같지만, 맛있는 포르투갈 음식점이다. 브레이크 타임 없이 논스톱으로 운영되어 언제든 방문할 수 있다. 가격도 저렴하여 더욱 좋다. 식사 시간에는 사람이 많다. 일부 메뉴는 1/2 분량을 주문할 수 있는데, 양이 제법 많은 편이라 절반이라 하더라도 배불리 먹을 수 있다. 해산물, 육류 등 메뉴가 다양하다. 그릴에 구운 요리가 인기가 좋다. 특히 그릴에 구운 닭고기와 이베리코 돼지 스테이크가 맛있다. 찾아가기 ❶ 상 페드루 드 알칸타라 전망대에서 다 아탈라이아 거리R. da Atalaia 경유하여 도보 7분 600m ❷ 메트로 블루 라인AZ과 그린 라인VD 바이샤-시아두역Baixa-Chiado에서 서쪽으로 도보 9분 600m 주소 Rua do Loreto 45, 1200-036 Lisboa 전화 21 342 3661 영업시간 12:00~24:00 휴무 일요일 예산 7~16유로

☕ 파브리카 커피 숍 FÁBRICA COFFEE SHOP
리스본 최고의 커피

리스본에서 가장 맛있는 커피를 마실 수 카페이다. 직접 로스팅 하고, 커피 빈을 판매하기도 한다. 아늑하고 편안한 분위기로 현지인들의 쉼터 노릇을 하고 있다. 큼지막한 테이블에서 편안하게 커피를 마시며 책을 읽거나 노트북으로 일을 하는 사람들을 종종 볼 수 있다. 간단한 아침 식사를 하기에도 안성맞춤이다. 토스트와 직접 짜낸 오렌지 주스가 아주 맛이 좋다. 흔한 메뉴지만 다른 집보다 훨씬 만족스럽다. 토스트를 먹은 후 에스프레소를 한 잔 마시고 나면 몸도 마음도 더불어 상쾌해진다. 찾아가기 산타 주스타 엘리베이터에서 가헤트 거리R. Garrett 경유하여 도보 8분 600m 주소 Rua das Flores 63, 1200-193 Lisboa 전화 21 139 2948 영업시간 월~일 09:00~18:00 예산 토스트+오렌지주스+에스프레소=6.8유로

🛍 로자 다스 콩세르바스 Loja das Conservas
기념품으로 포르투갈 통조림 어때?

포르투갈은 정어리를 사르디냐Sardinha라고 부른다. 포르투갈에서는 예로부터 정어리를 많이 먹어, 정어리 통조림이 발달했다. 통조림은 포르투갈을 대표하는 상징 상품 중 하나로, 패키지 디자인이 다양해 여행객의 눈을 사로잡고 있다. 로자 다스 콩세르바스는 다양한 브랜드 통조림을 판매하는 곳이다. 복고 스타일의 레트로 느낌 패키지 디자인이 많으며, 브랜드도 수십 가지가 넘는다. 알록달록한 색감의 예쁜 통조림들이 줄지어 나열되어 있는 모습을 보면 기분이 좋아진다. 정어리 외에 올리브, 문어 통조림도 판매한다. 찾아가기 ❶ 코메르시우 광장에서 아스날 거리Rua do Arsenal 경유하여 도보 5분 400m ❷ 버스 206·207·208·714·728·735·736·774·781·782번과 트램 25번 승차하여 코르포 산토 정류장Corpo Santo 하차, 도보 1분 60m 주소 Rua do Arsenal 130, 1100-040 Lisboa 전화 911 181 210 영업시간 월~토 10:00~21:00 일 12:00~20:00

🛍️ 루바리아 울리시스 Luvaria Ulisses

내 손에 딱 맞는 장갑

기성 장갑은 사이즈가 한 가지인 경우가 많다. 루바리아 울리시스는 1925년부터 장갑을 만들어 온 가게로, 사이즈가 7종류나 있어 손에 꼭 맞는 장갑을 살 수 있다. 가죽 자체도 고급스럽고 부드럽다. 퀄리티를 유지하기 위해 100년 전 방식을 그대로 고수하고 있으며, 원하는 디자인을 고르면 주인이 맞는 사이즈를 찾아준다. 두 세 명이 들어가면 꽉 차는 작은 가게지만, 입소문과 인기 덕분에 성수기에는 줄을 서서 기다리기도 한다. 꼭 맞는 핏감에 깜짝 놀라게 될 것이다.

찾아가기 ❶ 산타 주스타 엘리베이터에서 도보 1분39m ❷ 메트로 그린 라인과 블루 라인의 바이샤-시아두역Baixa-Chiado에서 아우리아 거리R. Áurea 경유하여 북쪽으로 도보 4분270m 주소 R. do Carmo 87-A, 1200-093 Lisboa 전화 21 342 0295 영업시간 월~토 10:00~19:00 예산 50~60유로 홈페이지 luvariaulisses.com

🛍️ 베르트랑 서점 Bertrand Books And Music

세계에서 가장 오래된 서점

리스본은 15세기 대항해 시대와 식민지 개척으로 최고의 전성기를 누린 역사적인 도시이다. 세계에서 가장 오래된 서점이 리스본에 있는데, 바로 베르트랑 서점이다. 1732년 처음 문을 열었으며, 올해로 286년이 되었다. 1755년 리스본 도시 전체를 파괴한 대지진 이후 지금의 자리에 새롭게 단장해 문을 열었다. 첫 주인은 피터포르Peter Faure였으나, 후에 베르트랑 형제에게 서점을 넘기면서 '베르트랑'이라는 이름을 갖게 됐다. 포르투갈어, 영어, 프랑스어, 스페인어로 된 책들을 취급하고 있다. 서점 안쪽에 카페도 운영하고 있는데, 개점 285년을 기념하여 만들었다. 서점 입구에는 세계에서 가장 오래된 서점으로 등재된 기네스북 인증서가 걸려 있다.

찾아가기 ❶ 메트로 그린 라인과 블루 라인 바이샤-시아두역 Baixa-Chiado에서 가헤트 거리R. Garrett 경유하여 도보 4분250m ❷ 산타 주스타 엘리베이터에서 가헤트 거리R. Garrett 경유하여 도보 4분260m 주소 R. Garrett 73, 1200-309 Lisboa 전화 21 347 6122 영업시간 월~토 09:00~22:00 일 11:00~22:00 홈페이지 bertrand.pt

알파마 지구 Alfama

알파마에선 길을 잃어도 좋다

테주 강이 내려다보이는 언덕 동네로, 리스본에서 가장 오래된 구시가지이다. 1755년 대지진 때 큰 피해를 입지
않아 옛 모습을 잘 간직하고 있다. 골목이 구불구불 이어지는 풍경은 서울의 북촌을 연상시킨다. 전망대가 많아
테주 강과 고풍스럽고 멋진 리스본 풍경을 감상하기 좋다. 28번 트램을 타면 알파마의 골목길과 명소 대부분을
돌아볼 수 있다. 이 지역은 또 포르투갈의 영혼 '파두'의 탄생지이다. 파두 박물관과 파두 공연 식당이 몰려있다.
많은 이들이 알파마에 대해 이렇게 말한다. "알파마에서는 길을 잃어도 좋아!"

리스본 대성당 Sé de Lisboa 세 드 리스보아
리스본에서 가장 오래된 성당

리스본에서 가장 오래된 성당이다. 1147년 아폰수 엔히크 1세 1109~1185. 포르투갈 건국 왕. 1139년 레온 왕국으로부터 독립을 쟁취했다. 레온 왕국은 10세기~13세기까지 이베리아 반도 북서부, 지금의 지금의 포르투갈 북부와 스페인 북서부에 있었다. 카스티야 왕국에 병합되었다. 때 지었다. 1755년 대지진 때 리스본은 폐허가 되었지만, 대성당은 부분적인 손상만 입었다. 건축 당시엔 로마네스크 양식이었지만, 여러 차례 복원이 이루어지면서 지금은 고딕 양식이 섞여 있다. 종탑 두 개와 중앙 문 위의 장미 창은 로마네스크 양식을 보여준다. 1910년에 국가 기념물로 지정되었다.

1383년, 대성당에서 중요하지만 비극적인 사건이 일어났다. 포르투갈 왕 페르난두 1세가 후계자 없이 사망했다. 왕비였던 레오노르는 고민 빠졌다. 유일한 혈육인 딸 베아트리스는 카스티야의 왕 후안 1세와 결혼하여 스페인에 살고 있었다. 그녀는 고민 끝에 사위이자 카스티야의 왕인 후안 1세를 포르투갈 왕으로 인정했다. 그러자 왕위를 놓고 갈등이 벌어졌다. 특히 민중들은 포르투갈 왕실에서 후계자가 나와야 한다고 생각했다. 그 즈음 마르티뉴 아네스 주교가 레오노르 왕비의 후계 결정 과정에 관여했다는 소식이 들렸다. 성난 민중들은 마르티뉴 아네스 주교를 붙잡아 대성당 탑 위에서 던져버렸다.

트램+대성당, 아름다운 인생 샷 남기기
트램 28번은 리스본에서 가장 유명한 교통 수단이다. 이 트램이 대성당 앞을 지나간다. 타이밍을 잘 맞추면 성당과 트램이 어우러진 멋진 사진을 인생 샷으로 남길 수 있다.

찾아가기 트램 12번·28번 승차하여 세 정류장Sé 하차, 도보 1분83m 버스 737번 승차하여 세정류장Sé 하차 주소 Largo da Sé, 1100-585 Lisboa 전화 21 886 6752 운영시간 **화~토** 09:00~19:00 **월·일** 09:00~17:00 미사시간 **화~토** 18:30 **일** 11:30 입장료 무료 홈페이지 www.patriarcado-lisboa.pt

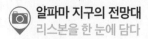

알파마 지구의 전망대
리스본을 한 눈에 담다

01 포르타스 두 솔 전망대
Miradouro das Portas do Sol

알파마 중심지에 있는 포르타스 두 솔 광장에 있는 멋진 전망대이다. TV 프로그램 <비긴 어게인2>에서 김윤 아와 로이킴이 버스킹을 했던 곳이다. 광장에는 리스본의 수호 성인 빈센트의 동상이 우뚝 서있다. 전망대에 서는 오밀조밀 모여 있는 붉은 지붕의 집들이 한눈에 들어온다. 멀리로는 하얀 판테온과 상 비센트 드 포라 교 회 꼭대기가 보이고, 정면에는 테주 강이 바다처럼 시원하게 펼쳐져 있다. 날씨 좋은 날 광장의 노천 카페에서 커피 한잔하며 멋진 전망을 감상하기 좋다. 찾아가기 28번 트램 승차하여 라르구 다스 포르타스 두 솔 정류장Largo das Portas do Sol 하차, 도보 1분66m 주소 Largo Portas do Sol, 1100-411 Lisboa 전화 915 225 592

02 산타 루지아 전망대
Miradouro de Santa Luzia

포르타스 두 솔 광장 바로 아래에 있는 전망대로, 포르투갈 느낌 물씬 풍기는 아줄레주포르투갈의 도자기 타일로 장 식되어 있어 로맨틱한 분위기를 더해준다. 규모는 작지만 예쁜 정원으로 꾸며져 있다. 아기자기한 알파마 지구 와 테주 강 풍경을 즐기기 좋다. 언제나 인파로 북적이는 포르타스 두 솔 전망대에 비해 조용한 편이라 여유를 만끽할 수 있다. 타일로 장식된 전망대 자체도 멋진 볼거리다. 찾아가기 28번 트램 승차하여 라르구 다스 포르타스 두 솔 정류장Largo das Portas do Sol 하차, 도보 2분120m 주소 Miradouro de Santa Luzia, 1100-117 Lisboa 전화 915 225 592

03 그라사 전망대
Miradouro da Graça

리스본의 많은 전망대 중 가장 인기가 좋은 전망대이다. 소피아 드 멜로 브레이네르 안드레 전망대View point Sophia de Mello Breyner Andresen라고도 불리며, 리스본의 오래된 성당 중 하나로 꼽히는 그라사 성당1271 앞에 있다. 상 조르즈 성, 4월 25일 다리, 리스본 시내의 파스텔 빛깔의 집들을 한눈에 조망할 수 있다. 전망대에 노천 카페가 있는데 멋진 뷰를 즐기려는 이들이 많이 찾는다.

찾아가기 28번 트램 승차하여 그라사 정류장Graça 하차, 도보 4분280m 주소 Calçada da Graça, 1100-265 Lisboa 전화 920 049 951

04 세뇨라 두 몬트 전망대
Miradouro da Senhora do Monte

리스본에서 가장 높은 곳에 위치한 전망대다. 리스본 시내가 한눈에 들어온다. 급한 경사를 올라가야 하지만 막상 오르고 나면 이곳에서 내려다보는 전망이 너무 아름다워 그 노고를 깨끗하게 상쇄시킨다. 다 오르면 코끼리 발을 닮은 거대한 나무가 눈에 들어 온다. 전망대의 명물이다. 전망대 주변에서는 버스커들이 공연을 하고 있어, 음악을 배경 삼아 멋진 리스본 시내를 감상할 수 있다.

찾아가기 28번 트램 승차 후 후아 다 그라사 정류장Rua da Graça에서 하차. 길 건너편의 'Miradouro' 표지판 따라 도보 5분 300m. 주소 Largo Monte, 1170-107 Lisboa 전화 927 552 901

 상 조르즈 성 Castelo de S. Jorge 카스텔로 드 상 조르즈
리스본에서 가장 아름다운 일몰 감상하기

리스본에서 가장 멋진 풍경을 볼 수 있는 곳이다. 포르투갈의 대표적인 시인 페르난두 페소아1888~1935는 시간이 허락한다면 반드시 이 성에 올라가 보라고 권했다. 성에서 내려다 보는 리스본 시내와 테주 강 모습이 너무나 멋지다. 특히 리스본에서 가장 아름다운 일몰을 볼 수 있는 곳으로도 유명하여, 해가 지기 시작하면 많은 사람들이 석양이 지는 모습을 감상한다.

리스본에서 가장 오래된 이 성은 성 자체도 멋진 볼거리다. 상 조르즈 성은 11세기 중반에 무어인스페인계 이슬람교도들이 지은 요새로, 당시엔 지도층의 피신용 성채 역할을 하였다. 12세기 중반 아폰수 엔히크 1세가 이 성을 정복한 후 포르투갈의 첫 번째 왕이 되었고, 리스본은 포르투갈의 수도가 되었다. 이후 상 조르즈 성은 역대 왕들의 궁전 역할을 하였으며, 16세기부터는 군사적 요충지, 감옥 등으로 사용되었다. 하지만 1755년 리스본 대지진으로 많은 피해를 입었다. 1910년에 이르러 포르투갈의 역사적 가치를 담은 유적지로 인정받아 국가 기념물National Monument로 등재되었다. 1938년 대대적인 리노베이션을 통해 복구되었다.

찾아가기 ❶ 리스본 대성당에서 북쪽으로 도보 13분800m ❷ 버스 737번 승차 카스텔로 정류장Castelo에서 하차, 북쪽으로 도보 5분350m ❸ 트램 28번 승차하여 라르구 다스 포르타스 두 솔 정류장Largo das Portas do Sol 하차, 상 토메 거리R. São Tomé 경유하여 북동쪽으로 도보 8분500m ❹ 트램 12번 승차하여 상 토메 정류장São Tomé 하차, 칼사다 두 미니노 드 디우스 거리 Calçada do Menino de Deus 경유하여 도보 7분400m 주소 R. de Santa Cruz do Castelo, 1100-129 Lisboa 전화 21 880 0620 운영시간 3~10월 09:00~21:00 11~2월 09:00~18:00 휴무 1/1, 5/1, 12/24, 12/25, 12/31 입장료 10유로

 파두 박물관 Museu do Fado 무세우 두 파두
포르투갈의 소울을 찾아서

파두는 포르투갈을 대표하는 서정적인 민속 음악이다. 한국의 영혼을 담고 있는 음악으로 판소리를 꼽을 수 있
듯이, 파두는 포르투갈의 소울을 담고 있는 음악으로 꼽는다. 파두는 '운명' 혹은 '숙명'이라는 뜻의 영어 'fate'
와 라틴어 'Fatum'에 어원을 두고 있다. 브라질이나 아프리카에서 유래되었다고 전해지기도 하지만, 음악의 한
장르로 꽃피운 곳은 리스본이다. 리스본의 알파마 지구가 파두의 본고장이며, 파두 박물관도 알파마에 있다.
박물관 규모는 크지 않지만 파두의 역사를 그림과 영상, 음악을 통해 엿볼 수 있다. CD로 아말리아 호드리게스
등 유명 파두 가수들의 노래를 실제로 들을 수 있는 공간도 마련되어 있어, 여행자들이 생소한 파두를 처음 접
하기에 좋다. 박물관에서만 파두를 만날 수 있는 것은 아니다. 알파마 지구의 많은 식당에서 식사비에 5~10유
로 정도를 추가하면 저렴한 비용으로 1시간 내외의 파두 공연을 볼 수 있다. 공연을 보기 전 박물관에 들러 미
리 파두에 대해 공부하고 간다면 더 흥미로운 경험이 될 것이다.

찾아가기 리스본 대성당에서 상 주앙 다 프라사 거리R. de São João da Praça 경유하여 도보 7분650m
주소 Largo Chafariz de Dentro 1, 1100-139 Lisboa 전화 21 882 3470 운영시간 화~일 10:00~18:00
휴관 1/1, 5/1, 12/15 입장료 5유로 홈페이지 museudofado.pt

아줄레주 국립 박물관 Museu Nacional do Azulejo 무세우 나시오날 두 아줄레주
타일 장식이 더없이 매력적이다

아줄레주는 '작고 윤기 나는 돌'이라는 뜻의 아랍어에서 유래한 말로, 포르투갈 특유의 도자기 타일 장식을 의미한다. 마누엘 1세재위 1495~1521가 그라나다의 알함브라 궁전을 보고 돌아와 이슬람의 타일 양식을 도입하면서 유행하기 시작하였다. 지금도 포르투갈에서는 건물 외벽이나 내부를 장식하는 데 아줄레주가 많이 쓰인다. 아줄레주에 대해 좀 더 알고 싶다면 아줄레주 박물관을 찾으면 된다. 15세기부터 오늘에 이르는 포르투갈 아줄레주 변천사는 물론 제작 과정까지 살펴볼 수 있다.

박물관 건물은 16세기에 레오노르Leonor 여왕에 의해 지어진 수도원으로 19세기에 마지막 수녀가 사망하면서 수도원으로서의 기능은 끝나버렸다. 이후 1958년 레오노르 여왕의 탄생 5백주 년을 기념하기 위해 이 수도원 건물에서 아줄레주 특별전을 개최한 뒤, 아줄레주 박물관이 되었다. 현재는 아줄레주 7천여 점을 전시하고 있다.

박물관도 훌륭하지만, 예배당도 꼭 둘러볼 것을 추천한다. 도금 장식과 아줄레주 장식의 조화가 화려하여 아주 멋지며 색다른 느낌을 준다. 2층

에는 23m 길이의 리스본 전경을 담은 아줄레주 작품이 전시돼 있다. 1층에 아줄레주로 멋지게 장식한 카페도 있으니 놓치지 말고 들러보자.

찾아가기 ❶ 버스 210·718·742·759·794번 승차하여 이그레자 마드레 디오스 정류장Igreja Madre Deus 하차, 바로 앞 ❷ 메트로 블루 라인AZ 산타 아폴로니아역Santa Apolónia 하차, 산타 아폴로니아 거리Rua de Santa Apolónia 경유하여 도보 17분 1.4km 주소 R. Me. Deus 4, 1900-312 Lisboa 전화 21 810 0340 운영시간 화~일 10:00~18:00 휴관 월요일, 1/1, 5/1, 12/25, 부활절 입장료 5유로 홈페이지 museudoazulejo.pt

 판테온 Panteão Nacional 팡테앙 나시오날
포르투갈의 영웅들 이곳에 잠들다

포르투갈 영웅들을 기리는 신전이다. 하얀 석조 건물로 알파마 지구 언덕에 있다. 16세기 중반, 포르투갈의 탐험가 바스코 다 가마를 기리기 위한 교회로 지어졌다. 산타 엥그라시아 교회Igreja de Santa Engrácia라고도 불린다. 1682년 재건을 위한 공사가 시작되었으나, 건축가가 사망하면서 공사는 100년이 지나도 끝나지 않게 되었다. 덕분에 포르투갈어로 '산타 엥그라시아의 공사Obras de Santa Engrácia라는 말은 '끝나지 않는 일'이라는 뜻을 담은 은유적 표현으로 쓰인다. 공사는 284년 만에 끝나 1966년에 재개관할 수 있었다. 애초 설립 당시와 달리 지금은 포르투갈을 대표하는 인물의 유해가 안치된 국립 판테온으로 운영되고 있다. 판테온에는 국민 파두 가수로 추앙 받는 아말리아 호드리게스Amália Rodrigues, 대항해 시대의 막을 연 엔히크Henrique 왕자, 대항해 시대의 탐험가로 인도까지 항로를 개척한 바스코 다 가마Vasco da Gama, 모잠비크 출신의 포르투갈 축구 영웅 에우제비오Eusébio 등이 잠들어 있다. 입장하면 4층으로 이루어진 건물을 모두 둘러볼 수 있다. 4층 테라스에서는 테주 강과 알파마 지구의 파스텔톤 집들이 옹기종기 어우러진 아름다운 전경을 감상할 수 있다.

찾아가기 메트로 블루 라인AZ 승차하여 산타 아폴로니아역Santa Apolónia에서 하차, 무세우 다 아칠라리아 거리R. Museu da Artilharia 경유하여 도보 9분550m 주소 Campo de Santa Clara, 1100-471 Lisboa 전화 21 885 4820 운영시간 화~일 10:00~17:00 휴무 월요일, 1/1, 5/1, 성탄절, 부활절 입장료 4유로 홈페이지 patrimoniocultural.pt

 TIP 도둑 시장 Feira da Ladra 페이라 다 라드라

판테온 부근 산타 클라라 광장Campo de Santa Clara에서 매주 화요일과 토요일에 열리는 벼룩시장이다. 도둑들이 훔친 물건을 내다 팔던 곳이라고 한 데서 시장 이름이 유래했다. 포르투갈에서 소매치기를 당했다면, 이곳에서 잃은 물건을 다시 살 수도 있다는 농담이 전해지기도 한다. 인기 품목은 작은 찻잔이다. 포르투갈의 시인 페르난두 페소아는 이곳에서 종종 예술적으로나 고고학적으로 가  치 있는 골동품을 발견했다고 했다. 찾아가기 판테온에서 산타 클라라 광장Campo de Santa Clara 경유하여 도보 5분290m 주소 Campo de Santa Clara, 1100-472 Lisboa 전화 21 817 0800 영업시간 화·토 10:00~18:00

🍴 동 아폰수 오 고르두
D. Afonso o Gordo Restaurante Típico

파두 공연 보며 포르투갈 음식 즐기기

리스본 대성당에서 멀지 않은 곳에 있는 맛집이다. 요리와 멋진 파두 공연을 동시에 즐길 수 있어 좋다. 새끼 돼지 구이가 이 집의 별미이다. 전혀 느끼하지 않아 담백한 맛을 즐길 수 있다. 이 집만의 마늘 특제 소스가 느끼함을 제대로 잡아주기 때문이다. 수요일부터 일요일까지는 저녁 9시부터 파두 공연을 즐기며 식사할 수 있다. 공연 관람을 원한다면 예약을 추천한다. 파두 공연을 관람할 경우 식사비에 5유로가 추가된다.

찾아가기 리스본 대성당에서 라르구 산투 안토니우 다 세 거리 **Largo Santo António da Sé 경유하여 도보 2분130m**

주소 R. Santo António da Sé 18, 1100-500 Lisboa

전화 965 872 132 영업시간 12:00~24:00

예산 메인 메뉴 13~22유로(파두 공연 5유로 추가)

☕ 포이스 카페 Pois Café

브레이크 타임이 없는 편안한 카페

대성당 부근에 있는 분위기가 편안한 카페이다. 낮에는 커피를 마시여 여유를 즐기고, 밤에는 편하게 술 한잔 할 수 있는 동네 카페 같은 곳이다. 책이나 보드 게임을 비치해두고 있으며, 벽에는 아티스트의 그림이 걸려 있다. 높낮이가 다른 다양한 테이블 덕분에 자유로운 분위기도 풍긴다. 커피나 음료만 마실 수도 있고, 간단하게 샌드위치나 브런치를 즐길 수도 있다. 또 오늘의 타파스 메뉴가 있어 맥주 한잔하기도 좋다. 브레이크 타임 없이 늦게까지 문을 열어 언제든 들르기 좋다.

찾아가기 리스본 대성당에서 크루즈 다 세 거리Cruzes da Sé 경유하여 도보 2분170m 주소 R. de São João da Praça 93-95, 1100-521 Lisboa

전화 21 886 2497 영업시간 월 12:00~23:00 화~일 10:00~23:00

예산 커피 1~4.5유로 브런치 6~14유로

홈페이지 poiscafe.com

🍴 카자 드 리냐리스 Casa de Linhares–FADO

수준 높은 파두 공연과 미슐랭 추천 요리

수준 높은 파두 공연을 관람할 수 있는 레스토랑이다. 파두 공연을 하는 레스토랑 가운데 가장 고급스러우며 가격은 조금 비싼 편이다. 그러나 음식이나 파두 공연이나 절대 실망시키지 않는 다. 요리는 미슐랭 가이드에서 추천했다. 파두 공연을 하는 레스토랑은 대개 주문해야 하는 최저 가격을 설정해 두고 있지만, 이곳은 음식 값과 관계 없이 별도로 공연비 15유로를 내야 한다. 맛있는 식사를 하며 여유롭게 파두 공연을 즐기고 싶은 이에게 추천한다. 가족 여행 중이라면 부모님과 함께 가기 좋다.

찾아가기 리스본 대성당에서 상 주앙 다 프라사 거리R. de São João da Praça 경유하여 도보 3분270m
주소 Beco dos Armazéns do Linho 2, 1100-037 Lisboa
전화 910 188 118 영업시간 20:00~24:00
예산 **전식+본식2=70유로** 파두 공연 1인당 15유로
홈페이지 casadelinhares.com

🍴 만제리쿠 알레그르 Mangerico Alegre

맛있는 정어리 타파스

문을 연 지 얼마 되지 않은 숨은 보석 같은 레스토랑이다. 타파스부터 메인 요리까지 다양한 음식을 판매한다. 특히 포르투갈의 상징인 정어리가 올라간 타파스 맛이 좋다. 제법 큰 정어리가 빵 위에 올라가 있는데, 전혀 비리지 않고 촉촉한 식감을 느낄 수 있다. 포르투갈의 상점에서 흔히 있는 정어리 통조림 가운데 좋은 품질의 것을 사용한다. 3시 반부터 6시 반까지는 저렴하게 타파스와 음료를 맛볼 수 있는 해피 아워이다. 포르투갈의 와인과 전통 타파스를 마음껏 즐겨보자.

찾아가기 리스본 대성당에서 크루즈 다 세 거리Cruzes da Sé와 상 주앙 다 프라사 거리R. de São João da Praça 경유하여 도보 6분500m 주소 Rua do Terreiro do Trigo 94, 1100-007 Lisboa 전화 21 053 2846 영업시간 09:00~23:00 예산 5~17유로

🍴 아 바이우카 파두 바디우 A Baiuca – fado vadio

파두가 있는 흥겨운 동네 음식점

로컬 문화를 경험하고 싶은 여행객에게 추천한다. '바이우카'는 '값싼 식당' 혹은 '선술집'을 뜻하는 포르투갈어이다. 잘 눈에 띄지 않는 알파마 골목에 있으며, 아는 사람들만 찾는 동네 식당 같은 곳이다. 이곳에서는 밤마다 파두 공연이 벌어진다. 정식 가수가 하는 공연은 아니다. 동네 사람들은 물론 서빙하던 아주머니까지 한 명씩 돌아가며 세월이 녹아 있는 목소리로 파두를 열창한다. 실력파 가수들의 멋진 노래는 아니지만 정겨움이 담겨 있어 감동적이다. 집밥 같은 맛있는 음식도 빼놓을 수 없다. 대구로 만든 포르투갈 전통 요리 바칼라우 아 브라스Bacalhau a Bras를 추천한다.

찾아가기 리스본 대성당에서 상 주앙 다 프라사 거리R. de São João da Praça 경유하여 도보 6분450m
주소 Rua de S.Miguelnr.20, Alfama, 1100-544 Lisboa
전화 21 886 7284 영업시간 목~월 20:00~24:00
휴무 화·수요일 예산 25유로부터

🍴 파레이리냐 알파마 Parreirinha de Alfama

리스본에서 가장 오래된 파두 식당

리스본에서 가장 오래된 파두 식당 중 한 곳이다. 주인 아저씨의 훌륭한 기타 연주와 함께 매일 밤 실력파 가수들의 공연을 볼 수 있다. 주인 아저씨는 10년 전 정부 초청으로 한국을 방문해 파두 공연을 한 적이 있을 정도로 실력파이다. 파두 공연은 밤 9시경 시작되며, 기타 연주 두명, 가수 세 명이 만드는 멋진 무대가 밤 늦게까지 계속된다. 공연 요금은 따로 없고 음식을 최소 30유로 이상 주문하면 된다. 아담한 규모, 친절한 직원, 맛있는 음식, 멋진 파두 공연이 어우러진 곳에서 즐거운 시간을 보낼 수 있다. 파두박물관에서 가깝다.

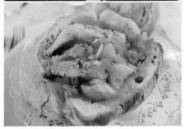

찾아가기 ❶ 파두 박물관에서 도보 1분71m ❷ 리스본 대성당에서 상 주앙 다 프라사 거리R. de São João da Praça 경유하여 도보 7분600m 주소 Beco do Espírito Santo 1, 1100-222 Lisboa 전화 21 886 8209 영업시간 화~일 20:00~01:00 휴무 월요일 예산 30유로(최소 금액) 홈페이지 parreirinhadealfama.com

🍴 파브리카 두 파스텔 페이장 Fábrica do Pastel Feijão

디저트 대회에서 우승한

포르투갈만의 디저트를 맛볼 수 있는 곳이다. 작은 디저트 가게이지만 필살기가 있는데, 콩으로 만든 커스타드 크림을 넣어 만든 디저트이다. 포르투갈어 페이장은 '콩'을 뜻한다. 이 집 디저트는 디저트 대회에서 우승을 거머쥔 적이 있다. 그리고 셰프 안토니우 아모림António Amorim은 '2009년 올해의 셰프' 경연에서 준우승을 차지한 실력파이다. 많은 레스토랑에서 그의 디저트를 식후에 내놓고 싶어하지만 오직 이곳에서만 판매한다. 그가 운영하는 바이후 알투 지역의 레스토랑 '팡 아 메사 콩 세르테자'에서도 이 집 디저트를 맛볼 수 있다.

찾아가기 파두 박물관에서 북동쪽으로 도보 1분77m
주소 R. dos Remédios 33, 1100-405 Lisboa
전화 967 771 296 영업시간 09:00~20:00 예산 2.5유로

🍴 샤피토 아 메사 Chapitô à Mesa
멋진 전망, 친근한 분위기, 합리적인 가격

알파마 지구에 있는 전망이 멋진 레스토랑이다. 샤피토
는 리스본의 유명한 서커스 학교인데 그곳에서 운영한
다. 분위기가 친근하고 가격도 합리적인데도 맛도 좋아
리스본에서 가장 인기 있는 식당으로 꼽힌다. 식당에 들
어가려면 일단 상점을 통과해야 한다. 식당에서 운영하
는 잡화점인데, 당황하지 말고 들어가면 된다. 식당은 테
라스와 1·2층으로 이루어져 있는데, 테라스는 캐주얼한
분위기이며 2층은 멋진 전망을 선사한다. 창가 자리는 미
리 예약하는 것이 좋다.

찾아가기 상 조르즈 성에서 산타 크루즈 두 카스텔로 거리R. de
Santa Cruz do Castelo 경유하여 도보 7분550m
주소 Costa do Castelo 7, 1149-079 Lisboa 전화 21 887 5077
영업시간 일~목 12:00~18:00, 19:00~24:00 금~토 12:00~
18:00, 19:00~24:30 예산 전식+본식+와인1잔=24유로

🍴 세르베자리아 라미루 Cervejaria Ramiro
리스본 최고의 해산물 식당

리스본에서 가장 유명한 해산물 식당이다. '세르베자리
아'는 '맥주집'이라는 뜻이다. 1956년에 맥주집으로 문을
열었다가 합리적인 가격과 빠른 서비스, 맛있는 해산물
요리로 명성을 얻어 리스본 최고의 해산물 식당 중 하나
로 자리매김했다. 명성 덕분에 줄을 서는 건 기본이다. 번
호표를 뽑아 기다려야 하지만, 회전율은 제법 빠른 편이
다. 감바스 알 라 아기요Gamba á la aguillo, 마늘 소스에 끓인 새우

요리를 비롯하여 조개, 게, 왕새우 등 해산물 요리가 다양
하다. 레몬 아이스크림 소르베를 디저트로 먹으면 푸짐
하고 행복한 한끼 식사가 완성된다.

찾아가기 ❶ 메트로 그린 라인VD 인텐덴트역Intendente에서 도
보 4분350m ❷ 상 조르즈 성에서 테헤이리뉴 거리Rua do Terrei-
rinho 경유하여 도보 16분1.3km 주소 Av. Almirante Reis nº1 - H,
1150-007 Lisboa, 1150-007 Lisboa 전화 21 885 1024
영업시간 화~일 12:00~00:30 휴무 월요일 예산 빵2+요리3+와
인1병+디저트3=74유로 홈페이지 cervejariaramiro.pt

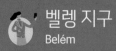

벨렝 지구
Belém

벨렝 지구는 바이샤 지구 서쪽, 테주 강 하류에 있다. 발견기념비, 벨렝 탑, 제로니무스 수도원…… 벨렝 지구는 대항해 시대의 꿈과 영광을 찾아볼 수 있는 곳이다. 발견기념비는 항해왕 엔히크 왕자 탄생 500주년을 기념하기 위해 세운 탑이고, 벨렝 탑은 탐험가 바스쿠 다 가마의 인도 항로 탐험대가 출발했던 역사적인 장소에 세운 탑이다. 세계문화유산인 제로니무스 수도원은 바스쿠 다 가마의 무사귀환을 기념하기 위해 1502년 마누엘 1세 때 지어졌다. 포르투갈의 영광을 찾아 벨렝 지구로 가자.

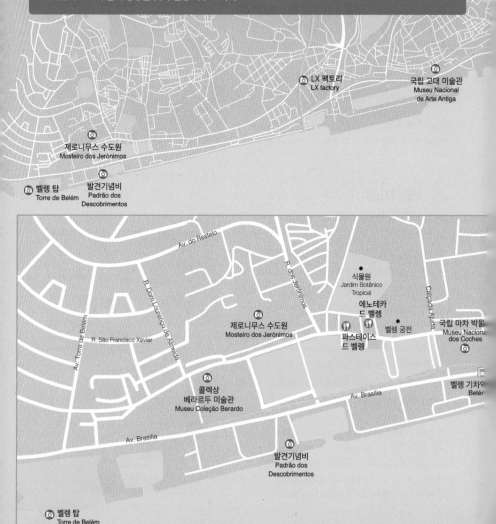

 국립 고대 미술관 Museu Nacional de Arte Antiga 무세우 나시오날 드 아르테 안티가
아름다운 풍경도 보고 예술품도 감상하고

테주 강이 바라보이는 언덕 위에 있는 미술관으로, 17세기의 저택 알보르-폼발 궁전에 들어서 있다. 페르난두 페소아1888~1935, 포르투갈의 시인이자 작가가 리스본 최고의 미술관으로 꼽은 곳이다. 리스본 시내에서 벨렝으로 가는 길목에 있다. 12세기부터 19세기까지의 회화, 조각, 장신구, 가구, 직물, 도자기 등 다양한 작품이 소장되어 있다. 포르투갈의 대표적인 화가 누노 곤살레스Nuno Gonçalves의 <성 빈센트 패널화>를 비롯하여 독일 작센 선제후의 궁정 화가였던 루카스 크라나흐1472~1553, Lucas Cranach의 <성 세례 요한의 머리를 들고 있는 살로메>, 독일 화가 알브레히트 뒤러Albrecht Dürer의 <성 제롬>, 네덜란드 화가 히에로니무스 보스Hieronymus Bosch가 1500년경 그린 것으로 추정되는 <성 안토니오의 유혹> 등을 찾아볼 수 있다. 아름다운 테주 강가에 있어 미술관 앞 경치도 볼거리다. 미술관 앞 통 유리로 된 카페에서 차 한잔하며 주변 풍경을 보고 있으면 여행이 더욱 즐거워진다.

찾아가기 버스 713·714·727번 승차하여 산토스 오 벨류 정류장Santos-o-velho 하차. 저널러스 베르지스 거리R. das Janelas Verdes 경유하여 도보 6분450m **주소** R. das Janelas Verdes, 1249-017 Lisboa **전화** 21 391 2800
운영시간 화~일 10:00~18:00 **휴관** 월요일, 1/1, 5/1, 6/13, 12/25, 부활절 **입장료** 6유로 **홈페이지** museudearteantiga.pt

 ### LX 팩토리 LX factory 엘리시스 팍토리
서울의 성수동 같은

우리나라로 치면 성수동이나 문래동과 같은 곳으로 젊은이들을 위한 트렌디한 문화 공간이다. 섬유 공장과 인쇄소 등 공장 지대를 리모델링 하여 멋진 복합 공간으로 재탄생시켰다. 19세기 섬유 산업은 리스본 경제에서 중요한 역할을 했으나 20세기 이후 쇠퇴의 길을 걸었다. 현재는 23,000㎡ 크기의 부지에 서점, 옷 가게, 레스토랑, 카페, 콘셉트 스토어 등 다양한 상점이 입점해 있다. 북경의 예술 거리 '789' 같은 느낌이 들기도 한다. 가장 유명한 가게는 느리게 읽기라는 뜻의 레르 드바가르Ler Devagar라는 서점이다. 서점보다는 '책방'이라는 말이 더 잘 어울리는 이곳은 옛 것과 현대적 감각을 접목시킨 레트로 감성이 묻어 있어 좋다. 원래는 인쇄소가 운영되던 곳이어서, 책방으로 바뀌었지만 오래 전 인쇄 기계가 아직까지 남아 있다. 공중에 매달려 있는 자전거는 이 책방의 상징물이다. 카페와 함께 운영되고 있으며, 뉴욕 타임즈에서 뽑은 세계에서 가장 아름다운 서점 중 하나로 이름을 올리기도 했다. LX 팩토리는 리스본 중심가와 벨렘 지구 사이에 있다. 도심에서 서쪽에 있는 벨렘 지구를 오가는 중간에 들르기 좋다.

찾아가기 ❶ 버스 714·720·732·738·742·760번 승차하여 알칸타라-7월24일 거리 정류장Alcântara - Av. 24 de Julho에서 하차, 프라데소 다 실베이라 거리R. Fradesso da Silveira 경유하여 도보 7분500m ❷ 트램 15·18번 승차하여 알칸타라-7월24일 거리 정류장Alcântara - Av. 24 de Julho에서 하차, 프라데소 다 실베이라 거리R. Fradesso da Silveira 경유하여 도보 7분500m 주소 R. Rodrigues de Faria 103, 1300-501 Lisboa 전화 21 314 3399 영업시간 06:00~02:00(상점마다 상이) 홈페이지 lxfactory.com

 국립 마차 박물관 Museu Nacional dos Coches 무세우 나시오날 두스 코치스
세계 최대의 마차 컬렉션

벨렝 지구의 테주 강변에 있는 이색적인 박물관이다. 포르투갈 왕가가 소유하고 있던 마차를 보관 전시하기 위해 1905년 설립되었다. 전시관은 구관과 신관으로 나뉘어져 있는데, 신관은 2015년 새로 지은 건물로 대부분의 마차는 이곳에 전시되어 있다. 세계 최대의 훌륭한 마차 컬렉션을 소장하고 있는 곳이다. 전시된 마차는 16세기부터 19세기까지 포르투갈, 이탈리아, 프랑스, 스페인, 영국 등지에서 쓰였던 것들이다. 왕실, 귀족, 일반인들이 이동용, 배달용, 행사용 등 다양한 목적으로 사용하던 마차가 전시되어 있다. 전시장에 들어가면 줄지어 서 있는 아름다운 마차들의 모습에 압도된다. 나라마다 용도마다 다른 마차의 디테일까지 감상할 수 있어 좋다. 아름답게 조각된 마차들을 보고 있으면 전시용이 아닌가 의구심을 갖게 되지만, 모두 실제로 사용되었던 마차들이라 하니 더욱 놀랍다. 구경하다 보면 마차를 타보고 싶은 욕구가 샘솟는다. 이색 박물관을 관람하고 싶은 이에게 추천한다. 제로니무스 수도원에서 걸어서 10분이 채 안 걸린다.

찾아가기 ❶ 버스 201·714·727·728·751번 승차하여 벨렝 정류장Belém 하차, 알폰소 드 앨보커키 광장Praça Afonso de Albuquerque 경유하여 도보 4분260m ❷ 트램 15번 승차하여 벨렝 정류장Belém 하차, 알폰소 드 앨보커키 광장Praça Afonso de Albuquerque 경유하여 도보 4분260m ❸ 기차 카스카이스 선Cascais line 승차하여 벨렘역Belém 하차, 브라질리아 거리Av. Brasília 경유하여 도보 4분300m 주소 Av. da Índia 136, 1300-004 Lisboa 전화 21 073 2319 운영시간 화~일 10:00~18:00 휴관 월요일, 1/1, 5/1, 부활절, 6/13, 12/24, 12/25

입장료 8유로 홈페이지 museudoscoches.pt

제로니무스 수도원 Mosteiro dos Jerónimos 모스테이루 두스 제로니무스
회랑과 안뜰이 아름다운

1983년 벨렝 탑과 함께 세계문화유산으로 지정된 리스본의 대표 건축물이다. 인도 항로를 개척한 바스쿠 다 가마Vasco da Gama, 1460~1524가 인도에서 돌아온 것을 기념하기 위해, 1502년 마누엘 1세재위 1495~1521의 명으로 짓기 시작해 1672년 완성되었다. 마누엘 1세는 무역으로 엄청난 돈을 번 이들에게 1년에 70kg의 금에 해당하는 세금을 부과하여 수도원 건축 자금을 댔다. 덕분에 규모가 더욱 커졌고, 완공하는데 170년이나 걸렸다. 제로니무스 수도회에서 사용하면서 제로니무스 수도원이라 불리게 되었으며, 19세기 중반부터 20세기 중반까지는 학교와 고아원으로 사용되었다.

마누엘 양식포르투갈의 왕 마누엘 1세 치세 때 행해진 건축 양식을 대표하는 이 건물은 교회와 회랑으로 나뉘어져 있다. 마누엘 양식은 입구나 창 주변에 항해 도구혼천의, 돛, 밧줄 등, 매듭 무늬, 식물을 모티브로 한 장식이 많이 나타난다는 것이 특징이다. 이 건물에는 마누엘 양식 외에 후기 고딕 양식과 무데하르 양식스페인 풍의 이슬람 건축 양식, 이탈리아, 플랑드르의 건축 양식도 혼합되어 있다. 당시 전문 인력이 부족해 스페인, 프랑스, 이탈리아, 독일 등에서 전문가를 불러 건축하여, 다양한 양식이 섞이게 되었다. 아름답게 조각된 2층 회랑과 회랑 안의 뜰이 하이라이트다. 수도원 안에는 바스쿠 다 가마, 16세기의 유명 시인 루이스 드 카몽이스, 마누엘 1세, 포르투갈의 국민 시인 페르난두 페소아 등이 잠들어 있다.

찾아가기 ❶ 발견기념비에서 프라사 두 임페리우Praça do Império 경유하여 도보 8분600m ❷ 버스 201·714·727·728·729·751번과 트램 15번 승차하여 모스테이루 두스 제로니무스 정류장Mosteiro dos Jerónimos 하차 도보 1분
주소 Praça do Império 1400-206 Lisboa 전화 21 362 0034 운영시간 화~일 10~5월 10:00~17:30, 5~9월 10:00~18:30
휴관 월요일, 1/1, 5/1, 6/13, 12/25, 부활절 입장료 10유로 홈페이지 mosteirojeronimos.pt

마누엘 1세의 별칭은 '행운왕'이다. 그는 선왕인 주앙 2세의 사촌이었다. 주앙 2세가 후계자 없이 사망하였다. 그는 서열 상 왕위에 오를 만한 위치가 아니었으나, 다행히 왕에 오르는 행운을 얻었다. 왕 자리를 이어 받아야 할 첫째 형은 20대에 요절하였고, 둘째 형은 주앙 2세의 암살 음모에 연루되어 사형을 당했기 때문이다. 덕분에 마누엘 1세는 왕위를 계승하는 행운을 차지할 수 있었다.

 ## 콜렉상 베라르두 미술관 Museu Coleção Berardo 무세우 콜렉상 베라르두
포르투갈에서 가장 인기 좋은 미술관

리스본의 현대미술관이다. 포르투갈에서 방문객이 가장 많은 미술관이다. 파블로 피카소, 살바도르 달리, 앤디 워홀 등 거장의 작품을 찾아볼 수 있고, 우리나라 작가 백남준의 작품도 소장되어 있다. 이곳 전시 작품은 대부분 포르투갈에서 가장 부유한 사업가이자 예술품 수집가인 주제 베라르두José Berardo가 수집한 것들이다. 그가 기증한 작품 수가 900점이 넘는다. 그래서 베라르두 미술관이라고 불린다. 주제 베라르두는 특히 현대 미술에 관심이 많아 4만 점이 넘는 유명 작품들을 모은 대단한 인물이다. 그는 포르투갈 정부에서 일부 작품을 사들이는 조건으로 합의하여, 비영리 재단을 만들어 이곳에 작품들을 전시하고 있다. 그는 아프가니스탄에서 탈레반의 불상 파괴 소식을 듣고 분개하며, 많은 불상을 사들였다. 그렇게 사들인 불상을 모아 리스본 북쪽으로 약 1시간 거리에 있는 작은 도시 봄바할Bombarral에 불상 정원을 만들기도 했다. 매주 토요일엔 콜렉상 베라르두 미술관을 무료로 입장할 수 있다.

찾아가기 도보 제로니무스 수도원에서 5분400m 버스 ❶ 201, 714, 727, 728 , 751번 승차하여 모스테이루 두스 제로니무스 정류장Mosteiro dos Jerónimos 하차, 도보 7분550m ❷ 729번 승차하여 벨렝문화센터 정류장Centro Cultural de Belém 하차, 바로 앞 트램 15번 승차하여 벨렝문화센터 정류장Centro Cultural de Belém 하차, 바로 앞 주소 Praça do Império, 1449-003 Lisboa 전화 21 361 2400 운영시간 10:00~19:00 휴관 12/25 입장료 5유로, 매주 토요일 무료, 리스보아 카드 30% 할인

 발견기념비 Padrão dos Descobrimentos 파드랑 두스 디스코브리멘투스
대항해 시대를 기념하다

포르투갈은 15세기 대항해 시대의 문을 연 주역이다. 발견 기념비는 대항해 시대를 기념하기 위해 벨렘 지구 테주 강 연안에 세운 기념비이다. 원래 포르투갈 세계 박람회를 위해 1940년 임시로 지었다가, 1960년 엔히크 왕자1394~1460, 포르투갈 아비스 가의 왕자로 대항해 시대를 개척하여 해상 왕자라 불린다.의 서거 500주년을 기념하기 위해 재건축하였다. 배 모양을 형상화한 높이 56m의 거대한 기념비에는 대항해 시대를 이끌었던 주요 인물들 조각 이 새겨져 있다. 선미에 엔히크 왕자를 필두로 아폰수 5세재위 1438~1481, 북아프리카를 정복하여 아프리카 왕이라고도 불린다., 바스쿠 다 가마, 콜럼버스, 마젤란1480~1521, 동방 항로 개척에 최초로 성공한 포르투갈 탐험가 등을 비롯하여 천문학자, 선원, 선교사 등 대탐험에 나선 많은 인물들이 새겨져 있다. 기념비 내부에는 리스본 시내와 테주 강을 바라볼 수 있는 전망대와 전시실을 갖추어 놓았다.

찾아가기 ❶ 버스 714·727·728·729·751번 승차하여 모스테이루 두스 제로니무스 정류장Mosteiro dos Jerónimos 하차, 남쪽으로 도보 9분700m ❷ 트램 15번 승차하여 모스테이루 두스 제로니무스 정류장Mosteiro dos Jerónimos 하차, 남쪽으로 도보 7분600m ❸ 제로니무스 수도원에서 프라사 두 임페리오Praça do Império 경유하여 도보 8분600m 주소 Av. Brasília, 1400-038 Lisboa 전화 21 303 1950 운영시간 3~9월 10:00~19:00 10~2월 10:00~~18:00 휴관 1/1, 5/1, 12/25 입장료 6유로 홈페이지 padraodosdescobrimentos.pt

---

엔히크 왕자와 대항해 시대

엔히크 왕자1394~1460는 포르투갈의 대항해 시대를 이끈 중요한 인물이다. 그는 원정대를 꾸려 당시 공포의 곳으로 알려진 아프리카 서해안의 보자도르 곶 접근에 성공하였고, 또 지중해 항로 개척에도 나섰다. 그의 노력으로 포르투갈 항해술은 날로 발전하였다. 그가 서거한 후에도 포르투갈의 항로 개척은 멈추지 않고 계속되어, 바스쿠 다 가마는 인도 항로를 개척1497~1499에 성공하였다. 이후 포르투갈은 브라질, 인도의 고아, 마카오, 일본까지 도달하는 성과를 거두었다.

 벨렘 탑 Torre de Belém 토흐 드 벨렝
벨렘 지구를 한눈에 담다

16세기 초 '행운왕'이라는 별명으로도 불리던 포르투갈의 왕 마누엘 1세 재위 1495~1521가 테주 강 어귀에 항구 감시용으로 지은 요새 탑이다. 이 탑은 원래 육지와 떨어진 강에 지었는데, 지금은 거의 육지와 붙어 있다. 1755년 대지진 이후 강의 물줄기가 바뀌어 현재의 모습이 되었다고 전해지지만, 사실은 도시 개발 과정에서 강이 메워져 탑과 육지가 만나게 된 것이다. 바스쿠 다 가마Vasco da Gama, 1460~1524, 포르투갈의 탐험가의 인도 항로 개척 탐험대가 이곳에서 대항해를 시작했다. 한때 이곳은 감옥으로 쓰이기도 했다.

벨렘 탑은 모두 4층으로 이루어져 있다. 좁고 가파른 계단을 타고 탑 위로 올라가면 3층 테라스에서 테주 강과 벨렘 지구 전경을 감상할 수 있다. 마누엘 양식으로 지어진 탑은 우아하고 아름다우며, 곳곳에 그리스도 기사단의 십자가 등 포르투갈을 상징하는 조각이 새겨져 있다. 대표적인 마누엘 양식으로 꼽히는 제로니무스 수도원과 함께 1983년 유네스코 세계문화유산에 등재되었다.

찾아가기 ❶ 발견기념비에서 브라질리아 거리Av. Brasilia 경유하여 도보 5분350m ❷ 버스 729번과 트램 15번 승차하여 라르구 다 프린세사 정류장Largo da Princesa 하차, 남쪽으로 도보 9분700m 주소 Av. Brasilia, 1400-038 Lisboa 전화 21 362 0034 운영시간 3~9월 화~일 10:00~18:30 10~4월 10:00~17:30 휴관 월요일, 1/1, 5/1, 6/13, 12/25, 부활절 입장료 6유로 홈페이지 torrebelem.gov.pt

벨렝 지구의 맛집
Gourmet Restaurants in Belém

🍴 파스테이스 드 벨렝 Pastéis de Belém

원조 나타(에그타르트) 집

180년이 넘은 파스텔 드 나타의 원조 가게이다. 에그타르트로 알려진 파스텔 드 벨렝 혹은 파스텔 드 나타는 제로니무스 수도원에서 역사가 시작되었다. 1820년 혁명자유주의 입헌군주국을 주창하며 후앙 6세에 반대하여 일어난 혁명 이후 모든 수도원이 문을 닫았고 수도승들은 쫓겨났다. 당시 쫓겨난 한 수도승이 벨렝 지구의 사탕 수수 정제 공장 옆에서 타르트를 만들어 팔기 시작했고, 곧 인기를 얻어 유명해졌다. 이 이야기가 지금 우리가 알고 있는 포르투갈 에그타르트의 기원이다. 1837년 파스테이스 드 벨렝이 수도승의 레시피 그대로 만든 나타를 가지고 문을 열면서 오늘에 이르렀다. 세계에서 가장 유명한 에그타르트를 맛보기 위해 여행객의 발길이 끊이지 않는다. 모양은 투박한 편이다. 하지만 바삭한 페이스트리와 달콤한 커스터드는 이 집만의 특별한 레시피로 만들어진다. 맛보길 추천한다.

찾아가기 제로니무스 수도원에서 임페리우 광장Praça do Império 경유하여 동쪽으로 도보 3분230m 주소 R. Belém 84-92, 1300-085 Lisboa 전화 21 363 7423 영업시간 08:00~23:00 예산 1.1유로로(1개) 홈페이지 pasteisdebelem.pt

🍴 에노테카 드 벨렝 Enoteca De Belém

와인과 포르투갈 전통 요리

벨렝 지구의 유명한 에그타르트 가게 파스테이스 드 벨렝 옆 골목 안쪽에 있는 와인 바 겸 레스토랑이다. 다양한 와인을 구비하고 있다. 이곳 소믈리에 넬슨 게레이루는 2017년 포르투갈 소믈리에 챔피언십에서 우승을 차지했다. 셰프는 포르투갈 전통 음식을 현대 스타일로 멋지게 요리한다. 특히 포르투갈 와인을 곁들여 먹기 좋은 스테이크가 인기가 많다. 포르투갈 문화와 관광을 활성화하고자 훌륭한 음식 문화를 선보이고 있다.

찾아가기 제로니무스 수도원에서 임페리우 광장Praça do Império 경유하여 도보 5분350m 주소 Tv. Marta Pinto 10, 1300-083 Lisboa 전화 21 363 1511 영업시간 13:00~23:00 예산 빵+본식2+와인2잔 =55유로 홈페이지 travessadaermida.com

신트라와 호카곶
Sintra & Cabo da Roca

유럽의 땅끝 마을에 서다

신트라는 리스본에서 28km 거리에 있는 아름다운 전원 도시다. 리스본의 당일치기 근교 여행지로 꼽힌다. 세계문화유산으로 지정되어 있으며, 영국의 시인 바이런은 아름다운 신트라를 '에덴의 동산'이라 칭송했다. 멋진 신트라 궁, 동화 속 궁전 같은 페나 국립 왕궁, 무어인의 성 등이 신트라를 빛내준다. 무어인의 성에 오르면 아름다운 신트라 전경이 한눈에 들어온다.

호카 곶은 신트라에서 17km 거리에 있는 유럽의 땅끝 마을이다. 대서양이 시작되는 곳! 태양이 수평선 아래로 사라지는 모습을 보고 있으면, 콩닥콩닥 가슴이 뛰고 시라도 한 줄 읊고 싶어진다.

신트라 찾아가기

❶ 리스본 호시우역Rossio에서 신트라 행 기차가 20~30분 간격으로 운행된다.

❷ 신트라역까지 약 45분 정도 소요된다.

❸ 신트라역 관광 안내소에서 신트라 안내 지도와 버스 운행 시간표를 구할 수 있다.

❹ 신트라 원데이 패스15.8유로를 구입하면 리스본에서 신트라를 거쳐 호카 곶까지 갈 수 있다.

❺ 신트라역 도착 후 역 앞에서 434번과 435번 버스를 이용하여 신트라 시내로 이동하면 된다.

❻ 걸어서 20분 정도면 시내로 갈 수 있으므로, 굳이 버스를 타지 않고 천천히 신트라 곳곳을 구경하며 여행하는 것도 가능하다.

호카 곶 찾아가기
신트라 기차역 앞에서 버스 403번 탑승하여 호카곶 관광안내센터에 하차약 30~40분 소요

신트라 & 호카 곶, 이렇게 둘러보자
신트라 궁 도보 13분(700m) **헤갈레이라 별장** 도보 13분(700m) **신트라 궁** 버스 434번 탑승하여 5~10분(3.2km) **무어인의 성** 버스 434번 탑승하여 5분(2km) **페나 국립 왕궁** 버스 434번 탑승하여 5~10분(3km) **신트라 기차역** 기차역 앞에서 버스 403번 탑승하여 30~40분(17km) **호카 곶**

신트라 명소 통합 티켓 정보

신트라에서는 명소를 몇 군데 방문하느냐에 따라 5%에서 10%까지 입장료를 할인 받을 수 있다. 여러 군데 방문할수록 할인률은 높아진다. 세 곳을 방문할 경우 6%가 할인된다. 예를 들어 성수기에 신트라 궁과 페나 국립 왕궁, 무어인의 성 이렇게 세 곳을 방문할 경우 원래 입장료는 32유로인데 6%를 할인 받아 30.08유로만 내면 된다. 온라인www.parquesdesintra.pt에서 예매할 경우 5% 추가 할인도 받을 수 있다.

명소 수	할인율
2곳	5%
3곳	6%
4곳	7%
5곳	8%
6곳	10%

🏴 신트라와 호카 곶 버킷 리스트

❶ 신트라 궁의 아줄레주는 포르투갈에서 가장 오래된 아줄레주로 꼽힌다. ❷ 무어인의 성에서 아름다운 신트라 전경을 감상하자. ❸ 페나 국립 왕궁은 독일 퓌센의 노이슈반스타인 성이 연상되는 아름다운 성이다. 원색으로 장식되어 동화 속에 나올 법한 모습을 하고 있다. ❹ 대서양 연안 유럽의 땅끝마을 호카 곶에서 유라시아 대륙의 끄트머리에 왔음을 실감하며 감동의 순간을 체험하자.

📷 신트라 궁전 Palácio Nacional de Sintra 팔라시오 나시오날 드 신트라
📍 포르투갈에서 가장 오래된 아줄레주

15세기부터 20세기 초까지 포르투갈 왕실에서 여름 별장으로 사용
하던 왕궁이다. 하얀 원뿔 형 탑 두 개가 나란히 서 있는 모습이 인상
적이다. 시내를 돌아다니다 고개를 들면 쉽게 찾아볼 수 있다. 11세
기 무어인들이 지은 요새인데, 1147년 이후 가톨릭 세력인 포르투
갈 왕국이 지배하게 되면서 개보수하여 15세기부터 궁전으로 사용
했다. 이슬람 건축 양식인 무데하르 양식과 마누엘 양식15세기 말부터
재위한 포르투갈의 왕 마누엘 1세 때의 건축 양식이 혼합되어 있다. 특히 마누
엘 1세 때 궁 내부를 아줄레주로 화려하게 꾸몄는데, 지금까지도 잘

보존되어 있어 눈길을 끈다. 신트라 궁의 아줄레주는 포르투갈에서
가장 오래되고 아름다운 아줄레주로 꼽힌다. 눈 여겨 볼 곳은 백조
의 방과 까치의 방이다. 백조의 방Sala dos Cines은 아멜리아 여왕이
27살에 시집간 딸을 그리워하며 천장에 27마리의 백조를 그리도록
명하여 만들었다. 까치의 방Sala das Pegas은 주앙 1세가 하녀와 키
스하다 여왕에게 걸리자 결백을 주장하며 천장에 왕궁의 하녀 수만
큼 까치 176마리를 그려 넣어 만들었다고 전해진다.

찾아가기 ❶ 신트라역에서 길헤르미 고메스 페르난데스 거리R. Guilherme Gomes Fernandes 경유하여 도보 11분750m ❷ 신트라
역에서 버스 434번·435번 탑승하여 신트라 궁 하차 주소 Largo Rainha Dona Amélia, 2710-616 Sintra 전화 21 923 7300
운영시간 10~3월 09:30~18:00 4~9월 09:30~19:00 입장료 10유로 홈페이지 parquesdesintra.pt

 ## 헤갈레이라 별장 Quinta da Regaleira
화려한 별장과 지옥을 형상화한 27m 지하 타워

백만장자 몬테이루Monteiro의 저택으로 알려진 별장이다. 무척 화려하고 아
름답다. 커피와 보석 무역으로 브라질에서 큰 돈을 벌어 포르투갈로 온 안
토니우 몬테이루가 1892년 포르투 출신 재산가 헤갈레이라 자작 부인의
저택을 구입해 새롭게 꾸몄다. 몬테이루는 과학, 문화, 예술 등 다양한 분
야에 조예가 깊었던 인물이다. 그는 최고의 이탈리아 건축가를 고용해 로
마·고딕·르네상스·마누엘 양식을 총동원하여 짓기 시작하여 1910년 완공
했다. 이후 저택은 주인이 몇 번 바뀌었으며, 1997년 신트라 시 소유가 되
면서 대중에게 공개되기 시작했다. 별장 규모로는 꽤 큰 편이라 티켓을 구
입할 때 지도를 받아두면 편리하다. 건축물도 훌륭하지만 아름답게 조성된
거대한 정원도 또 하나의 볼거리다. 구석구석 오솔길과 돌담길이 끝없이
이어지고 수없이 많은 나무가 푸르른 녹음을 이룬다. 돌로 지어 올린 건축
물과, 연못, 작은 폭포 등이 자연과 어우러져 있다.

헤갈레이라 별장의 또 다른 볼거리는 나선형 계단으로 연결된 9층 규모의 신
비로운 지하 타워이다. 깊이 27m에 이르는 지하 타워는 지옥을 형상화했다.
누구나 이곳에 가면 삶과 죽음을 생각하게 된다. 잠시, 인생을 사유해보자.

찾아가기 ❶ 신트라역에서 버스 435번 탑승 ❷ 신트라역에서 N375 거리 경유하여 도보 24분1.4km ❸ 신트라 궁에서 N375 거
리 경유하여 도보 14분800m 주소 R. Barbosa do Bocage 5, 2710-567 Sintra 전화 21 910 6650 운영시간 4~9월 09:30~20:00
10~3월 09:30~18:00(폐관 1시간 전까지 입장 가능) 휴관 12/24, 12/25 입장료 8유로 홈페이지 regaleira.pt

📷 페나 국립 왕궁 Palacio Nacional da Pena 팔라시오 나시오날 다 페나
알록달록 놀이 동산에 온 듯한

동화 속에 나올 법한 알록달록 원색 궁전이다. 16세기에 수도원 건물로 지어졌는데, 1839년 마리아 2세 여왕과 남편 페르난두 2세가 사들여 궁전으로 개조해 여름 별궁으로 사용했다. 페르난두 2세는 독일 퓌센의 노이슈반슈타인 성을 만든 루트비히 2세의 사촌으로, 그는 노이슈반슈타인 성을 의식하여 페나 국립 왕궁을 디자인했다고 전해진다. 페나 국립 왕궁은 19세기 포르투갈 낭만주의의 대표적인 건축물로 손꼽힌다. 신고딕, 신마누엘, 신이슬람, 신르네상스 양식이 혼합되어 있다. 궁궐을 노란색과 분홍색으로 사랑스럽게 장식하여 독특하고 매혹적인 분위기를 자아낸다. 궁전 내부는 엔티크 원목 식탁과 침대, 식기, 샹들리에 등 왕족의 생활상을 엿볼 수 있는 물건으로 당시 분위기를 재현해 놓았다. 궁전 건물 위에 있는 테라스 카페도 기억해두자. 무어인의 성은 물론 신트라 전경과 저 멀리 대서양까지 한눈에 담을 수 있다. 잠시 커피 또는 음료 한 잔 마시며 여유를 즐겨도 좋다. 궁전 정문에서 산책하듯 천천히 오르막길을 따라 올라가면 궁전까지 도보 15분 정도 소요된다. 걸어서 올라가기 힘든 사람들을 위해 유료 셔틀 버스3유로도 운영한다. 궁전 주변은 아름다운 공원으로 조성되어 있어 가볍게 산책하기 좋다.

찾아가기 버스 434번 승차하여 페나 국립 왕궁 정문 하차 주소 Estrada da Pena, 2710-609 Sintra 전화 21 923 7300
운영시간 10~3월 공원 10:00~18:00 성 10:00~18:00 4~9월 공원 09:30~20:00 성 09:30~19:00(폐관 1시간 전까지 입장)
입장료 성+공원 14유로 공원 7.5유로 비수기 성+공원 11.5유로 공원 7.5유로 홈페이지 parquesdesintra.pt

📷 무어인의 성 Castelo dos Mouros 카스텔루 두스 모루스
신트라의 절경을 가슴에 품자

무어인은 8세기부터 이베리아 반도를 점령하고 스페인과 포르투갈 곳곳에 아름다운 이슬람 건축과 스토리를 남겼다. 신트라에 있는 무어인의 성도 그 흔적들 가운데 하나이다. 10세기에 무어인들이 지은 성으로 해발 412m의 산 위에 있다. 가톨릭 교도들이 이베리아 반도에서 국토를 되찾기 위해 국토 회복 운동을 벌일 때 이 성은 무어인들에게 중요한 방어 거점이었다. 1147년 가톨릭 교도들이 리스본을 탈환하면서 이 성도 함께 그들에게 넘어갔다. 한때 방치되어 있다가 15세기 이후 복원되었으며, 현재는 국가 기념물로 지정되어 있다. 1995년에는 무어인의 성을 포함한 신트라 문화 경관이 유네스코 세계문화유산에 등재되었다. 지금은 산 능선을 따라 돌로 만들어진 성벽만 남아 있다. 성벽을 따라 올라가다 보면 신트라 시내의 그림 같은 풍경이 한눈에 들어온다. 페나 국립 왕궁만 보고 가는 여행객도 많은데, 무어인의 성도 꼭 들러보기를 추천한다.

찾아가기 버스 434번 탑승하여 무어인의 성에서 하차 주소 Castelo dos Mouros, 2710 Sintra 전화 21 923 7300
운영시간 10~3월 10:00~18:00 4~9월 09:30~20:00(폐관 1시간 전까지 입장) 입장료 8유로 홈페이지 parquesdesintra.pt

 호카 곶 Cabo da Roca 카부 다 호카
유럽의 땅끝, 그리고 대서양!

포르투갈의 최서단이자 대서양과 마주하고 있는 유럽의 땅끝 마을이다. 리스본에서 약 40km, 신트라에서 약 17km 거리에 있다. 신트라에서 403번 버스를 타면 30~40분 정도면 도착한다. 신트라를 돌아본 후 호카 곶에서 해질녘 일몰을 감상하는 순서로 코스를 잡는 게 좋다. 단, 숙박시설이 없으므로 돌아갈 버스 시간을 미리 확인해 두자. 태양이 대서양 수평선 아래로 사라지는 모습을 보고 있으면 이곳이 거대한 대륙의 끄트머리인 게 실감난다. 일몰 감상하는 곳에 커다란 십자가 탑이 서 있다. 탑에는 '여기에서 땅이 끝나고 바다가 시작된다'Onde a terra acaba e o mar comeca 라고 새겨져 있다. 포르투갈의 시인 루이스 바스 드 카몽이스 Luis Vaz de Camoes, 1524~1580의 서사시 한 구절이다. 바로 옆 관광안내센터에 가면 여행객들에게 대륙 최서단을 방문했다는 증명서를 발급해준다.11유로 계절을 막론하고 바람이 많이 부니 외투를 준비하는 게 좋다.

찾아가기 신트라 기차역 앞에서 버스 403번 탑승하여 호카 곶 관광안내센터에 하차약 30~40분 소요
주소 Estrada do Cabo da Roca s/n, 2705-001 Colares

🍴 아 라포사 A Raposa Restaurante Sintra

갤러리 같은 분위기에서 맛있는 식사를

갤러리 느낌이 나는 아늑하면서도 고급스러운 레스토랑이다. 분위기, 음식, 서비스 등 무엇 하나 빠지지 않는 신트라 최고의 맛집 중 한 곳이다. 관광지인 것을 감안하면 가격도 합리적인 편이다. 미슐랭 스타를 받은 식당에 뒤지지 않는 수준이지만, 가격은 그 절반 정도이다. 가족이 운영하는 식당이라 주인장은 책임감과 자부심을 갖고 항상 최고의 수준을 유지하기 위해 노력한다. 대구 요리, 먹물 리조토가 인기 메뉴이며, 그 밖의 메뉴도 실망시키지 않는다. 디저트도 놓치지 말자. 신트라 역에서 가깝다. 찾아가기 신트라 역에서 도토르 알프레드 다 코스타 거리R. Dr. Alfredo da Costa 경유하여 도보 3분210m 주소 R. Conde Ferreira 29, 2710-523 Sintra 전화 21 924 3440 영업시간 화~일 13:00~15:00, 19:00~24:15 휴무 월요일 예산 메인 요리2+와인2+디저트1=55유로

🍴 바칼라우 나 빌라 Bacalhau na Vila

대구 요리에 포트 와인을 즐기자

바칼라우는 포르투갈어로 대구를 뜻한다. 신트라 궁에서 도보 3분 거리의 골목에 자리잡은 대구 요리 전문점으로 지중해 느낌이 물씬 풍긴다. 대구 요리 외에 포르투갈에서 가장 많이 먹는 문어, 새우 요리도 있다. 메뉴는 타파스가 주를 이루고 있다. 혼자 여행 중이라면 여러 가지 요리를 맛볼 수 있어 좋고, 동행이 있다면 다양하게 나눠 먹을 수 있어 좋다. 전식부터 디저트까지 만족스러운 한끼 식사를 할 수 있다. 대구 요리에 포르투갈 와인을 곁들여 훌륭한 포르투갈 전통 음식을 경험해 보자.

찾아가기 신트라 궁에서 헤푸블리카 광장Praça República 경유하여 도보 3분 주소 Arco do Terreirinho 3, 2710-591 Sintra 전화 913 166 101 영업시간 월 12:00~17:00, 19:00~22:00 화~목 12:00~17:00 금~토 09:00~17:00, 19:00~22:00 예산 타파스 3.4~6.9유로

©Bacalhau na Vila   ©Bacalhau na Vila

포르투
Porto

포트 와인과 낭만. 해리포터의 도시

포르투갈 북부, 도루_{Douro} 강 하구 언덕 위의 항구 도시로, 리스본에 이어 포르투갈 제2의 도시이다. 인구는 약 24만 명이다. 리스본에서 북쪽으로 280km 떨어져 있다. 고대 로마 지배 당시 포르투를 '포르투스 칼레'라 불렀는데, 이는 포르투갈이라는 나라 이름의 어원이 되었다. 대항해 시대에 무역 거점으로 번영을 누리기도 하였지만, 지금은 옛날의 꿈과 영광을 조용히 품고 있는 낭만적인 도시이다. 도루 강을 중심으로 세계문화유산으로 지정된 북쪽의 구시가지 역사 지구와 빌라 노바 드 가이아로 나뉜다. 구시가지에서 동 루이스 1세 다리를 건너면 빌라 노바 드 가이아 지구이다. 포트 와인 셀러가 즐비한 곳으로, 와인 투어에 참여하면 시음도 할 수 있다.

포르투는 조앤 롤링이 해리포터를 집필했던 곳이다. 렐루 서점의 굴곡진 계단과 포르투 대학교의 망토 교복은 호그와트의 마법의 계단과 망토 교복의 모티브가 되었다. 지금도 포르투 대학교 학생들은 신입생 환영회 등 특별한 일이 있을 때 이 교복을 입는다. 여행객들은 망토 교복을 입은 그들을 호그와트 마법 학교의 학생들이라도 만난 듯 신기한 눈으로 바라본다.

계절별 최저·최고 기온 봄 7~20도 / 여름 14~25도 / 가을 9~24도 / 겨울 6~14
홈페이지 www.visitportugal.com/en
www.cm-porto.pt/ 접속 후 Turismo 아이콘 선택

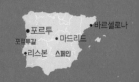

비행기로 가기

우리나라에서 직항 노선은 없다. 마드리드, 바르셀로나, 파리, 런던 등을 경유해서 가면 된다. 리스본에서는 50분, 스페인의 마드리드에서는 1시간 15분, 바르셀로나에서는 1시간 50분이 소요된다. 파리에서는 2시간 10분, 런던에서는 2시간 30분, 로마에서는 3시간이 소요된다. 포르투 공항의 정식 명칭은 프란시스쿠 드 사 카르네이루Aeroporto Francisco de Sá Carneiro 공항으로, 시내 중심에서 북쪽으로 약 13km 거리에 있다. 포르투갈뿐 아니라 유럽 내 많은 도시를 잇는 저가 항공편이 운행되며, 포르투까지 주로 이지젯Easyjet, www.easyjet.com, 부엘링vueling, www.vueling.com, 트란사비아Transavia, www.transavia.com 같은 저비용 항공사를 많이 이용한다. 스카이스캐너www.skyscanner.co.kr를 이용하면 항공권 가격을 비교하여 구매할 수 있다.

■ 공항에서 시내 들어가기

❶ 지하철 Metro

지하철 E 노선을 타면 포르투 시내 중심부의 트린다드역Trindade까지 갈 수 있다. 지하철을 타려면 안단테ANDANTE 카드가 필요하다.시내 교통 정보 참고 공항에서 시내까지는 존Zone 4에 해당한다. 1회 이용료는 2유로이며, 카드 보증금 0.6유로가 추가된다. 오전 6시부터 새벽 1시까지 운행되며, 시내까지 약 40분 소요된다. 티켓은 자동발매기에서 구매하면 된다. 10유로 지폐까지 사용 가능하니 잔돈을 미리 챙겨가자.

©Wikimedia, IngolfBLN

❷ 버스 601번, 602번, 3M번

공항에서 출발하는 601, 602번 버스가 시내 중심부의 클레리구스 탑Torre dos Clérigos 부근에 있는 코르도아리아 정류장Cordoaria까지 운행된다. 중간에 정류소가 많으므로 숙소와 가까운 지점을 확인 한 후 해당 버스를 이용하면 된다. 공항 출발 버스는 05:40~00:55, 시내 출발 버스는 05:30~01:10사이에 약 25분 간격으로 운행된다. 자정이 넘은 12시 30분

©Wikimedia, Manuel de Sousa

부터 새벽 5시 30분까지는 3M 버스를 이용해야 한다. 3M 버스를 이용하면 시청 앞 아베니다 알리아두스 정류장Av. Aliados이나 지하철 트린다드역Trindade 부근에 있는 트린다드 정류장에 갈 수 있다. 버스로 시내까지는 약 40분 소요되며, 요금은 2유로로 버스 기사에게 지불하면 된다.

❸ 택시, 우버

포르투갈에서 택시를 탈 때는 짐이 있는 경우 짐 1개 당 1.5유로가 추가된다. 우버Uber를 이용하면 일반 택시 요금보다 조금 저렴하다. 앱스토어에서 Uber를 검색해서 앱을 다운 받은 후 사용하면 된다. 목적지 도착 후

자동으로 결제가 된다. 요금은 15~20유로 정도이다. 하지만 우버 택시는 법적으로 등록된 택시가 아니므로 분실과 사고에 보호받지 못할 수도 있다.

기차로 가기

리스본산타 아폴로니아역에서 출발할 때 많이 이용하며, 포르투까지 약 3시간 정도 소요된다. 포르투의 기차역은 구시가지 시내 중심에 위치한 상 벤투역São Bento이다. 하지만 다른 도시에서 기차가 들어올 때 대부분 상 벤투역에서 동쪽으로 2.5km 거리에 있는 캄파냐역Campanhã에서 환승하여 상 벤투 역으로 들어온다. 캄파냐역은 현대적인 시설을 갖춘 기차역으로, 상 벤투역까지 기차로 4~5분 정도 걸린다.

©Wikimedia, KoS

인터넷 예매 ❶ https://www.cp.pt/passageiros/en/buy-tickets ❷ http://www.renfe.com/

버스로 가기

리스본에서 포르투에 갈 때 버스도 많이 이용한다. 리스본의 세트 히우스 버스 터미널Terminal Rodoviário Sete Rios에 가면 포르투에 가는 헤넥스Renex 사와 헤드 이스프레수스Rede Expressos 사의 버스를 탈 수 있다. 여러 버스 회사들이 운영하는 고속버스가 운행되고 있어, 포르투의 터미널 위치는 버스 회사마다 제각각이다. 주로 헤넥스Renex 버스 터미널과 헤드 이스프레수스Rede Expressos 버스 터미널을 많이 이용한다. 리스본과 포르투를 오가는 버스는 헤넥스 버스 터미널을 이용하면 되고, 리스본을 비롯한 포르투갈 대부분의 지역과 포르투를 오가는 버스는 헤드 이스프레수스 버스 터미널을 이용하면 된다. 헤넥스 버스 터미널은 시내 중심에서 가깝다. 도보 12분 거리900m에 상벤투 기차역메트로 D 노선의 상벤투역이 있다. 헤드 이스프레수스 버스 터미널은 구시가 동쪽에 있다. 시내로 진입하려면 터미널에서 남쪽으로 도보 2분 거리180m에 있는 지하철 A·B·C·E·F 노선의 '24 드 아고스투 역'24 de Agosto을 이용하면 된다.

헤넥스 버스 터미널 주소 R. Prof. Vicente José de Carvalho 30, 4050-366 Porto
헤드 이스프레수스 버스터미널 주소 Campo 24 de Agosto 125, 4300-096 Porto

인터넷 예매 http://www.rede-expressos.pt

📶 포르투 시내 교통 안내

포르투는 도시가 크지 않아 웬만한 여행지는 도보로 이동이 가능하다. 교통 수단으로는 지하철, 버스, 트램이 있다. 지하철은 모두 5개의 노선이 운영되고 있지만, 주요 여행지와는 연결되지 않아 여행객은 공항이나 버스터미널을 갈 때를 제외하고는 이용할 일이 없다. 트램은 3개의 노선이 운행되고 있으며, 시내 구경 삼아 타고 돌아보는 것도 권할 만하다. 버스와 트램은 탑승 시 현금2유로으로 요금 지불이 가능하며, 지하철의 경우 안단테 카드Andante Card가 필요하다. 안단테 카드를 구매하면 모든 대중교통을 이용할 수 있다. 구역Zona에 따라 요금이 달라지는데, 시내만 이동할 계획이라면 Zone2 정도면 충분하지만, 공항을 이용할 경우

Zone4를 선택해야 한다. 카드는 1·2·5·10회로 충전해서 구매할 수 있으며, 10회 충전할 경우 대중교통을 11회 이용할 수 있다. 또 1회 이용 시 구역에 따라 1시간~1시간 15분 동안 무제한 환승이 가능하다. 24시간 무제한 사용할 수 있는 카드 'Aadante 24'도 있다. 안단테 카드 구매 시 카드 구입비 0.6유로가 별도로 추가된다.

안단테 카드 요금(카드 구입비 0.6유로 별도)

Zona	1회 충전	Aadante 24	환승 가능 시간
Z2	1.2유로	4.15유로	1시간
Z4	2유로	6.9유로	1시간 15분

포르투 버킷 리스트

01 포르투의 아기자기한 풍경 즐기기

#히베이라 광장 #포르투 대성당 #클레리쿠스 성당 종탑 #동 루이스 1세 다리
#세하 두 필라르 수도원

포르투는 아기자기한 풍경이 많다. 히베이라 광장에서는 동 루이스 1세 다리와 도루 강, 포트 와인 셀러가 모여 있는 빌라 노바 드 가이아의 아름다운 풍경을 한눈에 담을 수 있다. 포르투 대성당은 건축물보다 성당 앞 광장의 아름다운 풍경으로 더 유명하다. 세계문화유산인 포르투 역사 지구의 중세 건축물, 아름다운 도루 강가의 풍경, 도루 강 건너 편의 빌라 노바 드 가이아까지 한눈에 들어온다. 해질녘 근사한 강변 풍경도 즐길 수 있다. 클레리쿠스의 종탑은 포르투의 낭만적인 모습을 파노라마로 즐기기 좋은 곳이다. 동 루이스 1세 다리 위에서도 포르투의 멋진 풍경을 감상하기 좋다. 세하 두 필라르 수도원은 빌라 노바 드 가이아의 언덕 위에 자리하고 있다. 포르투에서 가장 높은 성당 돔에 오르면 포르투의 멋진 풍경을 360도 파노라마로 즐길 수 있다.

02 포트 와인 즐기기

포트 와인Port Wine은 포르투갈의 도루 강Douro 상류에서 재배한 포도로 제조한 와인으로, 발효 과정에 브랜디를 첨가하여 만든 주정 강화 와인이다. 히베이라 광장에서 동 루이스 1세 다리를 건너면 유명한 포트 와인 와이너리와 와인 셀러가 즐비한 빌라 노바 드 가이아Vila Nova de Gaia가 나온다. 이곳의 와이너리 투어에 참여하면 시음도 할 수 있다. 대표적인 와인 셀러로는 파두 공연도 관람할 수 있는 칼렘Cálem, 와인 바와 레스토랑까지 갖추고 있는 그라함Graham's Port Lodge, 포르투갈에서 가

장 오래된 와인 제조사 코프크Kopke, 300년 전통의 타일러Taylor's Port 등이 있다.

03 해리포터 만나기
#렐루 서점 #마제스틱 카페

포르투는 조앤 롤링이 해리포터를 집필한 도시다. 그녀는 포르투 대학교 학생들의 망토 교복을 모티브로 호그와트 마법학교의 망토 교복을 창조해내기도 했다. 렐루 서점은 세계에서 가장 아름다운 3대 서점 중 하나로, 포르투갈 특별 보호 건축물이다. 해리포터 집필에 영감을 준 세계에서 가장 유명한 서점이기도 하다. 화려한 스테인드 글라스와 천정과 벽면의 인테리어는 호그와트를 연상시키며 여행객의 마음을 사로잡는다. 2층으로 올라가는 구불구불한 멋진 계단은 움직이는 마법의 계단의 모티브가 되어준 곳으로, 여행객들의 포토 스폿이다. 마제스틱 카페는 벨에포크 시대를 연상시키는 아르누보 풍의 멋진 카페이다. 세상에서 가장 아름다운 카페 10위 안에 이름을 올린 포르투의 대표적인 명소이다. 조앤 롤링은 이 카페에서 해리포터를 집필하여 베스트셀러 작가가 되었다.

1일

09:00	카르무 성당
10:00	렐루 서점
11:30	클레리구스 타워
12:30	점심 식사
14:00	포르투 대성당
15:00	동 루이스 1세 다리
16:00	빌라 노바 드 가이아의 와인 셀러에서 포트 와인 시음
18:00	히베리아 광장
19:00	저녁 식사
21:00	동 루이스 1세 다리 야경 감상 및 산책

2일

10:00	마제스틱 카페 해리포터 집필 카페
12:00	점심식사
13:00	상 벤투 역
14:00	볼사 궁전
16:00	상 프란시스쿠 교회
17:00	세하 두 필라르 수도원Mosteiro da Serra do Pilar
18:00	히베리아 광장 및 강변 산책
19:00	저녁 식사
21:00	시내 구경

카르무 성당 & 카르멜리타스 성당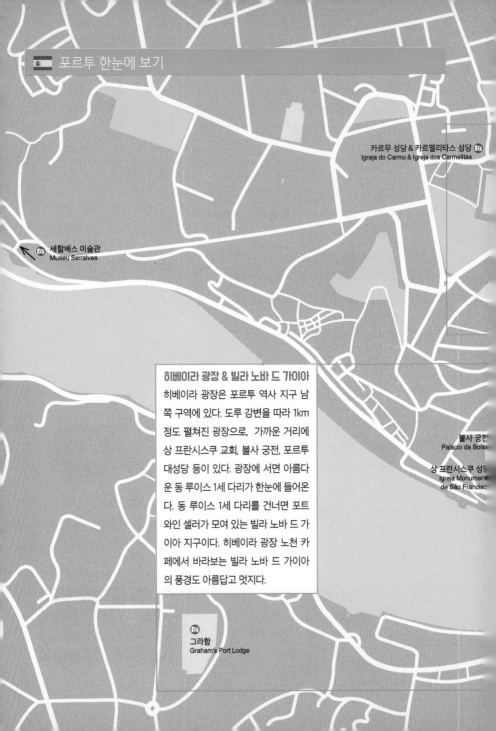
Igreja do Carmo & Igreja dos Carmelitas

세할베스 미술관
Museu Serralves

히베이라 광장 & 빌라 노바 드 가이아

히베이라 광장은 포르투 역사 지구 남쪽 구역에 있다. 도루 강변을 따라 1km 정도 펼쳐진 광장으로, 가까운 거리에 상 프란시스쿠 교회, 볼사 궁전, 포르투 대성당 등이 있다. 광장에 서면 아름다운 동 루이스 1세 다리가 한눈에 들어온다. 동 루이스 1세 다리를 건너면 포트 와인 셀러가 모여 있는 빌라 노바 드 가이아 지구이다. 히베이라 광장 노천 카페에서 바라보는 빌라 노바 드 가이아의 풍경도 아름답고 멋지다.

볼사 궁전
Palácio da Bolsa

상 프란시스쿠 성당
Igreja Monument
de São Francisco

그라함
Graham's Port Lodge

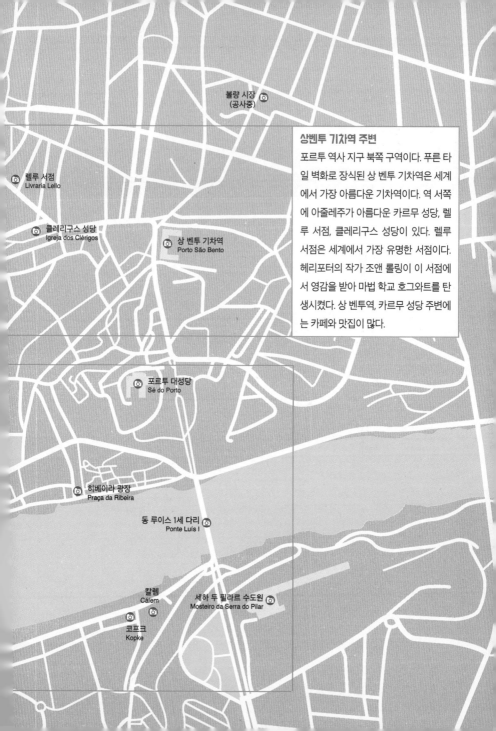

볼량 시장
(공사중)

렐루 서점
Livraria Lello

클레리구스 성당
Igreja dos Clérigos

상 벤투 기차역
Porto São Bento

상벤투 기차역 주변

포르투 역사 지구 북쪽 구역이다. 푸른 타
일 벽화로 장식된 상 벤투 기차역은 세계
에서 가장 아름다운 기차역이다. 역 서쪽
에 아줄레주가 아름다운 카르무 성당, 렐
루 서점, 클레리구스 성당이 있다. 렐루
서점은 세계에서 가장 유명한 서점이다.
헤리포터의 작가 조앤 롤링이 이 서점에
서 영감을 받아 마법 학교 호그와트를 탄
생시켰다. 상 벤투역, 카르무 성당 주변에
는 카페와 맛집이 많다.

포르투 대성당
Sé do Porto

히베이라 광장
Praça da Ribeira

동 루이스 1세 다리
Ponte Luís I

칼렘
Cálem

세하 두 필라르 수도원
Mosteiro da Serra do Pilar

코프크
Kopke

히베이라 광장 & 빌라 노바 드 가이아
Praça da Ribeira & Vila Nova de Gaia

도루 강변에 있는 히베이라 광장은 강변을 따라 1km 정도 펼쳐져 있다. 광장을 중심으로 가까운 거리에 상 프란시스쿠 교회, 볼사 궁전, 포르투 대성당 등이 들어서 있다. 광장에 서면 동 루이스 1세 다리가 한눈에 들어온다. 동 루이스 1세 다리는 포르투의 랜드마크로 서울의 남산 타워와도 같은 곳이다. 동 루이스 1세 다리를 건너면 포트 와인 셀러가 모여 있는 빌라 노바 드 가이아 지구이다. 히베이라 광장 노천 카페에서 바라보는 빌라 노바 드 가이아의 풍경도 아름답고 멋지다.

클라우스 포르투

포르투 대성당
Sé do Porto

볼사 궁전
Palácio da Bolsa

타베르나 두스 메르카도레스

상 프란시스쿠 성당
Igreja Monumento
de São Francisco

히베이라 광장
Praça da Ribeira

동 루이스 1세 다리
Ponte Luís I

도루 강

세하 두 필라르 수도원
Mosteiro da Serra do Pilar

칼렘
Cálem

코프크
Kopke

빌라 노바 드 가이아
Vila Nova de Gaia

📷 히베이라 광장 Praça da Ribeira 프라사 다 히베이라
자우림과 로이킴이 버스킹을 했던 그곳

도루 강변에 있는 광장으로 포르투 특유의 알록달록한 집들, 동 루이스 1세 다리, 도루 강과 어우러진 빌라 노바 드 가이아의 아름다운 풍경을 한눈에 담을 수 있는 곳이다. 1996년 유네스코 세계문화유산으로 지정된 포르투 역사 지구에 있다. 광장 주변에는 레스토랑, 노천 카페들이 줄지어 들어서 있으며, 노천 카페에 앉아 차를 마시며 강 건너 와인 셀러들이 오밀조밀 모여 있는 빌라 노바 드 가이아의 멋진 풍경을 감상할 수 있다. 포르투의 랜드마크 동 루이스 1세 다리 건너 빌라 노바 드 가이아로 산책 가기도 좋다. 광장에서는 버스커들이 노래를 부르고, 햇살 좋은 날이면 사람들이 강변에 걸터앉아 광합성을 즐긴다. 포르투의 멋진 풍경과 랜드마크를 한눈에 볼 수 있는 명소라 언제나 여행객들도 많이 모여든다. 얼마 전 TV 프로그램 <비긴 어게인2>에서 자우림과 로이킴이 도루 강의 동 루이스 1세 다리를 배경으로 이 광장에 서서 버스킹을 하여 갈채를 받기도 했다. 노천 카페나 레스토랑에 앉아 멋진 포르투를 눈에 담으며 유럽 스타일로 여유를 즐기기 좋다.

찾아가기 볼사 궁전과 상 프란시스쿠 교회에서 폰트 타우리나 거리R. da Fonte Taurina 경유하여 도보 5분
주소 Praça Ribeira, 4050-044 Porto

 상 프란시스쿠 성당 Igreja Monumento de São Francisco
고딕 성당 안에서 만난 바로크

14세기에 지은 포르투의 대표적인 고딕 성당으로, 볼사 궁전 옆에 있다. 고딕 양식 건물답게 골조가 도드라진 모습을 볼 수 있는데, 안으로 들어가면 분위기가 완전히 바뀐다. 성당 내부는 바로크 양식이기 때문이다. 17세기 중반 이후 성당 건물을 개축하면서 내부를 화려한 바로크 양식으로 바꾸었는데, 너무나 정교하고 생동감이 넘쳐 장식 하나하나에서 영혼이 느껴진다. 장식은 모두 나무로 조각하여 황금으로 도금한 '탈랴 도라다'Talha dourada 기법으로 만든 것들이다. 많은 인물 장식은 손을 내밀며 말을 걸어올 것 같고, 잎사귀 무성한 나무 장식은 피톤치드를 뿜어낼 듯 생생한 자태로 보는 이에게 감동을 선사한다. 그래서 성당 내부는 바로크로 꾸며진 거대한 황금 숲 같다. 바로크는 '닦지 않은 울퉁불퉁한 진주'라는 뜻의 포르투갈어 바호쿠Barroco에서 유래한 단어이다. 상 프란시스쿠 성당 안에서 만난 바로크 장식은 그야말로 진주처럼 생명력을 가지고 오랜 시간 자라온 것 같다. 그래서 아름답다. 내부 사진 촬영은 금지되어 있으며, 입장권은 성당 바로 옆에 있는 성 프란시스쿠 제3회 수도회 성당에서 구입할 수 있다.

찾아가기 볼사 궁전에서 도보 2분120m 주소 Rua do Infante D. Henrique, 4050-297 Porto
전화 22 206 2125 운영시간 11~2월 09:00~17:30 3~6월·10월 09:00~19:00 7~9월 09:00~20:00
입장료 4유로 홈페이지 ordemsaofrancisco.pt

 볼사 궁전 Palácio da Bolsa 팔라시우 다 볼사
상업의 궁전

상 프란시스쿠 성당 바로 옆에 있다. 한때 이곳은 상 프란시스쿠 성당 수도원이 있던 곳이었으나, 1832년 페드루 4세브라질 황제 페드루 1세와 동생 미구엘의 왕권 싸움으로 전쟁이 나 불타버렸다. 브라질 황제로 있던 페드루 4세는 동생 미구엘의 섭정으로 딸의 왕권이 흔들리자 포르투갈로 돌아와 왕권 다툼을 하였다. 권력 싸움에서 승리한 그는 딸 마리아 2세재위 1826~1853에게 다시 왕위를 물려주었다. 마리아 2세가 1850년 볼사 궁전을 완공했으나 내부 장식까지 완전하게 끝난 때는 1910년이다. 19세기 중반 포르투의 상업이 활성화되기 시작하면서 볼사 궁전은 상업회의소에 넘겨졌으며, 지금도 상업회의소 본부가 이곳에 있다. 신고전주의 양식으로 지어진 포르투 최초의 철제 건물로 건축적으로도 의미가 크다.

볼사 궁전의 하이라이트는 스페인 알람브라 궁전에서 영감을 받아 만든 화려한 아랍의 방Salão Árabe과 건물 중앙의 안마당인 국가들의 안뜰Pátio das Nações이다. 아랍의 방은 행사, 파티, 방송, 사진 촬영 등 다양한 목적을 위해 대여되고 있다. 국가들의 안뜰은 팔각형의 돔으로 덮여 있으며, 돔 천정에는 19세기에 포르투갈과 무역을 하던 나라들의 상징 문양이 새겨져 있다. 볼사 궁전 내부 관람은 가이드 투어를 통해서만 가능하다. 가이드 투어는 영어, 포르투갈어, 스페인어, 불어로 진행된다.

찾아가기 히베이라 광장에서 폰트 타우리나 거리R. da Fonte Taurina와 볼사 거리R. da Bolsa 경유하여 도보 5분350m 주소 R. de Ferreira Borges, 4050-253 Porto 전화 22 339 9000 운영시간 4월~10월 09:00~18:30 11월~3월 09:00~13:00, 14:00~17:30 가이드 투어 10유로 홈페이지 palaciodabolsa.pt

📷 포르투 대성당 Sé do Porto 세 두 포르투
포르투의 아름다운 풍경을 품은

12세기에 로마네스크 양식과 고딕 양식으로 지어졌다가, 18세기에 리모델링 공사를 하면서 바로크 양식이 더해져 오늘의 모습에 이르렀다. 포르투에서 오래된 건축물로 꼽히며 정면에서 보이는 두 개의 탑은 초기에 지어진 것이다. 포르투갈의 10대 왕인 주앙 1세는 1387년 이곳에서 결혼식을 올렸고, 항해왕 엔히크 왕자는 1394년 이곳에서 세례를 받기도 했다. 성당의 푸른 빛 회랑은 아줄레주포르투갈 타일로 장식되어 있어 포르투 특유의 분위기를 느낄 수 있다. 하지만 포르투 대성당은 건축물 자체보다 성당 앞 광장에 서면 보이는 전경이 더 유명하다. 원래 성당이 들어선 자리는 요새가 있던 자리였다. 그래서 주변 풍경이 한눈에 들어온다. 세계문화유산인 포르투 히베이라 역사 지구를 보며 중세의 건축물을 감상할 수 있고, 아름다운 도루 강가의 풍경도 즐길 수 있다. 도루 강 건너 편으로는 포트 와인 셀러가 모여 있는 빌라 노바 드 가이아Vila Nova de Gaia가 펼쳐져 있어 아름답고 독특한 풍경을 선사한다. 해질녘 강변 풍경도 멋지다.

찾아가기 ❶ 히베이라 광장에서 메르카도레스 거리R. dos Mercadores 경유하여 도보 10분550m ❷ 상 벤투 기차역Estação de São Bento(메트로 D라인 상 벤투역)에서 아폰수 엔히크 거리Av. Dom Afonso Henriques 경유하여 남쪽으로 도보 4~5분350m
주소 Terreiro da Sé, 4050-573 Porto 전화 22 205 9028 운영시간 09:00~19:00 홈페이지 diocese-porto.pt

동 루이스 1세 다리 Ponte Luís I 폰트 루이스 I
포르투의 멋진 풍경 감상하기

포르투 구시가지와 도루 강 건너의 빌라 노바 드 가이아Vila Nova de Gaia를 잇는 172m 길이의 다리로, 포르투의 상징적인 건축물이다. 파리 에펠탑을 설계한 귀스타브 에펠의 제자인 테오필 세리그Théophile Seyrig가 설계하였고, 1886년에 완공됐다. 다리는 2층 구조이다. 1층에는 자동차가 다니고, 2층은 열차가 지나다니며, 보행자는 1, 2층 모두 이용할 수 있다. 아름다운 이 철제 다리는 포르투를 대표하는 랜드마크로 보는 이의 감탄을 자아낸다. 도루 강과 어우러진 모습, 다리 위에서 바라보는 도루 강변 모습 모두 포르투의 가장 멋진 풍경으로 꼽힌다. 이 다리 옆에는 마리아 피아 다리Ponte Maria Pia가 있다. 다리 이름 마리아 피아는 루이스 1세의 왕비 마리아 피아 드 사보이아Maria Pia de Saboia의 이름에서 따온 것이다. 동 루이스 1세 다리보다 앞선 1877년에 만들어진 것으로 귀스타브 에펠이 설계했다. 현재는 쓰이지 않는다.

찾아가기 ❶ 대성당에서 다리 2층까지 도보 3분190m ❷ 히베이라 광장Praça da Ribeira에서 다리 1층까지 도보 3분250m
주소 Pte. Luiz I, Porto

동 루이스 1세는 누구? 동 루이스 1세는 페르난두 2세와 마리아 2세 사이에 태어난 둘째 아들이다. 왕위에 오른 형 페드루가 사망한 뒤 포르투갈의 왕이 되어 1861년부터 1889년까지 재위했다. 이탈리아 비토리오 에마누엘레 2세의 딸인 마리아 피아 드 사보이아와 결혼해 아들 둘을 낳았다. 첫째 아들 카를루스는 루이스 1세 다음 왕으로 즉위했으나 공화주의자들에 의해 리스본의 코메르시우 광장에서 암살되었다.

빌라 노바 드 가이아 Vila Nova de Gaia
포르투에서 포트 와인 즐기기

히베이라 광장에서 동 루이스 1세 다리를 건너면 와인 향 가득한 빌라 노바 드 가이아Vila Nova de Gaia 지역이다. 이곳은 와인 셀러저장고들이 옹기종기 모여 있는 곳으로, 투어에 참여하면 와인 시음도 할 수 있다. 칼렘, 그라함, 코프크, 타일러 등이 이곳의 대표적인 와인 셀러이다.

01 칼렘 Cálem
와인 시음도 하고 파두 공연도 보고

규모가 큰 와인 셀러 중 한 곳이다. 동 루이스 1세 다리에서 가까운 곳에 있어 접근성이 좋다. 투어는 시간이 정해져 있으며 해당 언어의 가이드를 따라 움직여야 한다. 화이트와 토니 두 가지 와인을 시음할 수 있다. 파두 공연에 적합한 장소가 아니라 소리의 울림은 덜하지만 와인 시음과 함께 정통 파두 공연도 관람할 수 있다. 와인 가격은 다른 브랜드에 비해 저렴한 편이다. 찾아가기 동 루이스 1세 다리에서 도보 3분 주소 Av. de Diogo Leite 344, 4400-111 Lagos 전화 916 113 451 영업시간 10:00~19:00 예산 투어+와인시음=12유로부터, 투어+와인시음+파두공연=21유로 홈페이지 tour.calem.pt

02 그라함 Graham's Port Lodge
와인 바와 레스토랑도 갖춘

1820년에 문을 연 그라함은 영국 가족이 대를 이어 경영해 오고 있는 전통 있는 포트 와인 셀러이다. 가이아의 높은 언덕 지대에 있어 접근성은 조금 떨어지지만 끝내주는 도루 강변 전경을 눈에 담을 수 있어 좋다. 와인 뿐 아니라 레스토랑도 갖추고 있어 아름다운 풍경을 바라보며 식사도 할 수 있다. 17유로로 포르투 와인을 시음할 수 있으며 예약은 필수다. 투어 예약을 못했다면 시음만 할 수도 있다. 찾아가기 동 루이스 다리에서 도보 26분, 버스 901·906번 주소 Rua do Agro 150, 4400-281 Vila Nova de Gaia 전화 22 377 6484 영업시간 4~10월 09:30~18:30(17:30까지 입장) 11~3월 09:30~18:00(16:45까지 입장) 휴관 12/25, 1/1, 2/20, 2/21 예산 투어+와인시음=17유로부터 홈페이지 grahams-port.com

포트 와인이 뭘까? 포트 와인Port Wine은 포르투갈의 도루 강Douro 상류에서 재배한 포도로 제조한 와인으로, 발효 과정에서 브랜디를 첨가하여 만든 주정 강화 와인이다. 당시 포르투갈은 포르투 항을 통해 영국으로 와인을 수출했는데, 와인이 변질되는 경우가 있어 브랜디를 첨가해 알코올 도수를 높인 와인을 만들었다. 이것이 포트 와인이다. 알코올 도수 18~20도 정도로 단맛이 나는 게 특징이다. 발효 중에 브랜디를 첨가하면 발효가 중단되고, 발효가 끝나지 않은 포도의 당분이 그대로 남아 단맛을 낸다. 포트 와인은 주로 디저트와 함께 식후주로 마시며, 세리주스페인의 백포도로 만든 주정 강화 와인와 함께 2대 주정 강화 와인으로 꼽힌다.

03 코프크 Kopke
포르투갈에서 가장 오래된 양조장

1638년부터 전통을 이어오고 있는, 포르투갈에서 가장 오래된 와인 제조사다. 일반인의 투어는 불가능하다. 하지만 도루 강변에 시음하고 구매할 수 있는 상점Kopke Wine House이 있다. 와인의 종류마다 가격이 다르며, 전반적으로 빈티지와 콜레이타 가격이 조금 비싼 편이다. 10년산 토니가 가장 저렴하다. 정해진 와인을 시음하는 것이 아니라 원하는 와인을 골라 시음할 수 있어 좋다. **찾아가기** 동 루이스 다리에서 도보 3분 **주소** 4400 999, Av. de Diogo Leite 312, Vila Nova de Gaia **전화** 915 848 484 **영업시간** 10:00~13:00, 14:00~18:30 **홈페이지** kopkeport.com

04 타일러 Taylor's Port
드라이 포트 와인을 개발한

1692년부터 300년이 넘게 가족이 전통을 이어 운영해오고 있는 유서 깊은 포트 와인 제조사다. 최초의 드라이 포트 와인 '칩 드라이'Chip Dry와 빈티지 와인보다 조금 더 통에서 숙성되어 디캔터침전물 여과기 없이 바로 마실 수 있는 'LBV'Late Bottled Vintage를 개발한 곳이다. 와인 투어를 하면 이 두 가지 와인을 시음할 수 있다. 투어 시간은 정해져 있지 않고, 오디오 가이드로 진행된다. 원하는 와인이 있을 경우 추가 요금만 지불하면 그 자리에서 시음할 수도 있다.

©Wikipedia, Wiki-portwine

찾아가기 동 루이스 다리에서 도보 15분, 버스 900·904·905번 **주소** Rua do Choupelo 250, 4400-088 Vila Nova de Gaia **전화** 22 375 6433 **영업시간** 10:00~18:00 **예산** 투어+와인시음=15유로 **홈페이지** taylor.pt

---

알고 마시자! 포트 와인의 종류 포트 와인은 숙성 방법에 따라 크게 오크 통에서 숙성된 와인Wood aged port과 병에서 숙성된 와인Bottle aged port으로 나뉜다. 오크 통에서 숙성된 와인은 색깔에 따라 다시 적갈색의 루비 포트Ruby Port와 황갈색의 토니 포트Tawny Port로 나뉜다. 루비 포트는 여러 해에 걸쳐 생산된 어린 와인을 블랜딩하여 2~3년 숙성시켜 만든 와인으로, 색이 진하  고 과일 풍미가 난다. 토니 포트는 최소 7년 숙성시켜 만든 와인으로 캐러멜 향이 나며 황갈색을 띤다. 토니는 여러 종류의 포도를 블랜딩해 오크 통 속에서 10~40년 숙성시킨 에이지드 토니Aged Tawny와 단일 해에 생산된 포도를 최소 7년 이상 오크 통에서 숙성시킨 콜레이타Colheita로 나뉜다. 통 속에서 숙성된 기간이 길어질수록 황갈색은 옅어지며, 캐러멜 향과 바닐라의 풍미가 짙어진다. 이렇게 숙성된 와인은 개봉 후 6개월 정도까지는 두고 마실 수 있다.

병에서 숙성된 와인으로는 오크 통 숙성 와인 루비 계열의 빈티지Vintage 와인이 있다. 단일 해에 생산된 좋은 와인으로만 만들어 매년 나오는 것은 아니다. 오크통에서 약 22개월 숙성시킨 후 병에 담는다. 병에서도 계속 숙성이 진행되므로 해가 갈수록 맛과 가격이 변한다는 특징이 있다. 개봉 후에는 변질되기 쉬우므로 최대 이틀 안에 마시는 게 좋다.

세하 두 필라르 수도원 Mosteiro da Serra do Pilar 모스테이루 다 세하 두 필라르
포르투의 멋진 전경을 파노라마로

동 루이스 1세 다리 끄트머리 빌라 노바 드 가이아가 시작되는 언덕에 위치한 수도원이다. 1537년 지어졌으며, 원형으로 이루어진 독특한 구조로 유럽의 중세 건축물 가운데 손꼽히는 곳이다. 도우 강이 훤히 내려다 보여 1832년 페드루 4세브라질 황제 페드루 1세이자 포르투갈의 여왕 마리아 2세의 아버지와 그의 동생 미구엘의 권력 다툼으로 전쟁이 일어났을 때 군사적 요충지로도 사용되었다. 이후 내전에서 승리한 페드루 4세가 수도회 재산을 몰수하면서 수도원은 국가 소유가 되었다. 현재는 국방부 소속 건물로 수도원 바로 옆에는 군사 기지가 들어가 있고, 포르투갈 국가 기념물로도 지정되어 있다. 오랜 기간 복원 작업을 거쳐 2012년부터 대중에게 공개하고 있으며, 군인의 안내를 받으면 돔에 올라갈 수도 있다. 돔은 포르투에서 가장 높은 곳으로 올라가면 포르투의 멋진 전경을 360도 파노라마로 한눈에 담을 수 있다. 굳이 돔에 올라가지 않더라도 수도원 입구에서 포르투 시내와 도우 강, 동 루이스 1세 다리가 어우러진 멋진 절경을 감상할 수 있으니 참고하자. 멋진 야경으로도 유명하다.

찾아가기 동 루이스 1세 다리에서 헤푸블리카 거리Av. da República 경유하여 도보 7분450m 주소 Largo Aviz, 4430-999 Vila Nova de Gaia 전화 22 014 2425 운영시간 4~9월 10:00~18:30 10~3월 10:00~17:30 휴관 월요일, 1/1, 부활절, 5/1, 12/25 입장료 돔+예배당 4유로 예배당 2유로 홈페이지 culturanorte.pt

 세할베스 미술관 Museu Serralves 무세우 세할베스
정원이 아름다운 현대 미술관

포르투 중심에서 북서쪽으로 약 5km 거리에 있는 현대 미술관으로 아름다운 정원을 갖추고 있다. 포르투갈에서 건축의 시인이라 불리는 알바루 시자Álvaro Siza Vieira가 설계했다. 그는 자연과의 조화를 중시하는 건축가로 유명하며, 아름다운 정원의 품에 안겨 있는 모던하고 심플한 건물이라 더욱 주목 받고 있다. 알바루 시자는 1992년 프리츠커 상을 수상한 세계적인 건축가이다. 그는 우리나라에도 많은 건축물을 남겼는데, 아모레퍼시픽 기술연구동, 파주 출판 단지에 있는 출판사 열린책들의 미메시스 아트 뮤지엄, 안양 파빌리온 등이 그의 작품이다.

세할베스 미술관에는 주로 1960년대부터 현재까지의 작품 4300여 점이 전시되어 있으며, 백남준의 작품도 찾아볼 수 있다. 멋진 정원도 볼거리다. 농장과 과수원까지 갖춘 아름다운 정원 곳곳에도 다양한 예술 작품들이 설치되어 있는데, 스웨덴의 유명 작가 클래스 올렌버그Claes Oldenburg의 〈삽〉도 찾아볼 수 있다. 클래스 올랜버그는 서울 청계 광장의 소라 탑 〈스프링〉의 작가이기도 하다. 이 정원에서는 2016년 우리나라 양혜규 작가의 전시가 열리기도 했다. 10유로의 미술관 입장권으로 정원 관람도 가능하며, 정원만 관람할 경우 입장료는 5유로이다.

찾아가기 ❶ 버스 203번 승차하여 세할베스 정류장Serralves 하차, 도보 2분120m ❷ 버스 207번 승차하여 세할베스미술관 정류장Serralves(Museu) 하차, 북쪽으로 도보 3분270m 주소 R. Dom João de Castro 210, 4150-417 Porto 전화 22 615 6500 관람시간 4~9월 월~금 10:00~19:00 토·일 10:00~20:00 10~3월 월~금 10:00~18:00 토·일 10:00~19:00, 입장료 10유로 홈페이지 serralves.pt

🍴 타베르나 두스 메르카도레스 Taberna Dos Mercadores

포르투 최고 레스토랑

히베이라 광장에서 가까운 곳에 있는 식당으로, 개인적으로 포르투 최고의 레스토랑으로 꼽고 싶은 곳이다. 오픈 키친이며, 테이블은 8개 남짓으로 조그마한 식당이다. 추천 메뉴는 문어밥, 해물밥, 농어 구이로 모두 맛있다. 특히 문어밥은 부드러운 문어와 바삭바삭한 누룽지 같은 밥의 식감이 조화를 이루어 일품의 맛을 선사한다. 불쇼를 보여주는 농어 구이도 훌륭하다. 촉촉하고 부드러운 농어 살점이 입에서 녹는다. 메뉴 대부분이 짜지 않고 간이 적당하여 한국인의 입맛에 아주 잘 맞는다. 규모는 작지만 인기가 많아 예약은 필수다.

찾아가기 히베이라 광장Praça da Ribeira에서 메르키도레스 거리R. dos Mercadores 경유하여 도보 3분150m 주소 R. dos Mercadores 36, Porto 전화 22 201 0510 영업시간 화~일 12:45~15:30, 19:00~23:00 휴무 월요일 예산 전식1+본식2+와인1병=52유로

🧼 클라우스 포르투 Claus Porto

명품 비누를 기념품으로

130년 역사를 자랑하는 포르투갈 최초의 비누와 향수 브랜드이다. 포르투에서 시작해 여전히 포르투에 공장을 두고 옛날 방식으로 비누를 만들고 있다. 천연 재료로 만든 클라우스 비누는 클래식하고 예쁜 디자인 패키지로 고급스럽게 포장된 유명한 명품 비누이다. 전 세계 유명 백화점이나 편집 숍에서 판매되고 있으며, 현재 한국에도 매장이 들어와 있어 찾아볼 수 있다. 가격은 한국보다 조금 저렴하다. 비누뿐만 아니라 핸드크림, 바디 용품, 향초, 디퓨저 등도 판매한다. 상점 2층은 비누 만드는 기계와 브랜드의 역사를 알려주는 전시장으로 꾸며놓았다.

찾아가기 볼사 궁전에서 페헤이라 보르지스 거리R. de Ferreira Borges 경유하여 도보 5분300m 주소 R. das Flores 22, 4050-253 Porto 전화 914 290 359 영업시간 10:00~20:00 예산 비누 7유로부터 홈페이지 clausporto.com

상 벤투 기차역 주변
Porto São Bento

상 벤투 기차역은 포르투 중심부에 있다. 역 서쪽에 카르무 성당, 렐루 서점, 클레리구스 성당이 있다. 푸른 아줄레주로 장식된 상벤투 기차역은 세계에서 가장 아름다운 기차역으로 꼽힌다. 렐루 서점은 세계에서 가장 유명한 서점이다. 입장료를 내야 하는 관광 명소로, 헤리포터의 작가 조앤 롤링이 이 서점에서 영감을 받아 마법 학교 호그와트를 탄생시켰다. 책을 사기보다 서점을 구경하려고 많은 이들이 찾는다. 상 벤투역, 카르무 성당 주변에는 카페와 맛집이 많다.

알마다 카페

볼량 시장
(공사중)

세르베자리아
브라상 알리아두스

카마페우
제니스

만테이가리아

카자 다 기타라
카페 프로그레수

무 스테이크
하우스

마제스틱 카페

카르무 성당 Igreja do Carmo
카르멜리타스 성당 Igreja dos Carmelitas

렐루 서점
Livraria Lello

아 비다 포르투게사

카페 산티아고

클레리구스 성당
Igreja dos Clérigos

타파벤투

상 벤투 기차역
Porto São Bento

칸티뇨 두 아비에즈

도루강
히베이라 광장

📷 상 벤투 기차역 Porto São Bento 포르투 상 벤투
세계에서 가장 아름다운 기차역

포르투 시내 중심부에 있다. 19세기에 지어진 기차역인데, 내부가 아줄
레주로 화려하게 꾸며져 있다. 덕분에 세계에서 가장 아름다운 기차역
이라는 칭호까지 붙었다. 건물 자체만으로도 많은 사람이 찾는 관광 명
소이다. 역사의 아줄레주 그림은 유명한 아줄레주 아티스트 조르즈 콜
라수Jorge Colaço가 1905년부터 1916년까지 제작한 것이다. 작품은 타
일 약 2만 개로 이루어져 있다. 그림에는 포르투갈 역사의 장면 장면이

담겨 있다. 12세기 아폰수 1세와 레온오늘날 스페인 북부의 왕 알폰소 7세
사이의 전쟁인 발데베즈 전투, 12세기 에가스 모니스포르투갈의 초대왕 아폰
수 엔히크의 스승와 레온의 왕 알폰소 7세가 만나는 장면, 14세기 포르투갈
의 왕 주앙 1세가 포르투에 도착한 부인 랭카스터 필리파와 만나는 장
면, 1415년 포르투갈의 세우타 점령 장면 등이 그려져 있다. 상 벤투 역
에서는 기마랑이스, 브라가 등 포르투 근교로 가는 기차를 탈 수 있다.

찾아가기 ❶ 클레리구스 성당에서 클레리구스 거리Rua dos Clérigos 경유하여 도보 4분350m ❷ 대성당에서 아폰수 엔히크 거
리Av. Dom Afonso Henriques 경유하여 북쪽으로 도보 4~5분350m ❸ 메트로 D라인 상 벤투역에서 바로 **주소** Praça Almeida
Garrett, 4000-069 Porto

📷 클레리구스 성당과 종탑 Igreja dos Clérigos & Torre dos Clérigos
📍 포르투 전경을 파노라마로

클레리구스 성당은 상 벤투 기차역에서 서쪽으로 5분 거리에 있다. 이탈리아 출신 건축가이자 화가 니콜로 나소니Niccoló Nasoni, 1691~1773에 의해 지어진 바로크 양식 성당이다. 포르투갈의 바로크 양식을 대표하는 건축물로 1910년 국가 기념물로 지정되었다. 또 1996년에는 성당이 포함된 포르투 역사 지구가 유네스코 세계 문화유산에 등재되었다. 이 성당의 상징 건축물은 종탑이다. 1753년 75.6m의 높이로 지은 종탑은 포르투에서 가장 높은 탑이다. 나선형 계단 225개를 오르면 포르투의 전경을 파노라마로 감상할 수 있다. 오전 9시부터 밤 11시까지 관람할 수 있다. 낮에 올라가 햇빛이 비추는 도시 전경 감상하기도 좋고, 해질녘의 아름다운 풍경을 즐기기도 좋다. 포르투에서 가장 멋진 전망을 감상할 수 있는 명소로 꼽힌다. 이 성당을 지은 건축가 니콜로 나소니의 유해가 그의 유언에 따라 성당에 안치되어 있다.

찾아가기 렐루 서점에서 카멜리타스 거리R. das Carmelitas 경유하여 도보 3분200m 주소 R. de São Filipe de Nery, 4050-546 Porto 전화 22 014 5489 운영시간 09:00~19:00 입장료 5유로 홈페이지 torredosclerigos.pt

 ### 렐루 서점 Livraria Lello 리브라리아 렐루
해리 포터의 작가 조앤 롤링에게 영감을 주다

세계에서 가장 아름다운 서점이자 가장 유명한 서점이다. 해리포터의 작가 조앤 롤링Joan K. Rowling은 1991년부터 약 2년간 포르투에서 영어 교사로 일했다. 그 시절 그녀가 자주 들렀던 서점으로, 해리포터 소설의 영감을 준 곳이라 더욱 유명해졌다. 지금은 여행자들이 꼭 들르는 최고 명소 중 한 곳이다. 수많은 여행객이 몰려들어 몇 해 전부터 입장료 5유로를 받고 있다. 책을 구매할 경우 책값은 입장료만큼 할인된다. 유명세에 걸맞게 서점은 멋진 외관과 실내 인테리어를 갖추고 있다. 조앤 롤링에게 충분히 영감을 줬을 만하다고 수긍이 간다. 1906년에 지어진 서점 건물 자체도 특별하다. 신고딕 양식에 아르누보 양식이 혼합된 건물이라 주변 건물과 차별화되는 아름다움을 자아낸다. 포르투갈 특별 보호 건축물로도 지정되었다. 화려한 스테인드 글라스와 천정과 벽면의 인테리어는 호그와트를 연상시킨다. 2층으로 올라가는 구불구불한 멋진 계단은 호그와트에 있던 움직이는 마법의 계단의 모티브가 되어준 곳이다. 여행객들의 포토 스폿이다. 입장권은 서점 입구 오른쪽 끝에 있는 상점에서 구매해야 한다. 큰 짐은 갖고 들어갈 수 없으며, 무료 짐 보관은 가능하다. 클레리구스 성당에서 북쪽으로 3분, 카르무 성당에서 동쪽으로 2분 거리에 있다.

찾아가기 카르무 성당Igreja do Carmo에서 2분140m, 클레리구스 성당Igreja dos Clérigos에서 도보 3분200m
주소 R. das Carmelitas 144, 4050-161 Porto 전화 22 200 2037
영업시간 월~일 09:30~19:00
입장료 5유로
홈페이지 livrarialello.pt

🏛 카르무 성당 & 카르멜리타스 성당 Igreja do Carmo & Igreja dos Carmelitas
📍 하나인 듯 둘인 듯

렐루 서점에서 서쪽으로 불과 2분 거리에 있는 성당이다. 언뜻 보면 성당이 하나인데, 건물에 성당 두 개가 함께 들어가 있다. 자세히 보면 양식이 다른 성당 두 개가 나란히 서 있는 모습을 발견할 수 있다. 정면에서 봤을 때 오른쪽이 화려한 로코코 양식의 카르무 성당이고, 왼쪽이 바로크 양식의 카르멜리타스 성당이다. 붙어 있는 것 같은 이 두 성당 사이에는 창문이 달린 세계에서 가장 좁은 건물이 끼어 있다. 당시 교회법 때문에 수녀가 머물던 카르멜리타스 성당과 수도승들이 머물던 카르무 성당을 붙여 지을 수 없었다고 전해진다. 카르멜리타스 성당은 17세기에 지어졌고, 카르무 성당은 18세기에 지어졌다. 카르무 성당은 아름답고 화려한 아줄레주 벽화로도 유명하다. 1912년에 제작된 벽화의 타일은 도루 강 건너 빌라 노바 드 가이아에서 만들어진 것이다. 벽화에는 카르멜 수도회 설립 이야기가 새겨져 있다. 두 성당은 유네스코 세계문화유산으로 지정된 포르투 역사 지구에 포함되며, 2013년에는 포르투갈 국가 기념물로 지정되었다.

찾아가기 렐루 서점에서 도보 2분140m,
클레리구스 성당에서 도보 5분350m
주소 Praça de Gomes Teixeira 10, 4050-
011 Porto **전화** 22 332 2928
운영시간 09:00~18:45 **입장료** 무료

상 벤투 기차역 주변의 맛집과 숍
Estação Ferroviária de São Bento

🍴 타파벤투 Tapabento

타파스에서 해산물 커리까지

상 벤투 기차역에서 아주 가깝다. 포르투에서 인기 있는 레스토랑 가운데 한 곳으로 해산물 커리, 리조토, 오리 고기 요리 등을 맛볼 수 있다. 메인 요리 가격이 조금 비싼 편이지만 그만한 가치를 한다. 재료를 아끼지 않고 듬뿍 넣어 양이 많은 편이라 여러 명이 나눠 먹기 좋다. 해산물, 고기, 치즈 등 다양한 타파스도 맛볼 수 있다. 혼자 여행 중이라면 맛있는 타파스로 간단히 식사할 수 있어 더 좋다. 포르투 시내 북쪽에 지점이 하나 더 있다.

찾아가기 상 벤투 기차역에서 도보 1분98m
주소 R. da Madeira 222, 4000-069 Porto **전화** 912 881 272
영업시간 수~토 12:00~16:00, 19:00~22:30 화 19:00~22:30
휴무 월요일 **예산** 타파스 3~15유로 요리 14~22유로
홈페이지 tapabento.com

🍴 무 스테이크하우스 Muu Steakhouse

포르투 최고의 레스토랑

여행 사이트 트립어드바이저에서 포르투 식당 1위를 차지한 스테이크 레스토랑이다. 부위에 따라 다양한 종류의 스테이크를 판매하는데, 특히 드라이 에이지드건식 숙성 립 아이 스테이크가 훌륭하다. 분위기는 물론 서비스와 음식, 가격까지 나무랄 데가 없다. 식당 주인은 2002년 월드컵 때 한국을 방문한 적이 있는 축구 마니아이며 한국 음식을 좋아한다. 그래서 식전 빵에 함께 내어주는 버터 중에는 김치 맛 버터도 있다. 저녁에만 운영되며, 예약은 필수다. 바로 옆 타스코Tascö도 인기 있는 식당이다. 같은 주인이 운영하는데 다양한 포르투갈 음식을 판매한다.

찾아가기 상 벤투 기차역에서 도보 4분350m, 렐루 서점Livraria Lello에서 도보 4분300m **주소** Rua do Almada 149A, 4050-037 Porto
전화 914 784 032 **영업시간** 19:00~24:00
예산 스테이크 17유로부터 **홈페이지** muusteakhouse.com

🍴 카페 프로그레수 Cafe Progresso

분위기 좋은 100년 카페

1899년 문을 연, 포르투에서 가장 오래된 카페다. 내부는 100년이 넘었다는 것이 믿기지 않을 정도로 깔끔하고 현대적이다. 하지만 곳곳에 오래된 가구들이 남아 있으며, 1층은 카페, 2층은 식당으로 운영된다. 빵, 토스트, 오믈렛 팬케이크 등 다양한 메뉴가 있다. 아침부터 밤 늦게까지 논스톱으로 운영되어, 언제든 간단히 식사를 할 수 있어 좋다. 가장 오래되었다는 명성 덕분에 관광객이 가득할 것 같지만, 현지인이 많은 편이다. 편하고 분위기 좋은 카페를 찾는다면 이곳을 추천한다.

찾아가기 카르무 성당에서 카를로스 알베르토 광장Praça de Carlos Alberto 경유하여 도보 2분150m 주소 R. Actor João Guedes 5, 4050-159 Porto 전화 22 332 2647
영업시간 일~목 09:00~19:00 금·토 09:00~23:00
예산 라테 2유로 홈페이지 cafeprogresso.com

🍴 제니스 Zenith - Brunch & Cocktails Bar

알록달록 보기에도 예쁜 브런치

포르투의 핫한 브런치 카페이다. 주말 점심 무렵엔 길게 줄을 설 정도로 인기가 많다. 늘 북적대는 이곳의 주 고객은 젊은 층이다. 플레이팅에 신경을 많이 써 알록달록하고 예쁜 음식이 나온다. 팬케이크, 에그 베네딕트, 스무디 볼, 샐러드, 토스트 등 다양한 브런치 메뉴를 만날 수 있으며, 칵테일과 함께 즐길 수도 있다. '칵테일이 빠진 브런치는 보통 아침과 다름없다'는 슬로건을 내걸고 브런치와 칵테일의 조합을 추천하고 있다. 간단하게 디저트와 커피만 주문할 수도 있다.

찾아가기 카르무 성당에서 북쪽으로 도보 2분140m
주소 Praça de Carlos Alberto 86, 4050-158 Porto
전화 22 017 1557 영업시간 월~일 09:00~19:00
예산 브런치+칵테일=15유로
홈페이지 zenithcaffe.pt

🍴 카마페우 Camafeu

로맨틱한 분위기가 가득

아파트를 개조해 만든 레스토랑으로 로맨틱하고 독특한
분위기가 난다. 인테리어가 클래식하여 영화에 나오는
특별한 공간에 와 있는 느낌이 든다. 음식도 맛있다. 포
르투에서 먹은 음식 가운데 다섯 손가락 안에 들 정도다.
해산물에서부터 스테이크까지 메뉴가 다양하다. 간이 강
하지 않아 어떤 요리든 무난하게 먹을 수 있다. 이 식당의
하이라이트는 뭐니뭐니해도 로맨틱한 분위기다. 특별한
날, 특별한 분위기를 내고 싶다면 이 레스토랑을 추천한
다. 예약은 필수다. 예약은 전화나 페이스북 메시지를 통
해서 할 수 있다.

찾아가기 카르무 성당에서 북쪽으로 도보 2분150m
주소 4050 293, Praça de Carlos Alberto 83, 4050-158 Por-
to 전화 937 493 557 영업시간 화~토 18:30~23:00
휴무 일·월요일 예산 메인 요리 15~19유로

🍴 세르베자리아 브라상 알리아두스 Cervejaria Brasão Aliados

합리적인 가격에 꽤 괜찮은 스테이크

세르베자리아는 포르투갈어로 '맥주집'이라는 뜻이
다. 그래서인지 맥주와 함께 먹기 좋은 메뉴가 대부
분이다. 합리적인 가격에 맛있는 음식을 제공하는 인
기 식당인데, 특히 포르투 전통 샌드위치인 프란세지
냐Francesinha의 맛이 좋다. 스테이크 역시 너무 비싸
지도 않고 맛도 괜찮다. 서비스도 빠른 편이며 게다가
친절하다. 점심 저녁 할 것 없이 현지인과 여행객들로
북적이며, 금요일이나 주말 저녁에는 예약하는 게 좋
다. 10분 거리에 지점이 있다.

찾아가기 렐루 서점에서 도보 6분450m
주소 R. de Ramalho Ortigão 28, 4000-035 Porto
전화 934 158 672 영업시간 일~목 12:00~15:00, 19:00~
23:30 금·토 12:00~15:30, 19:00~ 01:30
예산 맥주1+문어 샐러드+스테이크=24유로
홈페이지 brasao.pt

🍴 알마다 카페 Almada Cafe

저렴하고 맛있는

포르투갈이 물가가 저렴하다고들 하지만 사실 관광지
물가는 그리 저렴하지 않다. 하지만 알마다 카페의 메뉴
판을 보면 깜짝 놀랄지도 모른다. 포르투는 물론 유럽에
서도 꽤 저렴한 식당이기 때문이다. 고급 식당 정도는 아
니지만 음식의 질도 웬만한 수준 이상의 맛을 유지하고
있다. 메뉴는 대부분 밥과 고기, 감자튀김 등으로 이루어
져 있으며, 포르투의 대표적인 음식 프란세지냐도 맛볼
수 있다. 주머니가 가벼우나 고기를 좋아하는 여행자에
게 폭찹Pork chop과 그릴드 립스Grilled Ribs를 추천한다.

찾아가기 ❶ 카르무 성당에서 올리베이라스 거리Rua das Oliveiras
경유하여 도보 8분550m ❷ 렐루 서점에서 피카리아 거리Rua da
Picaria 경유하여 도보 8분550m

주소 R. do Dr. Ricardo Jorge 74, 4000-035 Porto
전화 22 205 2586 영업시간 월~토 09:00~24:00
휴무 일요일 예산 3.5유로부터

🍴 만테이가리아 Manteigaria

리스본 에그타르트의 맛을 그대로

리스본에서 가장 맛있는 파스텔 드 나타 가게인데, 포르
투에도 있다. 우리가 흔히 '에그타르트'라 알고 있는 파스
텔 드 나타는 리스본의 벨렝에서 탄생했다. 포르투에서
는 맛있는 파스텔 드 나타 가게를 찾기가 생각보다 어렵
다. 하지만 만테이가리아에 가면 리스본에서 건너온 원
조 파스텔 드 나타를 맛볼 수 있다. 혹시 리스본에서 기회
를 놓쳤다면 잊지 말고 맛보자. 볼량 시장 바로 옆에 있으
니, 에그타르트 애호가라면 포르투에 머무는 동안 '1일 1
파스텔 드 나타'를 실천해 보자.

찾아가기 상 벤투 기차 역에서 사 다 반데이라 거리R. de Sá da
Bandeira 경유하여 도보 7분550m

주소 R. de Alexandre Braga 24, 4000-049 Porto
전화 22 202 2169 영업시간 08:00~21:00 예산 1유로

🍴 마제스틱 카페 Majestic Café

세계에서 가장 아름다운 카페

현대적인 상점이 즐비한 산타 카타리나 거리Rua Santa Cata-rina에 가면 벨에포크 시대를 연상시키는 아르누보 풍의 멋진 카페, 마제스틱이 있다. 카페이기 이전에 세상에서 가장 아름다운 카페 10위 안에 이름을 올린 포르투의 대표적인 명소로, 고풍스러운 인테리어 덕분에 오래된 카페 느낌이 난다. 1923년에 문을 열었다. 많은 예술가와 유명인이 찾았던 곳인데, 해리포터의 작가 조앤 롤링이 포르투에 머물던 시절 해리포터를 집필했던 곳으로 알려져 더욱 유명해졌다. 포르투에서 렐루 서점과 더불어 방문객이 많이 찾는 곳으로도 꼽힌다. 가격은 일반 카페의 약 3배 정도이다. 여행 성수기, 주말이나 식사 시간에는 줄을 설 마음의 준비를 해두는 게 좋다.

찾아가기 상 벤투 기차역에서 사 다 반데이라 거리R. de Sá da Bandeira 경유하여 도보 7분500m

주소 Rua Santa Catarina 112, 4000-442 Porto

전화 22 200 3887 영업시간 월~토 09:30~23:30 휴무 일요일

예산 커피 3.5 유로부터 홈페이지 cafemajestic.com

🍴 카페 산티아고 Café Santiago

포르투 전통 샌드위치, 프란세지냐

포르투 전통 샌드위치 프란세지냐로 유명한 맛집이다. 프란세지냐는 칼로리가 엄청나 소위 '내장 파괴 버거'라고 불리는 요리로, 고기와 치즈가 잔뜩 들어간 샌드위치다. 스테이크, 소시지, 햄 등 다양한 고기와 빵을 겹겹이 쌓고 치즈를 올린 후 짭조름한 소스를 잔뜩 얹어 내온다. 프란세지냐를 먹다 보면 어느새 맥주가 당긴다. 식사 시간에는 늘 긴 줄을 서야 하고, 가격도 다른 식당에 비해 조금 비싼 편이다. 포르투에서 제대로 된 전통 음식을 한번 맛보고 싶다면 카페 산티아고로 가자.

찾아가기 마제스틱 카페에서 파소스 마누엘 거리R. de Passos Manuel 경유하여 도보 3분 주소 R. de Passos Manuel 226, 4000-382 Porto

전화 22 205 5797 영업시간 월~토 12:00~23:00

예산 프란세지냐 9.5유로 홈페이지 cafesantiago.pt

🍴 칸티뇨 두 아비에즈 Cantinho do Avillez
미슐랭 스타 셰프의 레스토랑

포르투갈에서 유일한 미슐랭 투 스타 셰프이자, 최연소 미슐랭 스타 셰프인 호세 아비에즈José Avillez의 캐주얼 다이닝이다. 그는 리스본에서 벨칸투Belcanto라는 레스토랑을 2012년 오픈한 후 같은 해 미슐랭 1스타, 2년 후 2스타를 거머쥐었다. 파죽지세로 2015년에는 세계 최고 레스토랑 50에 이름을 올리기까지 했다. 현재 그는 포르투갈 전역에 여러 개의 레스토랑을 운영하고 있으며, 칸티뇨 두 아비에즈는 포르투에 있는 그의 유일한 레스토랑이다. 해산물과 고기 요리 등 여러 가지 메뉴가 있다. 식전 빵과 함께 나오는 트러플 버터가 훌륭하며, 디저트로는 헤이즐넛을 추천한다.

찾아가기 상 벤투 기차역에서 모우지뉴 다 실베이라 거리R. de Mouzinho da Silveira 경유하여 도보 5분400m 주소 Rua Mouzinho da Silveira, 166 R/C, 4050-416 Porto 전화 22 322 7879 영업시간 월~금 12:30~15:00, 19:00~24:00 토·일 12:30~24:00 예산 10~30유로대 홈페이지 cantinhodoavillez.pt

☕ 네그라 카페 Negra Café
조용히 쉬고 싶을 때 가기 좋은

긴 여행을 하다 보면 가끔 조용한 카페에서 종일 쉬고 싶을 때가 있다. 네그라 카페는 편안하게 소파에 앉아 독서를 하거나 여행 계획을 짜기 좋은 곳이다. 볼랑 시장에서 도보로 7분 정도 거리에 있으며, 주요 여행지에서 조금 벗어나 있는 곳이라 현지인들이 즐겨 찾는다. 노트북으로 리포트 쓰는 대학생들, 조용히 이야기 나누는 연인이나 친구, 혼자 신문이나 잡지를 읽는 중년의 현지인을 만날 수 있다. 커피, 차, 맥주, 주스 등 다양한 음료를 판매하며, 케이크나 토스트, 샐러드 같은 간단한 요기 거리도 있다.

찾아가기 마제스틱 카페에서 산타 카타리나 거리Rua de Santa Catarina 경유하여 도보 9분650m 주소 R. Guedes de Azevedo 117, 4000-438 Porto 전화 917 294 125 영업시간 월~토 09:00~19:00 일 10:00~18:00 예산 커피 0.8유로부터

🔻 카자 다 기타라 Casa da Guitarra

멋진 파두 공연 감상하기

파두는 주로 레스토랑에서 공연하는데, 가격이 비싸거나 음식이 만족스럽지 못할 경우가 종종 있다. 카자 다 기타라는 기타를 파는 상점인데, 파두 공연을 볼 수 있는 곳으로도 유명하다. 이곳에서 매일 저녁 6시 파두 공연이 열린다. 상점 맞은 편에 작은 공연장이 마련되어 있으며, 기타리스트 두 명과 여자 가수 한 명이 60분 동안 멋진 무대를 펼친다. 공연은 1, 2부로 이루어져 있으며, 중간에 쉬는 시간이 있어 포트 와인을 시음할 수 있다. 7시쯤 공연이 끝나면 저녁 식사 시간이어서 스케줄 잡기 편리하다.

찾아가기 카르무 성당에서 도보 3분190m 주소 98, Praça Guilherme Gomes Fernandes, Porto 전화 22 201 0033
영업시간 상점 월~토 10:00~13:00, 14:30~19:00 파두 공연 월~토 18시 예산 14유로 홈페이지 casadaguitarra.pt

🛍 아 비다 포르투게사 A Vida Portuguesa

포르투갈만의 특별한 기념품을 원한다면

길거리에서 살 수 있는 기념품은 대개 타일이나 코르크 상품 등으로 비슷비슷하다. 아 비다 포르투게사는 새로운 기념품을 찾고 싶을 때 가기 좋은 곳이다. 렐루 서점 옆에 있는 이 상점은 포르투갈 브랜드를 취급하는 콘셉트 스토어다. 리스본에 4군데 포르투에 1군데의 지점이 있다. 비누, 치약, 액세서리, 주방용품, 옷, 신발, 가방, 책, 장난감 등 거의 모든 것을 판매한다. 포르투갈만의 특별한 기념품을 사고 싶다면 이곳을 추천한다.

찾아가기 렐루 서점에서 도보 1분21m
주소 R. da Galeria de Paris 20, 4050-182 Porto
전화 22 202 2105
영업시간 월~토 10:00~20:00 일 11:00~19:00
홈페이지 avidaportuguesa.com

스페인과 포르투갈
숙소 정보

스페인과 포르투갈의 숙소는 크게 호텔, 호스텔, 한인 민박, 에어비앤비 등으로 나눌 수 있다. 호스텔은 게스트 하우스와 비슷한 개념이다. 다인실에 공동 주방을 사용한다. 가격이 저렴하고 세계 각국의 여행자들을 만날 수 있다. 한국인들은 한인 민박을 선호하는 편이다. 언어가 통하여 다양한 여행 정보를 얻을 수 있고, 한식으로 아침 식사를 할 수도 있기 때문이다. 에어비앤비는 현지인의 집에서 살아보기라는 콘셉트로 운영되는 숙소 플랫폼이다. 원하는 시설과 가격대를 자유롭게 선택할 수 있으며, 현지인과 만날 수 있고 현지인의 집을 체험해볼 수 있다는 장점이 있다.

🏨 호텔 수이죠 Hotel Suizo

고딕 지구에 있다. 고딕, 라발, 보른 등을 도보로 둘러보기에 최적의
장소다. 호텔에서 200m 거리에 바르셀로나 대성당이 있다. 바르셀
로나 대성당 주변은 오래된 미로 같은 골목이 많기로 유명하다. 람
블라스는 물론 벨 항구와 바르셀로나타 해변까지 도보로 15~20분
이면 갈 수 있다. 창문을 열면 고풍스러운 고딕 지구가 보여 유럽을
여행하는 기분을 물씬 느낄 수 있다.

찾아가기 메트로 3호선 하우메 I 역Jaume I 도보 3분 주소 Carrer l'Àngel, 12
전화 +34 933 10 61 08 가격 110유로부터 홈페이지 www.hotelsuizo.com/

🏨 호텔 카탈로니아 바르셀로나 플라자

Hotel Catalonia Barcelona Plaza

에스파냐 광장에 있다. 공항, 시내, 유명 관광지와 접근성이 좋다. 이
호텔의 가장 큰 장점이라면 옥상 수영장이다. 옥상 수영장에서 내
려다보는 에스파냐 광장과 바르셀로나 시내 풍경이 아름답다. 에어
컨, 위성 TV, 금고를 갖추고 있다. 헤어드라이어가 딸린 전용 대리석
욕실을 갖추고 있고 전 구역 무료 Wi-Fi가 제공된다. 조식이 맛있기
로도 유명한데 카탈루냐 요리도 맛볼 수 있다. 찾아가기 메트로 1·3·8
호선 에스파냐 광장Pl. Espanya에서 도보 3분 주소 Plaça Espanya, 6-8 전화
934 26 26 00 예산 140유로부터 홈페이지 www.cataloniabcnplaza.com/

🏨 호텔 마제스틱 Majestic Hotel

쇼핑과 가우디 건축으로 유명한 그라시아 거리에 있다. 신고전주의
풍으로 건축된 호텔로 바르셀로나에서도 고급 호텔로 인정받고 있
다. 호텔 주변에 가우디의 카사 바트요, 카사 밀라가 있다. 탁 트인
전망을 감상할 수 있는 테라스, 스파 및 옥상 수영장을 갖추고 있다.
레스토랑 파티오 델 마제스틱Patio del Majesti의 조식이 맛있기로 유
명하다. 바 델 마제스틱Bar del Majestic에서는 저녁에 라이브 피아
노 음악을 즐길 수 있다.

찾아가기 메트로 2·3·4호선 파세이그 데 그라시아역Passeig de Gràcia에서 도
보 5분 주소 Passeig de Gràcia, 68 전화 934 88 17 17 예산 350유로부터
홈페이지 www.hotelmajestic.es/es

🏠 만다린 오리엔탈 바르셀로나 Mandarin oriental barcelona

에이샴플레 중심부의 그라시아 거리에 있는 고급 호텔이다. 호텔 마제스틱과 이웃해 있다. 마제스틱이 고풍스러운 분위기라면 만다린 오리엔탈은 모던하고 세련된 고급 호텔이다. 스파, 옥상 수영장, 실내 수영장, 피트니스 센터 등을 갖추고 있다. 호텔에서 가장 유명한 것은 레스토랑이다. 세계에서 유일하게 미슐랭 스타 7개를 보유하고 있는 셰프 루스카예다가 운영하는 모멘트 레스토랑Moments restaurant으로, 혁신적인 카탈루냐 요리를 맛볼 수 있다. 야외 식사가 가능하며, 옥상 테라스인 테라뜨Terrat에서 칵테일을 맛볼 수 있다. 찾아가기 메트로 2·3·4호선 파세이그 데 그라시아역Passeig de Gràcia에서 도보 5분 주소 Passeig de Gràcia, 38-40 전화 931 51 88 88 예산 750유로부터 홈페이지 www.mandarinoriental.com

🏠 호텔 더블유 w hotel barcelona

바르셀로네타 옆에 있다. 해변에서 도보로 1분 거리이다. 호텔 이름보다 건축물로 더욱 유명하며, 돛단배 모양의 건축물로 바르셀로나의 새로운 랜드마크다. 바다와 이웃해 있어 지중해의 환상적인 전망을 자랑한다. 호텔은 스파, 인피니티 풀, 옥상 바, 고급스러운 객실을 보유하고 있다. 미슐랭 스타에 빛나는 셰프 카를로스 아벨랑이 운영하는 브라보 24BRAVO24 레스토랑이 유명하다. 26층에 위치한 옥상 바 에클리프세ECLIPSE에서 지중해를 바라보며 마시는 칵테일 맛이 압권이다. 찾아가기 메트로 4호선 바르셀로네타Barceloneta역에서 도보로 20분 주소 Plaça De La Rosa Dels Vents, 1 Final, Passeig de Joan de Borbó 전화 932 95 28 00 예산 370유로부터 홈페이지 www.w-barcelona.com

🏠 이비스 바르셀로나 ibis barcelona

가성비가 좋기로 유명한 비즈니스 호텔 체인이다. 카탈루냐 광장에서 지하철로 10분 거리에 있는 파브라 이 푸츠역Fabra i Puig 옆에 있다. 거리가 조금 멀지만, 호텔 옆으로 레스토랑, 영화관, 피트니스 시설을 갖춘 헤론 시티 쇼핑센터Heron City Shopping Centre와 공원 파크 드 칸 드라고Parc de Can Dragó가 있어 바르셀로나 시민의 일상 생활을 느낄 수 있다. 룸마다 평면 위성 TV와 에어컨이 있고 24시간 영업하는 바가 호텔 로비에 있다. 맛있기로 유명한 조식 뷔페는 매일 06:00~12:00 사이에 제공된다. 찾아가기 메트로 1호선 파브라 이 푸츠역Fabra i Puig에서 도보 5분 주소 Heron City, Passeig d'Andreu Nin, 9 전화 932 76 83 10 예산 110유로부터

🏠 바르셀로나 공간

디자이너로 일하고 있는 젊은 한인이 운영하는 곳으로, 주인의 직업에 걸맞게 깔끔하고 세련된 감성이 느껴지는 숙소다. 고딕 지구에 있다. 바르셀로나 시청과 카탈루냐 주청이 마주보고 있는 하우메 광장Plaça de Sant Jaume 바로 옆이다. 경찰이 24시간 내내 광장 주변에 상주하기 때문에 안전하게 여행할 수 있다. 1인실부터 4인실까지 다양하다. 공간 2호점은 고딕 지구, 3호점은 람블라스 거리와 이웃해있다 2·3호점은 2인용, 3~4인용으로 연인이나 가족 단위 여행객에게 좋다. 홈페이지 http://cafe.naver.com/barcelona32

🏠 바르셀로나 카사미아 민박

바르셀로나에서 유명한 한인 민박 중 한 곳이다. 쇼핑으로 유명한 지역 에익삼플레 지역, 파세이그 데 그라시아역passig de gracia에서 가깝다. 바르셀로나 공항 2터미널에서 20분이면 도착할 수 있다. 이 거리에는 가우디의 대표 건축물 카사 바트요, 카사 밀라와 함께 아름답고 가치 높은 건축물이 몰려 있어 여행자에게는 더욱 좋다. 2~4인실부터 도미토리 룸까지 다양하다. 축구 티켓 구매 대행도 프로그램도 있다.
홈페이지 http://casamiabcn.com/default/mobile/index.php

🏠 바르셀로나 옐로우 네스트 호스텔

Yellow Nest Hostel Barcelona

FC 바르셀로나 팬에게 유명한 호스텔이다. 캄프 누 경기장Camp Nou Stadium에서 도보로 불과 3분 거리에 있는 호스텔로 축구팬들에게 가장 인기가 좋다. 축구 경기가 열리는 날은 예약이 힘들 정도다. 로비에는 당구, 다트와 탁구를 즐길 수있는 대형 TV룸이 마련되어 있다. 트윈 룸부터 4, 8, 10인 도미토리룸까지 다양하다. 모든 객실에는 개인 로커와 에어컨이 마련되어 있고 조식이 제공된다. 24시간 리셉션에 직원이 상주하는 것도 장점.
찾아가기 메트로 5호선 바달역Badal에서 도보 5분 주소 Passatge del Regent Mendieta, 5 전화 934 49 05 96 예산 20유로부터

🏠 더 웨스틴 팰리스 The Westin Palace

티센 보르네미사 미술관과 프라도 미술관에서 가까운 곳에 있는 5성급 호텔이다. 고풍스러운 분위기이며, 조식당이 멋지고 음식이 맛있기로 유명하다.

찾아가기 ❶ 티센 보르네미사 미술관에서 마르케스 데 쿠바스 거리Calle del Marqués de Cubas 경유하여 도보 5분350m
❷ 프라도 미술관에서 세르반테스 거리Calle de Cervantes 경유하여 도보 4분280m 주소 Plaza de las Cortes, 7, 28014 Madrid
전화 913 60 80 00 예산 235유로부터 홈페이지 www.westinpalacemadrid.com

🏠 더블 트리 바이 힐튼 Double Tree by Hilton

4성급 호텔로 프라도 미술관에서 도보 7분 정도 걸린다. 위치가 좋고, 깔끔한 인테리어에 훌륭한 조식이 제공되어 인기가 좋다.

찾아가기 프라도 미술관에서 세르반테스 거리Calle de Cervantes 경유하여 도보 7분550m 주소 Calle San Agustín, 3, 28014 Madrid 전화 913 60 08 20 예산 230유로부터
홈페이지 doubletree3.hilton.com

🏠 솔민박

위치가 좋은 편이며, 아침 식사는 뷔페식으로 점심 식사는 김밥이 제공된다. 마드리드 한인 민박 중 인기가 좋은 편이며, 수건과 무료 와이파이가 제공된다.

찾아가기 프라도 미술관에서 루이즈 데 아라르콘 거리Calle Ruiz de Alarcón 경유하여 북동쪽으로 도보 9분
주소 Calle de Montalbán, 13

🏠 기타와 민박

위치가 좋은 편으로 마드리드 왕궁과 솔 광장의 중간 지점에 있다. 산 미구엘 시장, 마요르 광장과도 가깝다.
아침밥과 점심으로 김밥이 나오고, 수건과 무료 와이파이가 제공된다.
찾아가기 메트로 2·5호선 오페라역Opera에서 도보 1분88m 주소 Costanilla de los Ángeles, 2, 28013 Madrid
전화 660 10 36 28 예산 도미토리 30~40유로 홈페이지 www.guitarminbak.com

🏠 세이프스테이 마드리드 Safestay Madrid

'우 호스텔'로 잘 알려진 제법 규모가 큰 호스텔이다. 유럽 내에 많은 지점이 있으며, 마드리드에는 시내 북쪽
에 있다. 솔 광장까지 도보로 20분 거리라 걸어 다니긴 좀 부담스럽지만, 알론소 마르티네스역Alonso Martínez
이 도보 1분 거리에 있다. 무료 와이파이가 제공되며, 조식을 이용할 경우 3.5유로로 추가된다.
찾아가기 메트로 4·5·10호선 알론소 마르티네스역Alonso Martínez에서 서쪽으로 도보 1분100m 주소 Calle de Sagasta, 22,
28004 Madrid 전화 914 45 03 00 예산 도미토리 14~24유로 홈페이지 www.safestay.com/madrid

🏠 티오씨 TOC

바르셀로나, 세비야, 마드리드에 있는 호스텔로, 깨끗하고 시설이
편리한 것으로 유명하다. 솔 광장 근처에 있어 이용하기가 편리하
며, 무료 와이파이가 제공된다. 조식은 6유로 추가된다.
찾아가기 솔 광장에서 동쪽으로 도보 2분130m 주소 Plaza Celenque, 3,
28013 Madrid 전화 915 32 13 04 예산 도미토리 23~28유로
홈페이지 tochostels.com

🏠 OK Hostel

라스트로 벼룩시장이 열리는 곳에서 가깝다. 훌륭한 시설과 서비스
로 인기가 좋으며, 무료 와이파이가 제공된다.
찾아가기 메트로 5호선 라 라티나역La Latina에서 도보 2분150m
주소 Calle Juanelo, 24, 28012 Madrid 전화 914 29 37 44
예산 도미토리 17~19유로 홈페이지 okhostels.com

🏠 파라도르 데 그라나다 Parador de Granada

스페인의 도시 마다 있는 성이나 요새, 수도원 등을 개조해 만들어 운영하고 있는 국영 호텔이다. 대개 전망이 훌륭하고 서비스가 우수하여 최고의 호텔로 꼽힌다. 특히 그라나다의 파라도르는 알람브라 궁전 안에 자리하고 있어, 알람브라의 멋진 정원을 조망하며 머물 수 있어 인기가 좋다. 찾아가기 알람브라 매표소에서 도보 6분 주소 Calle Real de la Alhambra, s/n, 18009 Granada 전화 958 22 14 40 예산 200유로부터 홈페이지 parador.es

🏠 카사 보니타 Casa Bonita

깔끔하고 위치가 좋아 여행객들에게 가장 인기 있는 민박 중 한 곳이다. 무료 와이파이와 아침 식사가 제공되며, 취사는 불가하다. 20유로 정도만 내면 그라나다 야경 투어를 제공한다.
찾아가기 그라나다 대성당에서 레예스 카톨리코스 거리Calle Reyes Católicos 경유하여 도보 7분600m 주소 Calle Párraga, 3. Granada 전화 625 16 90 80 예산 도미토리 30유로

🏠 카사 에스파란사 Casa Esperanza

그라나다 대성당에서 남쪽으로 도보 10분 거리에 있다. 무료 와이파이와 아침 식사가 제공되며, 취사는 불가하다. 30유로를 추가하면 플라멩코 쇼와 야경 투어를 제공한다. 찾아가기 그라나다 대성당에서 산 마티야스 거리Calle San Matías 경유하여 남쪽으로 도보 10분850m 주소 Calle Concepción, 32. Granada 전화 683 34 20 80 예산 도미토리 25유로

🏠 엘그라나도 El Granado

저렴한 가격에 깔끔하고 아기자기한 분위기, 친절한 서비스로 만족도가 높은 호스텔이다. 옥상 테라스도 멋지다. 3유로를 추가하면 간단한 조식을 이용할 수 있으며, 무료 와이파이가 제공된다.
찾아가기 그라나다 대성당에서 두케사 거리Calle Duquesa 경유하여 도보 8분650m 주소 Calle Conde de Tendillas, 7, 18002 Granada 전화 958 96 02 59 예산 도미토리 13유로부터 홈페이지 elgranado.com

🏠 마쿠토 호스텔 Makuto Hostel

알바이신 지구에 있는, 전형적인 무어인 특유의 양식이 돋보이는 보헤
미안 스타일 호스텔이다. 친절한 직원과 무료 조식, 자원봉사자가 제공
하는 시내 투어 등으로 많은 여행객의 마음을 사로잡는다.

찾아가기 그라나다 대성당에서 산 그레고리오 언덕길Cuesta de San Gregorio 경
유하여 도보 11분650m 주소 Calle Tiña, 18, 18010 Granada 전화 958 80 58 76
예산 도미토리 18유로부터 홈페이지 makutohostel.com

말라가의 호텔과 호스텔

🏠 AC 호텔 바이 메리어트 말라가 팔라시오
AC Hotel by Marriott Malaga Palacio

해변과 도심 사이에 있어 시티뷰와 오션뷰를 모두 갖춘 깔끔한 고급 호
텔이다. 루프탑 바에 올라가면 말라가 시내를 한눈에 볼 수 있어, 최고
의 야경 명소로도 유명하다. 찾아가기 말라가 대성당에서 도보 2분 주소 Calle
Cortina del Muelle, 1, 29015 Málaga 전화 952 21 51 85 예산 90유로 이상
홈페이지 marriott.com

🏠 바르셀로 말라가 Barcelo Málaga

말라가의 마리아 삼브라노 기차역에 있는 깔끔하고 현대적인 호텔이다.
말라가는 기차역과 버스터미널이 시내와 도보 25분 정도 거리에 있어
짐을 들고 이동할 때 좀 불편할 수도 있다. 하루나 이틀 정도 말라가를
여행한 후 기차나 버스를 이용해 이동할 계획이라면 추천한다.

찾아가기 마리아 삼브라노 기차역에서 도보 2분 주소 Calle Héroe de Sostoa,
2, 29002 Málaga 전화 952 04 74 94 예산 90유로 이상 홈페이지 barcelo.com

🏠 더 라이츠 호스텔 The Lights Hostel

말라가 시내 중심부에 있다. 아기자기한 인테리어와 친절한 서비스로 여
행객들의 사랑을 받는 곳이다. 침대마다 프라이빗 커튼이 달려있다. 1.5유
로를 추가하면 조식을, 3유로를 추가하면 저녁 식사를 할 수 있다. 한국인
여행객이 많이 찾는 호스텔이라 한국어로 된 여행 정보 리플렛도 갖추고
있다. 찾아가기 아타라사나스 시장에서 도보 1분 주소 Calle Torregorda, 3, 29005
Málaga 전화 951 25 35 25 예산 17.95유로부터 홈페이지 thelights.es

🏠 알카사바 프리미엄 호스텔 Alcazaba Premium Hostel

알카사바, 피카소 미술관, 대성당 등 여행지와 인접해 있으며, 시설이 깔끔하고 직원들이 친절하다. 알카사바가 바로 보이는 전망 좋은 루프탑 바도 있어 더욱 좋다. 찾아가기 알카사바에서 도보 1분 주소 Calle Alcazabilla, 12, 29015 Málaga 전화 952 22 98 78 예산 18유로부터 홈페이지 alcazabapremiumhostel.com

세비야의 호텔·한인 민박·호스텔

🏠 호텔 카사 1800 세비야 Hotel Casa 1800 Sevilla

클래식한 느낌의 부티크 호텔이다. 대성당과 알카사르에 인접해 있어 위치가 좋으며, 깔끔하고 고급스러운 분위기라 많은 이들이 찾는다. 찾아가기 세비야 대성당에서 도보 2분 주소 Calle Rodrigo Caro, 6, 41004 Sevilla 전화 954 56 18 00 예산 200유로 이상 홈페이지 hotelcasa1800sevilla.com

🏠 책읽는 침대

살바도르 성당 근처 골목에 있다. 겨울에는 전기 담요를 제공하며, 아침 식사와 무료 와이파이가 제공된다.

찾아가기 플라멩코 무도 박물관에서 로사리오 언덕길Cuesta del Rosario 경유하여 도보 5분400m 주소 Calle Lagar, 7, Seville, 41004 전화 637 58 08 18 예산 도미토리 1박 49,000원(38유로), 2박 이상일 경우 1박에 30유로

🏠 센트로

대성당과 과달키비르 강변 사이에 있는 민박이다. 세비야 한인 민박 중 선호도가 높은 편이며, 아침 식사와 무료 와이파이가 제공된다.

찾아가기 세비야 대성당에서 알미란타츠고 거리Calle Almirantazgo 경유하여 서쪽으로 도보 5분400m 주소 Calle Gral. Castaños, 27, 41001 Sevilla 전화 615 11 69 61 예산 도미토리 1박 49,000원(38유로) 2박 이상일 경우 1박에 30유로

🏠 TOC 호스텔 세비야 TOC Hostel Sevilla

스페인의 마드리드, 바르셀로나, 세비야에 각각 하나씩 있는 호스텔로, 깨끗하고 시설이 편리한 것으로 유명하다. 열쇠 없이 지문을 등록하는 방식이라 안전하고 편리하다. 무료 와이파이가 제공되며, 조식은 5유로가 추가된다. 찾아가기 알카사르에서 미구엘 마냐라 거리Calle Miguel Mañara 경유하여 도보 4분300m 주소 Calle Miguel Mañara, 18-22, 41004 Sevilla 전화 954 50 12 44 예산 19유로부터 홈페이지 tocsevilla.com

🏠 원 카테드랄 Hostel One Catedral

대성당과 알카사르 사이에 있어 위치가 좋으며, 깔끔하고 친절한 서비스로 인기가 많은 곳이다. 가격이 저렴한데 간단한 조식과 석식까지 제공된다. 찾아가기 대성당에서 마테오스 가고 거리Calle Mateos Gago 경유하여 도보 4분270m 주소 Calle Jamerdana, 4, 41004 Sevilla 전화 954 22 60 36 예산 13 유로부터 홈페이지 hostelonecatedral.com

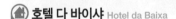

리스본의 호텔·한인 민박·호스텔

🏠 호텔 다 바이샤 Hotel da Baixa

리스본 시내 중심에 있는 4성급 호텔이다. 위치 면에서 여행하기에 최적의 위치라 할 수 있어 전 세계 여행객들이 선호한다. 오래된 건물 외관과는 다르게 내부는 현대적이고 깔끔하게 꾸며져 있다.

찾아가기 산타 주스타 엘리베이터에서 도보 2분 주소 Rua da Prata 231, 1100-417 Lisboa 전화 21 012 7450 예산 140유로 이상 홈페이지 hoteldabaixa.com

🏨 코르푸 산투 리스본 히스토리컬 호텔
Corpo Santo Lisbon Historical Hotel

코메르시우 광장에서 도보 5분 거리에 있는 5성급 호텔이다. 어느 여행지든 이동하기 편리한 위치라 좋다. 테주 강과 가까워 리버뷰를 갖추고 있으며, 훌륭한 식당과 친절한 서비스로도 유명하다.

찾아가기 코메르시우 광장에서 아스날 거리Rua do Arsenal 경유하여 서쪽으로 도보 5분 주소 Largo do Corpo Santo 25, 1200-129 Lisboa 전화 21 828 8000 예산 120유로 이상 홈페이지 corposantohotel.com

🏨 벨라리스보아 Bela Lisboa

포르투갈의 유일한 한인 민박이다. 조식을 제공하며, 아침 일찍 체크아웃 하는 여행객들에게는 컵라면을 제공한다. 겨울에는 전기장판이 비치되어 있으며, 포르투갈에 대한 많은 정보를 얻을 수 있어 좋다.

찾아가기 호시우 광장에서 리베르다드 거리Av. da Liberdade 경유하여 도보 11분 800m 주소 R. da Conceição da Glória 73, Lisboa 전화 927 469 098 예산 도미토리 30유로부터

🏨 데스티네이션 호스텔 Lisbon Destination Hostel

호시우 기차역에 있는 리스본에서 가장 인기 있는 호스텔이다. 카페 분위기의 인테리어, 친절한 서비스, 위치, 저렴한 가격 무엇 하나 빠지는 것이 없어 전 세계 여행자들의 사랑을 받고 있다. 간단한 조식이 제공된다.

찾아가기 호시우 광장에서 서쪽으로 도보 3분 주소 Largo do Duque de Cadaval, 17, 1200-160 Lisboa 전화 21 346 6457 예산 도미토리 15유로부터 홈페이지 followyourdestination.com

🏨 디 인디펜던트 호스텔 & 스위트
The Independente Hostel & Suites

상 페드루 드 알칸타라 전망대 바로 앞에 있는 우아하고 멋진 인테리어의 호스텔이다. 저렴한 가격도 가격이지만, 퀄리티 높은 조식이 제공된다는 게 이곳의 장점이다. 도미토리 침대가 3층 침대라는 것도 독특하다.

찾아가기 호시우 광장에서 두키 거리Calçada do Duque 경유하여 도보 12분750m 주소 R. de São Pedro de Alcântara 81, 1250-238 Lisboa 전화 21 346 1381 예산 도미토리 11유로부터(조식 불포함), 14유로부터(조식 포함) 홈페이지 theindependente.pt

🏨 인터콘티넨탈 포르투
InterContinental Porto - Palácio das Cardosas

고풍스러운 분위기에 훌륭한 위치를 갖춘 포르투 최고의 5성급 호텔이다. 상 벤투 기차역 앞에 자리잡고 있다. 찾아가기 상 벤투 기차역에서 도보 2분120m 주소 Praça da Liberdade 25, 4000-322 Porto 전화 22 003 5600 예산 300유로대부터 홈페이지 ihg.com

🏨 유로스타즈 포르투 도루 Eurostars Porto Douro

도루 강변에 있어 최고의 리버뷰를 갖춘 4성급 호텔이다. 관광 명소가 모여 있는 중심가와는 다소 떨어져 있지만, 리버뷰를 선호한다면 추천한다. 가격 대비 룸 컨디션이나 서비스가 좋은 편이다.
찾아가기 동 루이스 1세 다리에서 구스타프 에펠 거리Av. Gustavo Eiffel 경유하여 동쪽으로 도보 5분400m 주소 Av. Gustavo Eiffel 20, 4000-279 Porto
전화 22 340 2750 예산 80유로 이상 홈페이지 eurostarshotels.com.pt

🏨 더 패신저 호스텔 The Passenger Hostel

상 벤투 기차역 안에 있는 호스텔로, 짐이 많을 경우 이동할 때 편리하다. 서비스나 청결도도 만족스러운 수준이라 포르투 최고의 호스텔 중 하나로 손꼽힌다. 조식이 제공된다.
찾아가기 상벤투 기차역 역사 안 주소 Estação São Bento, Praça Almeida Garrett, 4000-069 Porto 전화 963 802 000
예산 도미토리 20유로부터 홈페이지 thepassengerhostel.com

🏨 예스! 포르투 호스텔 Yes! Porto Hostel

전 세계 호스텔 어워드에서 최고의 호스텔로 인정 받은, 모든 면에서 훌륭한 호스텔이다. 깔끔하고 친절한 서비스 덕분에 높은 평가를 받는다. 2유로에 꽤 괜찮은 조식을 먹을 수 있다.
찾아가기 상 벤투 기차역에서 도보 4분300m 주소 R. Arquitecto Nicolau Nasoni 31, 4050-423 Porto 전화 22 208 2391 예산 15유로부터 홈페이지 yeshostels.com

인사말

안녕 Hola 올라

안녕하세요(아침) Buenos días 부에노스 디아스

안녕하세요(저녁) Buenas noches 부에나스 노체스

안녕히 계세요 Adiós/ Chao 아디오스/차오

만나서 반가워요 Encantado 엔깐따도(남성) Encantada 엔깐따다(여성)

감사합니다 Gracias 그라시아스

간단한 대화

네 Si 씨

아니요 No 노

별말씀을요 De nada 데 나다

부탁합니다 Por favor 뽀르 파보르

미안합니다 Perdón 뻬르돈

실례합니다 Disculpe 디스꿀뻬

어디서 오셨나요? De dónde eres? 데 돈데 에레스?

한국에서 왔습니다 Soy de Corea. 쏘이 데 꼬레아

한국인입니다 Soy Coreano(a) 쏘이 꼬레아노(나)

성함이 어떻게 되나요? Como se llama? 꼬모 세 야마

제 이름은… 입니다 Me llamo… 메 야모…

스페인어 못합니다 No hablo español 노 아블로 에스파뇰

영어 할 줄 아세요? Habla Inglés? 아블라 잉글레스?

무슨 말인지 모르겠어요 No entiendo. 노 엔띠엔도

화장실은 어디인가요? Donde esta el servicio? 돈데 에스따 엘 세르비씨오

00가 어디인가요? Donde esta…

얼마인가요? Cuanto vale 꾸안또 발레 Cuanto cuesta? 꾸안또 꾸에스따

예약 부탁합니다 Reserva, por favor 레세르바, 뽀르 파보르

영수증 부탁합니다 La cuenta, por favor. 라 꾸엔따 뽀르 파보르

생수 주세요 Agua mineral, por favor 아구아 미네랄, 뽀르 파보르

메뉴판 좀 주세요 El menú, por favor 엘 메누, 뽀르 파보르

비상시

경찰을 불러 주세요 llama a la policía 야마 알라 폴리씨아
길을 잃었어요 Estoy perdido(a) 에스또이 뻬르디도(다)
의사를 불러주세요 llama al médico. 야마 알 메디꼬
도난 당했어요 Me robaron 메 로바론
짐이 없어졌어요 Perdí mi equipaje 르디 미 에끼파헤

요일

일요일 domingo 도밍고
월요일 lunes 루네스
화요일 martes 마르떼스
수요일 miércoles 미에르꼴레스

목요일 jueves 후에베스
금요일 viernes 비에르네스
토요일 sábado 사바도

숫자

1 uno 우노
2 dos 도스
3 tres 뜨레스
4 cuatro 꾸아뜨로
5 cinco 씽코
6 seis 세이스
7 siete 시에떼
8 ocho 오초
9 nueve 누에베
10 diez 디에스
11 once 온쎄
12 doce 도쎄
13 trece 뜨레쎄
14 catorce 까또르쎄

15 quince 낀세
16 dieciséis 디에씨세이스
17 diecisiete 디에씨시에떼
18 dieciocho 디에씨오초
19 diecinueve 디에씨누에베
20 veinte 베인테
30 treinta 뜨레인따
40 cuarenta 꾸아렌따
50 cincuenta 씬꾸엔따
60 sensenta 세쎈따
70 setenta 세뗀따
80 ochenta 오첸따
90 noventa 노벤따
100 cien 씨엔

음식 관련 단어

달걀 huevo 우에보
닭고기 pollo 뽀요
대구(생선) bacalao 바깔라오
돼지고기 carne de cerdo 까르네 데 세르도

레드 와인 vino tinto 비노 띤또
로제 와인 vino rosado 비노 로사도
맥주 cerveza 세르베사
메뉴판 menú 메누

문어 pulpo 뿔뽀
물 agua 아구아
생선 pescado 뻬스까도
샴페인 cava 까바
소고기 carne de vaca 까르네 데 바까
송아지고기 ternera 떼르네라
수프 sopa 소빠
아침밥 desayuno 데사유노
양고기 carnero 까르네로

오리고기 pato 빠또
와인 vino 비노
저녁밥 cena 쎄나
점심밥 almuerzo 알무에르소
정어리 sardina 사르디나
채소 verdura 베르두라
커피 café 카페
화이트 와인 vino blanco 비노 블랑코
후식 postre 뽀스트레

기본 단어

거리 Calle 까예
거스름돈 vuelta 부엘따
계산서 cuenta 꾸엔따
공원 parc 파르크
공항 aeropuerto 아에로푸에르또
광장 plaza 플라사
궁전 palacio 플라쇼
기차 tren 뜨렌
남자 hombre 옴브레
내일 mañana 마냐나
도착 llegadas 예가다스
닫힘 cerrado(a) 세라도(다)
박물관 museo 무세오
버스 autobus 아우또부스
비행기 avión 아비온
세일 saldos 살도스
시간표 horario 오라리오
시장 mercado 메르까도
아침 mañana 마냐나

어제 ayer 아예르
언제 cuando 꽌도
여권 pasaporte 빠사뽀르떼
여기 aquí 아끼
여자 mujer 무헤르
역 estacion 에스따씨온
열림 abierto 아비에르또
예약됨 reservado 레세르바도
오늘 hoy 오이
요금 tarifa 따리파
은행 banco 방꼬
이것 esto 에스또
입구 entrada 엔뜨라다
지하철 metro 메트로
집 casa 까사
출구 sortida 소르띠다
출발 salidas 살리다스
화장실 servicio 세르비씨오
환전소 casa de cambio 까사 데 깜비오

인사말

안녕 Olá 올라

안녕하세요(아침) Bom dia 본 디아

안녕하세요(저녁) Boa noite 보아 노이뜨

안녕히 계세요 Adeus/Tchau 아데우스/챠우

만나서 반가워요 Muito prazer 무이뚜 쁘라제르

감사합니다(화자가 남성) Obrigado 오브리가두

감사합니다(화자가 여성) Obrigada 오브리가다

간단한 대화

네 Sim 싱

아니요 Não 나웅

별말씀을요 De nada 디 나다

부탁합니다 Por favor 뽀르 파보르

미안합니다 Desculpe 디스꿀삐

실례합니다 Com licença 꽁 리쎈싸

어디서 오셨나요? De onde veio? 디 온디 베이우?

한국에서 왔습니다 Venho da Coréia 베뉴 다 꼬레이아

한국인입니다 Eu sou coreano(a) 에우 쏘우 꼬레아누(나)

제 이름은…입니다 Chamo-me… 샤무-미…

포르투갈어 못합니다 Eu não falo português 에우 나웅 팔로 포르뚜게스

영어 할 줄 아세요? Fala inglês? 팔라 잉글레스

무슨 말인지 모르겠어요 Nao entendo 나웅 인뗀두

화장실은 어디인가요? Onde fica o banheiro? 온디 피까 우 방에이루?

OO가 어디인가요? Onde fica o(a) …. 온디 피까 우(아)…

얼마인가요? Quanto custa? 꽌뚜 꾸스따?

예약 부탁합니다 Reserva, por favor 레세르바, 뽀르 파보르

영수증 부탁합니다 Conta, por favor 꼰따, 뽀르 파보르

생수 주세요 Água mineral, por favor 아구아 미네랄, 뽀르 파보르

메뉴판 좀 주세요 Pode trazer-me a ementa, por favor? 뽀디 뜨라제르-미 아 이멘따 뽀르 파보르?

비상시

경찰을 불러 주세요 Chame a polícia 샤미 아 뽈리시아

길을 잃었어요 Perdi-me 뻬르디-미

의사를 불러주세요 Chame um medico 샤미 웅 메디꾸

도난 당했어요 Eu fui roubado 에우 푸이 호바두

짐이 없어졌어요 Minha bagagem está perdida 민냐 바가젱 이스따 뻬르디다

요일

일요일 domingo 도밍구

월요일 segunde-feira 세군다-페이라

화요일 terça-feira 떼르사-페이라

수요일 quarta-feira 꽈르따-페이라

목요일 quinta-feira 낀타-페이라

금요일 sexta-feira 세스따-페이라

토요일 sábado 사바두

숫자

1 um 웅

2 dois 도이스

3 tres 뜨레스

4 quatro 꽈뜨루

5 cinco 싱꾸

6 seis 세이스

7 sete 세띠

8 oito 오이뚜

9 nove 노비

10 dez 데스

11 onze 온지

12 doze 도지

13 treze 뜨레지

14 quatorze 꽈또르지

15 quinze 낀지

16 dezesseis 데제세이스

17 dezessete 데제세띠

18 dezoito 데죠이뚜

19 dezenove 데제노비

20 vinte 빈띠

30 trinta 뜨린따

40 quarenta 꽈렌타

50 cinquenta 씽껜따

60 sessenta 세쎈따

70 setenta 세뗀따

80 oitenta 오이뗀따

90 noventa 노벤따

100 cem 셍

음식 관련 단어

달걀 ovo 오부

닭고기 frango 프랑구

대구(생선) bacalhau 바깔라우

돼지고기 carne de porco 까르니 디 포르쿠

레드 와인 vinho tinto 비뉴 띤뚜

로제 와인 vinho rosé 비뉴 로제

맥주 serveja 세르베쟈

문어 polvo 뽈부

물 água 아구아
메뉴판 ementa 이멘따
생선 pescador 뻬스까도르
샴페인 espumante 이스뿌만띠
소고기 carne de vaca 까르니 디 바까
송아지고기 vitela 비뗄라
수프 sopa 소빠
아침밥 desjejum 데즈제중
양고기 carneiro 까르네이루

오리고기 pato 빠뚜
와인 vihno 비뉴
저녁밥 jantar 잔타르
점심밥 almoço 알모쑤
정어리 sardinha 사르딘냐
채소 verdura 베르두라
커피 café 카페
화이트 와인 vinho branco 비뉴 브랑쿠
후식 sobremesa 소브리메자

기본 단어

거리 rua 루아
거스름돈·잔돈 moeda 모에다
계산서 conta 꼰따
공원 parque 빠르끼
공항 aeroporto 아에로뽀르뚜
광장 praça 쁘라싸
궁전 palácio 팔라시오
기차 trem 뜨렝
남자 homens 오멩스
내일 amanhã 아마냥
닫힘 encerrado 인세하두
도착 chegadas 쉐가다스
박물관 museu 무제우
버스 ônibus 오니부스
비행기 avião 아비아웅
세일 saldos 살두스
시간표 horário 오라리우
시장 mercado 메르까두
아침 manhã 마냥

어제 ontem 온텡
언제 quando 꽌두
여권 passaporte 빠싸뽀르띠
여기 aqui 아끼
여자 senhoras 시뇨라스
역 estação 이스따싸웅
열림 aberto 아베르뚜
예약됨 reservado 레세르바두
오늘 hoje 오지
요금 preço 쁘레쑤
은행 banco 방쿠
이것 isto 이스뚜
입구 entrada 인뜨라다
지하철 metro 메뜨로
집 casa 까자
출구 saída 사이다
출발 partidas 빠르띠다스
화장실 toalete 또알레띠
환전소 casa de câmbio 까사 디 깜비우

짐 꾸리기 체크 리스트

준비물	비고	준비물	비고
여권	유효 기간 6개월 이상	빗	필요시
증명사진 2매	여권 분실 대비	드라이기	
항공권	전자 티켓 출력	고데기	필요시
현금	유로화	세제	바디 샴푸로 대용 가능
국제체크카드	2개 준비	화장품	필요한 만큼 소량
신용카드	국제체크카드와 따로 관리	자외선 차단제	필요한 만큼 소량
국제학생증	입장료 할인 혜택 받기	면도기	
유레일패스	스페인 여러 도시 또는 유럽 각국 여행 때 유용	휴지	
운전면허증	자동차 여행시, 신분 확인시 필요	물휴지	
겉옷	계절에 맞춰 긴 옷, 짧은 옷, 원피스, 외투 등 준비	220V 어댑터	220V이나 숙소에 따라 플러그 모양 다름
속옷		휴대전화	
잠옷		보조 배터리	
양말		충전기	
수영복		카메라	
모자		메모리카드	
선글라스	지중해에서 멋 내기	멀티탭	
슬리퍼		노트북	
가방		가이드북	설렘 두배 스페인 포르투갈
비닐 팩		책	독서용
지퍼 팩		음악	
우산	우의로 대체 가능	비상 약	진통제, 소화제, 해열제, 반창고, 지사제, 영양제
수건		컵라면	수량 많을 시 개봉 후 면 따로(지퍼 팩), 컵 따로 분리
세면도구	치약, 칫솔, 세안제, 샴푸, 린스, 바디샴푸	커피믹스	필요시
생리대	필요시	수첩, 필기구	
왁스	필요시	자물쇠와 자전거용 자물쇠	기차, 도미토리 숙소 이용시 여러모로 유용하다

구글 지도 100% 활용법

나만의 여행 지도 만들기와
'오프라인 지역' 기능 활용하기

구글 맵스는 자유 여행자에게 꼭 필요한 어플리케이션이다. 명소와 맛집의 이름이나 주소를 검색하면 위치를 찾아주고, 현재 위치에서 가는 경로도 알려준다. 여기에 '내 장소'와 '오프라인 지역' 기능까지 활용하면 매번 검색어를 입력하는 번거로움을 해결할 수 있다. 게다가 데이터 걱정 없이 편리하고 효율적으로 여행할 수 있다.

🗐 '내 장소' 만들어 활용하기

개수 제한 없이 구글 맵에 장소를 저장하여 나만의 여행 지도를 만들 수 있다. 지도에서 원하는 장소를 선택한 후 저장 아이콘만 누르면 된다. 해당 지역의 지도를 열면 저장한 장소들이 별 모양하트, 깃발 모양으로도 선택 가능으로 표시되어 동선을 한눈에 파악하기 좋다. 또 '내 장소'에 저장된 장소를 선택만 하면 출발지와 목적지를 일일이 입력하지 않아도 찾아가는 방법을 자세히 안내해준다. 구글 계정으로 로그인한 후에는 컴퓨터와 모바일이 서로 연동되어 언제 어디서든 업데이트가 가능하다.

내 장소 만드는 방법

❶ 스마트 폰에서 만들기 〈설렘두배 스페인 포르투갈〉에 소개된 장소 중에서 가고 싶은 곳을 구글 지도에서 검색한다. → 화면 하단에 장소 이름이 나오면 손가락으로 터치한다. → 저장 아이콘을 누른다 → 하트즐겨 찾는 장소, 깃발가고 싶은 장소, 별 모양별표 표시된 장소 아이콘 중에서 하나를 누른다.

❷ 컴퓨터에서 만들기 〈설렘두배 스페인 포르투갈〉에 소개된 장소 중에서 가고 싶은 곳을 구글 지도에서 검색한다. → 왼쪽 정보창에서 저장 아이콘을 누른다 → 하트즐겨 찾는 장소, 깃발가고 싶은 장소, 별 모양별표 표시된 장소 아이콘 중에서 하나를 누른다.

*지도 위에 해당 장소의 위치가 노랑색 별또는 하트, 깃발로 표시되면 저장이 완료되었다는 뜻이다.

📱 와이파이 없어도 문제 없다-'오프라인 지역' 기능 활용하기

여행 중에는 데이터 용량이나 네트워크 문제로 앱 사용이 어려운 경우가 종종 있다. 오프라인 기능은 이런 난감한 상황을 대비하기에 좋다. 저장한 장소들을 기준으로 지도를 다운로드해서 앱에 저장해 놓으면 오프라인 상태에서도 지도를 사용할 수 있고 길 안내도 가능하다. 지도 다운로드는 지도 용량만큼 데이터가 소진되므로 출국 전이나 숙소 와이파이를 사용해 준비하자. 특정 지역에 한해 서비스가 불가능한 지역도 있다.

오프라인 지역 기능 활용법

❶ '내 장소'를 활용하여 나만의 여행 지도를 만든다.

❷ 메뉴창에서 '오프라인 지역', '맞춤 지역' 순으로 선택한다.

❸ 확대, 축소하여 화면에 보이는 사각 프레임 안에 내 장소들이 들어가도록 맞춘다.

❹ 지도를 다운로드하고 지역 이름을 입력, 저장한다.

❺ 사용시 '오프라인 지역' 메뉴로 들어가 저장해 놓은 지도를 열어 활용한다.